Mathematik für Ingenieure 2

Thomas Westermann

Mathematik für Ingenieure 2

9. Auflage

Thomas Westermann
Hochschule Karlsruhe
Karlsruhe, Deutschland

ISBN 978-3-662-70569-8 ISBN 978-3-662-70570-4 (eBook)
https://doi.org/10.1007/978-3-662-70570-4

Die Deutsche Nationalbibliothek verzeichnet diese Publikation in der Deutschen Nationalbibliografie; detaillierte bibliografische Daten sind im Internet über https://portal.dnb.de abrufbar.

Planung/Lektorat: Alexander Grün
Springer Vieweg ist ein Imprint der eingetragenen Gesellschaft Springer-Verlag GmbH, DE und ist ein Teil von Springer Nature.
Die Anschrift der Gesellschaft ist: Heidelberger Platz 3, 14197 Berlin, Germany

Vorwort zu Band 2

Dieser zweite Band unserer Reihe **Mathematik für Ingenieure** ist in erster Linie ein Begleittext für Studierende und Dozenten der Ingenieurwissenschaften insbesondere der Elektrotechnik zu den Mathematikvorlesungen im zweiten Semester.

In übersichtlicher Form und ohne zu viel Abstraktion führt er die Studierenden in die Themen der Mathematik-Grundvorlesungen ein. Band 2 bietet auch Studierenden an Universitäten und Fachhochschulen eine weitgehend exakte, aber stets anschauliche Darstellung als praktische Hilfe für den Einstieg in die höhere Mathematik.

Eine zentrale Rolle in der ingenieurwissenschaftlichen Mathematik spielt die Integralrechnung. Dieses Thema steht im Mittelpunkt des zweiten Bandes. Andererseits werden Funktionen mit mehr als einer Variablen benötigt, um das Verhalten in der realen Welt zu beschreiben. Partielle Ableitungen und verwandte Konstruktionen sind von zentraler Bedeutung für dieses Thema. Den Übergang zum dritten Semester bildet die Einführung in Differentialgleichungen erster Ordnung und die Laplace-Transformation.

Mathematische Konzepte werden klar motiviert, systematisch eingeführt und mit vielen Animationen visualisiert. Auf mathematische Beweise wird fast vollständig verzichtet. Stattdessen unterstützen viele Anwendungsbeispiele nicht nur die Anwendung der mathematischen Konzepte, sondern tragen auch zu einem besseren Verständnis der Mathematik bei.

Wichtige Formeln und Aussagen sind deutlich hervorgehoben, um die Lesbarkeit der Bücher zu erhöhen. Zahlreiche Abbildungen und Skizzen unterstützen den Charakter eines modernen Lehrbuchs. Das farbliche Layout sorgt für eine übersichtliche Darstellung der Inhalte, indem z.B. neue Begriffe und Definitionen in grün, wichtige Aussagen und Sätze in blau eingefügt werden.

Darüber hinaus ermöglichen weitere Stilmittel eine leichte Lesbarkeit des Buchs, indem z.B.

- mit dem Symbol „⚠ **Achtung:**“ auf Stellen besonders hingewiesen, die man anfänglich oftmals falsch bearbeitet, übersieht oder nicht beachtet,
- durch Tipps und Merkregeln die Bearbeitung der Beispiele und Übungsaufgaben erleichtert wird,
- durch Markierungen am Seitenrand Gliederungspunkte und Orientierungshilfen gegeben werden,
- die zahlreichen Zusammenfassungen farblich hervorgehoben werden,
- wichtige Formel und Ergebnisse gekennzeichnet werden,
- Musterbeispiele und Anwendungsbeispiele übersichtlich aus dem Text hervorgehen;
- ausführlich durchgerechnete Beispiele,
- viele Aufgaben (mit den Lösungen auf der Homepage)
- und zahlreiche Abbildungen und Skizzen zum **Selbststudium** und zur **Prüfungsvorbereitung** dienen.

Neben den im Buch behandelten Themen gibt es auf der Website zusätzliches Material sowie MAPLE-Arbeitsblätter, die für die aktuelle Version von MAPLE heruntergeladen werden können. Die Beschreibung finden Sie unter:

http://www.imathhome.de/buecher/mathe/start.htm

Im Buch verweisen die folgenden beiden Symbole ausdrücklich auf zusätzliche Informationen, die auf der Homepage zu finden sind:

① Animationen, die im gif-Format verfügbar sind: Durch Anklicken der entsprechenden Stelle im Web werden die Animationen über den Internetbrowser abgespielt.

② Die Verweise geben die MAPLE-Beschreibungen an. Alle MAPLE-Arbeitsblätter sind auf der Website verfügbar. Eine Übersicht über alle Arbeitsblätter finden Sie in *index.mw*.

Mein herzlicher Dank gilt Herrn Kottusch vom Springer-Verlag für die gute und angenehme Zusammenarbeit sowie Frau Hankeln für die exzellente und professionelle Umsetzung auch dieses zweiten Bandes. Mein ganz besonderer Dank gilt meinem geschätzten Kollegen Professor Jürgen Kirchhof, der durch zahlreiche Verbesserungs- und Korrekturvorschläge zum Gelingen dieser 9. Auflage erheblich beigetragen hat.

Karlsruhe, im November 2024 *Thomas Westermann*

Inhaltsverzeichnis

Inhaltsverzeichnis von Band 1

Inhaltsverzeichnis von Band 3

Kapitel 8

Integralrechnung

8

8

8 Integralrechnung

Der Integralbegriff ist wie der Ableitungsbegriff motiviert durch die physikalische Beschreibung von Bewegungsabläufen (Weg, Geschwindigkeit, Beschleunigung). Er ist u.a. auch von Bedeutung bei der Berechnung von Flächen, Volumeninhalten von Körpern, Schwerpunktsberechnungen usw.

Zusätzlich werden das numerische Integrieren sowie einige weitere Anwendungen der Integralrechnung wie z.B. die Mittelungseigenschaft, die Bogenlänge und das Krümmungsverhalten sowie die Berechnung von Rotationskörpern diskutiert.

8.1 Das Riemann-Integral

Wir beginnen mit der geometrischen Fragestellung: Gegeben ist eine Funktion $f(x)$, wie groß ist die Fläche, welche die Kurve mit der x-Achse in einem Intervall $[a, b]$ einschließt?

Beispiel 8.1. Zur Bestimmung des Flächeninhalts A_0^b unter dem Graphen der Funktion $f(x) = x^2$ in $[0, b]$ unterteilen wir das Intervall $[0, b]$ durch eine gleichmäßige Zerlegung Z_n in n Teilintervalle

$$x_0 = 0,\, x_1 = \frac{b}{n},\, x_2 = 2\frac{b}{n}, \ldots,\, x_{n-1} = (n-1)\,\frac{b}{n},\, x_n = b.$$

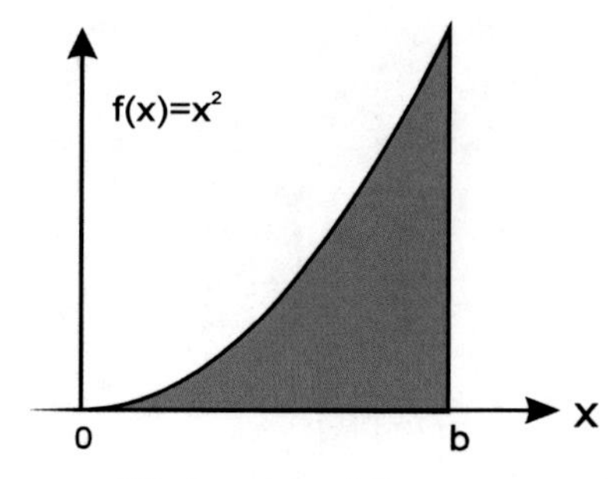

Fläche unter Kurve

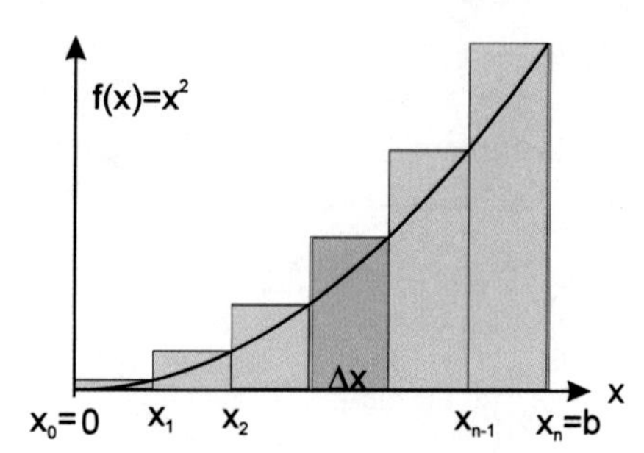

Näherung durch Rechtecke

Für jedes Teilintervall mit der Intervall-Länge $\Delta x = x_k - x_{k-1} = \frac{b}{n}$ wählen wir den rechten Eckpunkt $x_k = k \cdot \Delta x$ und werten die Funktion darauf aus

$$f(x_k) = x_k^2 = (k \cdot \Delta x)^2 .$$

Der Flächeninhalt des zugehörigen Rechtecks ist

$$\Delta x \cdot f(x_k) = \Delta x \cdot k^2 \cdot \Delta x^2.$$

T. Westermann, *Mathematik für Ingenieure 2*,
https://doi.org/10.1007/978-3-662-70570-4_1

Anschließend summieren wir alle Rechtecksflächen auf

$$\begin{aligned} S_n &= \Delta x\, f(x_1) + \Delta x\, f(x_2) + \ldots + \Delta x\, f(x_n) \\ &= \sum_{k=1}^{n} \Delta x\, f(x_k) = (\Delta x)^3 \sum_{k=1}^{n} k^2. \end{aligned}$$

Nach Aufgabe 1.5 aus Band 1 gilt die Formel

$$\sum_{k=1}^{n} k^2 = \frac{1}{6}\, n\,(n+1)\,(2n+1)$$

$$\Rightarrow S_n = (\Delta x)^3 \, \frac{1}{6}\, n\,(n+1)\,(2n+1) = \frac{b^3}{n^3}\,\frac{1}{6}\, n\,(n+1)\,(2n+1) \overset{n\to\infty}{\longrightarrow} \frac{b^3}{3}\,.$$

Mit Hilfe einer Verfeinerung der Zerlegung Z_n des Intervalls $[0,\, b]$ wird die Fläche unter $f(x) = x^2$ beliebig genau angenähert. Für den Grenzübergang $n \to \infty$ geht die sog. *Zwischensumme* S_n in die Fläche unterhalb des Graphen von x^2 über: $A_0^b = \frac{b^3}{3}$. □

Die Vorgehensweise aus dem Einführungsbeispiel wird verallgemeinert, indem man zur Berechnung der Fläche unterhalb einer beliebigen Kurve $f(x)$ mit der x-Achse die folgende Konstruktion anwendet: Zunächst wird die Kurve durch eine stückweise konstante Funktion (Treppenfunktion) angenähert. Man summiert alle Rechteckflächen auf und erhält so eine Näherung für die Fläche unterhalb der Kurve. Man erhöht die Anzahl der Unterteilungen und erhält eine immer feinere Annäherung der Funktion durch die Treppenfunktionen bzw. Annäherung der Fläche unter der Kurve durch die Summe der Rechteckflächen. Genauer erhält man die folgende Definition für das bestimmte Integral:

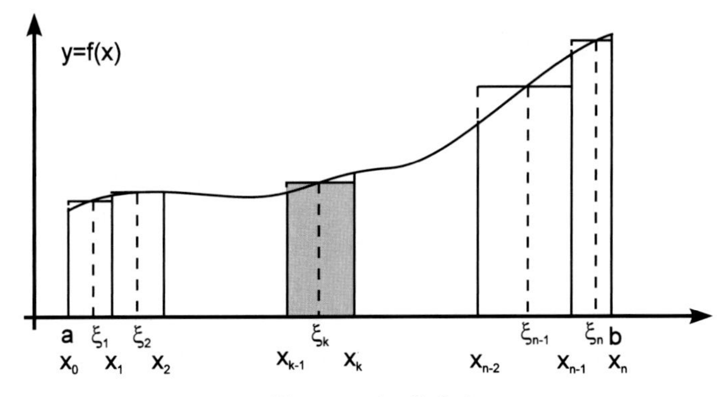

Abb. 8.1. Riemannsche Zwischensumme

Definition: (Bestimmtes Integral; Riemann-Integral)
Gegeben ist eine stetige Funktion $f : [a, b] \to \mathbb{R}$ mit $y = f(x)$.

(1) *Z_n sei eine äquidistante Unterteilung des Intervalls $a \leq x \leq b$ in n Teilintervalle*

$$a = x_0 < x_1 < x_2 < \ldots < x_{n-1} < x_n = b$$

der Längen $\Delta x_k = x_k - x_{k-1} = \frac{b-a}{n}$. Es sei $\xi_k \in [x_{k-1}, x_k]$ ein beliebiger Zwischenwert aus dem Intervall. Dann heißt

$$S_n = \sum_{k=1}^{n} \Delta x_k \, f(\xi_k)$$

die Riemannsche Zwischensumme bezüglich der Zerlegung Z_n.

(2) *Unter dem bestimmten Integral (Riemann-Integral) der stetigen Funktion f in den Grenzen von $x = a$ bis $x = b$ wird der Grenzwert der Riemannschen Zwischensumme S_n für $n \to \infty$ verstanden:*

$$\int_a^b f(x)\, dx := \lim_{n \to \infty} \sum_{k=1}^{n} \Delta x_k \, f(\xi_k).$$

Visualisierung: Illustrativer als jede präzise mathematische Definition ist die anschauliche Interpretation. Die Animation zeigt den Übergang von der Zwischensumme zum Integral, indem die Anzahl der Unterteilungen des Intervalls $[a, b]$ immer größer gewählt wird. Die vorliegende Animation suggeriert die Konvergenz von der diskreten Zwischensumme zum bestimmten Integral. Dargestellt in den beiden nachfolgenden Abbildungen sind die Werte des Integrals $\int_0^1 \left(x^2 + 1\right) dx$ für die Unterteilungen $N = 50$ (links) und $N = 100$ (rechts).

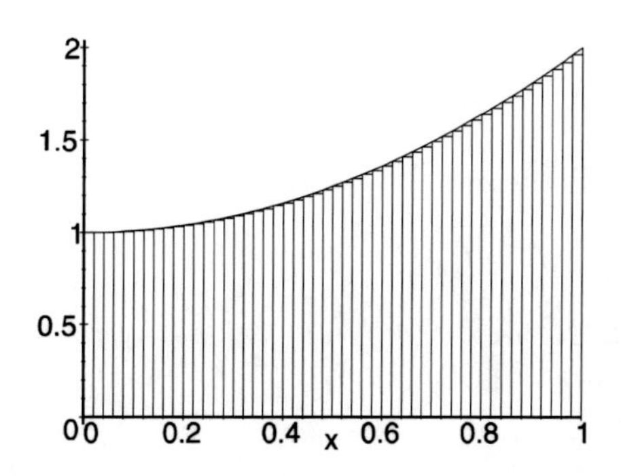

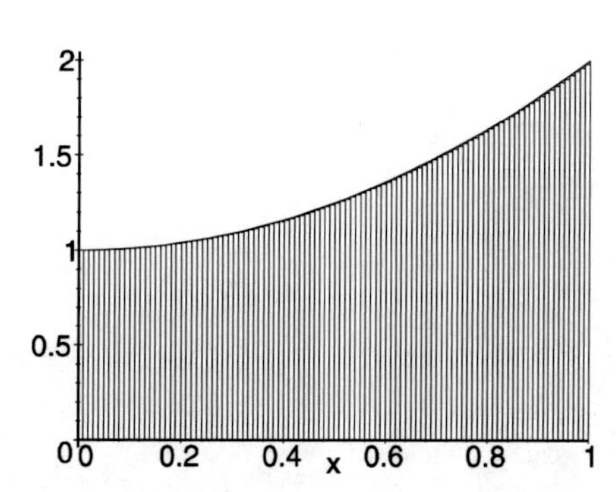

Bemerkungen:

(1) Der Integralbegriff in der obigen Definition wird zur Unterscheidung von anderen Integralbegriffen nach dem Mathematiker *Riemann* (1826 - 1866) benannt. Da wir uns ausschließlich mit diesem Integral beschäftigen, sprechen wir kurz vom Integral.

(2) Ist f stetig, so konvergiert die Zwischensumme für jede beliebige Unterteilung Z_n mit $\Delta x_k = x_k - x_{k-1} \overset{n\to\infty}{\longrightarrow} 0$ und jede beliebige Wahl von $\xi_k \in [x_{k-1}, x_k]$ gegen den selben Wert. Man sagt, das Integral ist *wohldefiniert*.

(3) Allgemeiner bezeichnet man eine Funktion als *integrierbar*, wenn die Zwischensumme für jede beliebige Unterteilung Z_n und jede beliebige Wahl von $\xi_k \in [x_{k-1}, x_k]$ gegen den gleichen Wert konvergiert. So sind z.B. stückweise stetige Funktionen integrierbar.

(4) Diese algebraische Definition des Integrals entspricht genau dem Vorgehen bei der Flächenberechnung aus dem Eingangsbeispiel. Bei der geometrischen Motivation ist die Funktion f so gewählt, dass sie im Intervall $[a, b]$ nur positive Werte besitzt. Die algebraische Definition ist jedoch allgemeiner und geht über eine Flächenberechnung hinaus.

(5) Allgemein übliche Bezeichnungen für die im bestimmten Integral $\int_a^b f(x)\, dx$ auftretenden Symbole sind:

x: *Integrationsvariable;* $f(x)$: *Integrand;*
a: *untere Grenze;* b: *obere Grenze.*

Beispiel 8.2. Ein Massenpunkt bewegt sich mit der Geschwindigkeit $v(t)$ entlang der x-Achse. Zur Zeit $t = 0$ befindet er sich an der Stelle $x = 0$. Gesucht ist der zurückgelegte Weg $x(T)$ zum Zeitpunkt $t = T$.

Ist die Geschwindigkeit konstant, $v(t) = v_0$, so ist der zurückgelegte Weg $x(T) = v_0 T$. Bei variabler Geschwindigkeit $v(t)$ zerlegt man das Zeitintervall $[0, T]$ in Teilintervalle

$$0 = t_0 < t_1 < t_2 < \ldots < t_n = T,$$

so dass $v(t)$ sich in jedem Teilintervall annähernd konstant verhält:

$$v(t) \approx v(t_{k-1}) \qquad \text{für } t \in [t_{k-1}, t_k] \quad k = 1, \ldots, n.$$

Dann berechnet sich der zurückgelegte Weg $x(t_k)$ zum Zeitpunkt $t = t_k \quad (k = 1, 2, \ldots, n)$ näherungsweise durch

$$x(t_1) \approx (t_1 - t_0) \cdot v(t_0) = \Delta t_1 \, v(t_0)$$
$$x(t_2) \approx x(t_1) + (t_2 - t_1) \cdot v(t_1) = x(t_1) + \Delta t_2 \, v(t_1)$$
$$x(t_3) \approx x(t_2) + (t_3 - t_2) \cdot v(t_2) = \Delta t_1 \, v(t_0) + \Delta t_2 \, v(t_1) + \Delta t_3 \, v(t_2)$$

$$\vdots$$

$$x(t_n) = x(T) \approx \sum_{k=1}^{n} \Delta t_k \, v(t_{k-1}).$$

Der erhaltene Näherungswert für $x(T)$ ist somit eine Riemannsche Zwischensumme S_n. Der exakte Wert des zurückgelegten Weges ist

$$x(T) = \int_0^T v(t)\, dt.$$

□

Das unbestimmte Integral

Das bestimmte Integral $\int_a^b f(t)\, dt$ repräsentiert für eine positive Funktion den Flächeninhalt zwischen der Kurve $f(t)$ und der Zeitachse. Betrachtet man die untere Integrationsgrenze als fest, die obere als variabel, so hängt der Integralwert nur noch von der oberen Grenze ab.

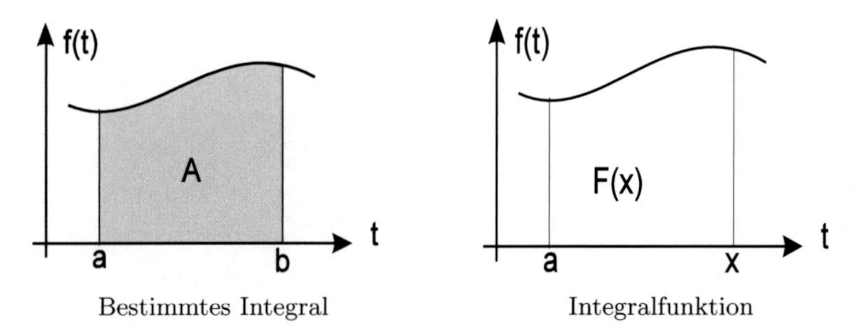

Bestimmtes Integral Integralfunktion

Um die Abhängigkeit von der oberen Grenze zu symbolisieren, ersetzt man b durch x und erhält die Funktion $F(x) = \int_a^x f(t)\, dt$:

Definition: (Unbestimmtes Integral, Integralfunktion)
Unter dem unbestimmten Integral

$$F(x) := \int_a^x f(t)\, dt$$

versteht man die Integralfunktion $F(x)$, für welche die obere Grenze des Integrals variabel gewählt wird.

Das unbestimmte Integral $F(x) = \int_a^x f(t)\, dt$ repräsentiert also den Flächeninhalt zwischen der Funktion $f(t)$ und der t-Achse in Abhängigkeit der oberen Grenze.

Beispiel 8.3. Für die Funktion $f(t) = t^2$ ist nach Beispiel 8.1 die zugehörige Integralfunktion für $a = 0$ die Funktion $F : \mathbb{R} \to \mathbb{R}$ mit $F(x) = \frac{x^3}{3}$. Man beachte, dass hierbei ein Zusammenhang zwischen Integralfunktion und Integrand besteht: $F'(x) = f(x)$. Dieser Zusammenhang gilt ganz allgemein, wie in Abschnitt 8.2 gezeigt wird. □

Numerische Integration

Schon verhältnismäßig einfache Funktionen lassen sich nicht mehr elementar integrieren. Beispiele sind e^{-x^2} oder $\frac{\sin x}{x}$. Man ist in diesen Fällen auf numerische Methoden angewiesen. Wir zerlegen dazu das Intervall $[a, b]$ in n Teilintervalle $[x_i, x_{i+1}]$ mit der Intervall-Länge $h := \frac{b-a}{n}$ und setzen

$$x_0 = a\,; \quad x_{i+1} = x_i + h \quad (i = 0, \dots, n-1)\;; \quad x_n = b.$$

Ersetzt man die zu integrierende Funktion $f(x)$ in jedem Intervall $[x_i, x_{i+1}]$ durch die konstante Funktion $f(\xi_{i+1})$, $\xi_{i+1} \in [x_i, x_{i+1}]$, so wird das Integral durch die Zwischensumme

$$I \approx \sum_{i=0}^{n-1} A_i = \sum_{i=0}^{n-1} f(\xi_{i+1})\,(x_{i+1} - x_i) = h \sum_{i=0}^{n-1} f(\xi_{i+1})$$

approximiert. Somit erhält man als einfachste Näherung

$$\int_a^b f(x)\,dx \approx h\,(f(\xi_1) + f(\xi_2) + \dots + f(\xi_n)).$$

8.2

8.2 Fundamentalsatz der Differenzial- und Integralrechnung

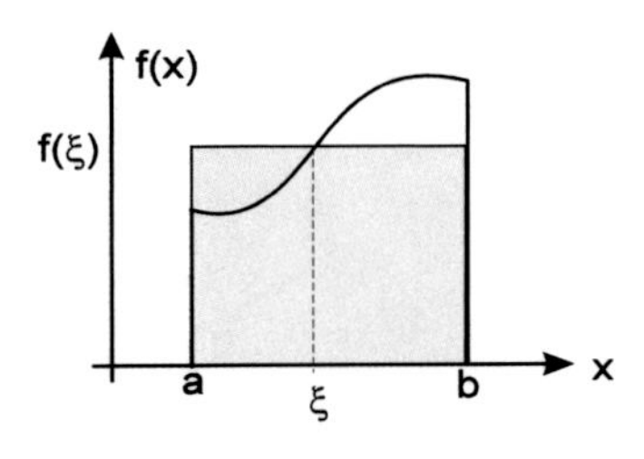

So kompliziert die Konstruktion des bestimmten Integrals auch aussieht; es zeigt sich, dass die Berechnung in vielen Fällen sehr einfach wird. Diese Tatsache verdankt man dem Zusammenhang zwischen der Ableitung der Integralfunktion und dem Integranden, der nun hergeleitet wird. Dazu stellen wir zunächst eine Verallgemeinerung des Mittelwertsatzes der Differenzialrechnung vor, der besagt, dass die Fläche unterhalb einer Kurve $f(x)$ ersetzt werden kann durch eine flächengleiche Rechtecksfläche mit gleicher Grundseite und mit Höhe $f(\xi)$. Dabei heißt $f(\xi)$ *integraler Mittelwert* der Funktion f im Intervall $[a, b]$:

Mittelwertsatz der Integralrechnung

Ist $f : [a, b] \to \mathbb{R}$ stetig. Dann gibt es ein $\xi \in (a, b)$ mit der Eigenschaft, dass

$$f(\xi) \cdot (b - a) = \int_a^b f(x)\, dx.$$

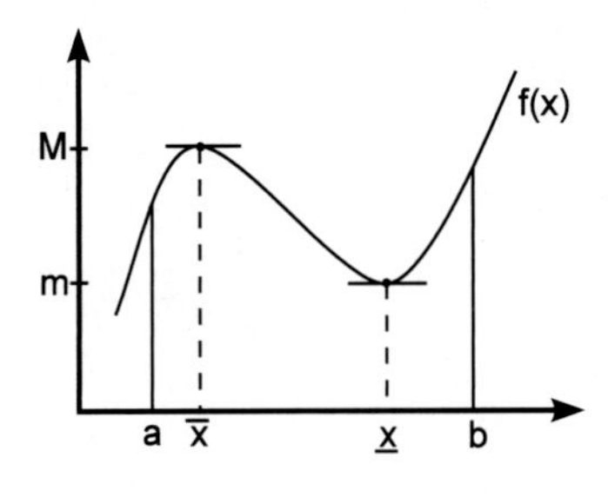

Beweis: Zunächst ist aufgrund der Definition des bestimmten Integrals, das Integral über eine konstante Funktion $\int_a^b c\, dx = c \cdot (b - a)$. Setzen wir $m := \min_{x \in [a, b]} f(x)$ als Minimum und $M := \max_{x \in [a, b]} f(x)$ als das Maximum der Funktion f im Intervall $[a, b]$, so gibt es nach dem Zwischenwertsatz (siehe Band 1, Kapitel 6.4) ein $\underline{x}$ mit $f(\underline{x}) = m$ und ein $\bar{x}$ mit $f(\bar{x}) = M$. Damit ist

$$f(\underline{x}) \le f(x) \le f(\bar{x}).$$

Da $f(\underline{x})$ und $f(\bar{x})$ konstante Zahlen sind, gilt

$$f(\underline{x})\,(b - a) = \int_a^b f(\underline{x})\, dx \le \int_a^b f(x)\, dx \le \int_a^b f(\bar{x})\, dx = f(\bar{x})\,(b - a)$$

$$\Rightarrow \quad f(\underline{x}) \le \frac{1}{b - a} \int_a^b f(x)\, dx \le f(\bar{x}).$$

Nach dem Zwischenwertsatz gibt es dann wiederum ein $\xi \in (a, b)$ mit dem Funktionswert

$$f(\xi) = \frac{1}{b - a} \int_a^b f(x)\, dx,$$

womit die Behauptung folgt. □

Bei obiger Betrachtung verwendeten wir die Monotonieeigenschaft des bestimmten Integrals. Sie besagt, dass aus $g(x) \le f(x) \le h(x)$ folgt:

$$\int_a^b g(x)\, dx \le \int_a^b f(x)\, dx \le \int_a^b h(x)\, dx.$$

Diese Eigenschaft rechnet man aufgrund der algebraischen Definition der Integrale direkt nach. Eine allgemeinere Formulierung des Mittelwertsatzes lautet:

Allgemeiner Mittelwertsatz der Integralrechnung

Seien $f, \varphi : [a, b] \to \mathbb{R}$ stetige Funktionen und $\varphi \geq 0$. Dann gibt es ein $\xi \in (a, b)$ mit der Eigenschaft, dass

$$\int_a^b f(x)\,\varphi(x)\,dx = f(\xi)\int_a^b \varphi(x)\,dx.$$

Wir stellen nun den Zusammenhang zwischen der Differenzial- und Integralrechnung her. Dieser Zusammenhang ist nicht nur theoretisch von Bedeutung, er liefert auch eine praktische Methode zur Berechnung von Integralen.

Fundamentalsatz der Differenzial- und Integralrechnung (Teil 1: Satz über Integralfunktionen)

Ist $f : [a, b] \to \mathbb{R}$ stetig und $F(x) := \int_a^x f(t)\,dt$ eine Integralfunktion zu f. Dann ist F differenzierbar und es gilt:

$$F'(x) = f(x).$$

Wichtig: Der Satz über die Integralfunktion besagt, dass die Ableitung der Integralfunktion $F(x)$ den Integranden $f(x)$ ergibt!

Beweis: Wir betrachten die Differenz der Flächen

$$\Delta F = F(x+h) - F(x) = \int_a^{x+h} f(t)\,dt - \int_a^x f(t)\,dt = \int_x^{x+h} f(t)\,dt$$

und wenden auf das Integral der rechten Seite den Mittelwertsatz der Integralrechnung an: $\int_x^{x+h} f(t)\,dt = h\,f(\xi_h)$ mit $\xi_h \in (x, x+h)$. Anschließend bilden wir den Differenzenquotienten

$$\frac{1}{h}\Delta F = \frac{F(x+h) - F(x)}{h} = f(\xi_h).$$

Für $h \to 0$ geht die linke Seite gegen $F'(x)$ und die rechte Seite gegen $f(x)$. Denn $\xi_h \overset{h\to 0}{\longrightarrow} x$ und da f stetig ist, gilt: $f(\xi_h) \overset{h\to 0}{\longrightarrow} f(x)$. □

Beispiele 8.4:

① Für $f(x) = 1$ ist $F(x) = \int_0^x 1\,dt = x$, denn $F'(x) = 1$;

② Für $g(x) = x$ ist $G(x) = \int_0^x t\,dt = \frac{x^2}{2}$, denn $G'(x) = x$;

③ Für $h(x) = x^2$ ist $H(x) = \int_0^x t^2\,dt = \frac{x^3}{3}$, denn $H'(x) = x^2$. □

Stammfunktionen

Wir haben allgemein gezeigt, dass die erste Ableitung der Integralfunktion $F(x) = \int_a^x f(t)\, dt$ als Ergebnis den Integranden $f(x)$ liefert. Wir nennen solche Funktionen $F(x)$ mit $F'(x) = f(x)$ *Stammfunktionen*:

Definition: *Jede Funktion $F(x)$ mit $F'(x) = f(x)$ heißt* **Stammfunktion** *von $f(x)$.*

Mit diesem Sprachgebrauch kann man den Satz über die Integralfunktionen umformulieren: **Jedes unbestimmte Integral**

$$I(x) = \int_a^x f(t)\, dt$$

ist eine Stammfunktion von $f(x)$, d.h. $I'(x) = f(x)$.

Beispiel 8.5. In der folgenden Tabelle sind für einige Funktionen $f(x)$ eine Stammfunktion $F(x)$ angegeben. Die Eigenschaft $F' = f$ kann direkt nachgerechnet werden. □

Tabelle 8.2: Elementare Stammfunktionen

$f(x)$	$x^n,\, n \neq -1$	x^{-1}	$\sqrt[n]{x}$	e^x	$\sin x$	$\cos x$
$F(x)$	$\frac{x^{n+1}}{n+1}$	$\ln\lvert x\rvert$	$\frac{x^{\frac{1}{n}+1}}{\frac{1}{n}+1}$	e^x	$-\cos x$	$\sin x$

Bemerkung: Zu jeder stetigen Funktion gibt es unendlich viele Stammfunktionen, denn z.B. zu x^n ist sowohl $\frac{1}{n+1}\, x^{n+1}$, als auch $\frac{1}{n+1}\, x^{n+1} + 2$, als auch $\frac{1}{n+1}\, x^{n+1} + C$ eine Stammfunktion. Allerdings unterscheiden sich zwei Stammfunktionen zu einer Funktion f immer nur durch eine Konstante:

Unterschiedliche Stammfunktionen

Sind F_1 und F_2 zwei Stammfunktionen von f, so stimmen sie bis auf eine additive Konstante $C \in \mathbb{R}$ überein:

$$F_1(x) = F_2(x) + C.$$

Beweis: Da F_1 und F_2 Stammfunktionen zu f sind, folgt $F_1'(x) = f(x) = F_2'(x)$. Daher ist $(F_1(x) - F_2(x))' = 0 \quad \Rightarrow \quad F_1(x) - F_2(x) = const.$ □

Folglich lässt sich jedes unbestimmte Integral schreiben in der Form

$$\int_a^x f(t)\,dt = F(x) + C,$$

wobei $F(x)$ irgendeine Stammfunktion und C eine Konstante ist. Zu jeder stetigen Funktion $f(x)$ gibt es also unendlich viele unbestimmte Integrale. Man kennzeichnet die Menge aller unbestimmten Integrale von $f(x)$

$$\int f(x)\,dx = \{\text{ Menge aller unbestimmten Integrale von } f(x)\}$$

durch das Weglassen der Integrationsgrenzen.

> Da sich alle Stammfunktionen nur durch eine Konstante unterscheiden, schreibt man **kurz**
>
> $$\int f(x)\,dx = F(x) + C,$$
>
> und nennt C die *Integrationskonstante.*

Beispiele 8.6:

① $\displaystyle\int e^x\,dx = e^x + C.$

② $\displaystyle\int x^k\,dx = \frac{1}{k+1}\,x^{k+1} + C \qquad (k \neq -1).$

③ $\displaystyle\int \cos x\,dx = \sin x + C.$

Beispiel 8.7: $\displaystyle\int \frac{1}{x}\,dx = \ln(|x|) + C.$

Für $x > 0$ ist $(\ln(x))' = \frac{1}{x}$, so dass wir das unbestimmte Integral $\int \frac{1}{x}\,dx = \ln(x) + C$ erhalten. Für $x < 0$ ist $(\ln(-x))' = \frac{1}{x}$, so dass wir dann hierfür das unbestimmte Integral $\int \frac{1}{x}\,dx = \ln(-x) + C$ erhalten. Zusammengefasst gilt die angegebene, kompakte Formel.

⚠ **Bemerkung:** Ein Grund, warum die Integralrechnung schwieriger als die Differenzialrechnung ist, liegt darin, dass sich nicht jede Stammfunktion durch elementare Funktionen darstellen lässt. Die Funktionen

$$f(x) = e^{-x^2}, \quad f(x) = \frac{\sin x}{x}$$

besitzen keine elementar darstellbaren Stammfunktionen!

Tabelle von Stammfunktionen. In der folgenden Tabelle sind für viele elementare Funktionen die Menge aller Stammfunktionen $\int f(x)\,dx = F(x)$ zusammengestellt. Die Gültigkeit kann oftmals sehr einfach mit der Beziehung $F'(x) = f(x)$ bestätigt werden.

Tabelle 8.3: Stammfunktionen

$f(x) = F'(x)$	Stammfunktion F: $F(x) = \int f(x)\,dx + C$	Definitionsbereich $\mathbb{D}_f$
$k \;\; (k \in \mathbb{R})$	$k\,x + C$	$\mathbb{R}$
$x^{\alpha} \;\; (\alpha \neq -1)$	$\frac{1}{\alpha+1}\,x^{\alpha+1} + C$	$\mathbb{R}_{>0}$
x^{-1}	$\ln\lvert x\rvert + C$	$\mathbb{R}\setminus\{0\}$
$\sin x$	$-\cos x + C$	$\mathbb{R}$
$\cos x$	$\sin x + C$	$\mathbb{R}$
$\tan x$	$-\ln\lvert\cos x\rvert + C$	$\mathbb{R}\setminus\{x = \frac{\pi}{2} + k\,\pi,\, k \in \mathbb{Z}\}$
$\cot x$	$\ln\lvert\sin x\rvert + C$	$\mathbb{R}\setminus\{x = k\,\pi,\, k \in \mathbb{Z}\}$
$a^{x} \;\; (a > 0, \neq 1)$	$\frac{a^{x}}{\ln a} + C$	$\mathbb{R}$
e^{x}	$e^{x} + C$	$\mathbb{R}$
$e^{a\,x} \;\; (a \neq 0)$	$\frac{1}{a}\,e^{a\,x} + C$	$\mathbb{R}$
$\ln x$	$x \cdot \ln x - x + C$	$\mathbb{R}_{>0}$
$\frac{1}{\cos^2 x}$	$\tan x + C$	$\mathbb{R}\setminus\{x = \frac{\pi}{2} + k\,\pi,\, k \in \mathbb{Z}\}$
$\frac{1}{\sin^2 x}$	$-\cot x + C$	$\mathbb{R}\setminus\{x = k\,\pi,\, k \in \mathbb{Z}\}$
$\sin^2 x$	$\frac{1}{2}\,(x - \sin x \cdot \cos x) + C$	$\mathbb{R}$
$\cos^2 x$	$\frac{1}{2}\,(x + \sin x \cdot \cos x) + C$	$\mathbb{R}$
$\tan^2 x$	$\tan x - x + C$	$\mathbb{R}\setminus\{x = \frac{\pi}{2} + k\,\pi,\, k \in \mathbb{Z}\}$
$\cot^2 x$	$-\cot x - x + C$	$\mathbb{R}\setminus\{x = k\,\pi,\, k \in \mathbb{Z}\}$

$f(x) = F'(x)$	Stammfunktion F: $F(x) = \int f(x)\, dx + C$	Definitionsbereich $\mathbb{D}_f$
$\arcsin x$	$x \cdot \arcsin x + \sqrt{1-x^2} + C$	$(-1, 1)$
$\arccos x$	$x \cdot \arccos x - \sqrt{1-x^2} + C$	$(-1, 1)$
$\arctan x$	$x \cdot \arctan x - \frac{1}{2} \ln\left(x^2+1\right) + C$	$\mathbb{R}$
$\operatorname{arccot} x$	$x \cdot \operatorname{arccot} x + \frac{1}{2} \ln\left(x^2+1\right) + C$	$\mathbb{R}$
$\frac{1}{\sqrt{1-x^2}}$	$\arcsin x + C$	$(-1, 1)$
$\frac{-1}{\sqrt{1-x^2}}$	$\arccos x + C$	$(-1, 1)$
$\frac{1}{1+x^2}$	$\arctan x + C$	$\mathbb{R}$
$\frac{-1}{1+x^2}$	$\operatorname{arccot} x + C$	$\mathbb{R}$

$f(x) = F'(x)$	Stammfunktion F: $F(x) = \int f(x)\, dx + C$	Definitionsbereich $\mathbb{D}_f$
$\sinh x$	$\cosh x + C$	$\mathbb{R}$
$\cosh x$	$\sinh x + C$	$\mathbb{R}$
$\tanh x$	$\ln(\cosh x) + C$	$\mathbb{R}$
$\coth x$	$\ln\lvert\sinh x\rvert + C$	$\mathbb{R}\setminus\{0\}$
$\frac{1}{\cosh^2 x}$	$\tanh x + C$	$\mathbb{R}$
$\frac{1}{\sinh^2 x}$	$-\coth x + C$	$\mathbb{R}\setminus\{0\}$
$\frac{1}{\sqrt{1+x^2}}$	$ar\sinh x + C$	$\mathbb{R}$
$\frac{1}{\sqrt{x^2-1}}$	$ar\cosh x + C$	$(1, \infty)$
$\frac{1}{1-x^2}$	$ar\tanh x + C$	$(-1, 1)$
$\frac{1}{1-x^2}$	$ar\coth x + C$	$\mathbb{R}\setminus[-1, 1]$

Stammfunktionen sind aber weder geometrisch noch physikalisch so bedeutsam wie die bestimmten Integrale. Bisher haben wir erst ein einziges explizit berechnet, nämlich $\int_0^b x^2\,dx = \frac{b^3}{3}$. Durch den folgenden Hauptsatz der Differenzial- und Integralrechnung wird die schwierige Aufgabe, der Berechnung von bestimmten Integralen auf eine einfachere Aufgabe, nämlich das Aufsuchen von Stammfunktionen, zurückgeführt:

Fundamentalsatz der Differenzial- und Integralrechnung (Teil 2: Bestimmtes Integral).

Ist $f : [a,\,b] \to \mathbb{R}$ stetig und F eine Stammfunktion von f. Dann gilt

$$\int_a^b f(x)\,dx = F(b) - F(a)\,.$$

Beweis: Sei $x \in [a,\,b]$ und $F_0(x) := \int_a^x f(t)\,dt$. Dann ist $F_0(x)$ eine Stammfunktion von f mit $F_0(a) = 0$ und $F_0(b) = \int_a^b f(t)\,dt$. Ist $F(x)$ eine beliebige Stammfunktion von f, so folgt $F - F_0 = const = c$ und

$$\begin{aligned} F(b) - F(a) &= F_0(b) + c - (F_0(a) + c) \\ &= F_0(b) - F_0(a) = F_0(b) = \int_a^b f(t)\,dt. \end{aligned}$$ □

Damit erfolgt die Berechnung von bestimmten Integralen in zwei Schritten:

Berechnung von bestimmten Integralen

(1) Man bestimme eine Stammfunktion $F(x)$ zum Integranden $f(x)$.

(2) Mit dieser Stammfunktion berechnet man die Differenz $F(b) - F(a)$:

$$\int_a^b f(x)\,dx = [F(x)]_a^b = F(x)|_a^b = F(b) - F(a)\,.$$

Hierbei ist $[F(x)]_a^b = F(x)|_a^b$ eine abkürzende Schreibweise für die Differenz $F(b) - F(a)$.

Beispiele 8.8 (Berechnung bestimmter Integrale):

① $\int_a^b x^3\,dx =$?: Eine Stammfunktion von x^3 ist nach Tab. 8.3 $\frac{1}{4}\,x^4$, so dass

$$\int_a^b x^3\,dx = \frac{1}{4}\,x^4\Big|_a^b = \tfrac{1}{4}\left(b^4 - a^4\right).$$

Für $0 \leq a < b$ ist dies der Flächeninhalt der Kurve $y = x^3$ mit der x-Achse im Bereich von $a \leq x \leq b$.

② $\int_0^\pi \sin x \, dx = ?$:
Eine Stammfunktion von $\sin x$ ist nach Tab. 8.3 $F(x) = -\cos x$, so dass

$$\int_0^\pi \sin x \, dx = -\cos x|_0^\pi = -\cos \pi - (-\cos(0)) = 1 - (-1) = 2.$$

Dies ist der Flächeninhalt unter der Sinuskurve in der ersten Halbperiode.

Anwendungsbeispiel 8.9 **(Ausdehnungsarbeit eines Gases).**

In einem Zylinder der Grundfläche A $\left[cm^2\right]$ befinde sich ein durch einen beweglichen Kolben komprimiertes Gas. Wenn der Kolben den Abstand x $[cm]$ vom Zylinderboden hat, sei der Gasdruck im Zylinder $p(x)$ $\left[\frac{g}{cm\, s^2}\right]$. Bei Verschiebung des Kolbens von $x = a$ nach $x = b$ wird vom Gas *Arbeit* W geleistet, die gegeben ist durch

$$W = \int_a^b A\, p(x) \, dx.$$

Als einfachen Sonderfall betrachten wir die *isotherme Ausdehnung* eines idealen Gases mit der Zustandsgleichung

$p(x) \cdot V(x) = p(a) \cdot V(a) = const$
(Boyle-Mariottesches Gesetz)

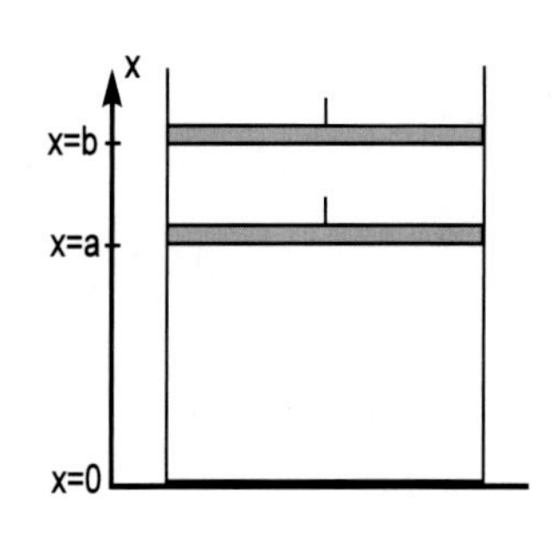

Mit dem Volumen $V(x) = A \cdot x$, folgt

$$p(x) = \frac{p(a) \cdot V(a)}{V(x)} = \frac{p(a) \cdot V(a)}{A \cdot x}.$$

$$\begin{aligned} W &= A \int_a^b \frac{p(a) \cdot V(a)}{A \cdot x} \, dx \\ &= p(a) \cdot V(a) \int_a^b \frac{1}{x} \, dx. \end{aligned}$$

Nach Tab. 8.3 ist dann

$$\begin{aligned} W &= p(a) \cdot V(a) \cdot [\ln x]_a^b = p(a) \cdot V(a) \cdot (\ln(b) - \ln(a)) \\ &= p(a) \cdot V(a) \cdot \ln\left(\frac{b}{a}\right). \end{aligned}$$

□

8.3 Grundlegende Regeln der Integralrechnung

Die Berechnung von bestimmten Integralen vereinfacht sich mit Hilfe von Integrationsregeln. Sie ergeben sich unmittelbar aus der Definition des bestimmten Integrals als Grenzwert der Zwischensumme. Die auftretenden Funktionen werden als stetig vorausgesetzt.

Faktorregel

Ein konstanter Faktor c darf vor das Integral gezogen werden:

$$\int_a^b c\, f(x)\, dx = c \int_a^b f(x)\, dx.$$

Beispiel 8.10. $\displaystyle\int_0^{\pi/2} 4\cos x\, dx = 4\int_0^{\pi/2} \cos x\, dx$

$$= 4\,[\sin x]_0^{\pi/2} = 4\left(\sin(\tfrac{\pi}{2}) - \sin(0)\right) = 4. \qquad \square$$

Summenregel

Eine Summe von Funktionen darf gliedweise integriert werden:

$$\int_a^b (f_1(x) + f_2(x))\, dx = \int_a^b f_1(x)\, dx + \int_a^b f_2(x)\, dx.$$

Beispiel 8.11. $\displaystyle\int_0^1 (-3x^2 + x)\, dx = -3\int_0^1 x^2\, dx + \int_0^1 x\, dx$

$$= -3\left[\frac{x^3}{3}\right]_0^1 + \left[\frac{x^2}{2}\right]_0^1 = -\frac{1}{2}. \qquad \square$$

Bemerkungen:

(1) Die Faktor- und Summenregel gelten sinngemäß auch für unbestimmte Integrale.

(2) Bisher war stets $a < b$ vorausgesetzt. Die Faktor- und Summenregel bleiben gültig für beliebige reelle Zahlen a, b aus dem Definitionsbereich von f, wenn man folgende Definition hinzunimmt:

Integrationsgrenzen

(1) Zusammenfallen der Integrationsgrenzen: $\int_a^a f(x)\,dx = 0.$

(2) Vertauschen der Integrationsgrenzen: $\int_b^a f(x)\,dx = -\int_a^b f(x)\,dx.$

Beispiele 8.12:

① $\int_2^2 \frac{1}{x}\,dx = \ln x|_2^2 = \ln(2) - \ln(2) = 0.$

② $\int_{\pi/2}^0 \sin x\,dx = -\int_0^{\pi/2} \sin x\,dx = -\left[-\cos x\right]_0^{\pi/2} = -1.$ □

Additivität des Integrals

Für jede beliebige Stelle c aus dem Integrationsbereich $a \leq x \leq b$ von f gilt

$$\int_a^b f(x)\,dx = \int_a^c f(x)\,dx + \int_c^b f(x)\,dx.$$

Die Additivität des Integrals nutzt man aus, wenn eine Funktion auf Teilintervallen unterschiedliche Funktionsvorschriften besitzt.

Beispiel 8.13. Gegeben ist die Funktion $f(x)$, die definiert ist durch

$$f(x) = \begin{cases} x^2 & \text{für } 0 \leq x \leq 1 \\ -x+2 & \text{für } 1 \leq x \leq 2 \end{cases}$$

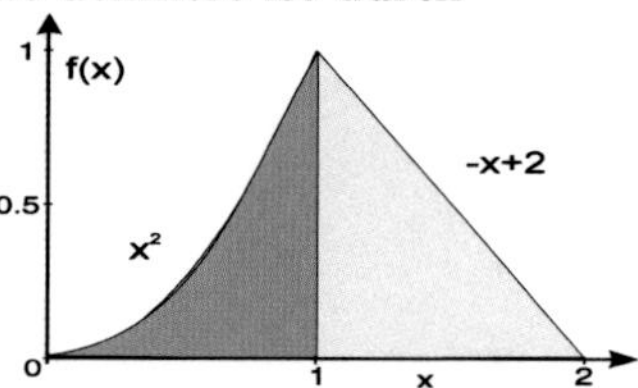

Um die Fläche unterhalb der Kurve f im Bereich $[0, 2]$ zu berechnen, muss man das Integral aufspalten in ein Integral über $[0, 1]$ und $[1, 2]$, da die Funktion in beiden Teilintervallen eine unterschiedliche Funktionsvorschrift hat. Daher ist

$$A = \int_0^2 f(x)\,dx = \int_0^1 x^2\,dx + \int_1^2 (-x+2)\,dx$$
$$= \left[\frac{x^3}{3}\right]_0^1 + \left[\frac{-x^2}{2} + 2x\right]_1^2 = \frac{1}{3} + \frac{1}{2} = \frac{5}{6}.$$ □

8.4 Integrationsmethoden

Die Integration von Funktionen erweist sich in praktischen Fällen oftmals schwieriger als die Differenziation. Während sich das Differenzieren durch Anwendung einfacher Regeln (Produkt-, Quotienten-, Kettenregel) erledigen lässt, ist das Integrieren mit größeren Schwierigkeiten verbunden. Trotzdem kann in vielen Fällen durch eine der folgenden Integrationsmethoden eine Stammfunktion gefunden werden.

8.4.1 Partielle Integration

Die *partielle Integration* ist das Pendant zur Produktregel der Differenziation, welche besagt, dass

$$(u(x) \cdot v(x))' = u'(x)\, v(x) + u(x)\, v'(x).$$

Wir lösen diese Gleichung nach $u(x)\, v'(x)$ auf und integrieren anschließend

$$\begin{aligned} u(x)\, v'(x) &= (u(x)\, v(x))' - u'(x)\, v(x) \\ \int_a^b u(x)\, v'(x)\, dx &= \int_a^b (u(x)\, v(x))'\, dx - \int_a^b u'(x)\, v(x)\, dx. \end{aligned}$$

Nach dem Fundamentalsatz der Differenzial- und Integralrechnung ist

$$\int_a^b (u(x)\, v(x))'\, dx = [u(x) \cdot v(x)]_a^b,$$

so dass gilt

Partielle Integration

$$\int_a^b u(x)\, v'(x)\, dx = [u(x)\, v(x)]_a^b - \int_a^b u'(x)\, v(x)\, dx.$$

Bemerkungen:

(1) Ob die Integration nach der Methode der partiellen Integration gelingt, hängt von der "richtigen" (geeigneten) Wahl von $u(x)$ und $v'(x)$ ab.

(2) In manchen Fällen muss das Integrationsverfahren mehrmals angewendet werden, ehe man auf ein Grundintegral stößt.

(3) Insbesondere bei der Integration von Funktionen, die als einen Faktor eine trigonometrische Funktion enthalten, tritt nach ein- bzw. mehrmaliger partieller Integration der Fall auf, dass das zu berechnende Integral, mit einem Faktor versehen, auf der rechten Seite wieder auftritt. In diesem Fall löst man die Gleichung nach dem gesuchten Integral auf.

(4) Die Formel der partiellen Integration gilt auch für unbestimmte Integrale

$$\int u(x)\, v'(x)\, dx = u(x)\, v(x) - \int u'(x)\, v(x)\, dx.$$

Beispiele 8.14 (Partielle Integration):

① Gesucht ist $\int_1^2 x\, e^x\, dx$.
Wir setzen

$$\boxed{\begin{array}{lcl} u(x) = x & \Rightarrow & u'(x) = 1 \\ v'(x) = e^x & \Rightarrow & v(x) = e^x \end{array}}$$

und erhalten

$$\begin{aligned} \int_1^2 x\, e^x\, dx &= [x\, e^x]_1^2 - \int_1^2 1 \cdot e^x\, dx = [x\, e^x]_1^2 - [e^x]_1^2 \\ &= 2\, e^2 - e^1 - e^2 + e^1 = e^2. \end{aligned}$$

Ferner gilt $\int x\, e^x\, dx = e^x\,(x-1) + C$.

② Gesucht ist $\int x^2 \cos x\, dx$.

Wir setzen

$$\boxed{\begin{array}{lcl} u(x) = x^2 & \Rightarrow & u'(x) = 2x \\ v'(x) = \cos x & \Rightarrow & v(x) = \sin x \end{array}}$$

und erhalten

$$\int x^2 \cos x\, dx = x^2 \sin x - \int 2x\, \sin x\, dx.$$

Nochmalige partielle Integration von $\int 2x \sin x\, dx$ liefert mit

$$\boxed{\begin{array}{lcl} u(x) = 2x & \Rightarrow & u'(x) = 2 \\ v'(x) = \sin x & \Rightarrow & v(x) = -\cos x \end{array}}$$

$$\begin{aligned} \int x^2 \cos x\, dx &= x^2 \sin x - \left[2x\, (-\cos x) - \int 2\, (-\cos x)\, dx\right] \\ &= x^2 \sin x + 2x\, \cos x - 2\, \sin x + C. \end{aligned}$$

□

Tipp: In der Regel setzt man $u(x)$ gleich dem Potenzfaktor, um so durch mehrmalige partielle Integration diesen Term zu reduzieren. In manchen Fällen führt aber $v'(x) = 1 \Rightarrow v(x) = x$ zum Ziel. In anderen wiederum taucht das zu berechnende Integral auf der rechten Seite der Gleichung wieder auf. Dann löst man die Gleichung nach dem Integral auf:

③ Gesucht ist $\int \ln x \, dx$: Mit

$u(x) = \ln x$	$\Rightarrow$	$u'(x) = \frac{1}{x}$
$v'(x) = 1$	$\Rightarrow$	$v(x) = x$

folgt

$$\int \ln x \, dx = x \ln x - \int \frac{1}{x} \cdot x \, dx = x \ln x - x + C.$$

④ Gesucht ist $\int \cos^2 x \, dx = \int \cos x \cdot \cos x \, dx$: Mit

$u(x) = \cos x$	$\Rightarrow$	$u'(x) = -\sin x$
$v'(x) = \cos x$	$\Rightarrow$	$v(x) = \sin x$

ist

$$\int \cos^2 x \, dx = \cos x \sin x - \int -\sin x \sin x \, dx = \cos x \sin x + \int \sin^2 x \, dx.$$

Wir ersetzen $\sin^2 x = 1 - \cos^2 x$.

$$\Rightarrow \int \cos^2 x \, dx = \cos x \sin x + x - \int \cos^2 x \, dx.$$

Addieren wir $\int \cos^2 x \, dx$ auf beiden Seiten und dividieren anschließend durch 2, folgt

$$\int \cos^2 x \, dx = \tfrac{1}{2} (\sin x \cos x + x) + C.$$ □

8.4.2 Integration durch Substitution

Ähnlich wie die partielle Integration auf der Produktregel basiert, lässt sich aus der Kettenregel die *Integralsubstitutions-Methode* herleiten. Mit $y = f(x)$ folgt für die Ableitung der Funktion $G(y) = G(f(x))$ nach x:

$$\frac{d}{dx} G(f(x)) = G'(f(x)) \cdot f'(x).$$

Hieraus ergibt sich dann durch Integration:

$$\int G'(f(x)) \, f'(x) \, dx = \int \frac{d}{dx}(G(f(x)) \, dx = G(f(x)) + C$$

und schließlich

Substitutionsregel für unbestimmte Integrale

$$\int g(f(x)) \, f'(x) \, dx = G(f(x)) + C,$$

wenn G eine Stammfunktion von g ist, d.h. $g = G'$.

In der folgenden Tabelle sind einfache Spezialfälle dieser allgemeinen Substitutionsregel angegeben. Sie lassen sich in konkreten Beispielen einfacher anwenden. Man beachte, dass die Fälle (A), (B) und (C) als Spezialfälle in (D) enthalten sind.

Tabelle 8.4: Einfache Integralsubstitutionen

	Integraltyp	Substitution	Lösung
(A)	$\int g\,(a\,x+b)\;dx$	$y=a\,x+b$	$\frac{1}{a}\,G\,(a\,x+b)+C$
(B)	$\int f\,(x)\;f'\,(x)\;dx$	$y=f\,(x)$	$\frac{1}{2}\,f^2\,(x)+C$
(C)	$\int \frac{f'\,(x)}{f\,(x)}\;dx$	$y=f\,(x)$	$\ln\lvert f\,(x)\rvert+C$
(D)	$\int g\,(f\,(x))\;f'\,(x)\;dx$	$y=f\,(x)$	$G\,(f\,(x))+C$

Beispiele 8.15 (Integralsubstitutionen nach Tabelle 8.4):

(A1) $\int_2^3 (2x-3)^4\;dx = ?$

Wir bestimmen zuerst eine Stammfunktion und setzen dann zur Berechnung des bestimmten Integrals die obere und untere Integrationsgrenze ein. Dazu substituiert man $\boxed{y=2x-3}$ und ersetzt jeden Term des Integrals, der die Integrationsvariable x enthält, durch einen entsprechenden Term mit y. Insbesondere muss auch das Differenzial dx durch einen entsprechenden Term mit dy ersetzt werden.

Aus $y=2x-3 \quad \hookrightarrow y'=\frac{dy}{dx}=2 \quad \hookrightarrow dx=\frac{1}{2}\,dy$. Somit ist

$$\int (2x-3)^4\;dx = \int y^4\,\tfrac{1}{2}\,dy = \tfrac{1}{2}\int y^4\,dy = \tfrac{1}{2}\,\tfrac{1}{5}\,y^5 + C.$$

Nach Berechnung des Integrals wird durch Rücksubstitution y wieder durch $2x-3$ ersetzt:

$$\int (2x-3)^4\;dx = \tfrac{1}{10}\,(2x-3)^5 + C.$$

Das bestimmte Integral ist daher

$$\int_2^3 (2x-3)^4\;dx = \left[\tfrac{1}{10}\,(2x-3)^5\right]_2^3 = \tfrac{1}{10}\,[243-1] = 24.2\,.$$

(A1') Führt man alternativ die Substitutionsmethode direkt beim bestimmten Integral

$$\int_2^3 (2x-3)^4 \, dx$$

durch, müssen auch die Integrationsgrenzen ersetzt werden! Es erfolgt dann nach der Berechnung des substituierten Integrals keine Rücksubstitution mehr. Aus $y = 2x - 3$ folgt für die untere Grenze $x_u = 2 \hookrightarrow y_u = 1$ und für die obere Grenze $x_o = 3 \hookrightarrow y_o = 3$:

$$\int_2^3 (2x-3)^4 \, dx = \int_1^3 y^4 \frac{1}{2} \, dy = \left[\tfrac{1}{10} \, y^5\right]_1^3 = \tfrac{1}{10} \, [243 - 1] = 24.2 \, .$$

(A2) $\displaystyle\int_0^1 \frac{1}{1+4x} \, dx = ?$

Man substituiere $\boxed{y = 1 + 4x}$ $\hookrightarrow y' = \dfrac{dy}{dx} = 4 \quad \hookrightarrow dx = \tfrac{1}{4} \, dy.$

$$\hookrightarrow \int \frac{1}{1+4x} \, dx = \int \frac{1}{y} \cdot \frac{1}{4} \, dy = \frac{1}{4} \int \frac{1}{y} \, dy = \frac{1}{4} \ln |y| + C.$$

Durch Rücksubstitution $y = 1 + 4x$ folgt

$$\int \frac{1}{1+4x} \, dx = \frac{1}{4} \ln |1 + 4x| + C.$$

Für das bestimmte Integral gilt

$$\int_0^1 \frac{1}{1+4x} \, dx = \left[\frac{1}{4} \ln |1 + 4x|\right]_0^1 = \frac{1}{4} \ln 5 - \frac{1}{4} \ln 1 = \frac{1}{4} \ln 5 \, .$$

(B1) $\displaystyle\int \sin x \, \cos x \, dx = ?$

Man substituiere $\boxed{y = \sin x}$ $\hookrightarrow y' = \dfrac{dy}{dx} = \cos x \quad \hookrightarrow dx = \dfrac{1}{\cos x} \, dy.$

$$\hookrightarrow \int \sin x \, \cos x \, dx = \int y \, \cos x \, \frac{1}{\cos x} \, dy = \int y \, dy = \frac{1}{2} \, y^2 + C.$$

Durch Rücksubstitution $y = \sin x$ folgt

$$\int \sin x \, \cos x \, dx = \frac{1}{2} \, \sin^2 x + C.$$

(B2) $\displaystyle\int_1^2 \frac{\ln x}{x}\, dx = ?$

Substitution: $\boxed{y = \ln x}$ $\hookrightarrow y' = \dfrac{dy}{dx} = \dfrac{1}{x}$ $\hookrightarrow dx = x\, dy.$

$$\hookrightarrow \int \frac{\ln x}{x}\, dx = \int \frac{y}{x} \cdot x\, dy = \int y\, dy = \frac{1}{2}\, y^2 + C.$$

Rücksubstitution: $\int \dfrac{\ln x}{x}\, dx = \frac{1}{2}\, \ln^2 x + C.$

Berechnung des bestimmten Integrals:

$$\int_1^2 \frac{\ln x}{x}\, dx = \frac{1}{2}\, \left[\ln^2 x\right]_1^2 = \frac{1}{2}\, \ln^2 2\,.$$

(C1) $\displaystyle\int \frac{2x-3}{x^2-3x+1}\, dx = \int \frac{2x-3}{y} \cdot \frac{dy}{2x-3}$

$$= \int \frac{1}{y}\, dy = \ln|y| + C = \ln\left|x^2 - 3x + 1\right| + C$$

mit der Substitution $\boxed{y = x^2 - 3x + 1}$ und $dx = \dfrac{1}{2x-3}\, dy.$

(C2) $\displaystyle\int_0^1 \frac{e^x}{2\, e^x + 5}\, dx = ?$

Substitution: $\boxed{y = 2\, e^x + 5}$ $\hookrightarrow y' = \dfrac{dy}{dx} = 2\, e^x$ $\hookrightarrow dx = \dfrac{1}{2\, e^x}\, dy.$

obere Grenze $x_o = 1 \hookrightarrow y_o = 2\, e + 5$

untere Grenze $x_u = 0 \hookrightarrow y_u = 7.$

$$\begin{aligned}\int_0^1 \frac{e^x}{2\, e^x + 5}\, dx &= \int_7^{2e+5} \frac{e^x}{y} \cdot \frac{1}{2\, e^x}\, dy = \frac{1}{2} \int_7^{2e+5} \frac{1}{y}\, dy \\ &= \tfrac{1}{2}\, \ln y\, \big|_7^{2e+5} = \tfrac{1}{2}\, [\ln(2\, e + 5) - \ln 7] = 0.1997\,.\end{aligned}$$

(D1) $\displaystyle\int \left(x^3 + 2\right)^{\frac{1}{2}}\, x^2\, dx = ?$

Substitution: $\boxed{y = x^3 + 2}$ $\hookrightarrow \dfrac{dy}{dx} = 3x^2$ $\hookrightarrow dx = \dfrac{1}{3x^2}\, dy.$

$$\int \left(x^3 + 2\right)^{\frac{1}{2}}\, x^2\, dx = \int y^{\frac{1}{2}} \cdot x^2 \cdot \frac{1}{3x^2}\, dy = \frac{1}{3} \int y^{\frac{1}{2}}\, dy = \frac{1}{3}\, \frac{2}{3}\, y^{\frac{3}{2}} + C.$$

Rücksubstitution:

$$\int \left(x^3+2\right)^{\frac{1}{2}}\; x^2\, dx = \frac{2}{9}\,\left(x^3+2\right)^{\frac{3}{2}} + C.$$

(D2) $\displaystyle\int \frac{e^x + x\,e^x}{\left(x\,e^x\right)^3}\, dx = ?$

Substitution: $\boxed{y = x\,e^x}$ $\quad\hookrightarrow \dfrac{dy}{dx} = e^x + x\,e^x \quad \hookrightarrow dx = \dfrac{1}{e^x + x\,e^x}\, dy.$

$$\int \frac{e^x + x\,e^x}{\left(x\,e^x\right)^3}\, dx = \int \frac{e^x + x\,e^x}{y^3} \cdot \frac{1}{e^x + x\,e^x}\, dy = \int y^{-3}\, dy = -\frac{1}{2}\, y^{-2} + C.$$

Rücksubstitution: $\displaystyle\int \frac{e^x + x\,e^x}{\left(x\,e^x\right)^3}\, dx = -\frac{1}{2}\,\left(x\,e^x\right)^{-2} + C.$ □

Tipp: In der Regel sucht man im Integranden eine Funktion $f(x)$, deren Ableitung $f'(x)$ als Faktor vorkommt. Dann substituiert man die Funktion $y = f(x)$!

Tipp: Wenn bei einem *bestimmten* Integral eine Substitution durchgeführt wird, müssen auch die Integrationsgrenzen ersetzt werden. Dafür erspart man sich zum Schluss die Rücksubstitution.

Man beachte: Außer den in Tabelle 8.4 angegebenen Substitutionsregeln gibt es noch viele andere. U.a. die in Tabelle 8.5 beschriebenen:

Tabelle 8.5: Weitere Integralsubstitutionen

	Integraltyp	Substitution
(E)	$\int g\left(x, \sqrt{a^2 - x^2}\right)\, dx$	$x = a \cdot \sin(y)$
(F)	$\int g\left(x, \sqrt{x^2 + a^2}\right)\, dx$	$x = a \cdot \sinh(y)$
(G)	$\int g\left(x, \sqrt{x^2 - a^2}\right)\, dx$	$x = a \cdot \cosh(y)$

Beispiele 8.16 (Integralsubstitutionen nach Tabelle 8.5):

(E1) $\displaystyle\int \frac{dx}{\sqrt{4 - x^2}} = \int \frac{2\,\cos(y)}{2\,\cos(y)}\, dy = \int dy = y + C = \arcsin\left(\frac{1}{2}x\right) + C$

mit der Substitution $\boxed{x = 2\,\sin(y)}$ folgt

$$\frac{dx}{dy} = 2\,\cos(y) \hookrightarrow dx = 2\,\cos(y)\;dy$$

und $\sqrt{4 - x^2} = \sqrt{4 - 4\sin^2(y)} = 2\,\cos(y)$, da $\cos^2(y) + \sin^2(y) = 1$.

$$\text{(E2)} \int \frac{x}{\sqrt{4 - x^2}} dx = \int \frac{2\,\sin(y)\,2\,\cos(y)}{2\,\cos(y)}\,dy = 2\int \sin(y)\,dy$$

$$= -2\,\cos(y) + C = -2\sqrt{1 - \sin^2(y)} + C$$

$$= -2\sqrt{1 - \frac{x^2}{4}} + C = -\sqrt{4 - x^2} + C$$

mit der Substitution wie unter (E1): $\boxed{x = 2\,\sin(y)}$ und $y = \arcsin(\frac{x}{2})$.

$$\text{(F)} \int \frac{dx}{\sqrt{1 + x^2}} = \int \frac{\cosh(y)}{\cosh(y)}\,dy = \int dy$$

$$= y + C = ar\sinh(x) + C = \ln\left(x + \sqrt{1 + x^2}\right) + C$$

mit der Substitution $\boxed{x = \sinh(y)}$ folgt

$$\frac{dx}{dy} = \cosh(y) \hookrightarrow dx = \cosh(y)\;dy$$

und $\sqrt{1 + x^2} = \sqrt{1 + \sinh^2(y)} = \cosh(y)$, da $\cosh^2(y) - \sinh^2(y) = 1$.

$$\text{(G)} \int \frac{dx}{\sqrt{x^2 - 25}} = \int \frac{5\sinh(y)}{5\sinh(y)}\,dy = \int dy$$

$$= y + C = ar\cosh\left(\frac{x}{5}\right) + C = \ln\left(\frac{x}{5} + \sqrt{\left(\frac{x}{5}\right)^2 - 1}\right) + C$$

mit $\boxed{x = 5\cosh(y)} \hookrightarrow \frac{dx}{dy} = 5\sinh(y) \hookrightarrow dx = 5\sinh(y)\,dy$

und $\sqrt{x^2 - 25} = \sqrt{25\cosh^2(y) - 25} = 5\sqrt{\cosh^2(y) - 1} = 5\sinh(y)$,

da $\cosh^2(y) - \sinh^2(y) = 1$. Bei der Aufgabenstellung wird vorausgesetzt, dass $|x| \geq 5$. □

Trotz der Vielfalt der Substitutionen gibt es bei der Berechnung von Integralen keine allgemeinen Rezepte, die stets zum Ziel führen!

8.4.3 Partialbruchzerlegung

Für rationale Funktionen $f(x) = \frac{Z(x)}{N(x)}$ ($Z(x)$, $N(x)$ Polynome) gibt es eine spezielle Integrationstechnik, die sog. *Partialbruchzerlegung*. Durch diese Methode lassen sich rationale Funktionen in geschlossener Form integrieren. Zur Durchführung müssen sie in einer echt gebrochenrationalen Darstellung vorliegen. Eine rationale Funktion heißt *echt gebrochenrational*, wenn der Grad des Zählerpolynoms kleiner dem Grad des Nennerpolynoms ist, sonst heißt die Funktion *unecht gebrochen*. Bei einer unecht gebrochenrationalen Funktion sorgt man durch *Polynomdivision* dafür, dass anschließend der Grad des Zählers kleiner als der Grad des Nenners ist:

Beispiel 8.17. $\frac{2x^3 - 2x^2 - 5x + 7}{x^2 - 3x + 2}$:

$$
\begin{array}{rrrrl}
(2x^3 & -2x^2 & -5x & +7) & : \ (x^2 - 3x + 2) \ = 2x + 4 + \dfrac{3x - 1}{x^2 - 3x + 2} \\
-(2x^3 & -6x^2 & +4x) & & \\
\hline
& 4x^2 & -9x & +7 & \\
& -(4x^2 & -12x & +8) & \\
\hline
& & 3x & -1 &
\end{array}
$$

□

Eine echt gebrochenrationale Funktion lässt sich eindeutig in Partialbrüche zerlegen. Wir gehen im Folgenden immer davon aus, dass

$$\boxed{f(x) = \frac{p(x)}{q(x)}}$$

eine echt gebrochenrationale Funktion mit Grad $(p) <$ Grad $(q) = n$ ist.

Partialbruchzerlegung bei einfachen Nullstellen

Hat $q(x) = a_n (x - x_1)(x - x_2) \cdot \ldots \cdot (x - x_n)$ n **einfache reelle Nullstellen**, dann führt der Ansatz

$$f(x) = \frac{A_1}{x - x_1} + \frac{A_2}{x - x_2} + \ldots + \frac{A_n}{x - x_n}$$

zu einer eindeutigen Zerlegung von $f(x)$ in **Partialbrüche** $\frac{A_i}{x - x_i}$.

Beispiel 8.18 (Musterbeispiel). $\int \frac{3x - 1}{x^2 - 3x + 2}\, dx = ?$

Um eine Partialbruchzerlegung durchführen zu können, müssen zuerst die Nullstellen des Nenners von $f(x) = \frac{3x - 1}{x^2 - 3x + 2}$ bestimmt werden. Aus

$$x^2 - 3x + 2 = 0$$

folgt durch die pq-Formel $x_{1/2} = \frac{3}{2} \pm \sqrt{\frac{9}{4} - 2}$. Daher sind $x_1 = 1$ und $x_2 = 2$ die Nullstellen des Nennerpolynoms und $f(x) = \frac{3x-1}{x^2-3x+2} = \frac{3x-1}{(x-1)(x-2)}$. Durch den Ansatz

$$f(x) = \frac{3x-1}{(x-1)(x-2)} = \frac{A_1}{x-1} + \frac{A_2}{x-2}$$

erhält man die Partialbruchzerlegung. Um A_1 und A_2 zu berechnen, bildet man den Hauptnenner

$$\frac{A_1}{x-1} + \frac{A_2}{x-2} = \frac{A_1(x-2) + A_2(x-1)}{(x-1)(x-2)} \stackrel{!}{=} \frac{3x-1}{x^2-3x+2}$$

und vergleicht den Zähler mit $3x - 1$:

$$A_1(x-2) + A_2(x-1) = 3x - 1 \quad \text{für alle } x.$$

Zur Bestimmung der Konstanten A_1 und A_2 führt man entweder einen Koeffizientenvergleich durch oder man setzt spezielle Werte für x ein:

$$\begin{array}{lll} x = 1: & A_1(1-2) & = 3 - 1 \qquad \boxed{\Rightarrow A_1 = -2} \\ x = 2: & A_2(2-1) & = 5 \qquad \boxed{\Rightarrow A_2 = 5.} \end{array}$$

Also ist

$$f(x) = \frac{-2}{x-1} + \frac{5}{x-2}$$

und damit

$$\begin{aligned} \int f(x)\,dx &= -2\int \frac{1}{x-1}\,dx + 5\int \frac{1}{x-2}\,dx \\ &= -2\ln|x-1| + 5\ln|x-2| + C \\ &= \ln|x-1|^{-2} + \ln|x-2|^5 + C = \ln\left|\frac{(x-2)^5}{(x-1)^2}\right| + C. \end{aligned}$$ □

Hat das Nennerpolynom doppelte oder mehrfache Nullstellen, dann muss die Partialbruchzerlegung für diese Nullstellen modifiziert werden:

$q(x)$ hat mehrfache reelle Nullstellen.

Sei x_l eine k-fache Nullstelle, d.h. neben anderen Nullstellen tritt der Term $(x - x_l)$ mit der Potenz k in der Produktdarstellung von $q(x)$ auf. Dann ist diese k-fache Nullstelle neben den anderen folgendermaßen zu berücksichtigen:

$$f(x) = \ldots + \frac{B_1}{x-x_l} + \frac{B_2}{(x-x_l)^2} + \ldots + \frac{B_k}{(x-x_l)^k}.$$

Beispiel 8.19. $\displaystyle\int \frac{2x^2+3x+1}{x^3-5x^2+8x-4}\,dx = ?$

$x=1$ ist eine einfache und $x=2$ eine doppelte Nullstelle des Nennerpolynoms, da $x^3-5x^2+8x-4=(x-1)\,(x-2)^2$. Für die Partialbruchzerlegung des Integranden f wählen wir daher den Ansatz

$$\begin{aligned} f(x) &= \frac{A}{x-1}+\frac{B_1}{x-2}+\frac{B_2}{(x-2)^2} \\ &= \frac{A\,(x-2)^2+B_1\,(x-2)\,(x-1)+B_2\,(x-1)}{(x-1)\,(x-2)^2}. \end{aligned}$$

Nach Multiplikation mit dem Hauptnenner folgt

$$2x^2+3x+1 \overset{!}{=} A\,(x-2)^2+B_1\,(x-2)\,(x-1)+B_2\,(x-1)\,.$$

Wir setzen zur Bestimmung von A, B_1 und B_2 spezielle x-Werte ein:

$x=1:\ \boxed{6=A}$

$x=2:\ \boxed{15=B_2}$

$x=0:\ 1=4\,A+2\,B_1-B_2 \Rightarrow 1=9+2\,B_1 \quad \Rightarrow \boxed{B_1=-4}$

Folglich ist

$$\begin{aligned} &\int \frac{2x^2+3x+1}{x^3-5x^2+8x-4}\,dx \\ &\quad = 6\int \frac{1}{x-1}\,dx - 4\int \frac{1}{x-2}\,dx + 15\int \frac{1}{(x-2)^2}\,dx \\ &\quad = 6\,\ln|x-1| - 4\ln|x-2| - 15\,\frac{1}{x-2} + C. \end{aligned}$$

□

Beispiel 8.20 (Musterbeispiel). $\displaystyle\int \frac{x^6-2x^5+x^4+4x+1}{x^4-2x^3+2x-1}\,dx = ?$

(i) Wir zerlegen durch Polynomdivision den Integrand in ein Polynom und eine echt gebrochenrationale Funktion:

$$\begin{aligned} \frac{x^6-2x^5+x^4+4x+1}{x^4-2x^3+2x-1} &= \left(x^6-2x^5+x^4+4x+1\right) : \left(x^4-2x^3+2x-1\right) \\ &= x^2+1+\frac{x^2+2x+2}{x^4-2x^3+2x-1}. \end{aligned}$$

(ii) Da das Nennerpolynom vom Grad 4 ist, können die Nullstellen des Nennerpolynoms nicht durch eine Formel berechnet werden. Man muss daher eine Nullstelle x_0 erraten und dann den Grad entweder wieder durch Polynomdivision des Nenners durch $(x-x_0)$ oder durch Anwenden des Horner-Schemas reduzieren. Für das Nennerpolynom x^4-2x^3+2x-1 erhält man:

$x_1 = \ \ 1$ ist dreifache Nullstelle

$x_2 = -1$ ist einfache Nullstelle

Damit erhält man die Linearfaktorzerlegung

$$x^4 - 2x^3 + 2x - 1 = (x-1)^3\,(x+1)$$

(iii) Jeder Nullstelle werden gemäß ihrer Vielfachheit die Partialbrüche zugeordnet:

$$\begin{aligned} x_1 = 1: &\quad \frac{A_1}{x-1} + \frac{A_2}{(x-1)^2} + \frac{A_3}{(x-1)^3}\,; \\ x_2 = -1: &\quad \frac{B}{x+1}\,. \end{aligned}$$

Darstellung von $\frac{p(x)}{q(x)}$ durch Partialbrüche:

$$\frac{x^2+2x+2}{x^4-2x^3+2x-1} = \frac{A_1}{(x-1)} + \frac{A_2}{(x-1)^2} + \frac{A_3}{(x-1)^3} + \frac{B}{x+1}$$

$$= \frac{A_1\,(x-1)^2\,(x+1) + A_2\,(x-1)\,(x+1) + A_3\,(x+1) + B\,(x-1)^3}{HN}$$

(iv) Die Bestimmung der Koeffizienten erfolgt, indem mit dem Hauptnenner (HN) multipliziert und spezielle x-Werte eingesetzt werden:

$$\begin{array}{llllrl} x = 1: & 5 & = A_3 \cdot 2 & \Rightarrow & A_3 & = \frac{5}{2} \\ x = -1: & 1 & = B \cdot (-2)^3 & \Rightarrow & B & = -\frac{1}{8} \\ x = 0: & 2 & = A_1 - A_2 + \frac{5}{2} + \left(-\frac{1}{8}\right)(-1) & \Rightarrow & A_1 - A_2 & = -\frac{5}{8} \\ x = 2: & 10 & = 3\,A_1 + 3\,A_2 + \frac{5}{2}\cdot 3 + \left(-\frac{1}{8}\right) & \Rightarrow & A_1 + A_2 & = \frac{7}{8} \end{array}$$

Durch Addition bzw. Subtraktion der beiden letzten Gleichungen folgt

$$A_1 = \tfrac{1}{8}\,,\ A_2 = \tfrac{3}{4}\,.$$

(v) Zum Schluss wird die Integration des Polynoms und der Partialbrüche durchgeführt:

$$\begin{aligned} &\int \frac{x^6 - 2x^5 + x^4 + 4x + 1}{x^4 - 2x^3 + 2x - 1}\,dx \\ &= \int \left(x^2+1\right)dx + \tfrac{1}{8}\int \frac{1}{x-1}\,dx + \tfrac{3}{4}\int \frac{1}{(x-1)^2}\,dx \\ &\quad + \tfrac{5}{2}\int \frac{1}{(x-1)^3}\,dx - \tfrac{1}{8}\int \frac{1}{x+1}\,dx \\ &= \tfrac{1}{3}\,x^3 + x + \tfrac{1}{8}\,\ln|x-1| - \tfrac{3}{4}\,\frac{1}{(x-1)} - \tfrac{5}{4}\,\frac{1}{(x-1)^2} - \tfrac{1}{8}\,\ln|x+1| + C \square \end{aligned}$$

Zusammenfassung:
Integration gebrochenrationaler Funktionen

Jede rationale Funktion $f(x) = \frac{Z(x)}{N(x)}$ ($Z(x)$, $N(x)$ Polynome) lässt sich mit Hilfe algebraischer Methoden integrieren, wenn $N(x)$ im Reellen in Linearfaktoren zerfällt:

(1) Zerlegung der Funktion $f(x) = r(x) + \dfrac{p(x)}{q(x)}$ in ein Polynom $r(x)$ und eine echt gebrochenrationale Funktion $\frac{p(x)}{q(x)}$. (Man beachte: $N(x) = q(x)$).

(2) Bestimmung der reellen Nullstellen von $q(x)$ und deren Vielfachheit.

(3) Jeder Nullstelle x_0 von $q(x)$ werden entsprechend ihrer Vielfachheit Partialbrüche zugeordnet

$$x_0 \text{ einfache Nullstelle} \quad \rightarrow \quad \frac{A}{x - x_0}$$

$$x_0 \text{ zweifache Nullstelle} \quad \rightarrow \quad \frac{A_1}{x - x_0} + \frac{A_2}{(x - x_0)^2}$$

$$\vdots$$

$$x_0\ k\text{-fache Nullstelle} \quad \rightarrow \quad \frac{A_1}{x - x_0} + \frac{A_2}{(x - x_0)^2} + \ldots + \frac{A_k}{(x - x_0)^k}.$$

Die echt gebrochenrationale Funktion $\frac{p(x)}{q(x)}$ ist dann als Summe aller Partialbrüche darstellbar.

(4) Bestimmung der in den Partialbrüchen auftretenden Konstanten (entweder durch Koeffizientenvergleich und Lösen des zugehörigen linearen Gleichungssystems oder durch Einsetzen spezieller x-Werte).

(5) Integration von $r(x)$ und sämtlicher Partialbrüche mit

$$\int \frac{1}{x - x_0}\, dx = \ln|x - x_0| + C;$$

$$\int \frac{1}{(x - x_0)^k}\, dx = -\frac{1}{k-1} \frac{1}{(x - x_0)^{k-1}} + C.$$

Ergänzungen: Nach dem Zusatz zum Fundamentalsatz der Algebra (siehe Band 1, Kap. 5.2.7) hat ein reelles Polynom genau n Nullstellen, die entweder reell oder paarweise komplex konjugiert auftreten. Für **komplexe Nullstellen** gelten die Partialbrüche:

(1) Hat das Polynom $q(x)$ in $x_0 = a + i\,b$ eine komplexe Nullstelle, so ist auch $\bar{x}_0 = a - i\,b$ eine Nullstelle und das Produkt

$$(x - x_0)\,(x - \bar{x}_0) = (x - a)^2 + b^2$$

reell unzerlegbar. Alle derartigen einfachen komplexen Nullstellen sind im Ansatz neben den übrigen Nullstellen zu berücksichtigen durch

$$f(x) = \ldots + \frac{C\,x + D}{(x - a)^2 + b^2} + \ldots$$

(2) Liegen die komplexen Nullstellen k-fach vor, so wird der Ansatz modifiziert

$$f(x) = \ldots + \frac{C_1\,x + D_1}{(x-a)^2 + b^2} + \frac{C_2\,x + D_2}{\left[(x-a)^2 + b^2\right]^2} + \ldots + \frac{C_k\,x + D_k}{\left[(x-a)^2 + b^2\right]^k} + \ldots$$

Beispiele 8.21 (Mit Maple-Worksheet):

① $\int \frac{2x^3 + x^2 + 2x + 2}{x^4 + 2x^2 + 1}\,dx =?$: Die Nullstellen des Nenners $q(x)$ lauten $-i,\ -i,\ i,\ i$. D.h. $x = i$ und $x = -i$ sind jeweils doppelte Nullstellen. Die Zerlegung des Integranden in Partialbrüche lautet daher

$$\frac{2x}{x^2 + 1} + \frac{1}{x^2 + 1} + \frac{1}{(x^2 + 1)^2}$$

und die anschließende Integration liefert

$$\ln\left(x^2 + 1\right) + \frac{3}{2}\arctan(x) + \frac{x}{2\,(x^2 + 1)} + C$$

② $\int \frac{x^3 + 2x^2 - 1}{x^4 - 2x^3 + 2x^2 - 2x + 1}\,dx =?$: Die Nullstellen des Nenners sind 1 (doppelt) und $\pm i$. Eine Partialbruchzerlegung liefert

$$\frac{1 - 3x}{2\,(x^2 + 1)} + \frac{5}{2\,(x - 1)} + \frac{1}{(x - 1)^2}$$

mit der anschließenden Integration

$$-\frac{3}{4}\ln\left(x^2 + 1\right) + \frac{1}{2}\arctan(x) + \frac{5}{2}\ln(x - 1) - \frac{1}{x - 1} + C. \qquad \square$$

8.5 Uneigentliche Integrale

Bisher wurde von den bestimmten Integralen stets vorausgesetzt, dass die Integrationsgrenzen endlich sind. Es tritt in den Anwendungen aber auch der Fall ein, dass sie nicht beschränkt sind und die Integrale dennoch existieren. Man betrachtet diese als Grenzfall der eigentlichen Integralen.

Definition: *Integrale, bei denen als Integrationsgrenzen* $\pm\infty$ *auftritt, bezeichnet man als* **uneigentliche Integrale:**

$$\int_a^{\infty} f(x)\, dx\,, \quad \int_{-\infty}^{b} f(x)\, dx\,, \quad \int_{-\infty}^{\infty} f(x)\, dx.$$

Anwendungsbeispiel 8.22 (Austrittsarbeit).

Im Gravitationsfeld der Erde soll eine Masse m aus der Entfernung r_0 ins Unendliche ($r = \infty$) gebracht werden. Welche Arbeit W_∞ ist dazu aufzuwenden und welche Geschwindigkeit (= *Fluchtgeschwindigkeit*) benötigt die Masse dazu? Die Arbeit W_R, die aufgebracht werden muss, um die Masse von $r = r_0$ nach $r = R$ zu bringen, ist über das Gravitationsgesetz

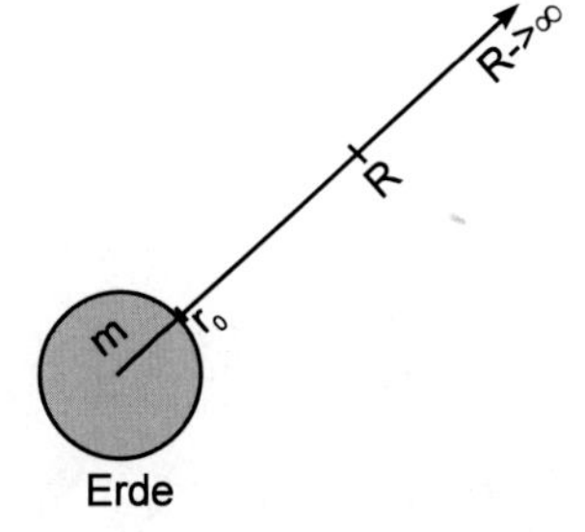

Abb. 8.2. Austrittsarbeit

$$F(r) = f\,\frac{mM}{r^2}$$

gegeben durch

$$W_R = \int_{r_0}^{R} F(r)\, dr \quad = \int_{r_0}^{R} f\,\frac{m\,M}{r^2}\, dr = f\,m\,M \int_{r_0}^{R} \frac{1}{r^2}\, dr = f\,m\,M \left[-\frac{1}{r}\right]_{r_0}^{R}$$

$$= f\,m\,M \left(\frac{1}{r_0} - \frac{1}{R}\right).$$

Dabei ist $f = 6.674 \cdot 10^{-11}\, \frac{m^3}{kg\, s^2}$ die Gravitationskonstante, $M = 5.972 \cdot 10^{24}\, kg$ die Masse der Erde und $r_0 = 6371\, km$ der Erdradius. Für $R \to \infty$ gilt dann

$$W_\infty = \lim_{R\to\infty} W_R = \lim_{R\to\infty} f\,m\,M \left[\frac{1}{r_0} - \frac{1}{R}\right] = \frac{f\,m\,M}{r_0}.$$

Dies ist dann gleich der kinetischen Energie $\frac{1}{2}\, m\, v^2$, welche die Masse zu Beginn besitzen muss; also ist die Fluchtgeschwindigkeit

$$v_\infty = \sqrt{\frac{2\,f\,M}{r_0}} = 11.2\,\frac{km}{s} = 40300\,\frac{km}{h}. \qquad \square$$

Das Vorgehen, welches in obigem Beispiel gewählt wurde, nämlich zunächst von r_0 bis R zu integrieren und dann $R \to \infty$ gehen zu lassen, ist die Berechnungsmethode von uneigentlichen Integralen:

Berechnung uneigentlicher Integralen der Form $\int_a^\infty f(x)\,dx$:

(1) Bestimmung der Integralfunktion $I(\lambda)$ als Funktion der oberen Grenze $I(\lambda) = \int_a^\lambda f(x)\,dx$.

(2) Bestimmung des Grenzwertes der Integralfunktion für $\lambda \to \infty$:

$$\int_a^\infty f(x)\,dx = \lim_{\lambda\to\infty} I(\lambda) = \lim_{\lambda\to\infty} \int_a^\lambda f(x)\,dx.$$

Beispiele 8.23:

① $\int_1^\infty \frac{1}{x^3}\,dx = ?$

$$\int_1^\infty \frac{1}{x^3}\,dx = \lim_{\lambda\to\infty} \int_1^\lambda \frac{1}{x^3}\,dx = \lim_{\lambda\to\infty} \left[-\frac{1}{2}\frac{1}{x^2}\right]_1^\lambda = \lim_{\lambda\to\infty} \frac{1}{2}\left(-\frac{1}{\lambda^2}+1\right) = \frac{1}{2}.$$

② $\int_1^\infty \frac{1}{r}\,dr = ?$ Dieses uneigentliche Integral existiert **nicht**:

$$\int_1^\infty \frac{1}{r}\,dr = \lim_{\lambda\to\infty} \int_1^\lambda \frac{1}{r}\,dr = \lim_{\lambda\to\infty} \ln r|_1^\lambda = \lim_{\lambda\to\infty} \ln(\lambda) = \infty.$$

□

Anwendungsbeispiel 8.24 (RL-Kreis).

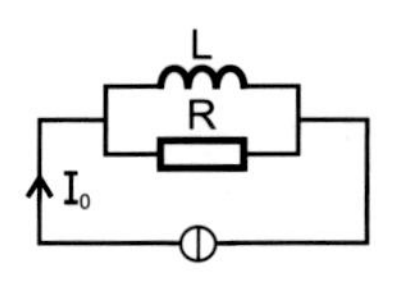

Abb. 8.3. RL-Kreis

Eine Spule (Induktivität L) und ein Ohmscher Widerstand R sind parallel geschaltet. Es fließt ein konstanter Strom I_0. Zum Zeitpunkt $t_0 = 0$ wird die Stromquelle abgeschaltet und der Strom nimmt gemäß $I(t) = I_0\, e^{-\frac{R}{L}t}$ ab. Die Energie, die in Form eines Magnetfeldes vorliegt, ist gegeben durch

$$\begin{aligned} E &= \int_0^\infty R\, I^2(t)\,dt = \lim_{T\to\infty} \int_0^T R\, I_0^2\, e^{-2\frac{R}{L}t}\,dt \\ &= R\, I_0^2 \lim_{T\to\infty} \left[-\frac{L}{2R}\, e^{-2\frac{R}{L}t}\right]_0^T = \frac{1}{2}\, L\, I_0^2. \end{aligned}$$

□

Bemerkungen:

(1) Die für die Anwendungen wichtigsten *Transformationen*, die *Laplace-Transformation* (siehe Kapitel 14) und die *Fourier-Transformation* (siehe Band 3), sind durch uneigentliche Integrale definiert. Die Laplace-Transformation ist gegeben durch

$$\mathcal{L}(f(t)) = F(s) = \int_0^\infty f(t)\ e^{-st}\, dt$$

und die Fourier-Transformation durch

$$\mathcal{F}(f(t)) = F(\omega) = \int_{-\infty}^\infty f(t)\ e^{-i\,\omega\, t}\, dt.$$

(2) Integrale mit *unbeschränktem* Integranden bezeichnet man ebenfalls als **uneigentliche Integrale**:

$$\int_0^1 \frac{1}{\sqrt{1-t}}\, dt$$

ist ein solches uneigentliches Integral, da der Integrand $\frac{1}{\sqrt{1-t}}$ nur für $0 \leq t < 1$ definiert ist. Dennoch hat das Integral einen endlichen Wert, da

$$\int_0^T \frac{1}{\sqrt{1-t}}\, dt = -2\sqrt{1-t}\Big|_0^T = 2 - 2\sqrt{1-T} \overset{T\to 1}{\longrightarrow} 2\,.$$

(3) Man unterscheidet also drei Formen von uneigentlichen Integralen:
1. Das Integrationsintervall ist unbeschränkt.
2. Der Integrand ist unbeschränkt.
3. Sowohl das Integrationsintervall als auch der Integrand sind unbeschränkt.

8.6 Anwendungen der Integralrechnung

8.6

In diesem Abschnitt werden einige wichtige Anwendungen der Integralrechnung angegeben. Weitere Anwendungen der Integralrechnung wie die Mittelungseigenschaft, die Bogenlänge und das Krümmungsverhalten sowie die Berechnung von Rotationskörpern zusammen mit der Visualisierung in MAPLE befinden sich auf der Homepage.

8.6.1 Flächenberechnungen

Aufgrund seiner Definition dient das Integral zunächst zur Berechnung von Flächeninhalten. Ein Flächenstück werde von $x = a$ und $x = b$, der x-Achse und der Funktion $f(x)$ begrenzt. Dann ist der Inhalt der Fläche gegeben durch

$$A = \int_a^b f(x)\, dx.$$

Anwendungsbeispiel 8.25 (Flächenberechnung).

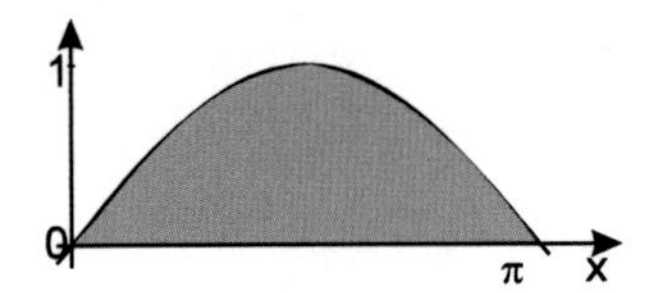

Abb. 8.4. Fläche unter Funktion

Gesucht ist das Flächenstück unter einer Sinushalbwelle (siehe Abb. 8.4):

$$\begin{aligned} A &= \int_0^{\pi} \sin x \, dx \\ &= -\cos x \big|_0^{\pi} = -(-1-1) = 2 \,. \end{aligned}$$

Die Kurve schließt mit der x-Achse eine Fläche mit dem Wert 2 ein. □

Der **Flächeninhalt zwischen zwei Kurven** $y = f(x)$ und $y = g(x)$ berechnet sich aus der Differenz der Einzelintegralen:

$$A = \int_a^b (f(x) - g(x)) \, dx = \int_a^b f(x) \, dx - \int_a^b g(x) \, dx .$$

Anwendungsbeispiel 8.26 (Fläche zwischen zwei Kurven).

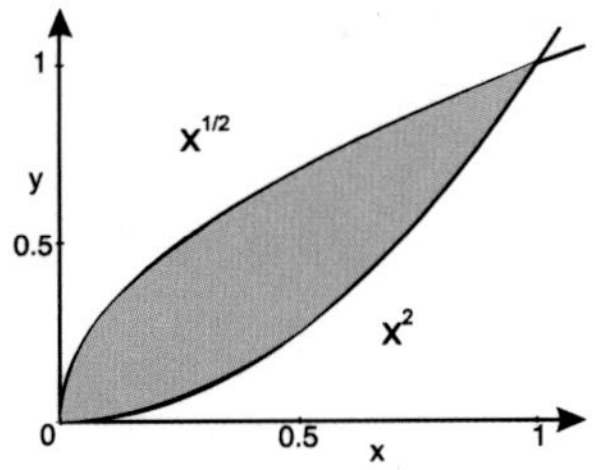

Abb. 8.5. Fläche zw. Funktionen

Gesucht ist die grau unterlegte Fläche zwischen der Funktion $y = \sqrt{x}$ und $y = x^2$ (siehe Abb. 8.5).

Um die grau schraffierte Fläche berechnen zu können, müssen zuerst die Schnittpunkte der Kurven bestimmt werden, da diese die Integrationsgrenzen liefern:

$$\sqrt{x} = x^2 \quad \hookrightarrow x = 0 \text{ und } x = 1.$$

Die durch die Kurven eingeschlossene Fläche wird nun berechnet mit dem bestimmten Integral über die Differenz der Funktionen:

$$\begin{aligned} A = \int_0^1 \left(\sqrt{x} - x^2\right) dx &= \int_0^1 x^{\frac{1}{2}} \, dx - \int_0^1 x^2 \, dx \\ &= \frac{2}{3} x^{\frac{3}{2}} \Big|_0^1 - \frac{1}{3} x^3 \Big|_0^1 \\ &= \frac{2}{3} - \frac{1}{3} = \frac{1}{3} \,. \end{aligned}$$

□

8.6.2 Kinematik

Für die Bewegung eines Massenpunktes gilt

$$v(t) = \dot{s}(t) = \tfrac{d}{dt}\, s(t) \qquad \text{(Geschwindigkeit)},$$

$$a(t) = \tfrac{d}{dt}\, v(t) = \dot{v}(t) = \ddot{s}(t) \qquad \text{(Beschleunigung)}.$$

Ist die Beschleunigung als Funktion der Zeit bekannt (z.B. durch ein Kraftgesetz), so folgt durch Integration die Geschwindigkeit $v(t)$ und durch nochmalige Integration das Weg-Zeit-Gesetz $s(t)$:

$$v(t) = \int a(t)\, dt,$$

$$s(t) = \int v(t)\, dt.$$

Anwendungsbeispiel 8.27 (Freier Fall ohne Luftreibung).

Für den freien Fall ohne Luftwiderstand ist die Beschleunigungskraft

$$m \cdot a = F_G = m\, g \quad \Rightarrow a(t) = g = const.$$

Damit folgt für die Geschwindigkeit

$$v(t) = \int a(t)\, dt = g\, t + C_1.$$

Die Integrationskonstante bestimmt sich aus der Anfangsgeschwindigkeit

$$v(0) = v_0 \quad \hookrightarrow \quad C_1 = v_0 \quad \Rightarrow \quad v(t) = g\, t + v_0.$$

Das Weg-Zeit-Gesetz folgt durch nochmalige Integration

$$s(t) = \int v(t)\, dt = \int (g\, t + v_0)\, dt = \frac{g}{2}\, t^2 + v_0\, t + C_2.$$

Die Integrationskonstante bestimmt sich aus der Anfangsposition

$$s(0) = s_0 \quad \hookrightarrow \quad C_2 = s_0 \quad \Rightarrow \quad s(t) = \frac{1}{2}\, g\, t^2 + v_0\, t + s_0\,.$$

□

Anwendungsbeispiel 8.28 (Bewegungsgleichung einer Rakete).

Eine Rakete steige senkrecht in die Luft auf und besitze eine konstante Schubkraft F_0. Die Massenabnahme der Rakete aufgrund der Verbrennung des Brennstoffes sei linear, d.h.

$$m(t) = m_0 - q\, t = m_0\, (1 - \alpha\, t) \qquad \text{mit } \alpha = \frac{q}{m_0},$$

wenn m_0 die Startmasse und q der Brennstoffverbrauch. Unter der Voraussetzung einer konstanten Erdbeschleunigung g und ohne Luftwiderstand ist die Beschleunigungskraft bzw. Beschleunigung

$$m\,a = F_0 - m\,g \quad \hookrightarrow \quad a = \frac{F_0}{m_0\,(1-\alpha\,t)} - g\,.$$

Die Geschwindigkeit ist

$$v\,(t) = \int a\,(t)\;dt = \frac{F_0}{m_0}\int \frac{dt}{1-\alpha\,t} - g\int dt = -\frac{F_0}{m_0}\,\frac{1}{\alpha}\,\ln\,(1-\alpha\,t) - g\,t + C\,.$$

Man beachte, dass das erste Integral mit der Substitution $y = 1-\alpha\,t$ berechnet wird. Mit der Anfangsgeschwindigkeit $v\,(0) = 0$ wird $C = 0$.

Das Weg-Zeit-Gesetz erhält man durch nochmalige Integration

$$s\,(t) = \int v\,(t)\;dt = -\frac{F_0}{m_0\,\alpha}\int \ln\,(1-\alpha\,t)\;dt - g\int t\,dt\,.$$

Mit der Substitution $y = 1-\alpha\,t$ und dem Ergebnis aus Beispiel 8.14 ③ auf Seite 20, $\int \ln x\;dx = x\cdot(\ln x - 1) + C$, ist

$$s\,(t) = \frac{F_0}{m_0\,\alpha}\,\frac{1}{\alpha}\,\left[(1-\alpha\,t)\,\ln\,(1-\alpha\,t) - (1-\alpha\,t)\right] - \tfrac{1}{2}\,g\,t^2 + C\,.$$

Mit der Anfangsbedingung $s\,(0) = 0$ folgt $C = \frac{F_0}{m_0\,\alpha^2}$ und damit

$$s\,(t) = \frac{F_0}{m_0\,\alpha^2}\,\left[(1-\alpha\,t)\,\ln\,(1-\alpha\,t) + \alpha\,t\right] - \frac{1}{2}\,g\,t^2.$$

□

8.6.3 Elektrodynamik

Eine Punktladung Q erzeugt ein radiales **elektrisches Feld** gemäß der Formel

$$E\,(r) = \frac{1}{4\pi\,\varepsilon_0}\,\frac{Q}{r^2}$$

mit der Dielektrizitätskonstanten $\varepsilon_0 = 8.8542\cdot 10^{-12}\,\frac{F}{m}$. Die *Spannung* U_{12} zwischen zwei Punkten P_1 und P_2 mit Abständen r_1 und r_2 von Q ist gegeben durch

$$U_{12} = \int_{r_1}^{r_2} E\,(r)\;dr = \frac{Q}{4\pi\,\varepsilon_0}\int_{r_1}^{r_2}\frac{1}{r^2}\,dr = -\frac{Q}{4\pi\,\varepsilon_0}\,\frac{1}{r}\bigg|_{r_1}^{r_2} = \frac{Q}{4\pi\,\varepsilon_0}\left(\frac{1}{r_1} - \frac{1}{r_2}\right).$$

8.6.4 Arbeitsintegral

Wirkt auf einen Massenpunkt m eine **ortsunabhängige** Kraft F in Wegrichtung, so ist die verrichtete *Arbeit* definiert als Kraft mal Weg:

$$\Delta W := F \cdot \Delta s,$$

wenn $\Delta s = s_E - s_A$ die Strecke, um die der Massenpunkt verschoben wird.

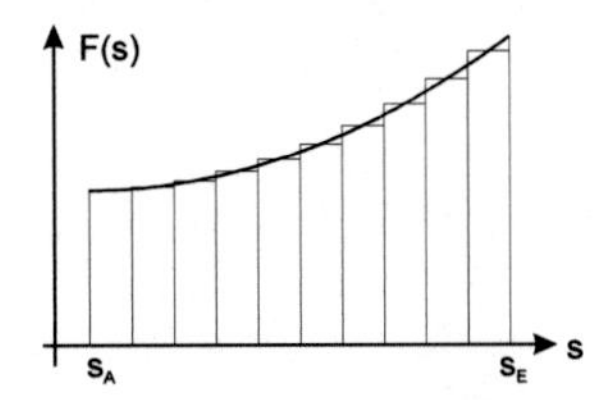

Abb. 8.6. Ortsabhängige Kraft

Falls die Kraft jedoch **ortsabhängig** ist $F = F(s)$ (siehe Abb. 8.6), dann unterteilt man den Weg in kleine Intervalle Δs und nimmt für jedes Teilintervall eine konstante Kraft an. Im Intervall Δs_i wird näherungsweise die Arbeit

$$\Delta W_i = F(s_i) \cdot \Delta s_i$$

geleistet. Die Gesamtarbeit W ist die Summe aller Einzelbeiträge

$$W \approx \sum_{i=1}^{n} \Delta W_i = \sum_{i=1}^{n} F(s_i) \cdot \Delta s_i \,.$$

Den exakten Wert der geleisteten Arbeit erhält man, indem man zu einer beliebig feinen Unterteilung übergeht ($\Delta s_i \to 0$ bzw. $n \to \infty$):

$$W = \lim_{n\to\infty} \sum_{i=1}^{n} \Delta W_i = \lim_{n\to\infty} \sum_{i=1}^{n} F(s_i)\, \Delta s_i = \int_{s_A}^{s_E} F(s)\, ds \,.$$

Zusammenfassung: Arbeitsintegral

Die **Arbeit** einer ortsabhängigen Kraft ist gegeben durch

$$W = \int_{s_A}^{s_E} F(s)\, ds,$$

wenn $F(s)$ die Kraftkomponente in Wegrichtung ist. Andernfalls muss $F(s)\, ds$ durch das Skalarprodukt

$$\vec{F}\vec{ds} = \left|\vec{F}\right| \cos\varphi \, ds$$

ersetzt werden, wenn φ der Winkel zwischen der Kraft $\vec{F}$ und der Richtung des Weges $\vec{s}$ ist.

Anwendungsbeispiel 8.29 (Spannarbeit einer elastischen Feder).

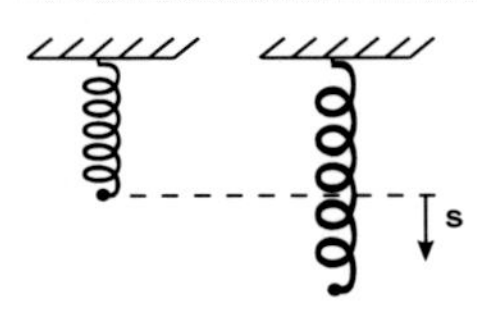

Abb. 8.7. Spannarbeit

Wird eine elastische Feder aus ihrer Ruhelage um s ausgedehnt, so wirkt eine Rückstellkraft proportional zur Auslenkung: $-D \cdot s$. Um die Feder zu dehnen, muss also die äußere Kraft

$$F(s) = +D \cdot s \qquad \text{(Hooksches Gesetz).}$$

aufgewendet werden. Um die Feder um die Strecke s_0 auszulenken, muss die folgende Arbeit verrichtet werden:

$$W = \int_0^{s_0} F(s)\, ds = D \int_0^{s_0} s\, ds = \tfrac{1}{2}\, D\, s_0^2 . \qquad \square$$

Anwendungsbeispiel 8.30 (Arbeit im elektrostatischen Feld).

Zwei Punktladungen q_1 und q_2 üben aufeinander eine Kraft aus, die umgekehrt proportional zum Quadrat ihrer Entfernung ist

$$F = \frac{1}{4\pi\,\varepsilon_0}\,\frac{q_1 \cdot q_2}{r^2} .$$

Ist q_1 im Ursprung und wird q_2 von r_1 nach r_2 verschoben, ist die folgende Arbeit zu verrichten:

$$W = \int_{r_1}^{r_2} F(r)\, dr = \frac{q_1\, q_2}{4\pi\,\varepsilon_0} \int_{r_1}^{r_2} \frac{1}{r^2}\, dr = \frac{q_1\, q_2}{4\pi\,\varepsilon_0} \left(\frac{1}{r_1} - \frac{1}{r_2} \right) . \qquad \square$$

8.6.5 Lineare und quadratische Mittelwerte

Problemstellung: Ein Zweiweggleichrichter erzeugt aus einem Sinuswechselstrom $i(t) = i_0 \sin(\omega t)$ mit $\omega = \frac{2\pi}{T}$ den in Abb. 8.8 gezeigten Verlauf. Gesucht ist der *lineare Mittelwert*.

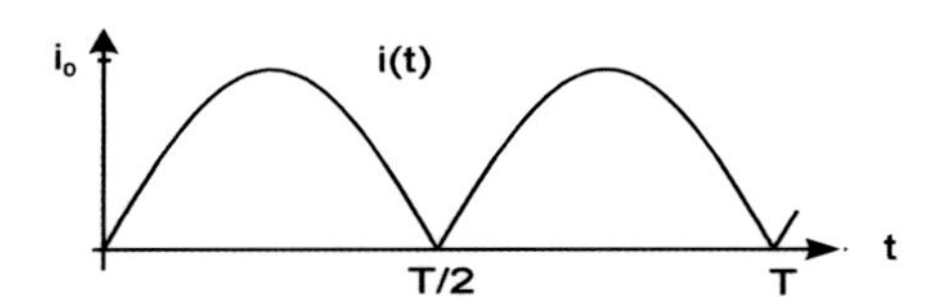

Abb. 8.8. Zweiweggleichrichter

Definition: *Unter dem* **linearen Mittelwert** *einer Funktion $y = f(x)$ im Intervall $[a, b]$ versteht man die Größe*

$$\bar{y} = \frac{1}{b-a} \int_a^b f(x)\, dx.$$

Bemerkung:
Nach dem Mittelwertsatz der Integralrechnung gibt es dann immer einen Zwischenwert $\xi \in (a, b)$, so dass $\bar{y} = f(\xi)$. Geometrisch bedeutet der lineare Mittelwert, dass man die Fläche unter der Kurve durch ein flächengleiches Rechteck ersetzt.

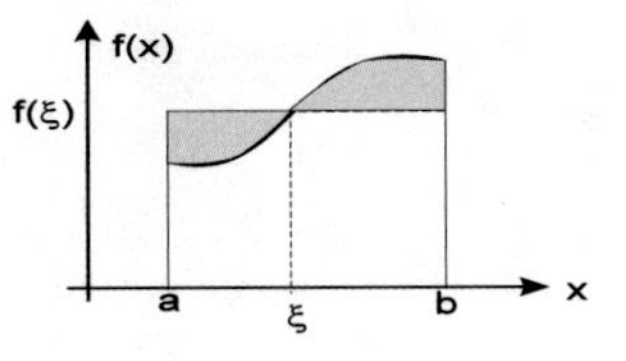

Abb. 8.9. Mittelwert $f(\xi)$

Anwendungsbeispiel 8.31 (Zweiweggleichrichter).

Der *lineare* Mittelwert des Zweiweggleichrichters (siehe Abb. 8.8) berechnet man über das Integral

$$\begin{aligned}\bar{i} &= \frac{1}{T/2}\int_0^{T/2} i_0 \sin(\omega t)\, dt = -\frac{2}{T}\, i_0 \frac{1}{\omega} \cos(\omega t)\Big|_0^{T/2} \\ &= -\frac{2}{T}\, i_0 \frac{T}{2\pi}\left[\cos(\frac{2\pi}{T}\cdot\frac{T}{2}) - 1\right] = \frac{2}{\pi}\, i_0 .\end{aligned}$$

Der lineare Mittelwert eines sinusförmigen Wechselstroms ist jedoch 0. □

In elektrotechnischen Anwendungen verwendet man oftmals den *quadratischen Mittelwert.*

Definition: *Unter dem* **quadratischen Mittelwert** *einer Funktion $y = f(x)$ im Intervall $[a, b]$ versteht man die Größe*

$$\bar{y}_q = \left(\frac{1}{b-a}\int_a^b f^2(x)\, dx\right)^{\frac{1}{2}} .$$

Anwendungsbeispiel 8.32 (Effektivwert des Wechselstroms).

Der **Effektivwert** I_{eff} eines Wechselstroms ist der *quadratische* Mittelwert über eine Periode T:

$$\begin{aligned}I_{eff} &= \left(\frac{1}{T}\int_0^T i^2(t)\, dt\right)^{\frac{1}{2}} = \left(\frac{1}{T}\int_0^T i_0^2 \sin^2(\omega t)\, dt\right)^{\frac{1}{2}} \\ &= \left(\frac{i_0^2}{T}\int_0^T \sin^2(\omega t)\, dt\right)^{\frac{1}{2}} = \left(\frac{i_0^2}{T}\left[\tfrac{1}{2}\, t - \frac{1}{4\omega}\sin(2\,\omega t)\right]_0^T\right)^{\frac{1}{2}} \\ &= \left(\frac{i_0^2}{T}\left[\tfrac{1}{2}\, T - \frac{1}{4\omega}\sin(2\,\omega T)\right]\right)^{\frac{1}{2}} = \frac{i_0}{\sqrt{2}} .\end{aligned}$$

Analog ergibt sich der Effektivwert einer Wechselspannung durch $U_{eff} = \frac{u_0}{\sqrt{2}}$. □

8.6.6 Schwerpunkt einer ebenen Fläche

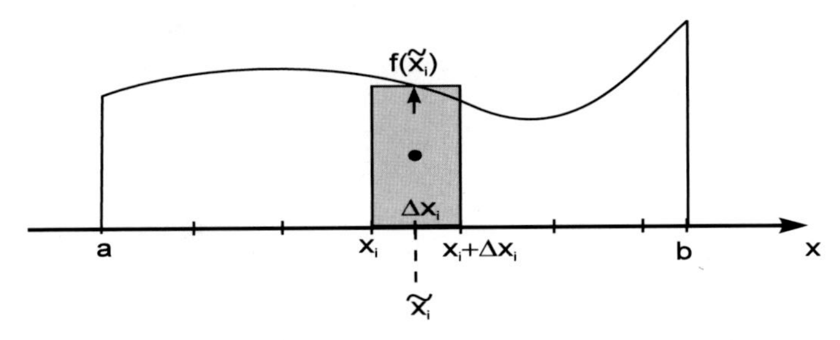

Abb. 8.10. Schwerpunktsberechnung einer ebenen Fläche

Sind $(x_1, y_1), (x_2, y_2), \ldots, (x_n, y_n)$ die Koordinaten von n Massenpunkten mit den Massen $m_1, m_2, \ldots, m_n$, dann ergeben sich die Koordinaten des *Schwerpunktes* durch

$$x_s = \frac{\sum_{i=1}^{n} m_i\, x_i}{\sum_{i=1}^{n} m_i} \quad \text{und} \quad y_s = \frac{\sum_{i=1}^{n} m_i\, y_i}{\sum_{i=1}^{n} m_i}.$$

Zur Berechnung des Schwerpunktes einer ebenen Fläche gehen wir davon aus, dass die Fläche durch eine Kurve $y = f(x)$ und der x-Achse zwischen $x = a$ und $x = b$ begrenzt sei (Abb. 8.10). Wir belegen die Fläche homogen mit der Massendichte 1. Zur Berechnung des Schwerpunktes unterteilen wir das Intervall $[a, b]$ in n Teilintervalle, $a = x_0 < x_1 < \ldots < x_n = b$, wählen für jedes Teilintervall Δx_i ein $\tilde{x}_i \in [x_i, x_i + \Delta x_i]$ und bestimmen $f(\tilde{x}_i)$. Der Schwerpunkt jedes der Rechtecke $A_i = \Delta x_i\, f(\tilde{x}_i)$ ist

$$x_{s,i} = x_i + \frac{1}{2}\Delta x_i \quad , \quad y_{s,i} = \frac{1}{2} f(\tilde{x}_i)$$

mit der Masse $m_i = A_i = \Delta x_i\, f(\tilde{x}_i)$ $(i = 1, \ldots, n)$. Die Koordinaten des Schwerpunktes, der so gewonnenen n Massen mit Koordinaten $(x_{s,1}, y_{s,1})$, ..., $(x_{s,n}, y_{s,n})$, sind nach obigen Formeln gegeben durch

$$x_s = \frac{\sum_{i=1}^{n} m_i\, x_{s,i}}{\sum_{i=1}^{n} m_i} = \frac{\sum_{i=1}^{n} \Delta x_i\; f(\tilde{x}_i) \cdot \left(x_i + \frac{1}{2}\Delta x_i\right)}{\sum_{i=1}^{n} \Delta x_i\, f(\tilde{x}_i)}$$

$$y_s = \frac{\sum_{i=1}^{n} m_i\, y_{s,i}}{\sum_{i=1}^{n} m_i} = \frac{\sum_{i=1}^{n} \Delta x_i\, f(\tilde{x}_i) \cdot \frac{1}{2} f(\tilde{x}_i)}{\sum_{i=1}^{n} \Delta x_i\, f(\tilde{x}_i)}.$$

Für den Grenzübergang $n \to \infty$ gehen die Zwischensummen in die zugehörigen Integrale über.

Koordinaten des Schwerpunktes

Die Koordinaten des **Schwerpunktes** $S = (x_s, y_s)$ der Fläche unter dem Graphen der Funktion $y = f(x)$ zwischen $x = a$ und $x = b$ sind

$$x_s = \frac{\int_a^b x\, f(x)\, dx}{\int_a^b f(x)\, dx} \quad \text{und} \quad y_s = \frac{\frac{1}{2}\int_a^b f^2(x)\, dx}{\int_a^b f(x)\, dx}.$$

Beispiele 8.33:

① Die Schwerpunktskoordinaten des nebenstehenden Dreiecks unter der Geraden $y = f(x) = \frac{h}{a}\, x$ sind gegeben durch

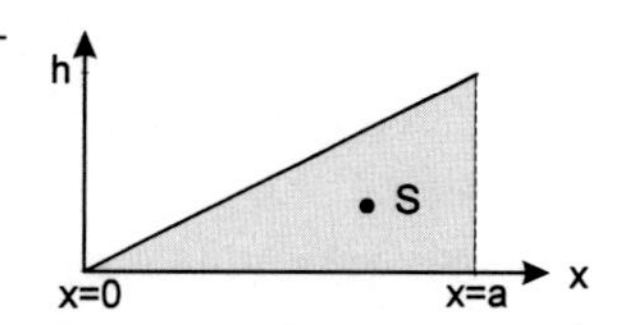

$$x_s = \frac{1}{A}\int_0^a x\, \frac{h}{a}\, x\, dx = \frac{1}{A}\, \frac{h}{a}\left[\frac{x^3}{3}\right]_0^a = \frac{1}{A}\, \frac{h}{3}\, a^2,$$

$$y_s = \frac{1}{2A}\int_0^a \left(\frac{h}{a}\, x\right)^2 dx = \frac{1}{2A}\, \frac{h^2}{a^2}\left[\frac{x^3}{3}\right]_0^a = \frac{1}{2A}\, \frac{h^2}{3}\, a.$$

Mit

$$A = \int_0^a f(x)\, dx = \int_0^a \frac{h}{a}\, x\, dx = \frac{h}{a}\, \frac{x^2}{2}\bigg|_0^a = \frac{1}{2}\, h\, a$$

folgt

$$\boxed{x_s = \tfrac{2}{3}\, a} \quad \text{und} \quad \boxed{y_s = \tfrac{1}{3}\, h.}$$

② Wir berechnen die Schwerpunktskoordinaten des nebenstehenden Halbkreises mit Radius R: Aus Symmetriegründen liegt der Schwerpunkt auf der y-Achse, so dass $\boxed{x_s = 0.}$ Für die y-Koordinate des Schwerpunktes gilt

$$\begin{aligned} y_s &= \tfrac{1}{2A}\int_{-R}^{R} y^2\, dx \\ &= \tfrac{1}{2A}\int_{-R}^{R} \left(R^2 - x^2\right) dx \\ &= \tfrac{1}{2A}\left[R^2 x - \tfrac{1}{3}\, x^3\right]_{-R}^{R} = \tfrac{1}{2A}\, \tfrac{4}{3}\, R^3. \end{aligned}$$

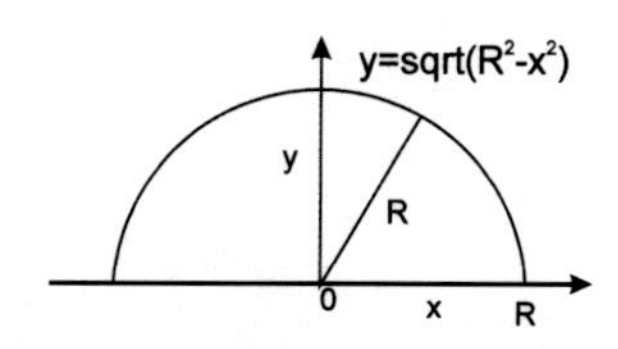

Mit $A = \frac{\pi}{2}\, R^2$ folgt insgesamt $y_s = \dfrac{4}{3\pi}\, R.$

③ Die Koordinaten des Schwerpunktes der Fläche A, die durch zwei Funktionen $y_2 = f(x)$ und $y_1 = g(x)$ mit $f \geq g$ sowie den Geraden $x = a$ und $x = b$ begrenzt ist, sind gegeben durch die Differenz der Einzelschwerpunkte:

$$x_s = \frac{1}{A} \int_a^b x \, [f(x) - g(x)] \, dx$$

$$y_s = \frac{1}{2A} \int_a^b \left[f^2(x) - g^2(x)\right] \, dx$$

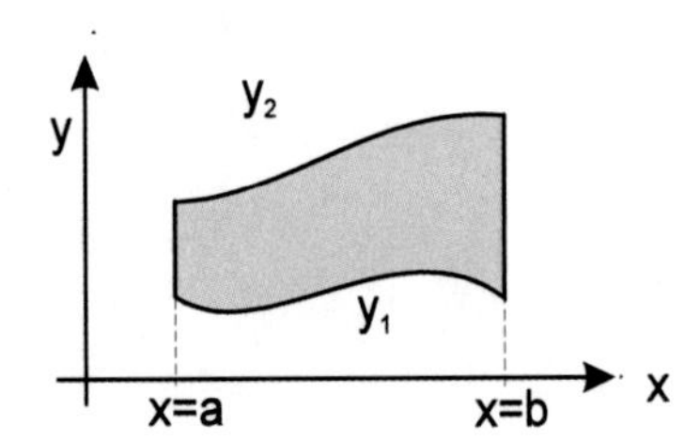

mit

$$A = \int_a^b [f(x) - g(x)] \, dx. \qquad \square$$

8.6.7 Mittelungseigenschaft

Eine wichtige Eigenschaft des Integrals ist, dass das Integrieren einen glättenden Prozess darstellt, denn

$$\frac{1}{(b-a)} \int_a^b f(x) \, dx$$

ist der Mittelwert über die Funktionswerte im Intervall $[a, b]$. Diese Eigenschaft nutzt man bei der Interpretation von Messergebnissen aus, da diese in der Regel durch einen Rauschanteil verfälscht sind.

Anwendungsbeispiel 8.34 (Glättung von Signalen).

Wir betrachten die Funktion

$$f(x) := x^2 \, (1 + \frac{1}{20} \sin(200\, x)\,) + \frac{1}{20} \cos(50\, x),$$

die im Mittel einer x^2-Funktion entspricht, aber mit einem hochfrequenten Rauschen überlagert ist.

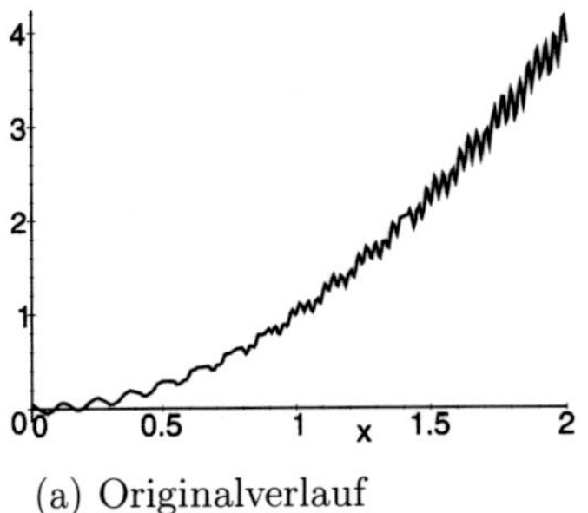

(a) Originalverlauf

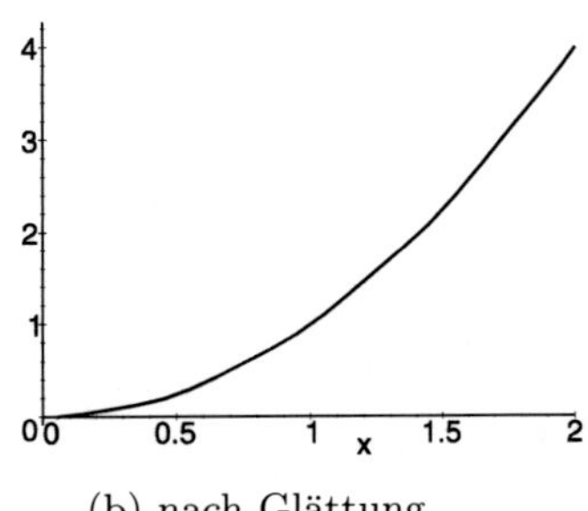

(b) nach Glättung

Abb. 8.11. Verrauschtes Signal

Durch lineare Mittelwertbildung mit geeigneter Intervall-Länge $h = 0.1$ erhält man einen glatten Kurvenverlauf. Ist h zu klein gewählt, so erhält man nach wie vor Oszillationen (z.B. für $h = 0.05$); ist h zu groß, so wird die resultierende Funktion kantig (z.B. für $h = 0.5$). Das geeignete h orientiert sich an den auftretenden Störfrequenzen. Im obigen Fall ist die kleinste Frequenz $\omega = 50 = 2\pi/T$. Die zugehörige Periodendauer ist $T = 2\pi/50 = 0.125$. Das geeignete h liegt also bei etwa 0.1. I.a. sind die Störfrequenzen aber nicht bekannt. Um sie aus dem Signal zu rekonstruieren, müssen Methoden der Fourier-Analysis (siehe Band 3) angewendet werden. □

8.6.8 Bogenlänge

Die *Bogenlänge* eines Kurvenstücks $\widehat{AB}$ berechnet man, indem man zunächst eine Unterteilung des Intervalls $[a, b]$ in n Teilintervalle $a = x_0 < x_1 < x_2 < \ldots < x_n = b$ durchführt.

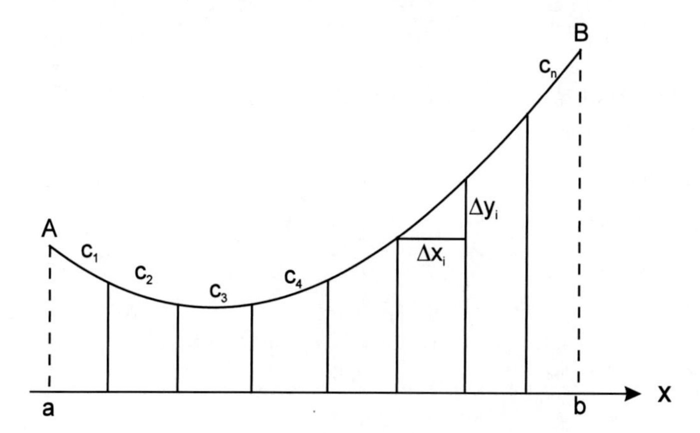

Abb. 8.12. Bogenlänge einer Kurve

Für jedes Teilintervall wird die Kurve durch Sehnenzüge $c_1, c_2, \ldots, c_n$ mit den Einzellängen

$$|c_i| = \sqrt{(\Delta x_i)^2 + (\Delta y_i)^2} = \sqrt{1 + \left(\frac{\Delta y_i}{\Delta x_i}\right)^2} \cdot \Delta x_i$$

ersetzt. Die Länge aller Sehnenstücke ist

$$S_n = \sum_{i=1}^{n} |c_i| = \sum_{i=1}^{n} \sqrt{1 + \left(\frac{\Delta y_i}{\Delta x_i}\right)^2} \cdot \Delta x_i .$$

Durch eine Verfeinerung der Zerlegung des Intervalls $[a, b]$ mit $n \to \infty$ wird der Graph von f beliebig genau durch den Streckenzug angenähert. Existiert der Grenzwert $\lim\limits_{n \to \infty} S_n$, so nennt man f *rektifizierbar* und den Grenzwert die *Bogenlänge des Graphen.*

Zur Berechnung des Grenzwertes verwenden wir den Mittelwertsatz der Differenzialrechnung. Nach diesem Satz gibt es für jedes Intervall einen Zwischenwert $\tilde{x}_i \in [x_i, x_i + \Delta x_i]$, so dass $\frac{\Delta y_i}{\Delta x_i} = f'(\tilde{x}_i)$. Für $n \to \infty$ gilt dann $\Delta x_i \to 0$ und $\frac{\Delta y_i}{\Delta x_i} \to f'(x_i)$. Die Bogenlänge ergibt sich somit zu

$$S = \lim_{n\to\infty} S_n = \lim_{n\to\infty} \sum_{i=1}^{n} \sqrt{1 + (f'(\tilde{x}_i))^2} \cdot \Delta x_i = \int_a^b \sqrt{1 + (f'(x))^2}\, dx.$$

Bogenlänge

Sei f eine auf dem Intervall $[a, b]$ stetig differenzierbare Funktion. Dann gilt für die **Bogenlänge** S des Funktionsgraphen von $y = f(x)$ zwischen $x = a$ und $x = b$

$$S = \int_a^b \sqrt{1 + (f'(x))^2}\, dx = \int_a^b \sqrt{1 + (y')^2}\, dx.$$

Beispiel 8.35. Gesucht ist die Bogenlänge der Funktion $y = \cosh(x)$ im Bereich von $x = 0$ bis $x = 1$:

Die Ableitung von $y = \cosh(x)$ ist $y' = \sinh(x)$. Damit ergibt sich der Integrand zu

$$\hookrightarrow \sqrt{1 + (y')^2} = \sqrt{1 + \sinh^2(x)} = \cosh(x),$$

da $\cosh^2(x) - \sinh^2(x) = 1$. Also ist die Bogenlänge gegeben durch

$$S = \int_0^1 \cosh(x)\, dx = \sinh(x)\big|_0^1 = \sinh(1) = 1.175\,.$$ □

Beispiel 8.36. Bestimmung der Bogenlänge eines Viertelkreises.

Die Kreisgleichung lautet $x^2 + y^2 = 1$. Diese Gleichung lösen wir zunächst nach y auf. Aus

$$y = f(x) = \sqrt{1 - x^2}$$

folgt die Ableitung

$$y' = \frac{1}{2} \frac{1}{\sqrt{1 - x^2}} \cdot (-2x) = -\frac{x}{\sqrt{1 - x^2}}.$$

Der Integrand zur Berechnung der Bogenlänge ergibt sich damit zu

$$\sqrt{1 + y'^2} = \sqrt{1 + \frac{x^2}{1 - x^2}} = \sqrt{\frac{1 - x^2 + x^2}{1 - x^2}} = \frac{1}{\sqrt{1 - x^2}} = (1 - x^2)^{-\frac{1}{2}}.$$

Um das Integral

$$S = \int_0^1 \sqrt{1+y'^2}dx = \int_0^1 (1-x^2)^{-\frac{1}{2}}dx$$

zu lösen, wählen wir die Substitution

$$x = \sin(t).$$

Denn dann ist

$$(1-x^2)^{-\frac{1}{2}} = (1-\sin^2(t))^{-\frac{1}{2}} = (\cos^2(t))^{-\frac{1}{2}} = (\cos(t))^{-1}$$

und

$$\frac{dx}{dt} = \cos(t) \Rightarrow dx = \cos(t)dt.$$

In das Integral eingesetzt, ergibt dies mit den Grenzen $t_u = \arcsin(x_u) = \arcsin(0) = 0$ und $t_o = \arcsin(x_o) = \arcsin(1) = \pi/2$:

$$S = \int_0^1 (1-x^2)^{-1/2}dx = \int_0^{\pi/2} \frac{1}{\cos(t)}\cos(t)dt = [t]_0^{\pi/2} = \frac{\pi}{2}. \qquad \square$$

8.6.9 Krümmung

Die *Krümmung* κ einer Kurve ist ein Maß dafür, wie sich der Steigungswinkel α im Verhältnis zur Bogenlänge S ändert:

$$\kappa := \frac{d\alpha}{ds} \qquad \textbf{Krümmung.}$$

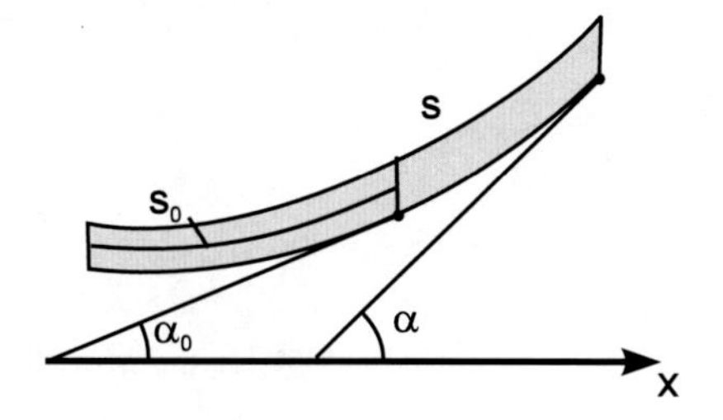

Abb. 8.13. Krümmung einer Kurve

Diese zunächst sehr unhandliche Größe ist qualitativ einfach zu verstehen; besagt sie doch, dass wenn bei gleicher Bogenlänge der Winkel α sich stärker ändert, die Kurve eine größere Krümmung besitzt. Die Bogenlänge S ist als Funktion von x gegeben durch

$$S = \int_{x_0}^{x} \sqrt{1+(f'(\tilde{x}))^2}\,d\tilde{x}\,.$$

Der Steigungswinkel α ist implizit als Funktion von x durch die Ableitung der Funktion f gegeben:

$$\tan\alpha = f'(x) \quad \Rightarrow \quad \alpha(x) = \arctan(f'(x))\,.$$

Nach der Kettenregel ist dann

$$\kappa = \frac{d\alpha}{ds} = \frac{d\alpha}{dx} \cdot \frac{dx}{ds}$$

bzw. nach der Formel für die Ableitung der Umkehrfunktion

$$\kappa = \frac{d\alpha}{dx} / \frac{ds}{dx} .$$

Wegen

$$\frac{d\alpha}{dx} = \frac{d}{dx} \arctan f'(x) = \frac{1}{(f'(x))^2 + 1} \cdot f''(x)$$

und

$$\frac{ds}{dx} = \frac{d}{dx} \int_{x_0}^{x} \sqrt{1 + (f'(\tilde{x}))^2}\, d\tilde{x} = \sqrt{1 + (f'(x))^2}$$

folgt für die Krümmung einer Kurve

Krümmung einer Kurve

Ist f in x aus dem Definitionsbereich zweimal stetig differenzierbar, dann ist die Krümmung im Punkte x gegeben durch

$$\kappa = \frac{f''(x)}{\left(1 + (f'(x))^2\right)^{\frac{3}{2}}} .$$

Beispiele 8.37:

① Krümmung einer Geraden: $y = a\,x + b \quad \Rightarrow \quad y'' = 0 \quad \Rightarrow \quad \kappa = 0.$

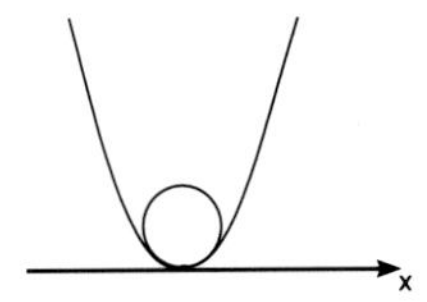

② Krümmung einer Parabel:

$$y = a\,x^2 \quad \Rightarrow \quad y'' = 2\,a \quad \Rightarrow \quad \kappa = \frac{2\,a}{(1 + 4\,a^2\,x^2)^{\frac{3}{2}}} .$$

Im Punkte $x = 0$ ist die Krümmung $\kappa = 2\,a$.

③ Berechnung der Krümmung eines Kreises mit Radius R:

$$y = \sqrt{R^2 - x^2} \quad \to \kappa = -\frac{1}{\sqrt{R^2 - x^2}} \frac{1}{\sqrt{\frac{R^2}{R^2 - x^2}}} = -\frac{1}{R}$$

Der Krümmungsradius ist also $R = \left|\frac{1}{\kappa}\right|$. □

8.6.10 Volumen und Mantelflächen von Rotationskörpern

Ein Körper, der durch Drehung einer ebenen Fläche um eine Achse entsteht, wird *Rotationskörper* genannt. Wir betrachten hier nur Rotationskörper, die durch Drehung der Fläche zwischen einem Funktionsgraphen $y = f(x)$ und der x-Achse entstehen. Rotationskörper, die durch Drehung um die y-Achse entstehen, werden durch Übergang zur Umkehrfunktion auf den hier diskutierten Fall zurück gespielt.

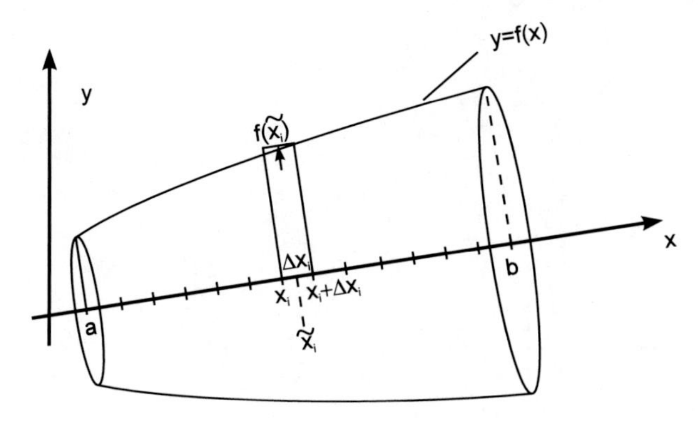

Abb. 8.14. Volumen von Rotationskörpern

(1) Volumen von Rotationskörpern. Zur Berechnung des Volumens unterteilen wir das Intervall $[a,\, b]$ in n Teilintervalle $a = x_0 < x_1 < \ldots < x_n = b$ mit Intervall-Längen $\Delta\, x_i$. Für jedes Teilintervall $\Delta\, x_i$ wählen wir einen Zwischenwert $\tilde{x}_i$ und berechnen den Funktionswert $f\,(\tilde{x}_i)$. Das Volumen des zugehörigen Zylinders mit Höhe $\Delta\, x_i$ und Radius $f\,(\tilde{x}_i)$ ist

$$V_i = \pi\, f\,(\tilde{x}_i)^2\; \Delta\, x_i\, .$$

Die Summation über alle Teilzylinder liefert

$$S_n = \sum_{i=1}^{n} V_i = \pi \sum_{i=1}^{n} f\,(\tilde{x}_i)^2\; \Delta\, x_i\, .$$

Mit Hilfe einer Verfeinerung der Unterteilung $(n \to \infty$ bzw. $\Delta\, x_i \to 0)$ geht die Zwischensumme S_n in das Integral über.

Volumen von Rotationskörpern

Für das Volumen eines Rotationskörpers, der durch Rotation der Fläche unter dem Graphen $y = f\,(x)$ um die x-Achse mit den Grenzen $x = a$ und $x = b$ entsteht, gilt

$$V = \pi \int_a^b (f\,(x))^2\; dx = \pi \int_a^b y^2\, dx\, .$$

Beispiele 8.38:

① **Volumen eines Kegels:** Durch die Rotation der Geraden $y = \frac{r}{h} \cdot x$ um die x-Achse erhält man einen Kegel mit Volumen

$$V_{Kegel} = \pi \int_0^h y^2\, dx = \pi \int_0^h \frac{r^2}{h^2}\, x^2\, dx = \pi\, \frac{r^2}{h^2} \left[\frac{x^3}{3}\right]_0^h = \frac{\pi}{3}\, r^2\, h\,.$$

② **Volumen einer Kugel:** Durch Rotation der Funktion $y = \sqrt{R^2 - x^2}$ um die x-Achse erhält man eine Kugel mit dem Volumen

$$\begin{aligned} V_{Kugel} &= \pi \int_{-R}^{R} y^2\, dx = \pi \int_{-R}^{R} \left(R^2 - x^2\right)\, dx \\ &= \pi \left[R^2\, x - \frac{x^3}{3}\right]_{-R}^{R} = \frac{4}{3}\, \pi\, R^3\,. \end{aligned}$$

□

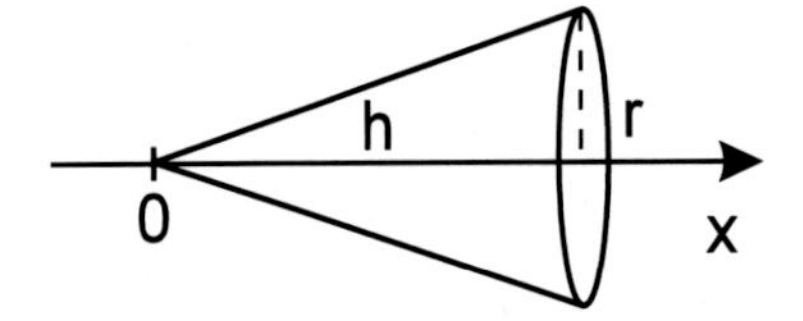

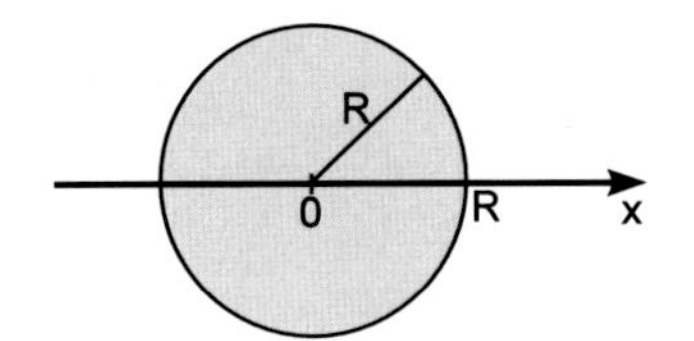

(2) Mantelflächen von Rotationskörpern. Entsprechend der Vorgehensweise bei der Berechnung des Volumens eines Rotationskörpers aus Abb. 8.14 ergibt sich seine Mantelfläche, indem man die Bogenlänge der Kurvenstücke c_i nach dem Vorgehen aus Abschnitt 8.6.8 berechnet

$$|c_i| = \sqrt{1 + \left(\frac{\Delta\, y_i}{\Delta\, x_i}\right)^2}\, \Delta\, x_i\,.$$

Die Mantelfläche des zugehörigen Kegelstumpfes mit mittlerem Radius

$$f\,(\tilde{x}_i)\,,\; \tilde{x}_i = \frac{1}{2}\, (x_i + x_{i+1})$$

mit Mantellänge $|c_i|$ ist

$$M_i = 2\pi\, f\,(\tilde{x}_i) \sqrt{1 + \left(\frac{\Delta\, y_i}{\Delta\, x_i}\right)^2}\, \Delta\, x_i\,.$$

Die Summation über alle Mantelflächen liefert

$$S_n = \sum_{i=1}^{n} M_i = 2\pi \sum_{i=1}^{n} f\,(\tilde{x}_i) \sqrt{1 + \left(\frac{\Delta\, y_i}{\Delta\, x_i}\right)^2}\, \Delta\, x_i\,.$$

Mit Hilfe einer Verfeinerung der Unterteilung ($n \to \infty \Rightarrow \Delta\, x_i \to 0$) folgt

Mantelfläche

Für die Mantelfläche eines Rotationskörpers, der durch Rotation des Graphen $y = f(x)$ um die x-Achse mit den Grenzen $x = a$ und $x = b$ entsteht, gilt

$$M = 2\pi \int_a^b f(x) \sqrt{1 + (f'(x))^2}\, dx .$$

Die Gesamtoberfläche erhält man, wenn die Grundfläche $\pi f^2(a)$ und die Deckfläche $\pi f^2(b)$ zu M hinzu addiert wird. In der nächsten Tabelle fassen wir die Formeln für das Volumen und die Mantelfläche eines Rotationskörpers, der um die x- bzw. y-Achse rotiert, zusammen

Rotation um x-Achse	Rotation um y-Achse
$V_x = \int_a^b \pi f^2(x)\, dx$	$V_y = \int_a^b 2\pi\, x\, f(x)\, dx$
$M_x = \int_a^b 2\pi f(x) \sqrt{1 + f'^2(x)}\, dx$	$M_y = \int_a^b 2\pi\, x \sqrt{1 + f'^2(x)}\, dx$

Man beachte, dass die Formeln nur Gültigkeit besitzen, wenn der Graph der Funktion $y = f(x)$ die Rotationsachse nicht schneidet. Ansonsten muss y durch den Betrag von y ersetzt werden.

Beispiele 8.39 (Mit MAPLE-Worksheet):

① Gesucht ist das Volumen V_x und die Mantelfläche M_x des Körpers, der durch Rotation der Funktion $y = x^2$ an der x-Achse im Intervall $[0, 2]$ entsteht.

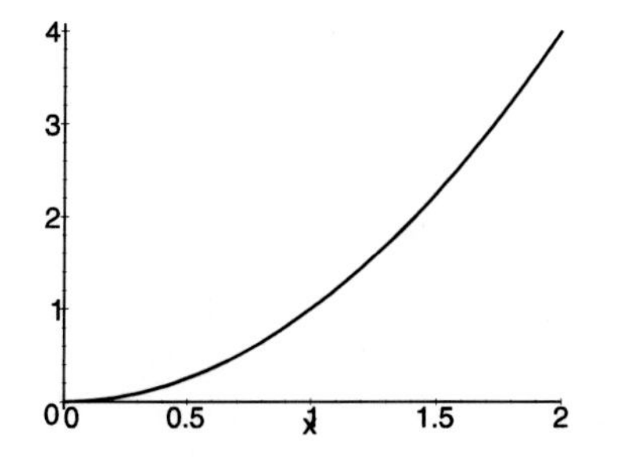

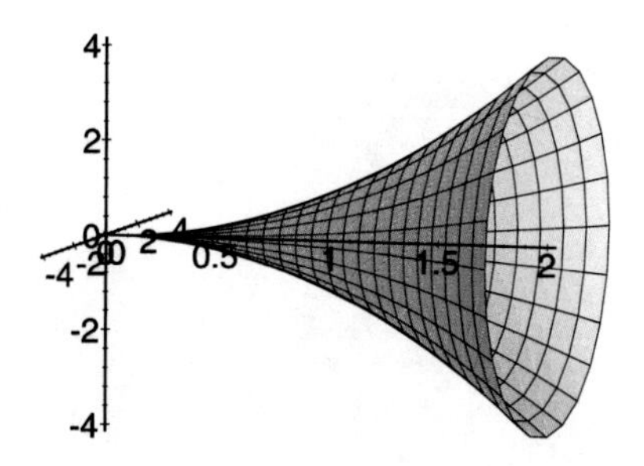

Die Mantelfläche M des Rotationskörpers ist

$$2\,\pi \int_0^2 x^2\,\sqrt{1+4\,x^2}\,dx = 2\,\pi\left(\frac{33}{16}\sqrt{17}+\frac{1}{64}\ln(\,-4+\sqrt{17}\,)\right).$$

Das Volumen V des Rotationskörpers ist

$$\pi \int_0^2 x^4\,dx = \frac{32}{5}\,\pi.$$

② Gesucht ist das Volumen und die Mantelfläche des Körpers, der durch Rotation der Funktion $y = x^2$ an der y-Achse im Intervall $[0, 2]$ entsteht.

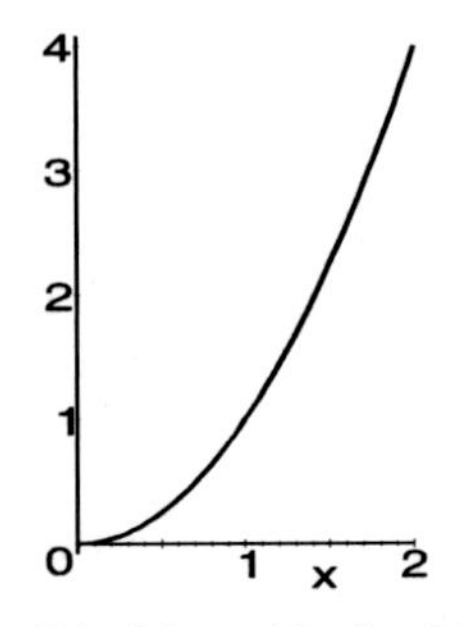

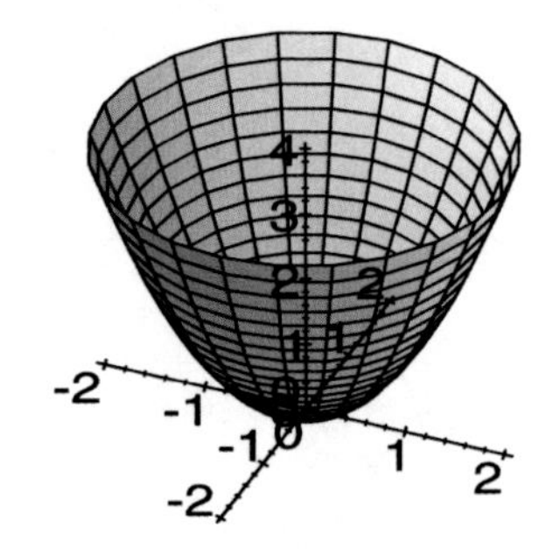

Die Mantelfläche M des Rotationskörpers ist

$$2\,\pi \int_0^2 x\,\sqrt{1+4\,x^2}\,dx = 2\,\pi\left(\frac{17}{12}\sqrt{17}-\frac{1}{12}\right).$$

Das Volumen V des Rotationskörpers ist

$$2\,\pi \int_0^2 x^3\,dx = 8\,\pi.$$

□

8.7 Aufgaben zur Integralrechnung

8.1 Wie können Sie Ihre Ergebnisse der folgenden Aufgaben überprüfen?

8.2 Gesucht sind die folgenden unbestimmten Integrale:

a) $\int x^5\,dx$ b) $\int \frac{dx}{x^2}$ c) $\int \sqrt[3]{z}\,dz$

d) $\int \frac{dx}{\sqrt[3]{x^2}}$ e) $\int \left(2\,x^2 - 5x + 3\right)\,dx$ f) $\int (1-x)\,\sqrt{x}\,dx$

8.3 Bestimmen Sie die folgenden bestimmten Integrale:

a) $\int_0^{\frac{\pi}{2}} \sin x\,dx$ b) $\int_{\frac{1}{2}\pi}^{\frac{3}{2}\pi} (2\,x + \sin x - \cos x)\,dx$ c) $\int_1^a \frac{1}{x}\,dx$

8.4 Bestimmen Sie mit partieller Integration die folgenden unbestimmten Integrale:

a) $\int x\,\cos x\,dx$ b) $\int \sin x\,\cos x\,dx$ c) $\int x^2\,\sin x\,dx$

d) $\int x^2\,\ln x\,dx$ e) $\int x\,e^x\,dx$ f) $\int x^2\,e^x\,dx$

8.5 Man bestimme mittels Substitution die folgenden unbestimmten Integrale:

a) $\int \frac{1}{x+2}\,dx$ b) $\int \frac{x}{x^2-1}\,dx$ c) $\int \frac{x^2}{1-2\,x^3}\,dx$

d) $\int (3\,s+4)^8\,ds$ e) $\int \sin(\omega t + \varphi)\,dt$ f) $\int \cos(3\,t)\,dt$

g) $\int e^{-x}\,dx$ h) $\int \frac{\sin t}{\cos t}\,dt$ i) $\int \frac{e^x + x\,e^x}{x\,e^x}\,dx$

j) $\int \sin x\,\cos x\,dx$ k) $\int \sqrt{4+3\,x}\,dx$

8.6 Zeigen Sie die Gültigkeit der folgenden Gleichungen:

a) $\int e^{-x}\,(1-x)\,dx = x\,e^{-x} + C$

b) $\int \frac{\sqrt{x^2-4}}{x}\,dx = \sqrt{x^2-4} - 2\,\arccos\left(\frac{2}{x}\right) + C$

c) $\int \cos(x)\,e^{\sin(x)}\,dx = e^{\sin(x)} + C$

d) $\int \cos(3x)\cdot\sin(3x)\,dx = \frac{1}{6}\,\sin^2(3\,x) + C$

8.7 a) Man löse das Integral $\int \frac{2-x}{1+\sqrt{x}}\,dx$ mit der Substitution $u = 1+\sqrt{x}$.

b) Man löse das Integral $\int x\,\sqrt{1-x^2}\,dx$ mit der Substitution $x = \sin u$.

8.8 Bestimmen Sie mit einer geeigneten Substitution die folgenden Integrale:

a) $\int \frac{x^2}{\sqrt{1+x^3}}\,dx$ b) $\int (5\,x+12)^{\frac{1}{2}}\,dx$ c) $\int \sqrt[3]{1-t}\,dt$

d) $\int_0^{\pi} \cos^3 x\cdot\sin x\,dx$ e) $\int \frac{\arctan z}{1+z^2}\,dz$ f) $\int \frac{2\,x+6}{x^2+6\,x-12}\,dx$

g) $\int \frac{dx}{x\,\ln x}$ h) $\int x\cdot\sin\left(x^2\right)\,dx$ i) $\int \frac{3\,x^2-2}{2\,x^3-4\,x+2}\,dx$

j) $\int_{-1}^{1} \frac{t}{\sqrt{1+t^2}}\,dt$ k) $\int_0^{\frac{\pi}{2}} \sin\left(3\,t - \frac{\pi}{4}\right)\,dt$ l) $\int_{-1}^{1} \frac{5+x}{5-x}\,dx$

m) $\int x^2\,e^{x^3-2}\,dx$ n) $\int \frac{\tan(z+5)}{\cos^2(z+5)}\,dz$ o) $\int \frac{\sqrt{4-x^2}}{x^2}\,dx$

8.9 Berechnen Sie die folgenden Integrale: durch partielle Integration

a) $\int x \ln x \, dx$ b) $\int x \cos x \, dx$ c) $\int \ln t \, dt$

d) $\int x \sin(3x) \, dx$ e) $\int \arctan x \, dx$ f) $\int \sin^2(\omega t) \, dt$

g) $\int e^x \cos x \, dx$ h) $\int x^2 e^{-x} \, dx$

8.10 Lösen Sie die folgenden Integrale durch Partialbruchzerlegung:

a) $\int \frac{1}{x^2 - a^2} \, dx$ b) $\int \frac{4x^3}{x^3 + 2x^2 - x - 2} \, dx$

c) $\int \frac{3z}{z^3 + 3z^2 - 4} \, dz$ d) $\int \frac{4x - 2}{x^2 - 2x - 63} \, dx$

e) $\int \frac{2x + 1}{x^3 - 6x^2 + 9x} \, dx$

8.11 Berechnen Sie die folgenden Integrale:

a) $\int \frac{\sqrt{\ln x}}{x} \, dx$ b) $\int \cot x \, dx$ c) $\int x \cosh x \, dx$

d) $\int \sin x \, e^{\cos x} \, dx$ e) $\int \frac{x^3}{(x^2 - 1)(x + 1)} \, dx$ f) $\int \frac{x - 4}{x + 1} \, dx$

g) $\int \frac{(\ln x)^3}{x} \, dx$ h) $\int \frac{12x^2}{2x^3 - 1} \, dx$ i) $\int x \cdot \arctan x \, dx$

8.12 Bestimmen Sie $\int \ln(x + \sqrt{1 + x^2}) \, dx$, indem Sie zunächst die Substitution $u^2 = 1 + x^2$ durchführen und anschließend partiell integrieren.

8.13 Berechnen Sie das unbestimmte Integral $\int \frac{1}{\sqrt{1 + \sqrt{x}}} dx$ durch die Substitution $u^2 = 1 + \sqrt{x}$.

8.14 Führen Sie eine Partialbruchzerlegung durch und integrieren Sie anschließend

a) $\int \frac{x^4 - x^3 - x - 1}{x^3 - x^2} \, dx$ b) $\int \frac{x^4 - x^3 + 3x}{x^2 (x + 2)(x - 3)} \, dx$

c) $\int \frac{x^4 - x^3 + 3x^2 - 2x + 1}{x^3 - x^2 - x + 1}$

8.15 Verwenden Sie die Additionstheoreme für Sinus und Kosinus, um für $n, m \in \mathbb{N}$ die folgenden bestimmten Integrale zu berechnen.

a) $\int_0^{2\pi} \sin(nx) \, dx$ b) $\int_0^{2\pi} \cos(nx) \, dx$

c) $\int_0^{2\pi} \cos(nx) \cos(mx) \, dx$ für $m = n$ und für $m \neq n$

d) $\int_0^{2\pi} \sin(nx) \sin(mx) \, dx$ für $m = n$ und für $m \neq n$

e) $\int_0^{2\pi} \sin(nx) \cos(mx) \, dx$

8.16 Man bestimme den Wert der uneigentlichen Integrale:

a) $\int_2^{\infty} x^{-2} \, dx$ b) $\int_0^1 \frac{1}{\sqrt{1 - x^2}} \, dx$ c) $\int_0^{\infty} (3e^{-2x} - e^{-x}) \, dx$

d) $\int_0^{\infty} e^{at} e^{-st} dt$ e) $\int_0^{\infty} \cos(at) \, e^{-st} dt$ f) $\int_0^{\infty} t^n e^{-st} dt$

8.17 Berechnen Sie den Flächeninhalt zwischen der Parabel $f(x) = x^2 - 2x - 1$ und der Geraden $g(x) = 3x - 1$.

8.18 Berechnen Sie die durchschnittliche Leistung

$$\bar{P} = \frac{1}{T} \int_0^T P(t)\, dt$$

eines sinusförmigen Wechselstroms, wenn $P(t) = U(t) \cdot I(t) = u_0 \sin(\omega t) \cdot i_0 \sin(\omega t + \varphi)$.

8.19 Für einen Wechselstrom $I(t)$ mit Periode T sind drei Mittelwerte definiert:

$$I_{eff} = \sqrt{\tfrac{1}{T} \int_0^T I^2(t)\, dt} \qquad \text{(Effektivwert)}$$

$$\hat{I} = \tfrac{1}{T} \int_0^T I(t)\, dt \qquad \text{(linearer Mittelwert)}$$

$$|\hat{I}| = \tfrac{1}{T} \int_0^T |I(t)|\, dt \qquad \text{(Gleichrichtwert)}$$

Berechnen Sie a) für $I(t) = I_0 \sin(\frac{2\pi}{T} t)$ b) für einen Sägezahnstrom diese drei Mittelwerte.

8.20 Erstellen Sie eine Prozedur zur Berechnung der Krümmung einer Funktion $y = f(x)$.

8.21 Bestimmen Sie die Bogenlänge und die Krümmung der Kurve $y = x^3$ zwischen $x = 0$ und $x = 5$.

8.22 Berechnen Sie die Bogenlänge der Kettenlinie $y = a \cosh\left(\frac{x}{a}\right)$ zwischen $x = 0$ und $x = b$.

8.23 Man berechne die Längen und Krümmungen der Kurven
a) $y = \frac{1}{2} x^2$, $-1 \leq x \leq 1$
b) $y = \cosh(x)$, $-a \leq x \leq a$.

8.24 Zeigen Sie, dass das Volumen eines Kegelstumpfes

$$V = \frac{1}{3} \pi h \left(R^2 + R r + r^2\right)$$

ist, indem man die Geradengleichung durch die Punkte $(0, r)$ und (h, R) aufstellt und den Graphen um die x-Achse rotiert.

8.25 Zeigen Sie, dass die Bogenlänge eines Halbkreises mit Radius $r = 1$ π ergibt.

8.26 Man bestimme die Bogenlänge des Graphen der Funktion $f(x) = \frac{2}{3} x^{\frac{3}{2}}$ zwischen den Punkten $(0, 0)$ und $(3, f(3))$. Welche Krümmung besitzt die Kurve? Wie groß ist sein Rotationsvolumen?

8.27 Bestimmen Sie das Volumen des Körpers, der durch Rotation der Kurve $y = a x^2$ $(x \in [0, r])$ um die y-Achse hervorgeht.

8.28 Berechnen Sie die Schwerpunktskoordinaten der Fläche zwischen dem Graphen $f(x) = h$ und $g(x) = \frac{h}{a^2} x^2$ für $x \in [0, a]$.

Kapitel 9

Funktionenreihen

9

9

9 Funktionenreihen

Die wichtigsten, in den Anwendungen auftretenden Funktionen lassen sich als *Potenzreihen* der Form $\sum_{n=0}^{\infty} a_n\,(x-x_0)^n$, den sog. *Taylor-Reihen* darstellen. Diese Entwicklung liefert eine Möglichkeit, um Funktionen wie z.B. e^x, $\sin x$, $\tan x$, $\sqrt{x}$, $\ln x$ oder $\arctan x$ explizit zu berechnen, indem nur die Grundrechenoperationen $+\;-\;*\;/$ angewendet werden. Darüber hinaus ist es für die Anwendungen wichtig, dass für gegebenenfalls komplizierte Funktionen Näherungsformeln zur Verfügung stehen.

Anwendungsbeispiel 9.1 (Scheinwerferregulierung).

Bei der Einstellung von Scheinwerfern muss die Höhe des Abblendlichts laut Gesetz über eine Entfernung von $10\,m$ um eine vorgegebene Höhe $H_{opt} = 0.1\,m$ abnehmen. Aus dieser Vorgabe ergibt sich für die Hell-Dunkel-Grenze eine Zielneigung der Scheinwerfer durch $\beta_{ab} = \arctan \frac{H_{opt}}{10} \approx 0.009999 \mathrel{\widehat{=}} 0.5729°$.

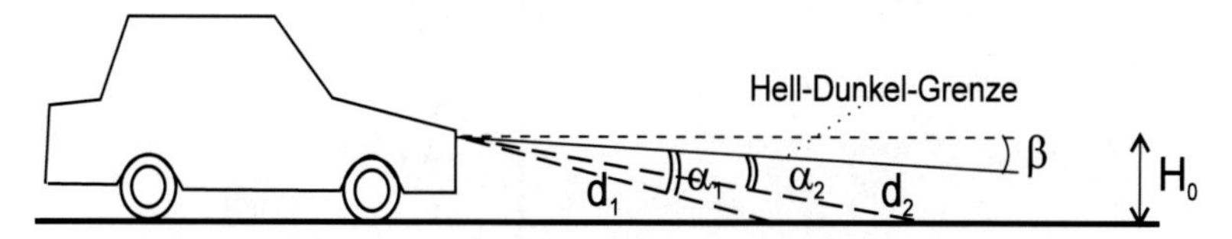

Abb. 9.1. Geometrische Anordnung der beiden Messstrahlen

Da der aktuelle Neigungswinkel β der Scheinwerfer nicht direkt ermittelbar ist, wird er optisch über die Messung zweier Distanzen d_1 und d_2 bestimmt. Die beiden gemessenen Distanzen d_1 und d_2 ergeben sich in Abhängigkeit des aktuellen Scheinwerferwinkels β durch

$$d_1 = \frac{H_0}{\sin(\alpha_1+\beta)}\,,\; d_2 = \frac{H_0}{\sin(\alpha_2+\beta)}\,,$$

wenn α_1 und α_2 die baubedingt, vorgegebenen Neigungswinkel sind. Geht man zum Quotienten über, ergibt sich die Formel

$$\frac{d_1}{d_2} = \frac{\sin(\alpha_2+\beta)}{\sin(\alpha_1+\beta)} = q(\beta),$$

Um vom Quotienten der beiden Distanzwerte auf den aktuellen Neigungswinkel β der Scheinwerfer einfach schließen zu können, wird eine Näherungsformel von $q(\beta)$ gesucht, die sich anschließend nach β auflösen lässt ($\rightarrow$ Taylor-Polynom 2. Ordnung). □

T. Westermann, *Mathematik für Ingenieure 2*,
https://doi.org/10.1007/978-3-662-70570-4_2

9.1

9.1 Zahlenreihen

Bevor wir allgemein auf Potenz- und Taylor-Reihen zu sprechen kommen, werden zunächst Zahlenreihen und deren Konvergenzkriterien behandelt. Die Konvergenzkriterien benötigen wir dann bei der Diskussion der Konvergenz der Taylor-Reihen.

Nach Band 1, Kapitel 6.1 bezeichnet man eine geordnete Menge reeller Zahlen

$$(a_n)_{n\in\mathbb{N}} = (a_1,\, a_2,\, a_3, \ldots,\, a_n, \ldots)$$

als *reelle Zahlenfolge*. Eine Zahlenfolge heißt *konvergent*, wenn eine reelle Zahl $a \in \mathbb{R}$ existiert, so dass es zu jedem $\varepsilon > 0$ ein $n_0 \in \mathbb{N}$ gibt mit

$$|a_n - a| < \varepsilon \qquad \text{für } \; n \geq n_0.$$

Beispiele 9.2:

Folge	allgem. Glied	Konvergenz
$(a_n)_n = 1,\, 2,\, 3,\, 4, \ldots$	$a_n = n$	nein
$(a_n)_n = 1,\, \frac{1}{2},\, \frac{1}{3},\, \frac{1}{4}, \ldots$	$a_n = \dfrac{1}{n}$	ja: $a_n \to 0$
$(a_n)_n = q^0,\, q^1,\, q^2,\, q^3, \ldots$	$a_n = q^{n-1}$	$\begin{cases} \text{für } \lvert q\rvert < 1: & a_n \to 0 \\ \text{für } \lvert q\rvert > 1: & \text{divergent} \\ \text{für } q = 1: & a_n \to 1 \\ \text{für } q = -1: & \text{divergent} \end{cases}$
$(a_n)_n = 1,\, \frac{1}{2!},\, \frac{1}{3!},\, \frac{1}{4!}, \ldots$	$a_n = \dfrac{1}{n!}$	ja: $a_n \to 0$
$(a_n)_n = -1,\, \frac{1}{2},\, -\frac{1}{3},\, \frac{1}{4}, \ldots$	$a_n = (-1)^n \dfrac{1}{n}$	ja: $a_n \to 0$

□

Übergang zu Reihen. Wir betrachten die Zahlenfolge

$$(a_n)_n = \left(1,\, 1,\, \frac{1}{2!},\, \frac{1}{3!},\, \frac{1}{4!}, \ldots,\, \frac{1}{(n-1)!}, \ldots\right)$$

mit dem allgemeinen Glied $a_n = \frac{1}{(n-1)!}$. Aus den Gliedern dieser Folge bilden wir sog. *Teilsummen* (= *Partialsummen*), indem wir jeweils die ersten Glieder aufsummieren:

$$\begin{aligned}
S_1 &= 1 && = 1 \\
S_2 &= 1 + 1 && = 2 \\
S_3 &= 1 + 1 + \tfrac{1}{2!} && = 2{,}5 \\
S_4 &= 1 + 1 + \tfrac{1}{2!} + \tfrac{1}{3!} && = 2{,}66666 \\
S_5 &= 1 + 1 + \tfrac{1}{2!} + \tfrac{1}{3!} + \tfrac{1}{4!} && = 2{,}70833 \\
S_6 &= 1 + 1 + \tfrac{1}{2!} + \tfrac{1}{3!} + \tfrac{1}{4!} + \tfrac{1}{5!} && = 2{,}71666 \\
S_7 &= 1 + 1 + \tfrac{1}{2!} + \tfrac{1}{3!} + \tfrac{1}{4!} + \tfrac{1}{5!} + \tfrac{1}{6!} && = 2{,}71804 \\
S_8 &= 1 + 1 + \tfrac{1}{2!} + \tfrac{1}{3!} + \tfrac{1}{4!} + \tfrac{1}{5!} + \tfrac{1}{6!} + \tfrac{1}{7!} && = 2{,}71823
\end{aligned}$$

Wir fassen die Partialsummen zu einer Folge $(S_n)_{n\in\mathbb{N}}$ zusammen. Diese Folge genügt dem Bildungsgesetz

$$S_n = 1 + 1 + \frac{1}{2!} + \frac{1}{3!} + \ldots + \frac{1}{(n-1)!} = \sum_{k=1}^{n} \frac{1}{(k-1)!}\,.$$

$(S_n)_n$ bezeichnet man als *Reihe.*

Definition: (Reihen). *Sei $(a_k)_{k\in\mathbb{N}}$ eine Zahlenfolge. Dann heißt*

$$S_n = a_1 + a_2 + a_3 + \ldots + a_n = \sum_{k=1}^{n} a_k$$

eine **Partialsumme** *und die Folge der Partialsummen $(S_n)_{n\in\mathbb{N}}$ heißt* **unendliche Reihe** *(kurz:* **Reihe***):*

$$(S_n)_{n\in\mathbb{N}} = \left(\sum_{k=1}^{n} a_k\right)_{n\in\mathbb{N}} = (a_1 + a_2 + \ldots + a_n)_{n\in\mathbb{N}}\,.$$

Bemerkungen:

(1) Oftmals beginnt die Summation einer Reihe bei $k = 0$.

(2) Der Name des Summationsindex kann beliebig gewählt werden:

$$\sum_{k=0}^{\infty} a_k = \sum_{i=0}^{\infty} a_i\,.$$

Beispiele 9.3:

allgem. Folgenglied	Partialsumme
$a_n = n$	$\sum_{k=1}^{n} k = 1 + 2 + 3 + \ldots + n$
$a_n = \frac{1}{n}$	$\sum_{k=1}^{n} \frac{1}{k} = 1 + \frac{1}{2} + \frac{1}{3} + \ldots + \frac{1}{n}$
$a_n = q^n$	$\sum_{k=0}^{n} q^k = 1 + q + q^2 + \ldots + q^n$
$a_n = \frac{1}{n!}$	$\sum_{k=0}^{n} \frac{1}{k!} = 1 + 1 + \frac{1}{2!} + \ldots + \frac{1}{n!}$
$a_n = (-1)^n \frac{1}{n}$	$\sum_{k=1}^{n} (-1)^k \frac{1}{k} = -1 + \frac{1}{2} - \frac{1}{3} \pm \ldots (-1)^n \frac{1}{n}$

□

Eine Reihe ist also die Folge der Partialsummen $(\sum_{k=1}^{n} a_k)_{n\in\mathbb{N}}$. Es stellt sich die Frage, ob diese Folgen konvergieren, d.h. ob

$$\lim_{n\to\infty} S_n = \sum_{k=1}^{\infty} a_k$$

einen endlichen Wert besitzt.

Definition:

(1) *Eine Reihe* $\left(\sum_{k=1}^{n} a_k\right)_{n\in\mathbb{N}}$ *heißt* **konvergent**, *wenn die Folge der Partialsummen* $S_n := \sum_{k=1}^{n} a_k$ *eine konvergente Folge ist. Liegt Konvergenz vor, so bezeichnet man den Grenzwert*

$$\lim_{n\to\infty} S_n = \lim_{n\to\infty} \sum_{k=1}^{n} a_k = \sum_{k=1}^{\infty} a_k$$

als **Summe der unendlichen Reihe.**

(2) *Eine Reihe* $\left(\sum_{k=1}^{n} a_k\right)_{n\in\mathbb{N}}$ *heißt* **divergent**, *wenn sie keinen Grenzwert besitzt.*

(3) *Eine Reihe* $\left(\sum_{k=1}^{n} a_k\right)_{n\in\mathbb{N}}$ *heißt* **absolut konvergent**, *wenn die Partialsumme der Beträge* $S_n := \sum_{k=1}^{n} |a_k|$ *konvergiert.*

Bemerkungen:

(1) Eine konvergente Reihe besitzt stets einen endlichen, eindeutig bestimmten Summenwert.

(2) Eine absolut konvergente Reihe ist stets konvergent. Die Umkehrung gilt allerdings nicht ($\rightarrow$ Beispiel 9.14)!

(3) Eine Reihe heißt *bestimmt divergent*, wenn $\sum_{k=1}^{\infty} a_k$ entweder $+\infty$ oder $-\infty$ ist.

(4) Die Auswertung der Partialsumme als geschlossener Ausdruck ist in manchen, seltenen Fällen möglich. Dann ist der Summenwert berechenbar. I.a. jedoch ist der Grenzwert unbekannt und man muss Konvergenzkriterien anwenden, um die Konvergenz der Reihe zu zeigen.

Wir behandeln zunächst Reihen, bei denen sich die Partialsummen auswerten lassen und lernen dann wichtige Konvergenzkriterien kennen.

9.1.1 Beispiele

Beispiel 9.4. Die **geometrische Reihe**

$$\sum_{k=0}^{\infty} q^k = 1 + q + q^2 + \ldots + q^k + \ldots$$

konvergiert für $|q| < 1$ und divergiert für $|q| \geq 1$.

Denn nach Band 1, Kapitel 1.2.3, gilt für die endliche geometrische Reihe:

$$S_n = \sum_{k=0}^{n} q^k = \frac{1 - q^{n+1}}{1 - q} \qquad \text{für} \quad q \neq 1.$$

Für $|q| < 1$ ist $\lim\limits_{n \to \infty} q^{n+1} = 0$ und die Folge der Partialsummen hat den Grenzwert

$$S = \lim_{n \to \infty} S_n = \lim_{n \to \infty} \frac{1 - q^{n+1}}{1 - q} = \frac{1}{1 - q}.$$

Folglich ist

$$\sum_{k=0}^{\infty} q^k = \frac{1}{1 - q} \qquad \text{für } |q| < 1.$$

Für $|q| > 1$ divergiert q^{n+1} und damit S_n. Für $q = 1$ ist $S_n = \sum_{k=0}^{n} 1 = n + 1$, also divergent. Für $q = -1$ ist die Reihe ebenfalls divergent, wie das nachfolgende Beispiel zeigt. □

Beispiel 9.5. Die Reihe $\sum\limits_{n=0}^{\infty} (-1)^n$ ist **divergent**.

Denn die Folge der Partialsummen ist

$$\begin{aligned} &S_0 = 1, \; S_1 = 1 - 1 = 0, \; S_2 = 1 - 1 + 1 = 1, \; S_3 = 1 - 1 + 1 - 1 = 0, \\ &S_4 = 1, \; S_5 = 0, \qquad S_6 = 1, \qquad S_7 = 0, \ldots \qquad \text{usw.} \end{aligned}$$

Damit besitzt die Folge (S_n) keinen Grenzwert und die Reihe $\sum_{n=0}^{\infty} (-1)^n$ ist divergent. Dieses Beispiel zeigt auch, dass eine divergente Reihe nicht notwendigerweise gegen $+\infty$ oder $-\infty$ gehen muss. □

Beispiel 9.6. Die **arithmetische Reihe**

$$\sum_{k=1}^{\infty} k = 1 + 2 + 3 + \ldots + n + \ldots$$

ist **divergent**.

Durch vollständige Induktion wurde in Beispiel 1.3 (Band 1, Kapitel 1.2.2) gezeigt, dass

$$S_n = \sum_{k=1}^{n} k = 1 + 2 + 3 + \ldots + n = \frac{n\,(n+1)}{2}.$$

Folglich ist der Grenzwert

$$S = \lim_{n \to \infty} S_n = \lim_{n \to \infty} \frac{1}{2} n\,(n+1) = \infty.$$

Die arithmetische Reihe ist damit **bestimmt divergent.** □

Beispiel 9.7. Die Reihe

$$\sum_{k=1}^{\infty} \frac{1}{k\,(k+1)} = \frac{1}{1\cdot 2} + \frac{1}{2\cdot 3} + \frac{1}{3\cdot 4} + \ldots + \frac{1}{k\,(k+1)} + \ldots$$

ist konvergent.

Wie man mit vollständiger Induktion beweist, gilt für die Partialsumme

$$S_n = \sum_{k=1}^{n} \frac{1}{k\,(k+1)} = \frac{1}{1\cdot 2} + \frac{1}{2\cdot 3} + \ldots + \frac{1}{n\,(n+1)} = \frac{n}{n+1}.$$

Folglich ist

$$\lim_{n\to\infty} S_n = \lim_{n\to\infty} \frac{n}{n+1} = 1 \quad \Rightarrow \quad \sum_{k=1}^{\infty} \frac{1}{k\,(k+1)} = 1.$$

□

⚠ Satz/Beispiel 9.8. Harmonische Reihe

Die harmonische Reihe

$$\sum_{k=1}^{\infty} \frac{1}{k} = 1 + \frac{1}{2} + \frac{1}{3} + \frac{1}{4} + \ldots + \frac{1}{n} + \ldots$$

ist divergent.

Begründung: Wir vergleichen die harmonische Reihe mit einer Vergleichsreihe, deren Folgenglieder kleiner als die der harmonischen Reihe sind; die Vergleichsreihe aber schon divergiert.
Harmonische Reihe:

$$1 + \underset{\uparrow}{\frac{1}{2}} + \left(\frac{1}{3} + \underset{\uparrow}{\frac{1}{4}}\right) + \left(\frac{1}{5} + \frac{1}{6} + \frac{1}{7} + \underset{\uparrow}{\frac{1}{8}}\right) + \ldots + \left(\frac{1}{2^n+1} + \ldots + \underset{\uparrow}{\frac{1}{2^{n+1}}}\right) + \ldots$$

Die Klammerung erfolgt dabei so, dass jeweils die Summanden

$$\frac{1}{2^n+1} + \ldots + \frac{1}{2^{n+1}}$$

zusammengefasst werden. Wir ersetzen alle Terme einer Klammer durch den mit Pfeil gekennzeichneten Wert $\frac{1}{2^{n+1}}$. Dadurch verkleinern wir den Wert der Summe und erhalten die Vergleichsreihe

$$1 + \frac{1}{2} + \left(\frac{1}{4} + \frac{1}{4}\right) + \left(\frac{1}{8} + \frac{1}{8} + \frac{1}{8} + \frac{1}{8}\right) + \left(\frac{1}{16} + \ldots + \frac{1}{16}\right) + \ldots$$

Für diese Reihe ist

$$\sum_{i=1}^{n} \frac{1}{2} = n\,\frac{1}{2} \to \infty \qquad \text{für} \quad n \to \infty.$$

Da die Vergleichsreihe gegen ∞ divergiert, muss die harmonische Reihe, deren Glieder größer als die der Vergleichsreihe sind, ebenfalls divergieren. □

Bei diesen Überlegungen geht implizit das *Minorantenkriterium* ein. Es besagt, dass eine Reihe divergiert, wenn eine divergente Vergleichsreihe (Minorante) existiert, deren Reihenglieder kleiner sind als die der ursprünglichen Reihe:

Minorantenkriterium

Ist $0 < a_i \leq b_i$ ab einem $m \in \mathbb{N}$, dann gilt

$$\sum_{i=1}^{\infty} a_i \text{ divergent} \quad \Rightarrow \quad \sum_{i=1}^{\infty} b_i \text{ divergent.}$$

Folgerungen aus der Divergenz der harmonischen Reihe

(1) ⚠ $\lim\limits_{n\to\infty} a_n = 0$ genügt nicht, um die Konvergenz der Reihe $\sum_{k=1}^{\infty} a_k$ sicherzustellen.

(2) Ist a_n konvergent mit $\lim\limits_{n\to\infty} a_n \neq 0$, dann ist die Reihe $\sum_{k=1}^{\infty} a_k$ divergent.

(3) Ist $\sum_{k=1}^{\infty} a_k$ konvergent $\Rightarrow$ $\lim\limits_{n\to\infty} a_n = 0$.

⚠ **Achtung:** Eine numerische Berechnung einer Reihe reicht nicht aus, um die Konvergenz zu prüfen, bzw. im Falle der Konvergenz den Summenwert zu bestimmen!: Die harmonische Reihe$\sum_{n=1}^{\infty} \frac{1}{n}$ ist numerisch **immer** konvergent, was im Widerspruch zu Beispiel 9.8 steht. Dieser Trugschluss rührt daher, dass numerisch nur mit einer endlichen Genauigkeit gerechnet wird. Daher ist ab einem gewissen N numerisch

$$\sum_{i=1}^{N} \frac{1}{i} + \frac{1}{N+1} = \sum_{i=1}^{N} \frac{1}{i} \qquad \text{(numerisch!)},$$

da dann $\frac{1}{N+1}$ nicht mehr zum Summenwert beiträgt. Ab diesem N ändert die Reihe numerisch ihren Wert nicht mehr.

Beispiel 9.9 (Mit MAPLE-Worksheet). Um diesen Effekt zu verdeutlichen, berechnen wir die harmonische Reihe mit einer Rechengenauigkeit von 5 Stellen. Wir erhalten die folgenden Ergebnisse in Abhängigkeit von N

N	10	100	1000	10000	15000	20000	30000
summe	2.9290	5.1873	7.4847	9.7509	10.000	10.000	10.000

Etwa ab $N = 15000$ ändert sich der Summenwert nicht mehr, obwohl die Reihe divergiert! Ändert man die Reihenfolge der Summation, kann nahezu jeder Wert größer 10 als Summenwert erhalten werden. □

Da in den wenigsten Fällen die Partialsumme als geschlossener Ausdruck vorliegt, werden Kriterien benötigt, um zu entscheiden, ob Reihen konvergieren oder nicht. Dies führt zu den sog. *Konvergenzkriterien*. Wir geben nur die drei wichtigsten an.

9.1.2 Majorantenkriterium

Das anschauliche *Majorantenkriterium* besagt, dass eine Reihe konvergiert, wenn eine betragsmäßig größere Reihe schon konvergiert.

Majorantenkriterium

Ist $|a_i| \leq A_i$ und $\sum_{i=1}^{\infty} A_i$ konvergent $\Rightarrow$ $\sum_{i=1}^{\infty} a_i$ ist konvergent.

Man bezeichnet $\sum_{i=1}^{\infty} A_i$ dann als *Majorante*.

Beispiel 9.10. Für $p \geq 2$ konvergiert die Reihe $\sum_{n=1}^{\infty} \frac{1}{n^p}$:

Die konvergente Majorante ist die in Beispiel 9.7 diskutierte Reihe:

$$\sum_{k=1}^{\infty} \frac{1}{k\,(k+1)} = 1.$$

Denn für $p \geq 2$ gilt

$$\frac{1}{k^p} \leq \frac{1}{k^2} \leq \frac{2}{k\,(k+1)}.$$

Daher ist

$$\sum_{k=1}^{N} \frac{1}{k^p} \leq \sum_{k=1}^{N} \frac{2}{k\,(k+1)} \leq 2 \sum_{k=1}^{\infty} \frac{1}{k\,(k+1)} = 2$$

und $\sum_{k=1}^{\infty} \frac{1}{k^p}$ ist konvergent mit einem Summenwert ≤ 2. □

Es gilt allgemeiner der folgende Satz:

Satz: Die Reihe

$$\sum_{n=1}^{\infty} \frac{1}{n^p}$$

ist konvergent für $p > 1$ und divergent für $p \leq 1$.

Beispiele 9.11:

① Die Reihe $\sum\limits_{n=1}^{\infty} \frac{1}{\sqrt{n}} = \sum\limits_{n=1}^{\infty} \frac{1}{n^{\frac{1}{2}}}$ ist divergent, da $p = \frac{1}{2} < 1$.

② Die Reihe $\sum\limits_{n=1}^{\infty} \frac{n}{\sqrt{n^5}} = \sum\limits_{n=1}^{\infty} \frac{1}{n^{\frac{3}{2}}}$ ist konvergent, da $p = \frac{3}{2} > 1$.

③ Die Reihe $\sum\limits_{n=1}^{\infty} \frac{\sin(n)}{\sqrt{n^3}}$ ist konvergent: Wegen $\left|\frac{\sin(n)}{\sqrt{n^3}}\right| \leq \frac{1}{n^{\frac{3}{2}}}$ stellt $\sum\limits_{n=1}^{\infty} \frac{1}{n^{\frac{3}{2}}}$ eine konvergente Majorante dar. □

9.1.3 Quotientenkriterium

Für die Anwendung bei Potenzreihen zeigt sich das folgende *Quotientenkriterium* als außerordentlich erfolgreich.

Quotientenkriterium

Die Reihe $\sum\limits_{n=0}^{\infty} a_n$ ist konvergent, falls es ein $N \in \mathbb{N}_0$ und eine Zahl $q < 1$ gibt mit

$$\left|\frac{a_{n+1}}{a_n}\right| \leq q < 1 \qquad \text{für alle} \quad n \geq N.$$

Begründung: Weil es auf endlich viele Glieder nicht ankommt, sei angenommen, dass $|a_{n+1}| \leq q\, |a_n|$ für alle n. Dann folgt induktiv

$$|a_n| \leq q\, |a_{n-1}| \leq q^2\, |a_{n-2}| \leq q^3\, |a_{n-3}| \leq \ldots \leq q^n\, |a_0|.$$

Da $q < 1$ gilt unter Verwendung der geometrischen Reihe aus Beispiel 9.4

$$\left|\sum_{n=0}^{\infty} a_n\right| \leq \sum_{n=0}^{\infty} |a_n| \leq |a_0| \sum_{n=0}^{\infty} q^n = |a_0|\, \frac{1}{1-q}.$$

□

Bemerkungen:

(1) Da die geometrische Reihe für $|q| > 1$ divergiert, erhält man analog zu der Argumentation des vorherigen Beweises die Aussage:
Gibt es ein $N \in \mathbb{N}$, so dass $\left|\frac{a_{n+1}}{a_n}\right| > 1$ für alle $n \geq N$, dann divergiert die Reihe $\sum_{n=1}^{\infty} a_n$.

(2) Für die Anwendungen bei den Potenz- und Taylor-Reihen ist es oft einfacher, die Limesform des Quotientenkriteriums zu verwenden. Hierbei berechnet man $\lim_{n\to\infty} \left|\frac{a_{n+1}}{a_n}\right|$. Es gilt dann äquivalent zum Quotientenkriterium:

Limesform des Quotientenkriteriums

Ist $\lim_{n\to\infty} \left|\frac{a_{n+1}}{a_n}\right| < 1 \quad \Rightarrow \quad \sum_{n=1}^{\infty} a_n$ ist konvergent.

Ist $\lim_{n\to\infty} \left|\frac{a_{n+1}}{a_n}\right| > 1 \quad \Rightarrow \quad \sum_{n=1}^{\infty} a_n$ ist divergent.

Für $\lim_{n\to\infty} \left|\frac{a_{n+1}}{a_n}\right| = 1$ ist keine Aussage über die Konvergenz möglich. Es müssen in diesem Fall andere Konvergenzkriterien herangezogen werden.

Beispiele 9.12:

① Die Reihe

$$\sum_{n=1}^{\infty} \frac{n^2}{2^n}$$

ist konvergent. Dies folgt aus der Limesform des Quotientenkriteriums, da

$$\left|\frac{a_{n+1}}{a_n}\right| = \left|\frac{\frac{(n+1)^2}{2^{n+1}}}{\frac{n^2}{2^n}}\right| = \frac{2^n\,(n+1)^2}{2^{n+1}\,n^2} = \frac{1}{2}\left(1+\frac{1}{n}\right)^2 \overset{n\to\infty}{\longrightarrow} \frac{1}{2} < 1.$$

② Die Reihe

$$\sum_{n=0}^{\infty} \frac{1}{n!}\,x^n$$

ist für jedes $x \in \mathbb{R}$ konvergent. Dies folgt aus der Limesform des Quotientenkriteriums, da

$$\left|\frac{a_{n+1}}{a_n}\right| = \left|\frac{x^{n+1}}{(n+1)!}\cdot\frac{n!}{x^n}\right| = \frac{|x|}{n+1} \overset{n\to\infty}{\longrightarrow} 0 < 1.$$

□

Bemerkungen zum Quotientenkriterium

(1) ⚠ **Achtung: Im Falle** $\lim\limits_{n\to\infty}\left|\frac{a_{n+1}}{a_n}\right| = 1$ **ist keine Aussage möglich:**
Für $a_n = \frac{1}{n}$ erhalten wir die harmonische Reihe $\sum_{n=1}^{\infty}\frac{1}{n}$. Hier ist

$$\left|\frac{a_{n+1}}{a_n}\right| = \frac{n}{n+1} \overset{n\to\infty}{\longrightarrow} 1.$$

Für $a_n = \frac{1}{n^2}$ erhalten wir die Reihe $\sum_{n=1}^{\infty}\frac{1}{n^2}$. Auch hier gilt

$$\left|\frac{a_{n+1}}{a_n}\right| = \frac{n^2}{(n+1)^2} \overset{n\to\infty}{\longrightarrow} 1.$$

Für beide Fälle liefert die Limesform des Quotientenkriteriums als Wert 1. Nach Beispiel 9.8 *divergiert* die erste und nach Beispiel 9.10 *konvergiert* die zweite Reihe. Damit kann das Quotientenkriterium in solchen Fällen nicht angewendet werden!

(2) Das Quotientenkriterium ist also nur eine hinreichende, aber keine notwendige Bedingung für die Konvergenz einer Reihe.

(3) Man beachte, dass das Konvergenzkriterium nur Aufschluss darüber gibt, ob eine Reihe konvergiert oder nicht; es liefert **keinen** Anhaltspunkt über den Summenwert. Insbesondere stimmt $\lim\limits_{n\to\infty}\left|\frac{a_{n+1}}{a_n}\right|$ nicht mit dem Wert der Reihe überein!

9.1.4 Leibniz-Kriterium

Für *alternierende* Reihen, Reihen deren Glieder abwechselnd positiv und negativ sind, existiert ein von Leibniz (1646 - 1716) stammendes Kriterium. Alternierende Reihen haben die Form $\sum_{n=1}^{\infty}(-1)^{n+1}a_n = a_1 - a_2 + a_3 - a_4 \pm \ldots$ mit $a_n > 0$. Das Vorzeichen $(-1)^{n+1}$ wechselt dabei ständig.

Leibniz-Kriterium

Eine **alternierende Reihe**

$$\sum_{n=1}^{\infty}(-1)^{n+1}a_n = a_1 - a_2 + a_3 - a_4 \pm \ldots$$

ist konvergent, falls $a_1 > a_2 > a_3 > a_4 > \ldots > 0$ und $\lim\limits_{n\to\infty} a_n = 0$.

Tipp: Eine alternierende Reihe konvergiert immer, wenn die Beträge der Glieder eine streng monoton fallende Nullfolge bilden.

Beispiel 9.13. $\sum_{n=1}^{\infty} (-1)^{n+1} \frac{1}{n!}$ ist konvergent.

Die Glieder der Reihe sind alternierend und die Beträge der Glieder

$$\frac{1}{1!} > \frac{1}{2!} > \frac{1}{3!} > \ldots > \frac{1}{n!} > \frac{1}{(n+1)!} > \ldots > 0$$

bilden eine streng monoton fallende Nullfolge. Nach dem Leibniz-Kriterium konvergiert die Reihe. □

Beispiel 9.14. Die *alternierende harmonische Reihe*

$$\sum_{n=1}^{\infty} (-1)^{n+1} \frac{1}{n} = 1 - \tfrac{1}{2} + \tfrac{1}{3} - \tfrac{1}{4} \pm \ldots$$

ist **konvergent.**

Die Glieder der Reihe sind alternierend und deren Beträge

$$1 > \frac{1}{2} > \frac{1}{3} > \ldots > \frac{1}{n} > \frac{1}{n+1} > \ldots > 0$$

bilden eine streng monoton fallende Nullfolge. Nach dem Leibniz-Kriterium konvergiert die Reihe. □

Beispiel 9.15. $\sum_{n=1}^{\infty} (-1)^{n+1}$ divergiert nach Beispiel 9.5.

Das Leibniz-Kriterium ist **nicht** anwendbar. $|a_n| = 1$ ist keine Nullfolge.□

Bemerkungen:

(1) Absolut konvergente Reihen sind auch konvergent im gewöhnlichen Sinne. Die Umkehrung gilt aber nicht!: Die alternierende harmonische Reihe ist konvergent (→ Beispiel 9.14) aber nicht absolut konvergent, da die harmonische Reihe $\sum_{n=1}^{\infty} \left|(-1)^{n+1} \frac{1}{n}\right| = \sum_{n=1}^{\infty} \frac{1}{n}$ nach Beispiel 9.8 divergiert.

(2) Bei der Anwendung des Leibniz-Kriteriums genügt es nicht, nur die Eigenschaft "alternierend" nachzuprüfen! Selbst wenn die Reihenglieder alternierendes Vorzeichen besitzen und eine Nullfolge bilden, folgt **nicht** die Konvergenz, wie die Reihe

$$\sum_{k=1}^{\infty} (-1)^k \left\{ \frac{1}{\sqrt{k+1}} + \frac{(-1)^k}{k+1} \right\}$$

zeigt. Die Reihenglieder sind alternierend, bilden aber keine betragsmäßig monoton fallende Nullfolge.

9.2 Potenzreihen

Dieser Abschnitt stellt den Übergang von den Zahlenreihen zu den Taylor-Reihen dar. Die Konvergenzkriterien der Zahlenreihen werden übertragen auf Potenzreihen, um den Definitionsbereich der Potenzreihen zu bestimmen.

Sind die Summanden in einer Reihe selbst Funktionen einer Variablen x, so stellt der Ausdruck $\sum_{n=0}^{\infty} a_n(x)$ eine Funktion dar, eine sog. **Funktionenreihe**. Ein wichtiger Spezialfall solcher Funktionenreihen sind die *Potenzreihen*.

Definition: *Eine Funktion der Form*

$$\sum_{n=0}^{\infty} a_n\, x^n = a_0 + a_1\, x + \ldots + a_n\, x^n + \ldots$$

heißt **Potenzreihe.** *Der Definitionsbereich einer Potenzreihe besteht aus allen reellen Zahlen x, für die $\sum_{n=0}^{\infty} a_n\, x^n$ konvergiert. Man nennt daher die Menge*

$$K := \left\{ x \in \mathbb{R} : \sum_{n=0}^{\infty} a_n\, x^n \quad \text{konvergent} \right\}$$

den **Konvergenzbereich** *der Potenzreihe.*

Bemerkungen:

(1) Man bezeichnet $a_0, a_1, a_2, \ldots, a_n, \ldots$ als die *Koeffizienten* der Potenzreihe.

(2) Für jedes feste x ist eine Potenzreihe eine Zahlenreihe.

(3) Eine etwas allgemeinere Darstellung von Potenzreihen erhält man durch Ausdrücke der Form

$$\sum_{n=0}^{\infty} a_n\,(x - x_0)^n = a_0 + a_1\,(x - x_0) + \ldots + a_n\,(x - x_0)^n + \ldots\,.$$

Man bezeichnet dann die Stelle x_0 als den *Entwicklungspunkt* der Reihe.

Beispiel 9.16. $\sum_{n=0}^{\infty} n\, x^n = 1\, x + 2\, x^2 + 3\, x^3 + \ldots + n\, x^n + \ldots\,.$ □

Beispiel 9.17. $\sum_{n=0}^{\infty} \frac{1}{n!}\, x^n = 1 + x + \frac{1}{2!}\, x^2 + \frac{1}{3!}\, x^3 + \ldots + \frac{1}{n!}\, x^n + \ldots\,.$ □

Beispiel 9.18. f sei im Punkte $x_0 \in \mathbb{D}$ beliebig oft differenzierbar. Dann ist

$$\sum_{n=0}^{\infty} \frac{1}{n!} f^{(n)}(x_0)(x - x_0)^n$$

eine Potenzreihe mit Entwicklungspunkt x_0 und den Koeffizienten

$$a_n = \frac{1}{n!} f^{(n)}(x_0).$$

Eine solche Reihe bezeichnet man als *Taylor-Reihe* der Funktion f am Entwicklungspunkt x_0 (siehe Abschnitt 9.3). □

Beispiel 9.19 (Geometrische Potenzreihe): Nach Beispiel 9.4 ist die Potenzreihe

$$\sum_{n=0}^{\infty} x^n = 1 + x + x^2 + \ldots + x^n + \ldots = \frac{1}{1-x}$$

für $|x| < 1$ konvergent und für $|x| \geq 1$ divergent. Der **Konvergenzbereich** ist daher $K = (-1,\, 1)$.

Beispiel 9.20. Wir berechnen den Konvergenzbereich der Potenzreihe

$$\sum_{n=1}^{\infty} \frac{1}{n} x^n = x + \frac{1}{2} x^2 + \frac{1}{3} x^3 + \ldots + \frac{1}{n} x^n + \ldots.$$

Dazu wenden wir für ein beliebiges aber festes $x \in \mathbb{R}$ das Quotientenkriterium mit $b_n = \frac{1}{n} x^n$ an:

$$\left|\frac{b_{n+1}}{b_n}\right| = \left|\frac{\frac{x^{n+1}}{n+1}}{\frac{x^n}{n}}\right| = \left|\frac{x^{n+1}}{n+1} \frac{n}{x^n}\right| = \frac{n}{n+1} |x| \overset{n \to \infty}{\longrightarrow} |x|.$$

Damit konvergiert die Reihe für $|x| < 1$ und divergiert für $|x| > 1$. Für $|x| = 1$ müssen getrennte Untersuchungen durchgeführt werden, indem die jeweiligen Werte in die Reihe eingesetzt werden:
Für $x = 1$ ist

$$\sum_{n=1}^{\infty} \frac{1}{n} x^n = \sum_{n=1}^{\infty} \frac{1}{n} 1^n = \sum_{n=1}^{\infty} \frac{1}{n}$$

die harmonische Reihe, also nach Beispiel 9.8 divergent.
Für $x = -1$ ist

$$\sum_{n=1}^{\infty} \frac{1}{n} x^n = \sum_{n=1}^{\infty} \frac{1}{n} (-1)^n.$$

Die alternierende harmonische Reihe ist nach Beispiel 9.14 konvergent. Damit ist der Konvergenzbereich $K = [-1,\, 1)$. □

Konvergenzverhalten von Potenzreihen

Wenden wir das Quotientenkriterium entsprechend dem Vorgehen in Beispiel 9.20 auf eine beliebige Potenzreihe $\sum_{n=0}^{\infty} a_n\, x^n$ an, lässt sich das Konvergenzverhalten folgendermaßen charakterisieren:

Konvergenzverhalten von Potenzreihen

Jede Potenzreihe

$$\sum_{n=0}^{\infty} a_n\, x^n = a_0 + a_1\, x + a_2\, x^2 + \ldots + a_n\, x^n + \ldots$$

besitzt einen eindeutig bestimmten **Konvergenzradius** ρ $(0 \leq \rho \leq \infty)$ mit den Eigenschaften:

(1) Die Reihe konvergiert für alle x mit $|x| < \rho$.

(2) Die Reihe divergiert für alle x mit $|x| > \rho$.

(3) Für $|x| = \rho$ ist keine allgemeine Aussage möglich.

Begründung: Zur Bestimmung von ρ wenden wir das Quotientenkriterium auf die Reihe $\sum_{n=0}^{\infty} b_n$ mit $b_n = a_n\, x^n$ an:

$$\left|\frac{b_{n+1}}{b_n}\right| = \left|\frac{a_{n+1}\, x^{n+1}}{a_n\, x^n}\right| = \left|\frac{a_{n+1}}{a_n}\right| |x| \overset{n\to\infty}{\longrightarrow} \lim_{n\to\infty} \left|\frac{a_{n+1}}{a_n}\right| \cdot |x|\,.$$

Nach der Limesform des Quotientenkriteriums konvergiert die Reihe für

$$\lim_{n\to\infty} \left|\frac{a_{n+1}}{a_n}\right| \cdot |x| < 1 \quad \hookrightarrow \quad |x| < \frac{1}{\lim\limits_{n\to\infty} \left|\frac{a_{n+1}}{a_n}\right|} = \lim_{n\to\infty} \left|\frac{a_n}{a_{n+1}}\right|$$

und sie divergiert für

$$|x| > \frac{1}{\lim\limits_{n\to\infty} \left|\frac{a_{n+1}}{a_n}\right|} = \lim_{n\to\infty} \left|\frac{a_n}{a_{n+1}}\right|.$$

Setzen wir $\rho := \lim\limits_{n\to\infty} \left|\frac{a_n}{a_{n+1}}\right|$, so sind die Aussagen des Satzes nachgeprüft und wir haben den Konvergenzradius berechnet. □

Konvergenzradius

Der Konvergenzradius ρ einer Potenzreihe $\sum\limits_{n=0}^{\infty} a_n\, x^n$ ist gegeben durch

$$\rho = \lim_{n\to\infty} \left|\frac{a_n}{a_{n+1}}\right|.$$

Bemerkungen:

(1) Der Sonderfall $\rho = \infty$ ist möglich, denn dann ist $|x| < \rho$ immer erfüllt und die Reihe konvergiert für alle $x \in \mathbb{R}$.

(2) Es gibt Potenzreihen mit $\rho = 0$. Diese Reihen konvergieren höchstens für $x = 0$, sonst für kein anderes x.

(3) Es ist keine Aussage möglich, falls $\lim\limits_{n\to\infty} \left|\frac{a_n}{a_{n+1}}\right|$ nicht existiert.

(4) ⚠ **Achtung:** Beim Quotientenkriterium wird das Verhältnis $\left|\frac{b_{n+1}}{b_n}\right|$ gebildet, während für die Berechnung des Konvergenzradius das Verhältnis $\left|\frac{a_n}{a_{n+1}}\right|$ bestimmt wird!

Beispiel 9.21. Die Reihe $\sum\limits_{n=0}^{\infty} \frac{1}{n!}\, x^n = 1 + x + \frac{1}{2!}\, x^2 + \ldots + \frac{1}{n!}\, x^n + \ldots$

konvergiert für alle $x \in \mathbb{R}$. Denn der Konvergenzradius ist

$$\rho = \lim_{n\to\infty} \left|\frac{a_n}{a_{n+1}}\right| = \lim_{n\to\infty} \left|\frac{\frac{1}{n!}}{\frac{1}{(n+1)!}}\right| = \lim_{n\to\infty} \frac{(n+1)!}{n!} = \lim_{n\to\infty} (n+1) = \infty. \qquad \square$$

Beispiel 9.22. Die Reihe $\sum\limits_{n=0}^{\infty} \frac{(-1)^n}{(2n+1)!}\, x^{2n+1} = x - \frac{1}{3!}\, x^3 + \frac{1}{5!}\, x^5 - \frac{1}{7!}\, x^7 \pm \ldots$

konvergiert für alle $x \in \mathbb{R}$. Denn mit $a_n = \frac{(-1)^n}{(2n+1)!}$ folgt

$$\left|\frac{a_n}{a_{n+1}}\right| = \left|\frac{(-1)^n}{(2n+1)!}\, \frac{(2n+3)!}{(-1)^{n+1}}\right| = \frac{(2n+3)!}{(2n+1)!} = (2n+2)\,(2n+3)$$

Bei dieser Potenzreihe müssen wir allerdings beachten, dass zwei aufeinanderfolgende Summanden $b_n = a_n x^{2n+1}$ und $b_{n+1} = a_{n+1} x^{2n+3}$ im Quotienten x^2 ergeben, so dass wir bei der Berechnung von $\lim\limits_{n\to\infty} \left|\frac{a_n}{a_{n+1}}\right|$ daher ρ^2 erhalten:

$$\Rightarrow\ \rho^2 = \lim_{n\to\infty} \left|\frac{a_n}{a_{n+1}}\right| = \infty\ \Rightarrow \rho = \infty\ \Rightarrow K = \mathbb{R}. \qquad \square$$

Bemerkungen zum Konvergenzbereich

Eine Potenzreihe $\sum_{n=0}^{\infty} a_n\, x^n$ konvergiert stets innerhalb des zum Nullpunkt symmetrischen Intervalls $|x| < \rho$ und sie divergiert außerhalb. Abbildung 9.2 zeigt die graphische Darstellung des Konvergenzbereichs.

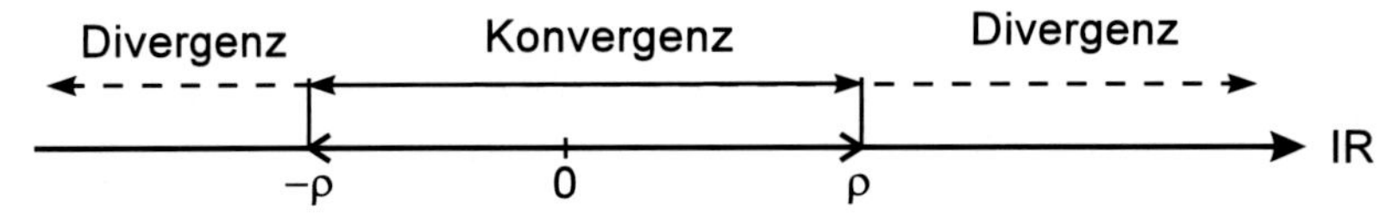

Abb. 9.2. Konvergenzbereich einer Potenzreihe

⚠ **Achtung:** Für $|x| = \rho$, d.h. $x = \pm\,\rho$, kann keine allgemeingültige Aussage getroffen werden. An diesen Randstellen müssen getrennte Untersuchungen durchgeführt werden, indem $x = \rho$ und $x = -\rho$ in die Potenzreihe eingesetzt werden. Die Konvergenz / Divergenz der Zahlenreihen muss dann mit den Kriterien aus Abschnitt 9.1 diskutiert werden:

Beispiel 9.23. Wir untersuchen die Potenzreihe

$$\sum_{n=1}^{\infty} \frac{(-1)^{n+1}}{n} (x-1)^n$$

auf ihre Konvergenzeigenschaften.

Dazu wenden wir das Quotientenkriterium auf die Reihe mit den Summanden $b_n = \frac{(-1)^{n+1}}{n} (x-1)^n$ an:

$$\frac{b_{n+1}}{b_n} = \frac{(-1)^{n+2}}{n+1} (x-1)^{n+1} \cdot \frac{n}{(-1)^{n+1}} \frac{1}{(x-1)^n} = \frac{n}{n+1} (-1)(x-1)$$

$$\hookrightarrow \quad \lim_{n\to\infty} \left|\frac{b_{n+1}}{b_n}\right| = \lim_{n\to\infty} \frac{n}{n+1} |x-1| = |x-1|\,.$$

Somit konvergiert die Reihe für $|x-1| < 1$ und divergiert für $|x-1| > 1$. Für den Fall $|x-1| = 1$ werden getrennte Untersuchungen durchgeführt. Aus $|x-1| = 1$ folgt entweder $x = 2$ oder $x = 0$:
Für $x = 2$ ist

$$\sum_{n=1}^{\infty} \frac{(-1)^{n+1}}{n} (2-1)^n = \sum_{n=1}^{\infty} \frac{(-1)^{n+1}}{n}$$

die alternierende harmonische Reihe und damit konvergent.
Für $x = 0$ ist

$$\sum_{n=1}^{\infty} \frac{(-1)^{n+1}}{n} (0-1)^n = \sum_{n=1}^{\infty} \frac{(-1)^{n+1}(-1)^n}{n} = -\sum_{n=1}^{\infty} \frac{1}{n}$$

die harmonische Reihe und damit divergent. $\Rightarrow K = (0,\, 2]\,.$ □

Bemerkung: Bei Potenzreihen der Form $\sum_{n=0}^{\infty} a_n (x-x_0)^n$ wird der Konvergenzradius ebenfalls berechnet durch die Formel

$$\rho = \lim_{n\to\infty} \left|\frac{a_n}{a_{n+1}}\right|.$$

(1) Die Reihe konvergiert für $|x - x_0| < \rho$.

(2) Die Reihe divergiert für $|x - x_0| > \rho$.

(3) Für $|x - x_0| = \rho \quad (\hookrightarrow x = \pm\,\rho + x_0)$ kann keine allgemeingültige Aussage getroffen werden.

Visualisierung: Der **Konvergenzbereich** einer Potenzreihe wird graphisch visualisiert, indem man die Potenzreihe mit wachsender Ordnung in Form einer Animation darstellt.

Bemerkung: Für Potenzreihen der Form $\sum_{n=0}^{\infty} a_n\,(x-x_0)^{\mathbf{k}\cdot n}$ mit $k \in \mathbb{N}$ wird der Konvergenzradius mit der folgenden Formel berechnet

$$\rho = \sqrt[\mathrm{k}]{\lim_{n\to\infty} \left|\frac{a_n}{a_{n+1}}\right|}.$$

Beispiele 9.24 (Mit Maple-Worksheet):

① Der Konvergenzradius der Potenzreihe $\sum_{i=1}^{\infty} \frac{1}{4^i} x^i$ ist $\rho = 4$. Der Konvergenzbereich ist das offene Intervall $(-4, 4)$.

② Von der Potenzreihe $\sum_{i=1}^{\infty} (-1)^i \frac{1}{i} (x-1)^i$ ist der Konvergenzradius $\rho = 1$. Der Konvergenzbereich ist das halb offene Intervall $(0, 2]$.

③ Der Konvergenzradius der Potenzreihe $\sum_{i=0}^{\infty} 8^i\,(x-3)^{3i}$ ist $\rho = \sqrt[3]{\frac{1}{8}} = \frac{1}{2}$. Der Konvergenzbereich ist um den Wert $x_0 = 3$ nach rechts verschoben, so dass insgesamt $K = (3 - \frac{1}{2}, 3 + \frac{1}{2})$.

Visualisierung: Dargestellt wird in der Maple-Animation jeweils nur die Partialsumme bis $n = 25$ bzw. $n = 26$. Man erkennt in der Animation, dass sich im Innern des Konvergenzbereichs die Reihen stabilisieren, außerhalb gehen sie gegen Unendlich. Bei der ersten Reihe entnimmt man den Konvergenzbereich zwischen -4 und 4, während er bei der zweiten Reihe von 0 bis 2 geht. Bei der dritten Reihe ist er zentriert um den x-Wert 3. □

Zum Abschluss dieses Abschnitts fassen wir noch drei wichtige Eigenschaften von Potenzreihen zusammen.

Wichtige Eigenschaften von Potenzreihen

(1) Eine Potenzreihe konvergiert innerhalb ihres Konvergenzbereichs absolut.

(2) Eine Potenzreihe darf innerhalb ihres Konvergenzbereichs differenziert und integriert werden. Die so erhaltenen Potenzreihen besitzen den gleichen Konvergenzradius wie die ursprüngliche Reihe.

(3) Zwei Potenzreihen dürfen im gemeinsamen Konvergenzbereich der Reihen gliedweise addiert und multipliziert werden.

9.3 Taylor-Reihen

Wir kommen nun zum zentralen Thema dieses Kapitels, den Taylor-Reihen. Die Aussage des Taylorschen Satzes ist, dass sich fast jede elementare Funktion in der Umgebung eines Punktes x_0 durch Polynome beliebig genau annähern lässt. Es zeigt sich sogar, dass diese Funktionen sich durch eine Potenzreihe der Form

$$\sum_{n=0}^{\infty} a_n \, (x - x_0)^n$$

darstellen lassen. Neben der Bestimmung der Koeffizienten a_n werden wir Information darüber gewinnen, welcher Fehler maximal auftritt, wenn diese Reihe nach endlich vielen Summationsgliedern abgebrochen wird. Damit erhalten wir zum einen eine Methode, die elementaren Funktionen

$$e^x, \; \sin x, \; \sqrt{x}, \; \ln x \qquad \text{usw.}$$

mit beliebiger Genauigkeit zu berechnen, zum anderen Näherungsformeln für diese Funktionen.

Beispiel 9.25 (Einführung): Nach Beispiel 9.19 gilt für die geometrische Potenzreihe

$$1 + x + x^2 + \ldots + x^n + \ldots = \sum_{n=0}^{\infty} x^n = \frac{1}{1-x}$$

für $|x| < 1$. D.h. die Potenzreihe $\sum_{n=0}^{\infty} x^n$ stimmt mit der Funktion $\frac{1}{1-x}$ für alle $x \in (-1, 1)$ überein. Außerhalb dieses offenen Intervalls ist zwar $\frac{1}{1-x}$ noch definiert $(x \neq 1)$, aber nicht mehr die Potenzreihe. Wir leiten eine Formel heuristisch her, die es uns erlaubt, für elementare Funktionen die zugehörige Potenzreihe aufzustellen. □

Herleitung der Taylor-Polynome. Gegeben sei eine Funktion $f(x)$, siehe Abb. 9.3. Gesucht ist eine Näherung der Funktion in der Umgebung des Punktes $x_0 \in \mathbb{D}$. Die Funktion f sei in dieser Umgebung mehrmals differenzierbar.

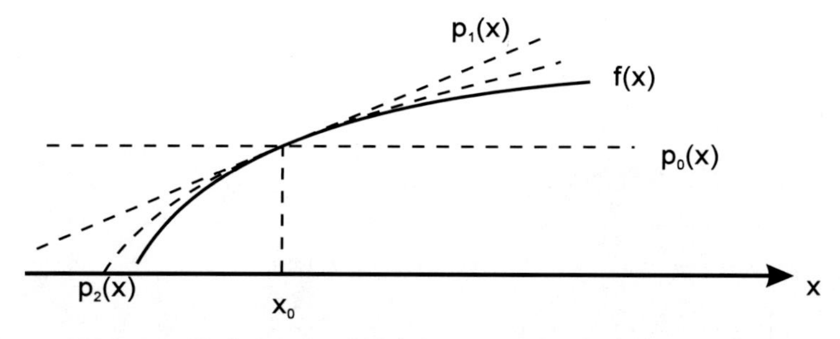

Abb. 9.3. Funktion f und Näherungen in der Umgebung von x_0

(0.) Die "nullte" Näherung p_0 an die Funktion erhält man, wenn die konstante Funktion

$$\boxed{p_0(x) = f(x_0)}$$

gewählt wird. Die Funktion p_0 hat mit f nur den Funktionswert an der Stelle x_0 gemeinsam.

(1.) Die lineare Näherung p_1 an die Funktion erhält man, wenn man die Tangente in x_0 wählt:

$$\boxed{p_1(x) = f(x_0) + f'(x_0)(x - x_0).}$$

Die Tangente hat mit der Funktion sowohl den Funktionswert, als auch die Ableitung an der Stelle x_0 gemeinsam.

(2.) Gesucht ist eine quadratische Funktion p_2, die im Punkt x_0 *zusätzlich* die gleiche Krümmung wie f aufweist:

Ansatz: $p_2(x) = f(x_0) + f'(x_0)(x - x_0) + c(x - x_0)^2.$

Bedingung: $p_2''(x_0) \stackrel{!}{=} f''(x_0).$

Wegen $p_2''(x) = 1 \cdot 2 \cdot c$, folgt $p_2''(x_0) = 1 \cdot 2 \cdot c = f''(x_0)$

$$\Rightarrow \quad c = \frac{1}{2!} f''(x_0)$$

$$\Rightarrow \quad \boxed{p_2(x) = f(x_0) + f'(x_0)(x - x_0) + \frac{f''(x_0)}{2!}(x - x_0)^2.}$$

(3.) Gesucht ist die kubische Funktion p_3, die im Punkt x_0 *zusätzlich* die 3. Ableitung mit f gemeinsam hat:

Ansatz:

$$p_3(x) = f(x_0) + f'(x_0)(x - x_0) + \frac{1}{2!} f''(x_0)(x - x_0)^2 + d(x - x_0)^3.$$

Bedingung: $p_3'''(x_0) \stackrel{!}{=} f'''(x_0).$

Wegen $p_3'''(x_0) = 1 \cdot 2 \cdot 3 \cdot d \stackrel{!}{=} f'''(x_0) \quad \Rightarrow d = \frac{1}{3!} f'''(x_0)$

$$\Rightarrow \quad \boxed{\begin{array}{c} p_3(x) = f(x_0) + f'(x_0)(x - x_0) + \frac{1}{2!} f''(x_0)(x - x_0)^2 \\ + \frac{1}{3!} f'''(x_0)(x - x_0)^3. \end{array}}$$

$\vdots$

(n.) Eine bessere Approximation an die Funktion f in einer Umgebung des Punktes x_0 gewinnt man, indem jeweils Terme der Form

$$\frac{1}{n!}\, f^{(n)}\left(x_0\right)\left(x-x_0\right)^n$$

hinzugenommen werden, so dass das n-te Näherungspolynom (das **Taylor-Polynom vom Grade** n) gegeben ist durch

$$\begin{aligned} p_n\left(x\right) &= f\left(x_0\right)+f'\left(x_0\right)\left(x-x_0\right)+\ldots+\frac{1}{n!}\, f^{(n)}\left(x_0\right)\left(x-x_0\right)^n \\ &= \sum_{i=0}^{n} \frac{1}{i!}\, f^{(i)}\left(x_0\right)\left(x-x_0\right)^i . \end{aligned}$$

Visualisierung: Zur Veranschaulichung der Konvergenz der Taylor-Polynome p_n an die Funktion f wählen wir eine Animation für die Funktion $f\left(x\right)=\sqrt{6-\left(x-2.5\right)^2}$ am Entwicklungspunkt $x_0=1$. Dazu bestimmen wir die ersten 10 Taylor-Polynome.

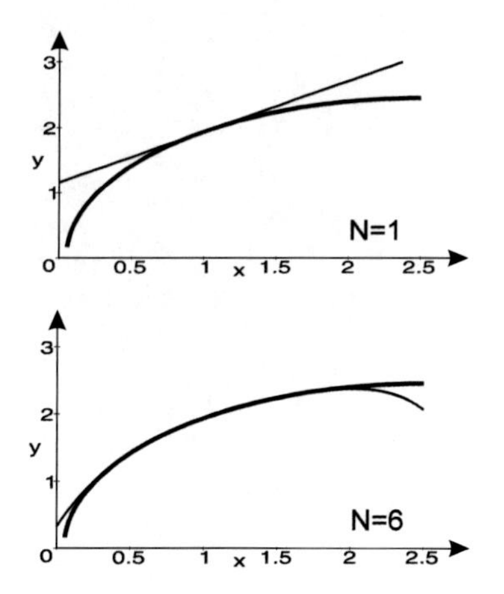

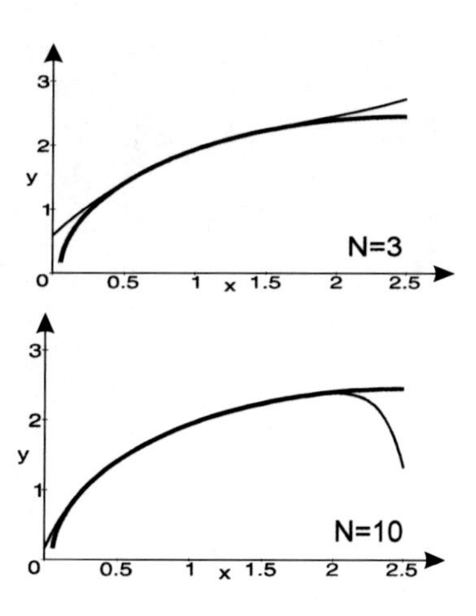

Durch die Animation erkennt man deutlich, dass mit wachsendem Grad des Taylor-Polynoms der Bereich sich vergrößert, in dem Funktion und Taylor-Polynom graphisch übereinstimmen. Für $N=10$ lässt sich im Bereich $0.5 \leq x \leq 1.7$ graphisch kein Unterschied zwischen der Funktion f und dem Näherungspolynom p_{10} feststellen. Es stellt sich somit die Frage, wie groß die Abweichung der Näherungsfunktion $p_n\left(x\right)$ zur Funktion f in der Umgebung von x_0 ist. Aufschluss darüber gibt der folgende Satz.

Satz von Taylor (mit Restglied)

Gegeben sei eine in $x_0 \in \mathbb{D}$ $(m+1)$-mal stetig differenzierbare Funktion f. Dann gilt die **Taylorsche Formel**

$$f(x) = f(x_0) + f'(x_0)(x - x_0) + \ldots + \frac{1}{m!} f^{(m)}(x_0)(x - x_0)^m + R_m(x)$$

mit dem Restglied

$$R_m(x) = \frac{1}{(m+1)!} f^{(m+1)}(\xi)(x - x_0)^{m+1} \qquad (x \in \mathbb{D})$$

und ξ einem nicht näher bekannten Wert, der zwischen x und x_0 liegt.

Der Satz von Taylor (1685 - 1731) spezifiziert die Zwischenstelle ξ zwischen x und x_0 nicht näher. Daher kann man nicht exakt die Abweichung der Näherungsfunktion $p_n(x)$ zur Funktion f angeben. Für die konkreten Anwendungen wird dieses aber keine Rolle spielen, da wir für das Restglied $R_m(x)$ eine Obergrenze angeben. Wenn das Restglied $R_m(x) \overset{m \to \infty}{\longrightarrow} 0$ erfüllt, erhält man

Satz über Taylor-Reihen

Ist f eine in $x_0 \in \mathbb{D}$ beliebig oft differenzierbare Funktion und erfüllt das Restglied $R_m(x) \to 0$ für $m \to \infty$, so gilt

$$\begin{aligned} f(x) &= f(x_0) + f'(x_0)(x - x_0) + \frac{1}{2!} f''(x_0)(x - x_0)^2 + \ldots \\ &\qquad \ldots + \frac{1}{n!} f^{(n)}(x_0)(x - x_0)^n + \ldots \\ &= \sum_{n=0}^{\infty} \frac{1}{n!} f^{(n)}(x_0)(x - x_0)^n . \end{aligned}$$

Diese Potenzreihe heißt die **Taylor-Reihe zur Funktion f am Entwicklungspunkt** x_0.

Bemerkungen:

(1) Der Konvergenzradius der Taylor-Reihe ist nicht notwendigerweise > 0.

(2) Falls die Taylor-Reihe von f konvergiert, muss sie nicht notwendigerweise gegen $f(x)$ konvergieren.

(3) Die Taylor-Reihe konvergiert genau dann gegen $f(x)$, wenn das Restglied $R_m(x)$ für $m \to \infty$ gegen Null geht. In diesem Fall stimmen die Funktion und die Taylor-Reihe für alle x aus dem Konvergenzbereich der Potenzreihe überein.

(4) Ist der Entwicklungspunkt $x_0 = 0$, so nennt man die Taylor-Reihe oftmals auch *MacLaurinsche Reihe.*

(5) Ist f eine gerade Funktion, dann treten in der Taylor-Reihe nur Terme mit geraden Potenzen auf. Ist f eine ungerade Funktion, dann nur Terme mit ungeraden Potenzen.

Beispiel 9.26 (Exponentialfunktion): Die **Taylor-Reihe von** e^x mit dem Entwicklungspunkt $x_0 = 0$ lautet für alle $x \in \mathbb{R}$: $e^x = \sum_{n=0}^{\infty} \frac{1}{n!} x^n$:

$$\begin{array}{llll} \text{Wegen} & f(x) = e^x & \text{folgt} & f(0) = 1 \\ & f'(x) = e^x & & f'(0) = 1 \\ & f''(x) = e^x & & f''(0) = 1 \\ & f'''(x) = e^x & & f'''(0) = 1 \\ & \vdots & & \vdots \\ & f^{(n)}(x) = e^x & & f^{(n)}(0) = 1 \end{array}$$

Damit ist die Taylor-Reihe von e^x:

$$1 + x + \frac{1}{2!} x^2 + \frac{1}{3!} x^3 + \ldots + \frac{1}{n!} x^n + \ldots = \sum_{k=0}^{\infty} \frac{1}{k!} x^k.$$

Da der Konvergenzradius dieser Potenzreihe $\rho = \infty$ ($\rightarrow$ Beispiel 9.21), ist $K = \mathbb{R}$. Für $x_0 = 0$ ist ξ zwischen 0 und x, so dass $\xi \leq |x|$. Damit gilt für das Restglied

$$R_m(x) = \frac{1}{(m+1)!} f^{(m+1)}(\xi)\,(x - x_0)^{m+1} = \frac{x^{m+1}}{(m+1)!} e^{\xi} \leq \frac{x^{m+1}}{(m+1)!} e^{|x|}$$

$$\Rightarrow \quad |R_m(x)| \leq \frac{|x|^{m+1}}{(m+1)!} e^{|x|} \rightarrow 0 \quad \text{für} \quad m \rightarrow \infty.$$

Also stimmt die Taylor-Reihe mit e^x überein und für alle $x \in \mathbb{R}$ gilt

$$e^x = \sum_{n=0}^{\infty} \frac{1}{n!} x^n.$$

□

Visualisierung: In der Animation wird gezeigt, wie mit wachsender Ordnung des Taylor-Polynoms, die Taylor-Reihe der Exponentialfunktion im gesamten Bereich gleichmäßig gegen e^x konvergiert.

Beispiel 9.27 (Sinusfunktion): Die **Taylor-Reihe von** $\sin x$ mit dem Entwicklungspunkt $x_0 = 0$ lautet für alle $x \in \mathbb{R}$: $\sin(x) = \sum_{n=0}^{\infty} \frac{(-1)^n}{(2n+1)!} x^{2n+1}$.

Wegen

$$\begin{aligned} f(x) &= \sin x \\ f'(x) &= \cos x \\ f''(x) &= -\sin x \\ f'''(x) &= -\cos x \\ f^{(4)}(x) &= \sin x \\ f^{(5)}(x) &= \cos x \\ f^{(6)}(x) &= -\sin x \\ &\vdots \end{aligned}$$

folgt

$$\begin{aligned} f(0) &= 0 \\ f'(0) &= 1 \\ f''(0) &= 0 \\ f'''(0) &= -1 \\ f^{(4)}(0) &= 0 \\ f^{(5)}(0) &= 1 \\ f^{(6)}(0) &= 0 \\ &\vdots \end{aligned}$$

Es ist also $f^{(2n)}(0) = 0$ und $f^{(2n+1)}(0) = (-1)^n$, so dass nur die ungeraden Exponenten in der Taylor-Reihe auftreten und zwar mit alternierendem Vorzeichen:

$$x - \frac{1}{3!} x^3 + \frac{1}{5!} x^5 - \frac{1}{7!} x^7 \pm \ldots = \sum_{n=0}^{\infty} \frac{(-1)^n}{(2n+1)!} x^{2n+1}.$$

Nach Beispiel 9.22 ist der Konvergenzradius $\rho = \infty$ und analog zum Beispiel 9.26 gilt $R_m(x) \to 0$ für $m \to \infty$. Damit stimmt die Taylor-Reihe für alle $x \in \mathbb{R}$ mit $\sin x$ überein:

$$\sin(x) = \sum_{n=0}^{\infty} \frac{(-1)^n}{(2n+1)!} x^{2n+1}.$$

□

Beispiel 9.28 (Kosinusfunktion): Die **Taylor-Reihe von** $f(x) = \cos x$ mit dem Entwicklungspunkt $x_0 = 0$ ergibt sich sofort aus obigem Beispiel:

Da die Potenzreihe gliedweise innerhalb des Konvergenzbereichs differenziert werden darf, ist für alle $x \in \mathbb{R}$

$$\cos(x) = \sin'(x) = \sum_{n=0}^{\infty} \frac{(-1)^n}{(2n+1)!} (2n+1)\, x^{2n}$$

$$\Rightarrow \quad \cos(x) = \sum_{n=0}^{\infty} \frac{(-1)^n}{(2n)!} x^{2n}$$

□

Beispiel 9.29 (Logarithmusfunktion): Gesucht ist die **Taylor-Reihe von** $\ln x$, $x > 0$, mit dem Entwicklungspunkt $x_0 = 1$:.

$$
\begin{array}{ll}
f(x) = \ln x & f(1) = 0 \\
f'(x) = x^{-1} & f'(1) = 1 \\
f''(x) = (-1)\, x^{-2} & f''(1) = (-1) \\
f'''(x) = (-1)\,(-2)\, x^{-3} & f'''(1) = (-1)\,(-2) \\
f^{(4)}(x) = (-1)\,(-2)\,(-3)\, x^{-4} & f^{(4)}(1) = (-1)\,(-2)\,(-3) \\
f^{(5)}(x) = (-1)\,(-2)(-3)(-4)\, x^{-5} & f^{(5)}(1) = (-1)\,(-2)(-3)(-4) \\
\vdots & \vdots \\
f^{(n)}(x) = (-1)^{n+1}\,\dfrac{(n-1)!}{x^n} & f^{(n)}(1) = (-1)^{n+1}\,(n-1)!
\end{array}
$$

Damit ergeben sich die Taylor-Koeffizienten für $n \geq 1$ zu

$$\frac{f^{(n)}(1)}{n!} = \frac{(-1)^{n+1}\,(n-1)!}{n!} = \frac{(-1)^{n+1}}{n}.$$

Da das Restglied $R_m(x) \to 0$ für $m \to \infty$ geht, ist die Taylor-Reihe für $\ln x$ am Punkte $x_0 = 1$ gegeben durch

$$\ln x = (x-1) - \tfrac{1}{2}\,(x-1)^2 + \tfrac{1}{3}\,(x-1)^3 \pm \ldots \pm \frac{(-1)^{n+1}}{n}\,(x-1)^n \pm \ldots$$

$$\Rightarrow \quad \ln x = \sum_{n=1}^{\infty} \frac{(-1)^{n+1}}{n}\,(x-1)^n \qquad \text{für} \quad x \in (0,\, 2].$$

Nach Beispiel 9.23 ist der Konvergenzbereich $K = (0,\, 2]$.

Nebenresultat: Setzen wir speziell $x = 2$ in die Reihe ein, so gilt

$$\boxed{\ln 2 = \sum_{n=1}^{\infty} \frac{(-1)^{n+1}}{n}.}$$

Die Summe der alternierenden harmonischen Reihe hat den Wert $\ln 2$. □

Beispiel 9.30 (Binomische Reihe): Die **Taylor-Reihe der Binomischen Reihe** $(1+x)^\alpha$ am Entwicklungspunkt $x_0 = 0$ lautet für beliebiges $\alpha \in \mathbb{R}$:

$$(1+x)^\alpha = \sum_{k=0}^{\infty} \binom{\alpha}{k}\, x^k \qquad \text{für} \quad x \in (-1,\, 1)\,,$$

wenn wir die verallgemeinerten Binomialkoeffizienten definieren

$$\binom{\alpha}{0} := 1 \quad \text{und} \quad \binom{\alpha}{k} := \frac{\alpha\,(\alpha-1)\,(\alpha-2)\cdot\ldots\cdot(\alpha-k+1)}{k!}.$$

Denn aus

$$\begin{aligned}
&f(x) = (1+x)^{\alpha} && f(0) = 1 \\
&f'(x) = \alpha\,(1+x)^{\alpha-1} && f'(0) = \alpha \\
&f''(x) = \alpha\,(\alpha-1)\,(1+x)^{\alpha-2} && f''(0) = \alpha\,(\alpha-1) \\
&f'''(x) = \alpha\,(\alpha-1)\,(\alpha-2)\,(1+x)^{\alpha-3} && f'''(0) = \alpha\,(\alpha-1)\,(\alpha-2) \\
&\vdots && \vdots \\
&f^{(n)}(x) = \alpha\,(\alpha-1)\cdot\ldots && f^{(n)}(0) = \alpha\,(\alpha-1)\cdot\ldots \\
&\quad\ldots\cdot(\alpha-n+1)\,(1+x)^{\alpha-n} && \quad\ldots\cdot(\alpha-n+1)
\end{aligned}$$

folgt für die Taylor-Koeffizienten

$$\frac{f^{(k)}(x_0)}{k!} = \frac{\alpha\,(\alpha-1)\,(\alpha-2)\cdot\ldots\cdot(\alpha-k+1)}{k!} = \binom{\alpha}{k}$$

und für die Taylor-Reihe

$$(1+x)^{\alpha} = \sum_{k=0}^{\infty} \binom{\alpha}{k}\, x^k\,.$$

Der Konvergenzbereich ergibt sich mit dem Quotientenkriterium zu $K = (-1,\, 1)$.

Spezialfälle:

① $\alpha = -1$ (geometrische Reihe):

$$\frac{1}{1+x} = 1 - x + x^2 - x^3 \pm \ldots = \sum_{k=0}^{\infty} (-1)^k\, x^k\,.$$

② $\alpha = -2$ (Ableitung der geometrischen Reihe):

$$\frac{1}{(1+x)^2} = 1 - 2x + 3x^2 \mp \ldots = \sum_{k=0}^{\infty} (-1)^k\,(k+1)\,x^k\,.$$

③ $\alpha = \frac{1}{2}$:

$$\sqrt{1+x} = 1 + \frac{1}{2}\,x - \frac{1}{2\cdot 4}\,x^2 + \frac{1\cdot 3}{2\cdot 4\cdot 6}\,x^3 - \frac{1\cdot 3\cdot 5}{2\cdot 4\cdot 6\cdot 8}\,x^4 \pm \ldots \quad .$$

④ $\alpha = -\frac{1}{2}$:

$$\frac{1}{\sqrt{1+x}} = 1 - \frac{1}{2}\,x + \frac{1\cdot 3}{2\cdot 4}\,x^2 - \frac{1\cdot 3\cdot 5}{2\cdot 4\cdot 6}\,x^3 + \frac{1\cdot 3\cdot 5\cdot 7}{2\cdot 4\cdot 6\cdot 8}\,x^4 \mp \ldots \quad . \qquad \square$$

Tipp: Häufig wird die Berechnung der Taylor-Reihe einer Funktion durch Differenziation bzw. Integration auf bekannte Potenzreihen zurückgeführt, wie die folgenden beiden Beispiele zeigen.

Beispiel 9.31 (Arkustangensfunktion): Die **Taylor-Reihe von** $f(x) = \arctan(x)$ am Entwicklungspunkt $x_0 = 0$:

Aus $f(x) = \arctan(x)$

$$\Rightarrow \quad f'(x) = \frac{1}{1+x^2}.$$

Nach Beispiel 9.19 ist für $|x| < 1$

$$\frac{1}{1+x^2} = \frac{1}{1-(-x^2)} = \sum_{n=0}^{\infty} \left(-x^2\right)^n = \sum_{n=0}^{\infty} (-1)^n x^{2n}.$$

Da Potenzreihen gliedweise integriert werden dürfen, folgt

$$\begin{aligned} \arctan(x) &= f(0) + \int_0^x f'(\tilde{x})\, d\tilde{x} = 0 + \sum_{n=0}^{\infty} (-1)^n \int_0^x \tilde{x}^{2n}\, d\tilde{x} \\ &= \sum_{n=0}^{\infty} \frac{(-1)^n}{2n+1} x^{2n+1}. \end{aligned}$$

Nach dem Leibniz-Kriterium konvergiert die Potenzreihe auch für $x = \pm 1$, so dass insgesamt:

$$\arctan(x) = \sum_{n=0}^{\infty} \frac{(-1)^n}{2n+1} x^{2n+1} \qquad \text{für} \quad x \in [-1, 1].$$

□

Beispiel 9.32 (Area-Funktionen): Berechnung der **Taylor-Reihen der Area-Funktionen** am Entwicklungspunkt $x_0 = 0$ durch Zurückspielen auf die Binomische Reihe:

① Aus $f(x) = \operatorname{artanh}(x)$ folgt

$$f'(x) = \operatorname{artanh}'(x) = \frac{1}{1-x^2} = \sum_{n=0}^{\infty} x^{2n}.$$

Damit ist

$$f(x) = f(0) + \sum_{n=0}^{\infty} \frac{1}{2n+1} x^{2n+1}.$$

Da $f(0) = \operatorname{artanh}(0) = 0$ ist

$$\operatorname{artanh}(x) = \sum_{n=0}^{\infty} \frac{1}{2n+1} x^{2n+1} \qquad \text{für} \quad |x| < 1.$$

② Auf analoge Weise werden die Taylor-Reihen von $\operatorname{arsinh}(x)$, $\operatorname{arcosh}(x)$ und $\operatorname{arcoth}(x)$ berechnet. Denn $\operatorname{arsinh}'(x) = \frac{1}{\sqrt{1+x^2}}$ für $x \in \mathbb{R}$, $\operatorname{arcosh}'(x) = \frac{1}{\sqrt{x^2-1}}$ für $|x| > 1$ und $\operatorname{arcoth}'(x) = \frac{1}{1-x^2}$ für $|x| > 1$. □

Tabelle 9.1: Taylor-Reihen:

Funktion	Potenzreihenentwicklung	Bereich
$(1+x)^\alpha$	$\sum_{k=0}^{\infty} \binom{\alpha}{k} x^k$	$\lvert x\rvert < 1$
$(1\pm x)^{\frac{1}{2}}$	$1 \pm \frac{1}{2}x - \frac{1}{2\cdot 4}x^2 \pm \frac{1\cdot 3}{2\cdot 4\cdot 6}x^3 - \frac{1\cdot 3\cdot 5}{2\cdot 4\cdot 6\cdot 8}x^4 \pm \ldots$	$\lvert x\rvert \leq 1$
$(1\pm x)^{-\frac{1}{2}}$	$1 \mp \frac{1}{2}x + \frac{1\cdot 3}{2\cdot 4}x^2 \mp \frac{1\cdot 3\cdot 5}{2\cdot 4\cdot 6}x^3 + \frac{1\cdot 3\cdot 5\cdot 7}{2\cdot 4\cdot 6\cdot 8}x^4 \mp \ldots$	$\lvert x\rvert < 1$
$(1\pm x)^{-1}$	$1 \mp x + x^2 \mp x^3 + x^4 \mp \ldots$	$\lvert x\rvert < 1$
$(1\pm x)^{-2}$	$1 \mp 2x + 3x^2 \mp 4x^3 + 5x^4 \mp \ldots$	$\lvert x\rvert < 1$
$\sin x$	$x - \frac{x^3}{3!} + \frac{x^5}{5!} - \frac{x^7}{7!} + \frac{x^9}{9!} \mp \ldots$	$\lvert x\rvert < \infty$
$\cos x$	$1 - \frac{x^2}{2!} + \frac{x^4}{4!} - \frac{x^6}{6!} + \frac{x^8}{8!} \mp \ldots$	$\lvert x\rvert < \infty$
$\tan x$	$x + \frac{1}{3}x^3 + \frac{2}{15}x^5 + \frac{17}{315}x^7 + \frac{62}{2835}x^9 + \ldots$	$\lvert x\rvert < \frac{\pi}{2}$
e^x	$1 + \frac{x}{1!} + \frac{x^2}{2!} + \frac{x^3}{3!} + \frac{x^4}{4!} + \ldots$	$\lvert x\rvert < \infty$
$\ln x$	$(x-1) - \frac{1}{2}(x-1)^2 + \frac{1}{3}(x-1)^3 \mp \ldots$	$0 < x \leq 2$
$\arcsin x$	$x + \frac{1}{2\cdot 3}x^3 + \frac{1\cdot 3}{2\cdot 4\cdot 5}x^5 + \frac{1\cdot 3\cdot 5}{2\cdot 4\cdot 6\cdot 7}x^7 + \ldots$	$\lvert x\rvert < 1$
$\arccos x$	$\frac{\pi}{2} - \left[x + \frac{1}{2\cdot 3}x^3 + \frac{1\cdot 3}{2\cdot 4\cdot 5}x^5 + \frac{1\cdot 3\cdot 5}{2\cdot 4\cdot 6\cdot 7}x^7 + \ldots\right]$	$\lvert x\rvert < 1$
$\arctan x$	$x - \frac{1}{3}x^3 + \frac{1}{5}x^5 - \frac{1}{7}x^7 + \frac{1}{9}x^9 \mp \ldots$	$\lvert x\rvert \leq 1$
$\sinh x$	$x + \frac{1}{3!}x^3 + \frac{1}{5!}x^5 + \frac{1}{7!}x^7 + \ldots$	$\lvert x\rvert < \infty$
$\cosh x$	$1 + \frac{1}{2!}x^2 + \frac{1}{4!}x^4 + \frac{1}{6!}x^6 + \ldots$	$\lvert x\rvert < \infty$
$\tanh x$	$x - \frac{1}{3}x^3 + \frac{2}{15}x^5 - \frac{17}{315}x^7 + \frac{62}{2835}x^9 \mp \ldots$	$\lvert x\rvert < \frac{\pi}{2}$

Visualisierung der Konvergenz: Mit der Prozedur **taylor_poly** erhält man eine Animation, bei der das Taylor-Polynom mit steigendem n zusammen mit der Funktion $f(x)$ zu sehen ist. Man erkennt, dass mit wachsender Ordnung der Polynome eine gleichmäßige Anpassung an die Funktion erfolgt.

9.4 Anwendungen

Näherungspolynome einer Funktion

In vielen Anwendungen werden komplizierte Funktionen durch Taylor-Polynome $p_n(x)$ angenähert. Zum einen, um die Funktionen auf einfache Weise mit vorgegebener Genauigkeit auszuwerten, zum anderen, damit man z.B. bei linearer Näherung einen einfacheren physikalischen Zusammenhang erhält.

Der Fehler zwischen der Funktion $f(x)$ und dem Taylor-Polynom $p_n(x)$ ist nach dem Satz von Taylor gegeben durch das Lagrange Restglied

$$R_n(x) = \frac{1}{(n+1)!} f^{(n+1)}(\xi)(x-x_0)^{n+1},$$

wenn x_0 der Entwicklungspunkt und ξ ein nicht näher bekannter Zwischenwert zwischen x und x_0. Für die meisten in der Praxis auftretenden Funktionen geht der Fehler gegen Null für $n \to \infty$. Bei hinreichend großem n wird also eine beliebig hohe Genauigkeit erzielt. In technischen Anwendungen werden Funktionen nahe ihrem Entwicklungspunkt oftmals nur durch das Taylor-Polynom $p_1(x)$ bzw. $p_2(x)$ ersetzt!

Beispiel 9.33 (Berechnung der Zahl e): Die Zahl e soll bis auf 6 Dezimalstellen genau berechnet werden. Dazu gehen wir von der Taylor-Entwicklung der Exponentialfunktion bei $x_0 = 0$ aus

$$e^x = \sum_{n=0}^{\infty} \frac{1}{n!} x^n = 1 + x + \frac{1}{2!} x^2 + \ldots + \frac{1}{n!} x^n + \ldots$$

und berechnen e^1 durch das Taylor-Polynom der Ordnung n

$$e^1 \approx p_n(1) = 1 + 1 + \frac{1}{2!} 1^2 + \ldots + \frac{1}{n!} 1^n.$$

Der Fehler nach dem Lagrangen Restglied ist

$$R_n(1) = \frac{1}{(n+1)!} e^{\xi} \leq \frac{1}{(n+1)!} e^1 < \frac{3}{(n+1)!}$$

(da $e^{\xi} \leq e^1 < 3$). Damit der Fehler kleiner als 6 Dezimalstellen (d.h. kleiner als 5 Nachkommastellen) wird, muss

$$R_n(1) < \frac{3}{(n+1)!} \overset{!}{<} 0.5 \cdot 10^{-5} \Rightarrow (n+1)! > \frac{3}{0.5 \cdot 10^{-5}} = 600\,000.$$

Dies ist für $n \geq 9$ erfüllt, denn $(9+1)! = 3628800$. Für $n = 9$ ist e^1 bis auf 5 Nachkommastellen genau berechnet:

$$e^1 \approx \sum_{n=0}^{9} \frac{1}{n!} = 2.718281527.$$

□

Anwendungsbeispiel 9.34 **(Linearisierung von Modellgleichungen).**

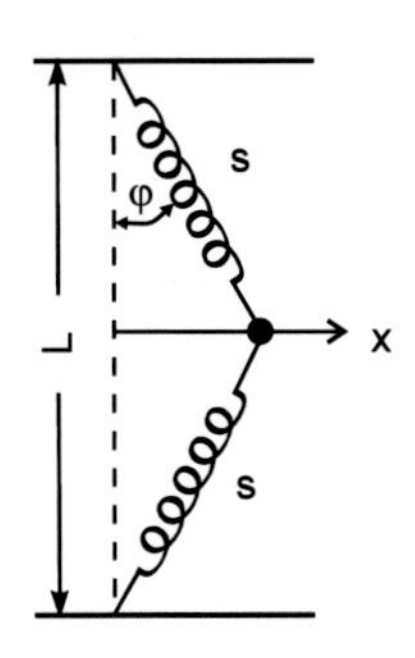

Am Ende zweier entgegengesetzt eingespannter Federn mit jeweils der Federkonstanten D ist eine Masse angebracht. Die Ruheauslenkung der Federn sei $l_0 < \frac{L}{2}$ (große Federvorspannung). Die Masse m wird in x-Richtung um den Wert x ausgelenkt. Gesucht sind die Federrückstellkraft F und für kleine Auslenkungen x die resultierende Federkonstante D^*.

Die Rückstellkraft in Richtung der gespannten Federn ist

$$F_D = -D\,(s - l_0)\,;$$

somit ist die Rückstellkraft F in x-Richtung

$$F = 2\,F_D\,\sin\varphi = -2\,D\,(s - l_0)\,\sin\varphi = -2\,D\,(s - l_0)\,\frac{x}{s}\,.$$

Wegen $s = \sqrt{x^2 + \left(\frac{L}{2}\right)^2}$ ist

$$\begin{aligned} F &= -2\,D\,x\left(1 - \frac{l_0}{s}\right) = -2\,D\,x\,\Big(1 - \frac{l_0}{\sqrt{x^2 + (L/2)^2}}\Big) \\ &= -2\,D\,x\left(1 - \frac{l_0}{L/2}\,\frac{1}{\sqrt{1 + (2x/L)^2}}\right). \end{aligned}$$

Für kleine Auslenkungen $\left(x << \frac{L}{2}\right)$ ist $\frac{2x}{L} \approx 0$. Nahe dem Entwicklungspunkt $x_0 = 0$ gilt nach Tabelle 9.1

$$\frac{1}{\sqrt{1+x}} \approx 1 - \frac{1}{2}\,x \quad \text{bzw.} \quad \frac{1}{\sqrt{1 + (2x/L)^2}} \approx 1 - \frac{1}{2}\left(\frac{2x}{L}\right)^2.$$

Bei einer Ersetzung der Funktion durch das **quadratische** Taylor-Polynom vereinfacht sich die Rückstellkraft zu

$$F \approx -2\,D\,x\left(1 - \frac{2\,l_0}{L} + 4\,\frac{l_0\,x^2}{L^3}\right).$$

Für den Fall, dass man das **konstante** Taylor-Polynom wählt, $\frac{1}{\sqrt{1+(2x/L)^2}} \approx 1$, erhält man

$$F \approx -2\,D\,x\left(1 - \frac{2\,l_0}{L}\right) = -2\,D\left(1 - \frac{2\,l_0}{L}\right)x\,.$$

Dies ist das Hooksche Gesetz. Die Rückstellkraft ist proportional zur Auslenkung mit der resultierenden Federkonstanten $D^* = 2\,D\,\left(1 - \frac{2\,l_0}{L}\right)$. □

Anwendungsbeispiel 9.35 (Relativistische Teilchen).

Nach A. Einstein beträgt die Gesamtenergie eines Teilchens

$$E = m\,c^2.$$

Dabei ist c die Lichtgeschwindigkeit und m die von der Geschwindigkeit des Teilchens v abhängige Masse:

$$m = \frac{m_0}{\sqrt{1-(v/c)^2}},$$

m_0 ist dabei die Ruhemasse des Teilchens. Bezeichnet $E_0 = m_0\,c^2$ die *Ruheenergie*, so ist die *kinetische Energie*

$$E_{kin} = E - E_0 = m\,c^2 - m_0\,c^2 = m_0\,c^2\,(\tfrac{1}{\sqrt{1-(v/c)^2}} - 1).$$

Für ein nicht-relativistisches Teilchen ist $v << c$, d.h. $0 \approx \frac{v}{c} << 1$. $\left(\frac{v}{c}\right)^2$ ist also nahe dem Entwicklungspunkt $x_0 = 0$ der Funktion $\frac{1}{\sqrt{1-x}}$. Wir ersetzen daher mit $x = \left(\frac{v}{c}\right)^2$ nach Tabelle 9.1

$$\frac{1}{\sqrt{1-x}} \approx 1 + \frac{1}{2}\,x \quad \text{bzw.} \quad \frac{1}{\sqrt{1-(v/c)^2}} \approx 1 + \frac{1}{2}\left(\frac{v}{c}\right)^2.$$

Für die kinetische Energie gilt damit

$$E_{kin} = m_0\,c^2\,(\tfrac{1}{\sqrt{1-(v/c)^2}} - 1) \approx m_0\,c^2\left(1 + \frac{1}{2}\left(\frac{v}{c}\right)^2 - 1\right) = \frac{1}{2}\,m_0\,v^2.$$

Der Term $\frac{1}{2}\,m_0\,v^2$ repräsentiert die kinetische Energie eines Teilchens im Grenzfall $v << c$ (= *klassischer Grenzfall*). □

Anwendungsbeispiel 9.36 (Scheinwerferregelung).

Kommen wir auf das Einführungsbeispiel der Scheinwerferregelung zurück. Um vom Quotienten der Distanzwerte d_1 und d_2 auf den aktuellen Neigungswinkel β zu schließen, müssen wir diesen Quotienten nach β auflösen. Dazu definieren wir die Funktion $q(\beta)$, die wir im Folgenden in eine Taylor-Reihe entwickeln.

$$q(\beta) = \frac{d_1}{d_2} = \frac{\sin(\alpha_2 + \beta)}{\sin(\alpha_1 + \beta)}. \qquad (*)$$

Gehen wir von den Parameterwerten $\beta_{ab} = 0.0099996$, $\alpha_1 = 0.20337$ und $\alpha_2 = 0.097913$ aus, dann ist der Quotienten q_0 für den Winkel β_{ab} zwischen der Horizontalen und der Hell-Dunkel-Grenze beim ruhenden Fahrzeug

$$q_0 = q(\beta_{ab}) = 0.5086238522.$$

Um den Quotienten nach β von (*) aufzulösen, entwickeln wir nun die rechte Seite in eine Taylor-Reihe bis zur Ordnung 2.

$$q_2(\beta) = 0.4851497843 + 2.347500693\,\beta - 10.83456844\,(\beta - 0.0099996)^2$$

und lösen die Gleichung (*) für eine beliebige linke Seite $\frac{d_1}{d_2}$ mit der Näherung für die rechte Seite $\frac{\sin(\alpha_2+\beta)}{\sin(\alpha_1+\beta)} \sim q_2(\beta)$ nach β auf

$$\beta_{1/2} = 0.11833343 \pm 0.36918867\,\sqrt{0.43052561 - 0.67716052\,\frac{d_1}{d_2}}.$$

Von den beiden gefundenen Lösungen kommt nur diejenige in Frage, welche für die Größe $q_0 = \frac{d_1}{d_2}$ den richtigen Ablenkwinkel β_{ab} liefert. Dies ist die zweite Lösung β_2.

Wir zeichnen die Näherungsfunktion gestrichelt und die ursprüngliche, implizit gegebene Funktion durchgezogen.

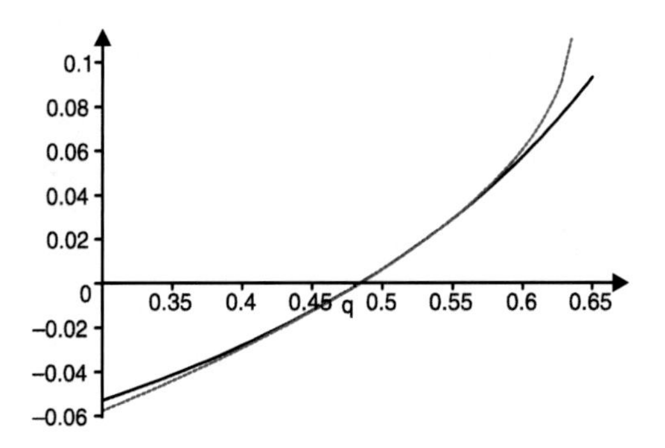

Abb. 9.4. Funktion und Näherung

Aus der Grafik entnimmt man, dass die Näherungsformel für q zwischen 0.4 und 0.58 gut mit der impliziten Funktion übereinstimmt. Dies liefert einen Winkelbereich von -0.03 (-1.71°) bis 0.05 (2.864°), in dem die Näherung verwendet werden kann.

Um eine Näherungsformel zu erhalten, die auf die Berechnung von Wurzeln ganz verzichtet, entwickeln wir β_2 noch in eine Taylor-Reihe mit dem Entwicklungspunkt $q = q_0$

$$\begin{aligned}\beta_2 = \; & -2.373259209 + 23.42846966\,q - 96.31243152\,q^2 \\ & +200.8851230\,q^3 - 210.4285911\,q^4 + 89.10928185\,q^5.\end{aligned}$$

□

Integration durch Potenzreihenentwicklung

Potenzreihen und damit Taylor-Reihen dürfen in ihrem Konvergenzradius gliedweise differenziert bzw. integriert werden. Für

$$f(x) = \sum_{n=0}^{\infty} a_n \, (x - x_0)^n$$

gilt :

$$f'(x) = \frac{d}{dx} \sum_{n=0}^{\infty} a_n \, (x - x_0)^n = \sum_{n=0}^{\infty} a_n \, \frac{d}{dx} \, (x - x_0)^n = \sum_{n=1}^{\infty} n \, a_n \, (x - x_0)^{n-1} \, .$$

Man beachte, dass die Differenziation des konstanten Summanden a_0 Null ergibt und damit die abgeleitete Taylor-Reihe bei $n = 1$ beginnt.

$$\int f(x) \, dx = \int \sum_{n=0}^{\infty} a_n \, x^n \, dx = \sum_{n=0}^{\infty} a_n \int x^n \, dx = \sum_{n=0}^{\infty} \frac{a_n}{n+1} \, x^{n+1} + C.$$

Man beachte, dass beim bestimmten Integral die Integrationsgrenzen innerhalb des Konvergenzbereichs der Potenzreihe gelegen sein müssen.

Beispiel 9.37. Gesucht ist die Integralfunktion $F(x) = \int_0^x e^{-t^2} \, dt$, die nicht durch eine elementare Funktion darstellbar ist.

Mit dem Potenzreihenansatz

$$e^x = \sum_{n=0}^{\infty} \frac{1}{n!} \, x^n$$

folgt

$$e^{-t^2} = \sum_{n=0}^{\infty} \frac{1}{n!} \, \left(-t^2\right)^n = \sum_{n=0}^{\infty} \frac{1}{n!} \, (-1)^n \, t^{2n}.$$

$$\Rightarrow \quad F(x) = \int_0^x e^{-t^2} \, dt = \sum_{n=0}^{\infty} \frac{1}{n!} \, (-1)^n \int_0^x t^{2n} \, dt$$

$$= \sum_{n=0}^{\infty} \frac{1}{n!} \, (-1)^n \, \frac{1}{2n+1} \, x^{2n+1} \quad (x \in \mathbb{R}) \, . \qquad \square$$

Lösen von Differenzialgleichungen durch Potenzreihen

Eine in der Physik oftmals benutzte Methode zum Lösen von Differenzialgleichungen ist, die gesuchte Funktion in eine Potenzreihe zu entwickeln. Diese Potenzreihe enthält als unbekannte Größen die Koeffizienten a_n. Durch Einsetzen der Potenzreihe in die Differenzialgleichung werden über einen Koeffizientenvergleich die a_n bestimmt.

9.5 Komplexwertige Funktionen

In Band 1 im Kapitel über komplexe Zahlen haben wir die Eulersche Formel

$$e^{i\varphi} = \cos\varphi + i\,\sin\varphi \qquad \varphi \in [0,\,2\pi]$$

als Abkürzung eingeführt. Wir zeigen nun, dass diese Formel die Gleichheit der Funktion e^z und der Funktion $\cos(z) + i\,\sin(z)$ für beliebige komplexe Zahlen $z \in \mathbb{C}$ bedeutet. Zunächst erklären wir e^z, $\cos z$ und $\sin z$ für $z \in \mathbb{C}$ als komplexe Funktionen $f : \mathbb{C} \to \mathbb{C}$ mit $z \longmapsto f(z)$. Die Definition der Funktion muss dabei derart erfolgen, dass für $z \in \mathbb{R}$ die herkömmlichen reellen Funktionen als Spezialfall enthalten sind.

Im Komplexen stehen uns die Grundrechenoperationen $+$, $-$, $*$, $/$ zur Verfügung. Wir definieren daher komplexe Funktionen über diese Grundoperationen. Gerade aber die Exponential-, Sinus- und Kosinusfunktionen sind Standardbeispiele für die Darstellung einer Funktion durch ihre Taylor-Reihen. Da man bei der Auswertung einer Funktion über die Taylor-Reihe nur die oben genannten Grundoperationen benötigt, erklären wir die komplexen Funktionen e^z, $\sin(z)$ und $\cos(z)$ über ihre Taylor-Reihe. Zuvor geben wir jedoch die wichtigsten Ergebnisse für komplexe Potenzreihen an:

9.5.1 Komplexe Potenzreihen

Es übertragen sich die Eigenschaften der reellen Potenzreihen sinngemäß auf den komplexen Fall. Bezüglich der Konvergenz einer komplexen Potenzreihe gilt:

Komplexe Potenzreihen

Die **komplexe Potenzreihe**

$$\sum_{n=0}^{\infty} a_n\,(z - z_0)^n$$

mit $a_n \in \mathbb{C}$ und Entwicklungspunkt $z_0 \in \mathbb{C}$ hat als Majorante die **reelle** Potenzreihe $\sum_{n=0}^{\infty} |a_n|\,|z - z_0|^n$ und besitzt den Konvergenzradius

$$\rho = \lim_{n\to\infty} \frac{|a_n|}{|a_{n+1}|}\,.$$

Für $z \in \mathbb{C}$ mit $|z - z_0| < \rho$ liegt Konvergenz und für $|z - z_0| > \rho$ liegt Divergenz vor. Für $|z - z_0| = \rho$ können keine allgemeinen Aussagen getroffen werden.

Begründung: Im Komplexen gelten die Rechenregeln $|z_1 + z_2| \leq |z_1| + |z_2|$ und $|a\,z| = |a|\;|z|$. Daher gilt die Abschätzung

$$\left|\sum_{n=0}^{N} a_n\,(z-z_0)^n\right| \leq \sum_{n=0}^{N} |a_n\,(z-z_0)^n| = \sum_{n=0}^{N} |a_n|\;|z-z_0|^n .$$

Somit ist $\sum_{n=0}^{\infty} |a_n|\;|z-z_0|^n$ eine Majorante von $\sum_{n=0}^{\infty} a_n\,(z-z_0)^n$. Die komplexe Potenzreihe besitzt damit den gleichen Konvergenzradius wie die reelle Majorante, nämlich $\rho = \lim_{n\to\infty} \frac{|a_n|}{|a_{n+1}|}$. □

Interpretation: Erst im Komplexen erhält der Begriff *Konvergenzradius* seine volle Bedeutung, denn die Menge $K = \{z \in \mathbb{C} : |z - z_0| < \rho\}$ entspricht einem Kreis um z_0 mit Radius ρ. Innerhalb des Kreises konvergiert die Potenzreihe, außerhalb divergiert sie.

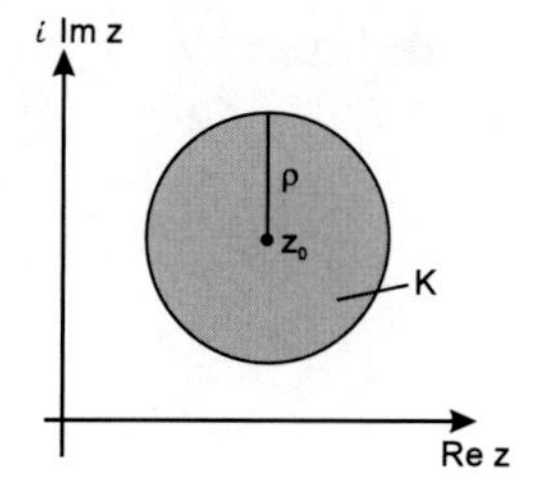

Beispiele 9.38. Aufgrund der Darstellung der Exponentialfunktion bzw. der trigonometrischen Funktionen über die Taylor-Reihe erhält man direkt die Definition der zugehörigen komplexwertigen Funktionen:

① **Komplexe Exponentialfunktion**

$$e^z := \sum_{n=0}^{\infty} \frac{1}{n!}\,z^n = 1 + \frac{1}{1!}\,z^1 + \frac{1}{2!}\,z^2 + \frac{1}{3!}\,z^3 + \ldots \qquad \text{für } z \in \mathbb{C}.$$

Wegen

$$\left|\sum_{n=0}^{N} \frac{1}{n!}\,z^n\right| \leq \sum_{n=0}^{N} \frac{1}{n!}\;|z|^n \leq \sum_{n=0}^{\infty} \frac{1}{n!}\;|z|^n = e^{|z|}$$

ist $e^{|z|}$ eine konvergente Majorante und e^z konvergiert für alle $z \in \mathbb{C}$.

② **Komplexe Sinusfunktion**

$$\sin(z) := \sum_{n=0}^{\infty} \frac{(-1)^n}{(2n+1)!}\,z^{2n+1} = z - \frac{1}{3!}\,z^3 + \frac{1}{5!}\,z^5 - \frac{1}{7!}\,z^7 \pm \ldots \qquad \text{für } z \in \mathbb{C}.$$

③ **Komplexe Kosinusfunktion**

$$\cos(z) := \sum_{n=0}^{\infty} \frac{(-1)^n}{(2n)!}\,z^{2n} = 1 - \frac{1}{2!}\,z^2 + \frac{1}{4!}\,z^4 - \frac{1}{6!}\,z^6 \pm \ldots \qquad \text{für } z \in \mathbb{C}.$$

Die absolute Konvergenz der Potenzreihen ② und ③ ist nach dem Majorantenkriterium für alle $z \in \mathbb{C}$ gesichert, denn die Majoranten sind die reellen Potenzreihen $\sum_{n=0}^{\infty} \frac{1}{(2n+1)!}\;|z|^{2n+1}$ und $\sum_{n=0}^{\infty} \frac{1}{(2n)!}\;|z|^{2n}$. □

9.5.2 Die Eulersche Formel

Nach diesen Vorbemerkungen sind e^z, $\cos(z)$, $\sin(z)$ für jedes $z \in \mathbb{C}$ als unabhängige Funktionen definiert. Es gilt der Zusammenhang:

Eulersche Formel

Für jedes $z \in \mathbb{C}$ gilt

$$e^{i\,z} = \cos(z) + i\,\sin(z) \qquad \text{(Eulersche Formel)}$$

Begründung: Wir stellen $\cos(z)$ und $i\,\sin(z)$ durch ihre Taylor-Reihen dar. Anschließend addieren wir die beiden Reihen und identifizieren die Summe als $e^{i\,z}$. Mit $i^0 = 1\,,\ i^1 = i\,,\ i^2 = -1\,,\ i^3 = -i\,,\ i^4 = 1$ und $i^5 = i\,,\ i^6 = -1\,,\ i^7 = -i\,,\ i^8 = 1$, usw. gilt:

$$\begin{aligned}
\cos(z) &= 1 - \frac{z^2}{2!} + \frac{z^4}{4!} - \frac{z^6}{6!} \pm \dots \\
&= 1 + \frac{i^2\,z^2}{2!} + \frac{i^4\,z^4}{4!} + \frac{i^6\,z^6}{6!} + \dots \\
&= 1 + \frac{(i\,z)^2}{2!} + \frac{(i\,z)^4}{4!} + \frac{(i\,z)^6}{6!} + \dots
\end{aligned}$$

$$\begin{aligned}
i\,\sin(z) &= i\,\frac{z}{1!} - i\,\frac{z^3}{3!} + i\,\frac{z^5}{5!} \pm \dots \\
&= \frac{i\,z}{1!} + \frac{i^3\,z^3}{3!} + \frac{i^5\,z^5}{5!} + \dots \\
&= \frac{(i\,z)}{1!} + \frac{(i\,z)^3}{3!} + \frac{(i\,z)^5}{5!} + \dots
\end{aligned}$$

$$\cos(z) + i\,\sin(z) = 1 + \frac{(i\,z)}{1!} + \frac{(i\,z)^2}{2!} + \frac{(i\,z)^3}{3!} + \frac{(i\,z)^4}{4!} + \frac{(i\,z)^5}{5!} + \frac{(i\,z)^6}{6!} + \dots$$

Folglich ist

$$\cos(z) + i\,\sin(z) = \sum_{n=0}^{\infty} \frac{1}{n!}\,(i\,z)^n = e^{i\,z}\,. \qquad \square$$

Mit dieser sehr einfachen Begründung ist die Eulersche Formel für alle $z \in \mathbb{C}$ bewiesen. Speziell für $z = \varphi \in \mathbb{R}$ gilt dann

$$e^{i\varphi} = \cos\varphi + i\,\sin\varphi \qquad \varphi \in \mathbb{R}.$$

Wenn wir den Winkel φ durch $\varphi = \omega t$ ersetzen, so gilt die folgende Identität von Funktionen

$$e^{i\omega t} = \cos(\omega t) + i\,\sin(\omega t) \qquad t \in \mathbb{R}.$$

Diese Gleichheit von Funktionen werden wir im folgenden Abschnitt ausnutzen, um $e^{i\omega t}$ zu differenzieren und zu integrieren.

9.5.3 Eigenschaften der komplexen Exponentialfunktion

E1: $$e^{z_1+z_2} = e^{z_1} \cdot e^{z_2} \qquad z_1, z_2 \in \mathbb{C}.$$

Wie im Reellen hat das Additionstheorem für die Exponentialfunktion auch im Komplexen seine Gültigkeit. Wir berechnen analog dem reellen Fall das Produkt der beiden Reihen auf der rechten Seite

$$\begin{aligned} e^{z_1} \cdot e^{z_2} &= \sum_{k=0}^{\infty} \frac{1}{k!} z_1^k \cdot \sum_{k=0}^{\infty} \frac{1}{k!} z_2^k = \sum_{k=0}^{\infty} \sum_{j=0}^{k} \frac{1}{j!(k-j)!} z_1^j z_2^{k-j} \\ &= \sum_{k=0}^{\infty} \frac{1}{k!} \sum_{j=0}^{k} \frac{k!}{j!(k-j)!} z_1^j z_2^{k-j} = \sum_{k=0}^{\infty} \frac{1}{k!} \sum_{j=0}^{k} \binom{k}{j} z_1^j z_2^{k-j} \\ &= \sum_{k=0}^{\infty} \frac{1}{k!} (z_1 + z_2)^k = e^{z_1+z_2}, \end{aligned}$$

indem wir den Binomischen Satz (siehe Band 1, Abschnitt 1.2.5) verwenden, welcher auch im Komplexen angewendet werden darf. Wichtig ist die folgende Folgerung:

E2: $$e^{z+2\pi i} = e^z \qquad z \in \mathbb{C}.$$

Denn setzt man in (E1) $z_2 = 2\pi i$, so folgt die Formel, da $e^{z_2} = e^{2\pi i} = 1$. Die komplexe Exponentialfunktion ist damit periodisch mit der komplexen Periode $2\pi i$. □

E3: $$\sin(-z) = -\sin(z) \qquad z \in \mathbb{C}$$

$$\cos(-z) = \cos(z) \qquad z \in \mathbb{C}.$$

Wie im Reellen ist der Sinus eine ungerade Funktion, denn in der Definitionsgleichung für den Sinus treten nur ungerade Potenzen auf

$$\sin(-z) = \sum_{n=0}^{\infty} \frac{(-1)^n}{(2n+1)!} (-z)^{2n+1} = -\sum_{n=0}^{\infty} \frac{(-1)^n}{(2n+1)!} z^{2n+1} = -\sin(z).$$

Da per Definition $\cos(z)$ nur gerade Potenzen z^{2n} besitzt, ist $\cos(z)$ eine gerade Funktion. □

E4:

$$\cos(z) = \frac{1}{2}\left(e^{iz} + e^{-iz}\right) \qquad z \in \mathbb{C}$$

$$\sin(z) = \frac{1}{2i}\left(e^{iz} - e^{-iz}\right) \qquad z \in \mathbb{C}.$$

Anwendungen dieser beiden Identitäten werden wir im Kapitel über Differenzialgleichungen noch kennen lernen. Sie besagen, dass man die trigonometrischen Funktionen aus der komplexen Exponentialfunktion gewinnen kann. Beide Identitäten sind Folgerungen aus der Eulerschen Formel, denn

$$e^{iz} = \cos(z) + i\,\sin(z) \qquad (1)$$

$$\begin{aligned} e^{-iz} &= \cos(-z) + i\,\sin(-z) \\ &= \cos(z) - i\,\sin(z) \qquad (2) \end{aligned}$$

Addiert man Gleichung (1) und (2), ist $e^{iz} + e^{-iz} = 2\,\cos(z)$.

Subtrahiert man Gleichung (2) von (1), ist $e^{iz} - e^{-iz} = 2i\,\sin(z)$.

Durch Division der Faktoren, erhält man jeweils die Behauptung. □

E5:

$$\cos^2(z) + \sin^2(z) = 1 \qquad z \in \mathbb{C}.$$

Man erhält ($E5$) aus ($E4$), indem man beide Gleichungen quadriert und dann addiert:

$$\begin{aligned} \cos^2(z) + \sin^2(z) &= \tfrac{1}{4}\left(e^{iz} + e^{-iz}\right)^2 - \tfrac{1}{4}\left(e^{iz} - e^{-iz}\right)^2 \\ &= \tfrac{1}{4}\left[\left(e^{iz}\right)^2 + 2\,e^{iz}\,e^{-iz} + \left(e^{-iz}\right)^2 \right. \\ &\qquad \left. - \left(e^{iz}\right)^2 + 2\,e^{iz}\,e^{-iz} - \left(e^{-iz}\right)^2\right] \\ &= e^{iz}\,e^{-iz} = e^{i\,(z-z)} = e^0 = 1. \end{aligned}$$

□

Anwendung: Additionstheoreme für Sinus und Kosinus

Für $\alpha, \beta \in \mathbb{C}$ (bzw. $\alpha, \beta \in \mathbb{R}$) gelten die **Additionstheoreme**

$$\cos(\alpha + \beta) = \cos\alpha\,\cos\beta - \sin\alpha\,\sin\beta \qquad (A1)$$

$$\sin(\alpha + \beta) = \sin\alpha\,\cos\beta + \cos\alpha\,\sin\beta \qquad (A2)$$

Begründung:
($A1$): Aufgrund der Darstellung der Kosinus- und Sinusfunktion durch die komplexe Exponentialfunktion ($E4$) und dem Additionstheorem ($E1$) rechnet man:

$$\cos\alpha\,\cos\beta - \sin\alpha\,\sin\beta = \tfrac{1}{2}\left(e^{i\,\alpha}+e^{-i\,\alpha}\right)\tfrac{1}{2}\left(e^{i\,\beta}+e^{-i\,\beta}\right) - \tfrac{1}{2i}\left(e^{i\,\alpha}-e^{-i\,\alpha}\right)\tfrac{1}{2i}\left(e^{i\,\beta}-e^{-i\,\beta}\right)$$

$$= \tfrac{1}{4}\left(e^{i\,(\alpha+\beta)}+e^{-i\,\alpha+i\,\beta}+e^{i\,\alpha-i\,\beta}+e^{-i\,(\alpha+\beta)}\right) + \tfrac{1}{4}\left(e^{i\,(\alpha+\beta)}-e^{-i\,\alpha+i\,\beta}-e^{i\,\alpha-i\,\beta}+e^{-i\,(\alpha+\beta)}\right)$$

$$= \tfrac{1}{2}\left(e^{i\,(\alpha+\beta)}+e^{-i\,(\alpha+\beta)}\right) = \cos(\alpha+\beta)\,.$$

$(A2)$: Analog zu $(A1)$. □

Folgerung: Die Additionstheoreme werden verwendet, um die Formeln zur Umwandlung eines Produktes von Sinus- und Kosinusfunktionen in eine Summe bzw. eine Differenz zu zerlegen. Denn für $\alpha,\,\beta\in\mathbb{C}$ (bzw. $\alpha,\,\beta\in\mathbb{R}$) gelten die Formeln:

(1) $2\,\sin\alpha\,\sin\beta = \cos(\alpha-\beta) - \cos(\alpha+\beta)$

(2) $2\,\cos\alpha\,\cos\beta = \cos(\alpha-\beta) + \cos(\alpha+\beta)$

(3) $2\,\sin\alpha\,\cos\beta = \sin(\alpha-\beta) + \sin(\alpha+\beta)$

9.5.4 Komplexe Hyperbelfunktionen

Definition: Für $z\in\mathbb{C}$ heißen die komplexen Funktionen

$\cosh(z) := \frac{1}{2}\left(e^{z}+e^{-z}\right)$ **Kosinus-Hyperbolikus**

$\sinh(z) := \frac{1}{2}\left(e^{z}-e^{-z}\right)$ **Sinus-Hyperbolikus**

Aufgrund der Definition der Hyperbelfunktionen und Eigenschaft $(E4)$ gelten die folgenden Beziehungen

H1: $\cos(i\,z) = \frac{1}{2}\left(e^{i\,(i\,z)}+e^{-i\,(i\,z)}\right) = \frac{1}{2}\left(e^{-z}+e^{z}\right) = \cosh(z)\,,$

H2: $\sin(i\,z) = \frac{1}{2i}\left(e^{i\,(i\,z)}-e^{-i\,(i\,z)}\right) = \frac{1}{2i}\left(e^{-z}-e^{z}\right) = i\,\sinh(z).$

Dies ist der Zusammenhang zwischen den Hyperbolikus-Funktionen und den trigonometrischen: $\cosh(z)$ und $i\,\sinh(z)$ sind im Komplexen nichts anderes als die Kosinus- und Sinusfunktion mit dem Argument $i\,z$. Daher gelten auch die bis auf das Vorzeichen ähnlichen Formeln für beide Funktionstypen.

H3: $\cosh^2(z) - \sinh^2(z) = 1$ $\quad z\in\mathbb{C}.$

Gleichung $(H3)$ erhält man durch Quadrieren von $(H1)$ und $(H2)$ und anschließender Addition, wenn Gleichung $(E5)$ berücksichtigt wird. □

9.5.5 Differenziation und Integration

Bei der Herleitung der komplexen Widerständen zur Berechnung von Wechselstromkreisen (siehe Band 1, Kapitel 5.3.3) wurde die Funktion $e^{i\omega t}$ mit der Formel

$$\left(e^{i\omega t}\right)' = i\omega\, e^{i\omega t}$$

nach t differenziert. Die imaginäre Einheit i wird als konstanter Faktor angesehen und die Funktion $e^{i\omega t}$ mit der Kettenregel nach t differenziert. dass diese Methode auch allgemein gilt, zeigt der folgende Satz.

Differenziation komplexwertiger Funktionen

Seien $u, v : (a, b) \to \mathbb{R}$ reelle, differenzierbare Funktionen. Dann ist die komplexwertige Funktion $f := u + i\, v$ mit

$$f : (a, b) \to \mathbb{C} \quad , \quad x \mapsto f(x) := u(x) + i\, v(x)$$

differenzierbar und es gilt

$$f'(x) = u'(x) + i\, v'(x)\,.$$

Dieser Satz besagt, dass eine komplexwertige Funktion nach seiner reellen Variablen x differenziert wird, indem man die gewöhnliche Ableitung von Realteil und Imaginärteil bildet. **Beim Differenzieren komplexwertiger Funktionen dürfen alle Differenziationsregeln wie bei reellwertigen Funktionen benutzt werden.** Die Formel für die Ableitung folgt sofort aus der Definition der Ableitung, denn

$$\begin{aligned}
f'(x) &= \lim_{h\to 0} \tfrac{1}{h}\left(f(x+h) - f(x)\right) \\
&= \lim_{h\to 0} \tfrac{1}{h}\left(u(x+h) + i\, v(x+h) - (u(x) + i\, v(x))\right) \\
&= \lim_{h\to 0} \tfrac{1}{h}\left(u(x+h) - u(x)\right) + i \lim_{h\to 0} \tfrac{1}{h}\left(v(x+h) - v(x)\right) \\
&= u'(x) + i\, v'(x)\,.
\end{aligned}$$

Beispiele 9.39.

① Gesucht ist die Ableitung der Funktion $f(t) = e^{i\omega t}$. Wegen

$$e^{i\omega t} = \cos(\omega t) + i\, \sin(\omega t)$$

folgt

$$\begin{aligned}
\left(e^{i\omega t}\right)' &= \cos(\omega t)' + i\, \sin(\omega t)' = -\omega\, \sin(\omega t) + i\,\omega\, \cos(\omega t) \\
&= i\omega\, \left(\cos(\omega t) + i\, \sin(\omega t)\right) = i\omega\, e^{i\omega t}.
\end{aligned}$$

② Gesucht wird die Ableitung der Funktion $f(x) = x\, e^{i\,x}$. Mit der Produktregel folgt

$$f'(x) = e^{i\,x} + i\,x\,e^{i\,x} = (1 + i\,x)\; e^{i\,x}.$$ □

Integration komplexwertiger Funktionen

Seien $u,\, v : [a,\, b] \to \mathbb{R}$ reelle, integrierbare Funktionen. Dann ist die komplexwertige Funktion $f := u + i\,v$ mit

$$f : [a,\, b] \to \mathbb{C} \quad , \quad x \mapsto f(x) := u(x) + i\,v(x)$$

integrierbar und es gilt

$$\int_a^b f(x)\; dx = \int_a^b u(x)\; dx + i \int_a^b v(x)\; dx.$$

Es gilt für die Integration einer komplexwertigen Funktion $f(x) = u(x) + i\,v(x)$, dass der Realteil und Imaginärteil integriert werden und anschließend das Integral von f sich aus beiden Teilen zusammensetzt. **Beim Integrieren komplexwertiger Funktionen dürfen alle Integrationsregeln wie bei reellwertigen Funktionen verwendet werden.** Die Formel ergibt sich analog zur Differenziationsformel.

Beispiele 9.40.

① Gesucht ist eine Stammfunktion von $f(x) = e^{i\,x}$.

$$\begin{aligned} \int f(x)\; dx &= \int (\cos x + i\,\sin x)\; dx = \int \cos x\, dx + i \int \sin x\, dx \\ &= \sin x + i\,(-\cos x) + C = -i\,(\cos x + i\,\sin x) + C \\ &= \tfrac{1}{i}\, e^{i\,x} + C. \end{aligned}$$

② Gesucht ist das unbestimmte Integral $\int x\, e^{i\,x}\, dx$.
Mit partieller Integration ($u = x\,,\; v' = e^{i\,x} \hookrightarrow u' = 1\,,\; v = -i\,e^{i\,x}$) folgt

$$\begin{aligned} \int x\, e^{i\,x}\, dx &= -i\,x\,e^{i\,x} + i \int e^{i\,x}\, dx \\ &= -i\,x\,e^{i\,x} + e^{i\,x} + C. \end{aligned}$$

Auch bei der Integration wird i wie eine Konstante behandelt. □

Merkregel: Die komplexwertige Funktion $e^{i\omega t}$ darf wie die reellwertige Exponentialfunktion differenziert und integriert werden, indem i als konstanter Faktor angesehen wird.

9.6

9.6 Aufgaben zu Funktionenreihen

9.1 Man untersuche die folgenden Zahlenreihen auf Konvergenz

a) $\sum_{n=1}^{\infty} \frac{1}{\sqrt{n}}$ b) $\sum_{n=1}^{\infty} n\, e^{-n^2}$ c) $\sum_{n=1}^{\infty} \frac{\sin n}{n^2}$ d) $\sum_{n=1}^{\infty} \frac{(-1)^n\, n}{2\,n+1}$

e) $\sum_{n=1}^{\infty} \frac{2^n}{n!}$ f) $\sum_{n=1}^{\infty} n \left(\frac{1}{2}\right)^{n-1}$ g) $\sum_{n=1}^{\infty} \frac{3^{2\,n}}{(2\,n)!}$ h) $\sum_{n=1}^{\infty} \frac{(-1)^{n+1}\, n}{5^{2n-1}}$

i) $\sum_{n=1}^{\infty} \frac{(-1)^{n+1}}{2\,n+1}$ j) $\sum_{n=1}^{\infty} \frac{1}{2^n\, n}$ k) $\sum_{n=1}^{\infty} 2^n\, \frac{1}{n}$ l) $\sum_{n=2}^{\infty} \frac{1}{(2n-1)(2n+1)}$

9.2 Untersuchen Sie die Konvergenz der folgenden Reihen

a) $\sum_{k=0}^{\infty} \frac{2^k+3}{4^k}$ b) $\sum_{k=0}^{\infty} \frac{1}{k!}$ c) $\sum_{n=1}^{\infty} \frac{n^2}{2^n}$

9.3 Man zeige die Divergenz der Reihe $\sum_{n=1}^{\infty} \frac{1\cdot 3\cdot 5\cdot \ldots \cdot (2\,n-1)}{2^n}\,(-1)^n$ und die Konvergenz der Reihe $\sum_{n=1}^{\infty} \frac{6^n}{\left(3^{n+1}-2^{n+1}\right)\left(3^n-2^n\right)}$.

9.4 Bestimmen Sie den Konvergenzradius der Reihen

a) $\sum_{n=1}^{\infty} (-1)^{n+1} \frac{1}{5^n n} x^n$ b) $\sum_{n=1}^{\infty} \frac{\ln(n)}{n} x^n$

c) $\sum_{n=1}^{\infty} (1+\frac{1}{n})^{n^2} x^n$ d) $\sum_{n=1}^{\infty} \frac{(n!)^2}{(2n)!} x^{n+1}$

9.5 Berechnen Sie den Konvergenzradius von

a) $\sum_{n=1}^{\infty} \frac{n\,x^n}{2^n}$ b) $\sum_{n=1}^{\infty} \frac{x^n}{n^2+1}$ c) $\sum_{n=1}^{\infty} n\,x^n$ d) $\sum_{n=1}^{\infty} (-1)^n\, \frac{x^n}{n}$

e) $\sum_{n=0}^{\infty} \frac{x^n}{2^n}$ f) $\sum_{n=1}^{\infty} \frac{n}{n+1}\, x^{n+1}$ g) $\sum_{n=1}^{\infty} \frac{n+1}{n!}\, x^n$ h) $\sum_{n=1}^{\infty} 2^n \cdot \frac{1}{n}\, x^n$

und diskutieren Sie den Konvergenzbereich K.

9.6 Bestimmen Sie den Konvergenzbereich der Potenzreihen

a) $\sum_{n=1}^{\infty} n\, e^{-n}\, (x-4)^n$ b) $\sum_{i=0}^{\infty} \frac{i^3}{2^i+1}\, (x-1)^i$

c) $\sum_{n=0}^{\infty} \frac{(-1)^n}{(2\,n)!}\, x^{2\,n}$ d) $\sum_{n=1}^{\infty} \frac{1}{n^n}\, (x-2)^n$

9.7 Zeigen Sie, dass die Taylor-Reihen von Sinus und Kosinus am Entwicklungspunkt $x_0 = 0$ gegeben sind durch

$$\sin x = \sum_{n=0}^{\infty} \frac{(-1)^n}{(2\,n+1)!}\,x^{2\,n+1} \quad , \quad \cos x = \sum_{n=0}^{\infty} \frac{(-1)^n}{(2\,n)!}\,x^{2\,n}.$$

Man bestimme den Konvergenzbereich der Potenzreihen.

9.8 Entwickeln Sie die Funktion

$$f\,(x) = \frac{1}{x^2} - \frac{2}{x} \quad , \, x > 0,$$

am Entwicklungspunkt $x_0 = 1$ in eine Taylor-Reihe. Geben Sie den zugehörigen Konvergenzbereich an.

9.9 Man berechne die Taylor-Reihe der Funktion $f\,(x) = \dfrac{1}{\sqrt{1+x}}$ an der Stelle $x_0 = 0$ und bestimme den Konvergenzbereich.

9.10 Berechnen Sie die Taylor-Reihen der Arkusfunktionen arcsin, arccos, arccot und bestimmen Sie den Konvergenzbereich.

9.11 Man berechne die Taylor-Reihe der Areafunktionen $ar\sinh$, $ar\cosh$, $ar\coth$ und bestimme den Konvergenzbereich.

9.12 Entwickeln Sie $f\,(x) = \cos x$ an der Stelle $x_0 = \frac{\pi}{3}$ in eine Taylor-Reihe und bestimmen Sie den Konvergenzbereich.

9.14 Die Funktion $f\,(x) = x\,e^{-x}$ soll in der Umgebung des Nullpunktes durch ein Polynom dritten Grades angenähert werden. Man bestimme mit der Taylorschen Reihenentwicklung diese Funktion.

9.15 Man berechne den Funktionswert von $f\,(x) = \sqrt{1-x}$ an der Stelle $x = 0.05$ auf sechs Dezimalstellen genau, wenn als Auswertepolynom ein Taylor-Reihenansatz mit Entwicklungspunkt $x_0 = 0$ gewählt wird.

9.16 Wie groß ist der maximale Fehler im Intervall $[0, \frac{1}{3}]$, wenn man die Funktion

$$f(x) = \frac{\sin x}{x}$$

um den Punkt $x_0 = 0$ bis zur Ordnung 2 entwickelt?

9.17 Berechnen Sie $\displaystyle\int_0^1 \frac{e^x - 1}{x}\,dx$ bis auf 3 Stellen genau.

9.18 Lösen Sie das unbestimmte Integral $F\,(x) = \displaystyle\int_0^x \frac{1}{1+t^2}\,dt$, indem der Integrand zunächst in eine Taylor-Reihe am Entwicklungspunkt $x_0 = 0$ entwickelt und anschließend gliedweise integriert wird.

9.19 Fällt ein Körper der Masse m in eine Flüssigkeit, so ist der zur Zeit t zurückgelegte Weg

$$s\,(t) = \frac{m}{k}\,\ln(\cosh(\sqrt{\frac{k\,g}{m}}\,t)) \quad , t \geq 0.$$

Dabei ist g die Erdbeschleunigung und k der Reibungsfaktor.

a) Man bestimme die Geschwindigkeit $v\,(t)$ und die Beschleunigung $a\,(t)$.

b) Man entwickle mit MAPLE den Ausdruck für kleine k.

9.20 Man berechne den Integralsinus und das Gaußsche Fehlerintegral näherungsweise durch Entwicklung des Integranden in eine Potenzreihe:

$$\text{sinc }(x) = \int_0^x \frac{\sin\tilde{x}}{\tilde{x}}\,d\tilde{x} \quad , \quad \text{erf}\,(x) = \frac{2}{\sqrt{\pi}}\int_0^x e^{-\tilde{x}^2}\,d\tilde{x}.$$

9.21 Zerlegen Sie die folgenden komplexen Funktionen in Real- und Imaginärteil, indem Sie z durch $x + i\,y$ ersetzen:

a) $f\,(z) = z^3$ b) $f\,(z) = \frac{1}{1-z}$ c) $f\,(z) = e^{3\,z}$

9.22 Berechnen Sie $\left|e^{i\,z}\right|$ für $z = 6\,e^{i\,\frac{\pi}{3}}$.

9.23 Gegeben sind die komplexwertigen Funktionen $f : \mathbb{R} \to \mathbb{C}$ mit:

i) $f\,(x) = (x + i\,x)^3$ ii) $f\,(x) = e^{3\,(x+i\,x)}$.

a) Man differenziere diese Funktionen nach der reellen Variablen x.

b) Man integriere diese Funktionen.

9.24 Zeigen Sie, dass bei einem komplexen RL-Wechselstromkreis $\hat{R}_L = \frac{\hat{u}_L(t)}{\hat{I}(t)} = i\omega L$, wenn man das Induktionsgesetz für die Spule annimmt.

9.25 Beweisen Sie das Additionstheorem $\sin(\alpha + \beta) = \sin\alpha\,\cos\beta + \cos\alpha\,\sin\beta$, indem Sie die Formeln $\sin x = \frac{1}{2\,i}\left(e^{i\,x} - e^{-i\,x}\right)$ und $\cos x = \frac{1}{2}\left(e^{i\,x} + e^{-i\,x}\right)$ verwenden.

Kapitel 10

Differenzialrechnung bei Funktionen mit mehreren Variablen

10

10

10 Differenzialrechnung bei Funktionen mit mehreren Variablen

Das Kapitel über die Funktionen von mehreren Variablen besteht aus vier Abschnitten. In 10.1 werden die Funktionen mit mehreren Variablen eingeführt und die graphische Darstellung von Funktionen mit zwei Variablen angegeben. Der Begriff der Stetigkeit wird in 10.2 verallgemeinert. Der mathematisch wichtigste Abschnitt ist 10.3, der die Differenzialrechnung zur Charakterisierung und Beschreibung dieser Funktionen behandelt. Die Konstruktion der Ableitung wird verallgemeinert und neue Begriffe wie die partielle Ableitung, die totale Differenzierbarkeit, der Gradient und die Richtungsableitung eingeführt. Der Taylorsche Satz liefert den Übergang zu den Anwendungen in 10.4, bei denen die Diskussion der Fehlerrechnung, lokale Extremwertbestimmungen und die Ausgleichsrechnung im Vordergrund stehen.

10.1 Funktionen mit mehreren Variablen

In diesem Abschnitt werden Funktionen mit mehreren Variablen anhand physikalischer Problemstellungen eingeführt. Zentral dabei sind die unterschiedlichen Darstellungen von Funktionen mit zwei Variablen.

Hinweis: Auf der Homepage befindet sich viele MAPLE-Worksheets, die Funktionen mit zwei Variablen dreidimensional visualisieren.

10.1.1 Einführung und Beispiele

Eine Funktion f **einer** reellen Variablen x besteht aus dem Definitions- und Zielbereich sowie der eindeutigen Funktionszuordnung:

$$f : \mathbb{D} \to \mathbb{R} \quad \text{mit} \quad x \mapsto y = f(x) \ .$$

Die Zuordnung erfolgt üblicherweise mit Hilfe einer Vorschrift $y = f(x)$; die Funktionen können dann in der Regel als Schaubild (= Graph der Funktion) dargestellt werden.

Beispiele 10.1 (Funktionen einer Variablen):

① $f\colon \mathbb{R} \to \mathbb{R}$ mit $f(x) = a\,x + b$ (Geradengleichung).
② $f\colon \mathbb{R}_{>0} \to \mathbb{R}$ mit $f(x) = \ln x \cdot \cos\left(x^2 - 1\right)$.
③ Potenzial in einem ebenen Plattenkondensator

$$\Phi : [0,\, d] \to \mathbb{R} \quad \text{mit} \quad \Phi(x) = \Delta\Phi\,\frac{x}{d}\ ,$$

wenn d der Plattenabstand und $\Delta\Phi = \Phi_2 - \Phi_1$ die Potenzialdifferenz ist. □

T. Westermann, *Mathematik für Ingenieure 2*,
https://doi.org/10.1007/978-3-662-70570-4_3

Viele in den Naturwissenschaften auftretenden Zusammenhänge sind aber komplizierter und lassen sich nicht durch eine Funktion mit **einer** Variablen beschreiben. Die meisten physikalischen Gesetze stellen Beziehungen zwischen **mehreren** unabhängigen Größen dar.

Beispiele 10.2 (Funktionen mit zwei Variablen):

① Für ein ideales, einmolares Gas gilt die **Zustandsgleichung**

$$p = R \cdot \frac{T}{V}.$$

Der Druck p hängt sowohl von der Temperatur T als auch von dem Gasvolumen V ab. R ist die universelle Gaskonstante. Jedem Wertepaar (T, V) wird durch diese Formel ein Druckwert $p(T, V)$ zugeordnet:

$$(T, V) \mapsto p(T, V) = R \cdot \frac{T}{V}.$$

Neben der Angabe der Zuordnungsvorschrift gehört noch die des Definitionsbereichs. Physikalisch sinnvoll ist $T > 0$, $V > 0$.

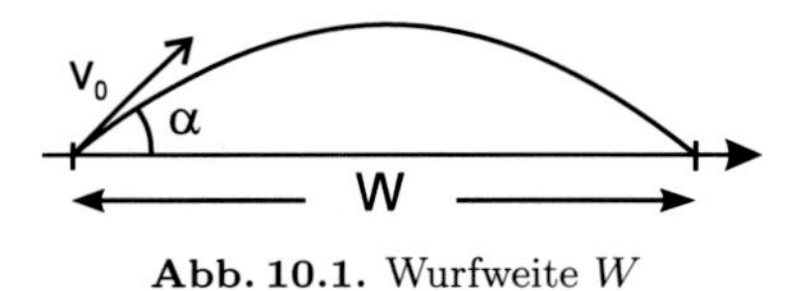

Abb. 10.1. Wurfweite W

② Die **Wurfweite** W beim schiefen Wurf bestimmt sich über die Beziehung

$$W = \frac{v_0^2}{g} \sin(2\alpha) ,$$

wenn v_0 die Anfangsgeschwindigkeit, α der Wurfwinkel und g die konstante Erdbeschleunigung ist. Die Wurfweite hängt also von v_0 und α ab; jedem Zahlenpaar (v_0, α) wird eindeutig eine Weite $W(v_0, \alpha)$ zugeordnet:

$$(v_0, \alpha) \mapsto W(v_0, \alpha) = \frac{1}{g} v_0^2 \sin(2\alpha)$$

mit $v_0 > 0$ und $0 < \alpha \leq 90°$.

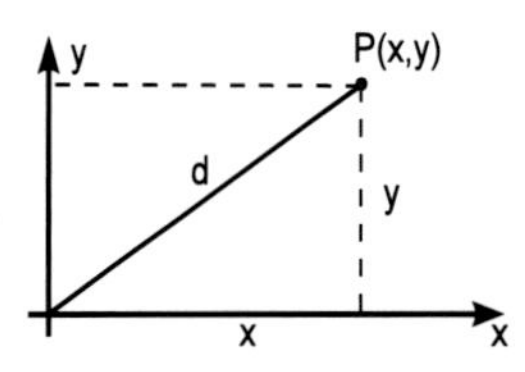

Abb. 10.2. Abstand d

③ Der **Abstand** d eines Punktes $P(x, y)$ vom Ursprung beträgt in der Ebene nach dem Satz von Pythagoras

$$d = \sqrt{x^2 + y^2}.$$

Jedem Punkt (x, y) wird genau ein Funktionswert (der Abstand) $d(x, y)$ zugeordnet

$$(x, y) \mapsto d(x, y) = \sqrt{x^2 + y^2}.$$

□

Beispiele 10.3 (Funktionen mit mehr als zwei Variablen):

① Der **Abstand** d zweier Punkte $P_1(x_1, y_1, z_1)$ und $P_2(x_2, y_2, z_2)$ beträgt im dreidimensionalen Raum

$$d = \left|\overrightarrow{P_1 P_2}\right| = \sqrt{(x_2 - x_1)^2 + (y_2 - y_1)^2 + (z_2 - z_1)^2}.$$

Der Abstand d ist eine Funktion der 6 Variablen $x_1, x_2, y_1, y_2, z_1, z_2$:

$$(x_1, x_2, y_1, y_2, z_1, z_2) \mapsto d(x_1, \ldots, z_2) = \sqrt{(x_2 - x_1)^2 + \ldots + (z_2 - z_1)^2}.$$

② Für eine **Reihenschaltung** von n Ohmschen Widerständen $R_1, \ldots, R_n$ berechnet sich der Gesamtwiderstand über

$$R = R_1 + R_2 + \ldots + R_n.$$

Der Gesamtwiderstand ist eine Funktion der n Einzelwiderstände

$$(R_1, R_2, \ldots, R_n) \mapsto R(R_1, \ldots, R_n) = R_1 + R_2 + \ldots + R_n. \qquad \square$$

Definition:
Eine reelle Funktion f von n reellen Variablen $x_1, \ldots, x_n$ ist eine Abbildung, die jedem $(x_1, \ldots, x_n) \in \mathbb{D}$ genau einen Wert in $\mathbb{R}$ zuordnet:

$$f : \mathbb{D} \to \mathbb{R} \quad \textit{mit} \ (x_1, \ldots, x_n) \mapsto y = f(x_1, \ldots, x_n).$$

Der Definitionsbereich $\mathbb{D}$ ist eine Menge von n-Tupeln $(x_1, \ldots, x_n) \in \mathbb{R}^n$ reeller Zahlen, die in den Funktionsausdruck eingesetzt werden.

Die ausführliche Bezeichnung sowie die Angabe des Definitionsbereichs ist in der Praxis recht schwerfällig, so dass man in den Anwendungen stattdessen etwas nachlässig einfach von der Funktion $f(x_1, \ldots, x_n)$ spricht.

Wir werden in diesem Abschnitt hauptsächlich Funktionen mit zwei Variablen behandeln. Viele Eigenschaften von Funktionen mehrerer Variablen können hier bereits verdeutlicht werden. Funktionen von zwei Variablen haben den Vorteil, dass sie sich graphisch darstellen lassen; Funktionen mit mehr als zwei Variablen nicht mehr! Im Folgenden sei daher

$$z = f(x, y), \qquad (x, y) \in \mathbb{D}$$

eine reellwertige Funktion der zwei Variablen x und y, die auf einem Gebiet $\mathbb{D} \subset \mathbb{R}^2$ definiert ist.

Beispiel 10.4. In Abb. 10.3 sind einige Beispiele für zweidimensionale Gebiete angegeben. Gebiet (1) (*nicht zusammenhängendes Gebiet*) ist für unsere Anwendungen weniger wichtig; Gebiet (3) heißt *zusammenhängend*; Gebiete (2) und (4) heißen *einfach zusammenhängend*:

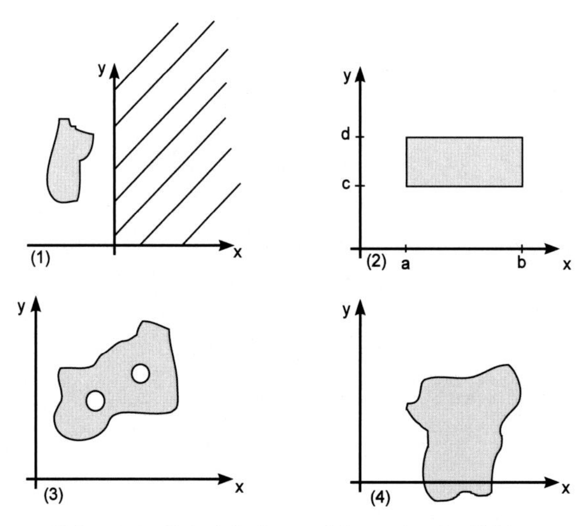

Abb. 10.3. Beispiele für zweidimensionale Gebiete

10.1.2 Darstellung von Funktionen mit zwei Variablen

Zur Veranschaulichung von Funktionen mit zwei Variablen haben sich im Wesentlichen drei Darstellungsarten bewährt:

(1) Der Graph. Unter dem *Graphen* von f versteht man die Menge der Punkte $(x,\, y,\, f\,(x,\, y))$ für die $(x,\, y)$ aus dem Definitionsbereich von f sind. In der Regel ist ein Graph eine gekrümmte Fläche im dreidimensionalen Raum

$$\Gamma_f := \left\{(x,\, y,\, z) \in \mathbb{R}^3 : \quad z = f\,(x,\, y) \quad \text{und} \quad (x,\, y) \in \mathbb{D}\right\}.$$

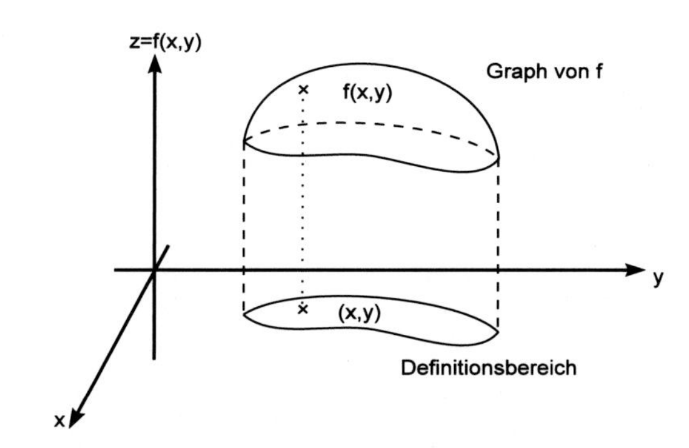

Abb. 10.4. Der Graph einer zweidimensionalen Funktion

Beispiel 10.5 (Mexikanischer Hut, mit MAPLE-Worksheet). Gegeben ist die Funktion

$$f(r) = \frac{\sin(r)}{r}.$$

Ersetzt man $r = \sqrt{x^2 + y^2}$, erhält man eine Funktion von zwei Variablen x und y:

$$f(x, y) = \frac{\sin\left(\sqrt{x^2 + y^2}\right)}{\sqrt{x^2 + y^2}}.$$

Die Darstellung der Funktion in Form eines dreidimensionalen Graphen erhält man mit MAPLE zu

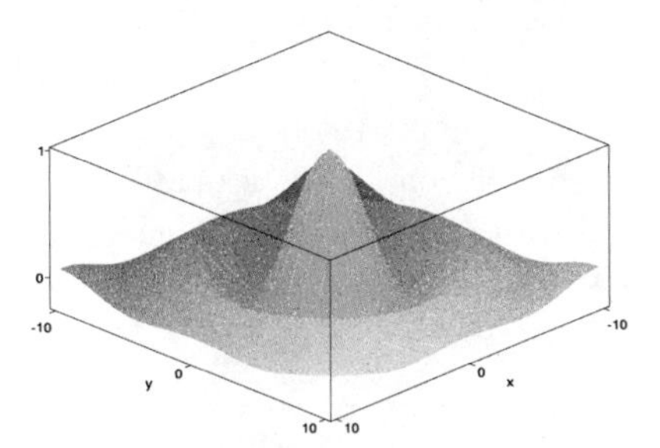

Abb. 10.5. Mexikanischer Hut

(2) Höhenlinien. Eine Funktion f kann auch durch ihre Höhenlinien (Niveaulinien) graphisch dargestellt werden. Die *Höhenlinie* von f zur Höhe c ist die Menge der Punkte $(x, y) \in \mathbb{D}$, welche die implizite Gleichung

$$f(x, y) = c$$

erfüllen. Höhenlinien sind Schnitte des Graphen $(x, y, f(x, y))$ mit Ebenen parallel zur (x, y)-Ebene mit Achsenabschnitt c.

Beispiel 10.6 (Mit MAPLE-Worksheet). Gegeben ist die Funktion

$$f(x, y) = x^2 + y^2.$$

In Abb. 10.6 (links) ist der Graph der Funktion in Form einer dreidimensionalen Darstellung gezeigt. Die Höhenlinien werden als Schnitte des Graphen mit Ebenen parallel zur (x, y)-Ebene eingezeichnet. Wählen wir als Funktionswerte (Höhen) $c_1 = 1$, $c_2 = 2$ und $c_3 = 3$, so ergeben sich die Höhenlinien als konzentrische Kreise um den Ursprung mit den Radien $r_1 = 1$, $r_2 = \sqrt{2}$ und $r_3 = \sqrt{3}$. In Abb. 10.6 (rechts) sind die Höhenlinien in die (x, y)-Ebene projiziert.

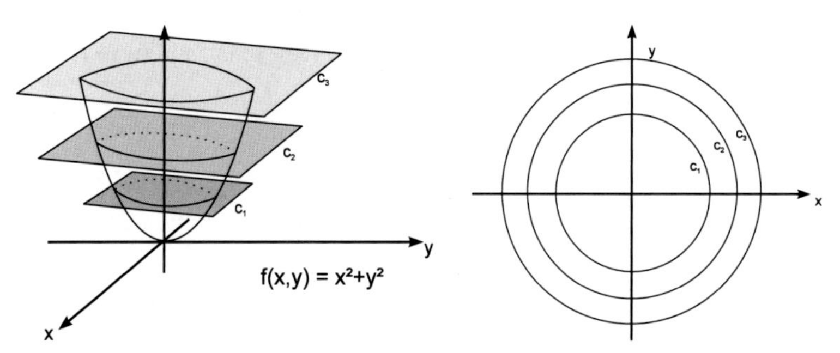

Höhenlinien = Schnitte des Graphen mit Ebenen parallel zur (x, y)-Ebene

Höhenlinien projiziert in die (x, y)-Ebene

Abb. 10.6. Graph einer Funktion $f(x, y)$ und Höhenlinien

Zur graphischen Charakterisierung der Funktion wählt man also mehrere Höhen und zeichnet die markierten Niveaulinien in der $(x,\, y)$-Ebene. Anwendungsbeispiele sind Kurven gleichen Luftdrucks auf der Wetterkarte (*Isobare*), die Höhenlinien auf der Landkarte oder die Linien gleichen Potenzials (*Äquipotenziallinien*) bei der Beschreibung elektrostatischer Felder. □

Anwendungsbeispiel 10.7 (Elektrostatisches Potenzial).

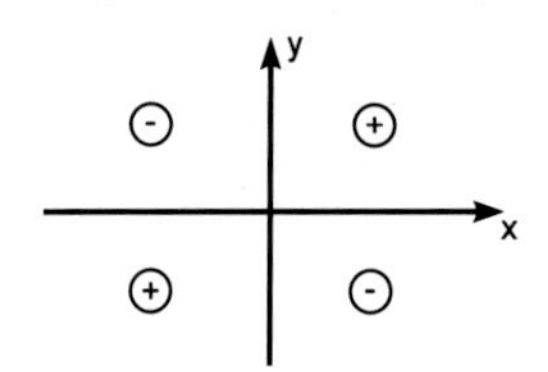

Abb. 10.7. Quadrupol

Gesucht ist der Potenzialverlauf sowie die Höhenliniendarstellung eines elektrischen *Quadrupols*, wenn die Ladungen in den Ecken eines Quadrats mit Kantenlänge L angeordnet sind (siehe Abbildung 10.7).

Das elektrostatische Potenzial einer im *Ursprung* befindlichen elektrischen Ladung q ist im Punkt (x, y) bestimmt durch

$$\Phi\,(x,\, y) = \frac{1}{4\pi\,\varepsilon_0}\,\frac{q}{\sqrt{x^2+y^2}}$$

mit der Dielektrizitätskonstante $\varepsilon_0 = 8.8 \cdot 10^{-12}\,\frac{F}{m}$. Eine Ladung q, die bei $\vec{r}_0 = (x_0,\, y_0)$ lokalisiert ist, erzeugt somit am Ort $\vec{r} = (x,\, y)$ ein Potenzial gemäß

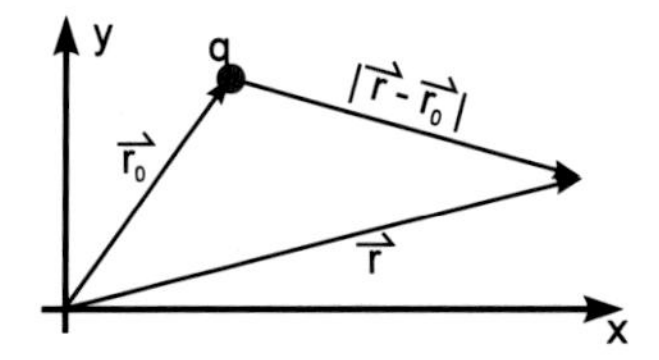

$$\Phi\,(x,\, y) = \frac{1}{4\pi\,\varepsilon_0}\,\frac{q}{\sqrt{(x-x_0)^2+(y-y_0)^2}}.$$

Für das Potenzial mehrerer Punktladungen $q_1, \ldots, q_n$ gilt das Superpositionsprinzip

$$\Phi(x, y) = \Phi_1(x, y) + \ldots + \Phi_n(x, y).$$

Folglich ist das Potenzial des elektrischen Quadrupols am Ort (x, y), wenn die Ladungen sich bei $(\frac{L}{2}, \frac{L}{2})$, $(\frac{L}{2}, -\frac{L}{2})$, $(-\frac{L}{2}, \frac{L}{2})$, $(-\frac{L}{2}, -\frac{L}{2})$ befinden

$$\begin{aligned}\Phi(x, y) \quad = \quad & \frac{1}{4\pi\,\varepsilon_0}\left\{\frac{q}{\sqrt{\left(x-\frac{L}{2}\right)^2+\left(y-\frac{L}{2}\right)^2}}+\frac{-q}{\sqrt{\left(x-\frac{L}{2}\right)^2+\left(y+\frac{L}{2}\right)^2}}\right.\\ & \left.+\frac{-q}{\sqrt{\left(x+\frac{L}{2}\right)^2+\left(y-\frac{L}{2}\right)^2}}+\frac{q}{\sqrt{\left(x+\frac{L}{2}\right)^2+\left(y+\frac{L}{2}\right)^2}}\right\}.\end{aligned}$$

Die graphische Darstellung des Quadrupols erfolgt entweder in Form einer dreidimensionalen Darstellung in Abb. 10.8

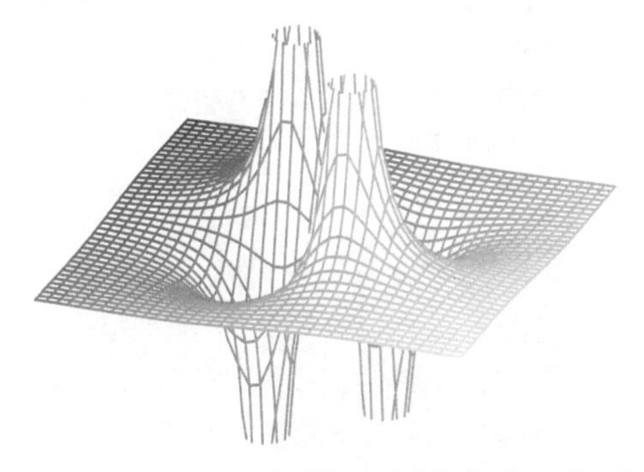

Abb. 10.8. Potenzialverlauf beim elektrischen Quadrupol

oder in Form von Äquipotenziallinien in Abb. 10.9.

Abb. 10.9. Äquipotenziallinien beim elektrischen Quadrupol

(3) Schnittkurvendiagramme. Höhenlinien sind die Schnitte des Graphen von $z = f(x, y)$ mit Ebenen parallel zur (x, y)-Ebene. Wählt man stattdessen eine Ebene parallel zur (x, z)- oder (y, z)-Ebene, kommt man zu den sog. *Schnittkurvendiagrammen*

$$\begin{aligned} z &= f(x = c, y) && \text{Schnittebene parallel zu } (y, z), \\ z &= f(x, y = c) && \text{Schnittebene parallel zu } (x, z). \end{aligned}$$

Anwendung findet diese Darstellung in den Kennlinienbildern, wie das folgende Beispiel verdeutlichen soll.

Anwendungsbeispiel 10.8 (Zustandsgleichung idealer Gase).

Gegeben ist die Zustandsgleichung für ideale, einmolare Gase

$$p = R\,\frac{T}{V}.$$

Hierbei ist p der Druck, T die Temperatur, V das Volumen und R die universelle Gaskonstante. Indem man für die Temperatur T konstante Werte einsetzt, $T_1 < T_2 < T_3 < T_4 < T_5$, erhält man den Druck als Funktion des Gasvolumens V. Man bezeichnet die Kurven gleicher Temperatur auch als *Isotherme*.

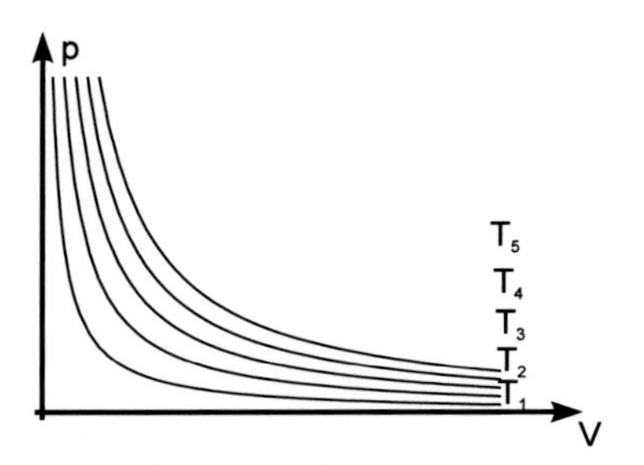

Abb. 10.10. Darstellung des Drucks über Isotherme

Visualisierung: Die Animation stellt eine Funktion von zwei Variablen graphisch unter unterschiedlichen Blickwinkeln dar. Zunächst erfolgt die Darstellung als dreidimensionales, farbiges Schaubild, anschließend werden die Höhenlinien eingeblendet und nur noch Grauschattierungen der Funktion dargestellt.

10.2 Stetigkeit

Die *Stetigkeit* einer Funktion $f(x)$ bedeutet unpräzise gesprochen, dass der Graph von f keine Sprünge aufweist. In diesem Sinne bezeichnet man auch eine Funktion mit zwei Variablen als stetig.

Die Präzisierung des Stetigkeitsbegriffs im Punkte x_0 ist, dass der linksseitige und rechtsseitige Funktionsgrenzwert mit dem Funktionswert $f(x_0)$ übereinstimmt. D.h. unabhängig ob man sich von links oder von rechts an x_0 nähert, es kommt immer der selbe Funktionswert $f(x_0)$ heraus: Für jede Folge $x_n \to x_0$ konvergiert $f(x_n) \to f(x_0)$. Übertragen auf Funktionen mit zwei Variablen liefert dies die folgende Definition.

Definition: (Stetigkeit). *Die Funktion f heißt im Punkte $(x_0, y_0) \in \mathbb{D}$* **stetig**, *wenn für* **jede** *Folge von Punkten $(x_n, y_n) \in \mathbb{D}$ mit $x_n \to x_0$ und $y_n \to y_0$ gilt*

$$f(x_n, y_n) \stackrel{n\to\infty}{\longrightarrow} f(x_0, y_0).$$

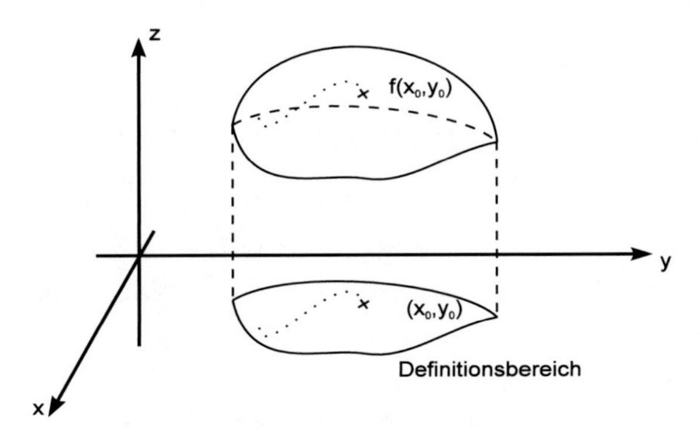

Abb. 10.11. Zur Stetigkeit einer Funktion

Bemerkungen:

(1) Statt $f(x_n, y_n) \stackrel{n\to\infty}{\longrightarrow} f(x_0, y_0)$ schreibt man auch $\lim\limits_{n\to\infty} f(x_n, y_n) = f(x_0, y_0)$.

(2) Im Folgenden schreiben wir für $x_n \to x$ und $y_n \to y$ kurz $(x_n, y_n) \to (x, y)$.

(3) ⚠ Für die Stetigkeit der Funktion f im Punkte $(x_0, y_0) \in \mathbb{D}$ genügt es nicht, dass für **eine** spezielle Folge $(x_n, y_n) \to (x_0, y_0)$ die Funktionsfolge $f(x_n, y_n)$ konvergiert, sondern die Betonung liegt auf **jede** Folge.

(4) Ist f stetig für alle Punkte des Definitionsbereichs, so heißt f *stetig in* $\mathbb{D}$.

(5) **Geometrische Interpretation:** f ist im Punkte (x_0, y_0) stetig, wenn für jede Folge aus dem Definitionsbereich, die gegen (x_0, y_0) konvergiert, die Funktionsfolge immer gegen $f(x_0, y_0)$ strebt (siehe Abb. 10.11).

Beispiele 10.9:

① Stetig sind z.B. alle Polynome in mehreren Variablen

$$f(x, y) = 2 - x\,y + 3\,x^2\,y + 5\,x^9 - x^2\,y^3$$

$$g(x, y, z) = x^3 - 6\,x\,z - 3\,y\,z + 4\,x^2\,y^3\,z^4.$$

② Folgende Funktionen sind für alle $(x, y) \in \mathbb{R}^2$ stetig

$$e^{2x-3y}\;,\quad \ln\left(1 + x^4 + x^2\,y^2\right)\;,\quad \sin\left(x^2 + y^4\right)\;,\quad \sqrt{x^2 + y^2}.$$

③ Auch rationale Funktionen, die als Quotient von Polynomen definiert sind, stellen stetige Funktionen in allen Punkten dar, in denen das Nennerpolynom nicht verschwindet:

$$F(x, y) = \frac{x^3 - 2\,y^3 + x\,y}{x^2 - y^2}\;,\quad G(x, y, z) = \frac{2\,x\,y^2 + 4\,y^2\,z}{x^2 + y^2 + z^2}.$$

Die Funktion F ist für alle Punkte aus $\mathbb{R}^2$ stetig, die nicht auf der Geraden $y = x$ oder $y = -x$ liegen. G ist für alle $(x, y, z) \in \mathbb{R}^3$ mit Ausnahme des Nullpunktes stetig. □

Beispiel 10.10. ⚠ **Achtung:** Die Funktion

$$f(x, y) = \begin{cases} \dfrac{2\,x\,y}{x^2 + y^2} & \text{für} \quad (x, y) \neq (0, 0) \\ 0 & \text{für} \quad (x, y) = (0, 0) \end{cases}$$

ist in allen Punkten bis auf $(0, 0)$ stetig: f ist in $(0, 0)$ **nicht stetig** und auch nicht *stetig fortsetzbar*, denn wählen wir als Folge aus dem Definitionsbereich $(x_n, y_n) = \left(\frac{1}{n}, \frac{a}{n}\right) \to (0, 0)$ gilt für die Funktionsfolge

$$f(x_n, y_n) = \frac{2 \cdot \frac{1}{n} \cdot \frac{a}{n}}{\frac{1}{n^2} + \frac{a^2}{n^2}} = \frac{2\,a}{1 + a^2}.$$

Der Funktionsgrenzwert im Punkte $(0, 0)$ ist **abhängig** von der gewählten Folge $(x_n, y_n) \to (0, 0)$. Somit ist f dort weder stetig und noch stetig fortsetzbar. Wir haben als Funktionswert $f(0,0) = 0$ gewählt, weil wir in Beispiel 10.16 zeigen werden, dass die Funktion dennoch dort auch partiell differenziert werden kann, obwohl sie hier nicht stetig ist. □

Bemerkung: (δ-ε-Stetigkeit einer Funktion.) Die Stetigkeit einer Funktion f von zwei Variablen in einem festen Punkt (x_0, y_0) bedeutet anschaulich gesprochen, dass der Funktionswert $f(x, y)$ beliebig nahe beim Funktionswert $f(x_0, y_0)$ liegt, wenn nur der Punkt (x, y) genügend nahe beim Punkt (x_0, y_0) liegt: *Die Funktion f ist im Punkte $(x_0, y_0) \in \mathbb{D}$* **stetig**, *wenn es zu jeder (beliebig kleinen) Zahl $\varepsilon > 0$ eine Zahl $\delta > 0$ gibt mit der Eigenschaft:* $\boxed{|f(x, y) - f(x_0, y_0)| < \varepsilon}$ *für alle Punkte $(x, y) \in \mathbb{D}$ für die $|x - x_0| < \delta$ und $|y - y_0| < \delta$.*

10.3 Differenzialrechnung

Der wichtigste Begriff bei der Differenzialrechnung von Funktionen in mehreren Variablen ist die partielle Ableitung. Rechentechnisch benötigt man die partielle Ableitung bei allen weiteren Begriffsbildungen wie z.B. der totalen Differenzierbarkeit, beim Gradient und der Richtungsableitung oder dem Taylorschen Satz.

10.3.1 Partielle Ableitung

Bei Funktionen einer Variablen spielt der Ableitungsbegriff eine zentrale Rolle: Die Ableitung der Funktion f im Punkte x_0 ist definiert als der Grenzwert

$$f'(x_0) = \lim_{\triangle x \to 0} \frac{f(x_0 + \triangle x) - f(x_0)}{\triangle x}.$$

Aus geometrischer Sicht ist die Ableitung der Funktion f in x_0 gleich der Steigung der Kurventangente.

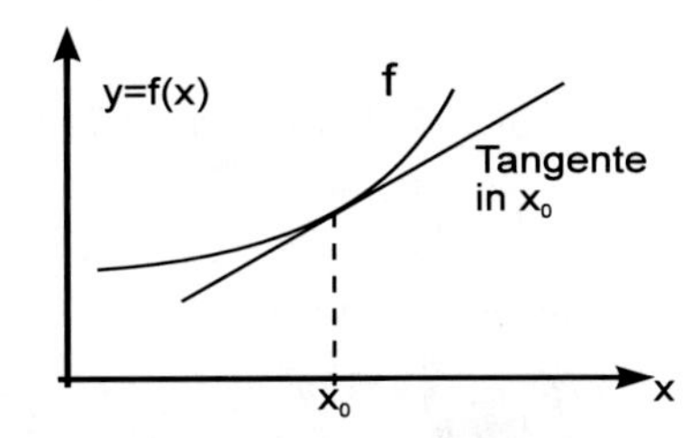

Abb. 10.12. Ableitung = Steigung der Tangente in x_0

Dieser Ableitungsbegriff wird auf Funktionen von zwei Variablen $f(x, y)$ erweitert. Wenn wir eine Variable festhalten (z.B. $y = y_0$), dann ist

$$z = f(x, y = y_0)$$

eine Funktion in der Variablen x. Ist diese Funktion im Punkte x_0 differenzierbar, so nennen wir ihre Ableitung die *partielle Ableitung nach* x. Analog wird die partielle Ableitung von f nach y definiert.

Definition: (Partielle Ableitung). *Eine Funktion f heißt im Punkt $(x_0, y_0) \in \mathbb{D}$* **partiell nach x differenzierbar,** *wenn der Grenzwert*

$$\frac{\partial f}{\partial x}(x_0, y_0) := \lim_{\triangle x \to 0} \frac{f(x_0 + \triangle x, y_0) - f(x_0, y_0)}{\triangle x}$$

existiert. Man bezeichnet ihn als die **partielle Ableitung von f nach** *x im Punkte (x_0, y_0).*

Entsprechend heißt

$$\frac{\partial f}{\partial y}(x_0, y_0) := \lim_{\triangle y \to 0} \frac{f(x_0, y_0 + \triangle y) - f(x_0, y_0)}{\triangle y}$$

die **partielle Ableitung von** f **nach** y *im Punkte* (x_0, y_0), *wenn dieser Grenzwert existiert.*

Etwas lax formuliert lässt sich die Definition so zusammenfassen:

Merkregel: Die partielle Ableitung bezüglich einer Variablen x_i berechnet man, indem man alle anderen Variablen konstant hält und bezüglich x_i die gewöhnliche Ableitung bildet. Eine wichtige Konsequenz hiervon ist, dass sich alle Differenziationsregeln von Funktionen einer Variablen auf die partielle Differenziation übertragen.

Bemerkungen:

(1) Man beachte, dass die partiellen Ableitungen im Gegensatz zu den gewöhnlichen Ableitungen nicht durch Striche (oder Punkte im Falle der zeitlichen Ableitung) gekennzeichnet werden, sondern durch Indizierung mit der Differenziationsvariablen. Allgemein übliche Bezeichnungen sind

$$f_x(x, y), \quad \frac{\partial f}{\partial x}(x, y), \quad \frac{\partial}{\partial x} f(x, y), \quad \partial_x f(x, y),$$

bzw. kurz

$$f_x, \quad \frac{\partial f}{\partial x}, \quad \frac{\partial}{\partial x} f, \quad \partial_x f.$$

Um anzudeuten, dass keine gewöhnlichen Ableitungen vorliegen, wird also auch $\frac{d}{dx}$ durch $\frac{\partial}{\partial x}$ ersetzt. Analoge Bezeichnungen gelten für die partiellen Ableitungen nach y.

(2) In Anlehnung an die gewöhnliche Ableitung f' bezeichnet man f_x und f_y als partielle Ableitungen *1. Ordnung.*

(3) Alternative Schreibweisen für die partiellen Differenzialquotienten sind

$$\begin{aligned} \frac{\partial f}{\partial x}(x_0, y_0) &= \lim_{x \to x_0} \frac{f(x, y_0) - f(x_0, y_0)}{x - x_0} \\ &= \lim_{h \to 0} \frac{f(x_0 + h, y_0) - f(x_0, y_0)}{h} \end{aligned}$$

und

$$\begin{aligned} \frac{\partial f}{\partial y}(x_0, y_0) &= \lim_{y \to y_0} \frac{f(x_0, y) - f(x_0, y_0)}{y - y_0} \\ &= \lim_{h \to 0} \frac{f(x_0, y_0 + h) - f(x_0, y_0)}{h}. \end{aligned}$$

Im Folgenden geben wir einfache Beispiele zur Berechnung der partiellen Ableitung an. Man beachte, dass hierbei insbesondere die Kettenregel zur Anwendung kommt.

Beispiele 10.11 (Partielle Ableitung):

① $f(x, y) = x^2 \cdot y^3 + x + y^2$:

$$\frac{\partial f}{\partial x}(x, y) = 2\,x \cdot y^3 + 1\,; \qquad \frac{\partial f}{\partial y}(x, y) = x^2 \cdot 3\,y^2 + 2\,y.$$

② $f(x, y) = \sin\left(x^2 - y\right)$:

$$\frac{\partial f}{\partial x}(x, y) = \cos(x^2 - y) \cdot 2\,x\,; \qquad \frac{\partial f}{\partial y}(x, y) = \cos(x^2 - y)\;(-1)\,.$$

③ $f(x, y) = \ln\left(2\,x + 4\,\frac{1}{y}\right)$:

$$\frac{\partial f}{\partial x}(x, y) = \frac{1}{2\,x + 4\,\frac{1}{y}} \cdot 2\,; \qquad \frac{\partial f}{\partial y}(x, y) = \frac{1}{2\,x + 4\,\frac{1}{y}} \cdot 4\;(-1)\;y^{-2}.$$

④ $U = R \cdot I$:

$$\frac{\partial U}{\partial R} = I\,; \qquad \frac{\partial U}{\partial I} = R.$$

⑤ $W = \frac{1}{g}\,v_0^2\,\sin(2\alpha)$:

$$\frac{\partial W}{\partial v_0} = \frac{1}{g}\,2\,v_0\,\sin(2\alpha)\,; \qquad \frac{\partial W}{\partial \alpha} = \frac{1}{g}\,v_0^2\,\cos(2\alpha) \cdot 2.$$

⑥ $p = R \cdot \dfrac{T}{V}$:

$$\frac{\partial p}{\partial V} = -R\,\frac{T}{V^2}\,; \qquad \frac{\partial p}{\partial T} = \frac{R}{V}.$$

□

Bemerkung: Beispiel 10.11 ⑥ zeigt die physikalisch-chemische Bedeutung der partiellen Ableitung: Der Druck p eines idealen Gases ist proportional zum Quotienten $\frac{T}{V}$. Somit ist p eine Funktion der beiden Variablen T und V. $\frac{\partial p}{\partial V}$ bedeutet dann die Änderung des Druckes als Funktion des Volumens, wenn die Temperatur konstant gehalten wird. In der Chemie wird dies oftmals durch $\left(\frac{\partial p}{\partial V}\right)_{T=const}$ symbolisiert. $\frac{\partial p}{\partial T}$ bedeutet entsprechend die Änderung des Druckes bei Änderung der Temperatur aber konstantem Volumen. □

Geometrische Interpretation: Die anschauliche Bedeutung der partiellen Ableitungen erläutern wir mit Hilfe von Abb. 10.13 und Abb. 10.14: Die partielle Ableitung $\frac{\partial}{\partial x} f(x_0, y_0)$ von f nach x im Punkte (x_0, y_0) gibt die Steigung der Tangente im Punkte (x_0, y_0) parallel zur x-Achse an.

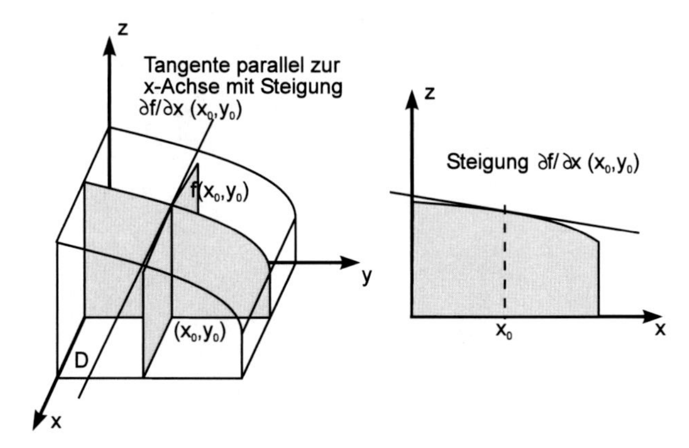

Abb. 10.13. Partielle Ableitung in x-Richtung

Entsprechend gibt die partielle Ableitung $\frac{\partial}{\partial y} f(x_0, y_0)$ von f nach y im Punkte (x_0, y_0) die Steigung der Tangente im Punkte (x_0, y_0) parallel zur y-Achse an.

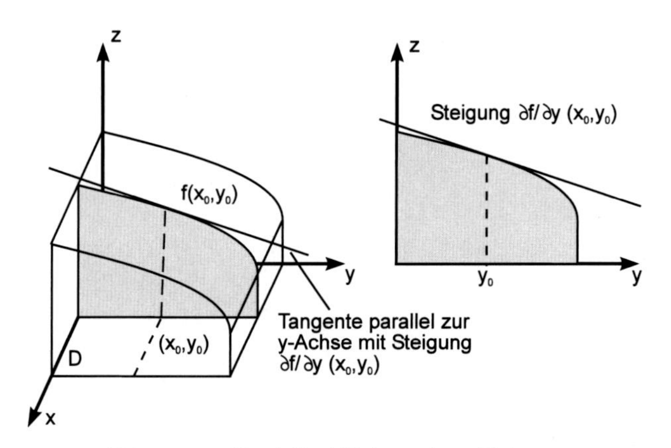

Abb. 10.14. Partielle Ableitung in y-Richtung

Partielles Differenzieren von Funktionen mit mehreren Variablen

Ist f eine Funktion der Variablen $(x_1, \ldots, x_n)$, so ist die partielle Ableitung von f nach der Variablen x_i in einem Punkt des Definitionsbereichs $\left(x_1^0, \ldots, x_n^0\right)$ definiert als der Grenzwert

$$\frac{\partial f}{\partial x_i}\left(x_1^0, \ldots, x_n^0\right) = \lim_{h \to 0} \frac{f\left(x_1^0, ..., x_i^0 + h, ..., x_n^0\right) - f\left(x_1^0, ..., x_i^0, ..., x_n^0\right)}{h},$$

falls dieser existiert. Man nennt ihn die **partielle Ableitung von f nach x_i** im Punkte $\left(x_1^0, \ldots, x_n^0\right)$ und bezeichnet ihn mit

$$\frac{\partial f}{\partial x_i}, \quad \frac{\partial}{\partial x_i} f, \quad f_{x_i}, \quad \partial_{x_i} f.$$

Beispiel 10.12 (Mit MAPLE-Worksheet). Gesucht sind alle partiellen Ableitungen 1. Ordnung der Funktion

$$f(x, y, z) = z \cdot e^{x^2+y^2} + \sqrt{1 + x^2 + z^4}.$$

Mit der Kettenregel berechnet man

$$\begin{aligned} f_x(x, y, z) &= 2\,x\,z\,e^{x^2+y^2} + \frac{x}{\sqrt{1+x^2+z^4}} \\ f_y(x, y, z) &= 2\,y\,z\,e^{x^2+y^2} \\ f_z(x, y, z) &= e^{x^2+y^2} + \frac{2\,z^3}{\sqrt{1+x^2+z^4}}. \end{aligned}$$

Wir bestimmen noch die partiellen Ableitungen an der Stelle $(x_0, y_0, z_0) = (1, 2, 0)$ durch Einsetzen des Punktes in die obigen Formeln

$$f_x(1, 2, 0) = \tfrac{1}{2}\sqrt{2}; \quad f_y(1, 2, 0) = 0; \quad f_z(1, 2, 0) = e^5.$$ □

Ableitungen höherer Ordnung

Sind die partiellen Ableitungen $f_x(x, y)$ und $f_y(x, y)$ ihrerseits wieder partiell differenzierbar, so bezeichnet man ihre partiellen Ableitungen $\frac{\partial}{\partial x} f_x(x, y)$, $\frac{\partial}{\partial y} f_x(x, y)$ und $\frac{\partial}{\partial x} f_y(x, y)$, $\frac{\partial}{\partial y} f_y(x, y)$ als partielle Ableitungen *zweiter Ordnung*. Die Schreibweise für die partiellen Ableitungen zweiter Ordnung lauten

$$f_{xx} := \frac{\partial^2 f}{\partial x^2} := \frac{\partial}{\partial x}\left(\frac{\partial f}{\partial x}\right) \quad \text{zweite partielle Ableitung nach } x.$$

$$f_{yy} := \frac{\partial^2 f}{\partial y^2} := \frac{\partial}{\partial y}\left(\frac{\partial f}{\partial y}\right) \quad \text{zweite partielle Ableitung nach } y.$$

$$f_{xy} := \frac{\partial^2 f}{\partial y\,\partial x} := \frac{\partial}{\partial y}\left(\frac{\partial f}{\partial x}\right) \quad \text{zweite partielle Ableitung nach } x \text{ und } y.$$

$$f_{yx} := \frac{\partial^2 f}{\partial x\,\partial y} := \frac{\partial}{\partial x}\left(\frac{\partial f}{\partial y}\right) \quad \text{zweite partielle Ableitung nach } y \text{ und } x.$$

Deren Ableitungen wiederum, sofern sie existieren, sind die *dritten partiellen Ableitungen* von f:

$$f_{xxx},\ f_{xxy},\ f_{xyx},\ f_{yxx},\ f_{xyy},\ f_{yxy},\ f_{yyx},\ f_{yyy}.$$

Bemerkungen:

(1) Die Reihenfolge, in der die Differenziation durchgeführt werden muss, ist von innen nach außen (von links nach rechts): Die Ableitung f_{xy} wird gebildet, indem von der Funktion (f_x) die partielle Ableitung nach y gebildet wird:

$$f_{xy} = (f_x)_y \, .$$

(2) Man bezeichnet eine Ableitung als *gemischte* Ableitung, wenn nicht nur nach einer Variablen differenziert wird.

(3) Die *Ordnung* der partiellen Ableitung entspricht der Gesamtzahl der zu bildenden Ableitungen, d.h. der Gesamtzahl der Indizes:

f_{xyxx} ist z.B. eine Ableitung 4. Ordnung.

Beispiel 10.13. Für die Funktion

$$f(x,\, y) = x^3\, y + y$$

sind die partiellen Ableitungen bis zur Ordnung 3 gegeben durch

$$\begin{array}{lllllllll}
f_x &=& 3\,x^2\,y, & & & & f_y &=& x^3+1; \\
f_{xx} &=& 6\,x\,y, & f_{xy} &=& 3\,x^2 = f_{yx}\,, & f_{yy} &=& 0; \\
f_{xxx} &=& 6\,y, & f_{xxy} &=& 6\,x = f_{xyx} = f_{yxx}, & & & \\
 & & & f_{xyy} &=& 0 = f_{yxy} = f_{yyx}\,, & f_{yyy} &=& 0. \quad \square
\end{array}$$

In diesem Beispiel kommt es nicht auf die Reihenfolge der Ableitungen an, $f_{xy} = f_{yx}$, $f_{xxy} = f_{xyx} = f_{yxx}$ usw. Diese Eigenschaft bestätigt sich für praktisch alle in den Anwendungen vorkommenden Funktionen. Es gilt die folgende wichtige Aussage

Satz von Schwarz: Vertauschbarkeit gemischter Ableitungen

Sind für eine Funktion $f(x, y)$ in zwei Variablen die gemischten partiellen Ableitungen f_{xy} und f_{yx} **stetig**, dann kommt es nicht auf die Reihenfolge der zu bildenden Ableitungen an. D.h. es gilt dann

$$f_{xy}(x, y) = f_{yx}(x, y).$$

Verallgemeinerung: Sind für eine Funktion f alle partiellen Ableitungen bis zur Ordnung k (≥ 2) stetig, dann kommt es bei allen partiellen Ableitungen bis zur Ordnung k nicht auf die Reihenfolge der zu bildenden Ableitungen an. Analog zu den höheren partiellen Ableitungen für Funktionen von zwei Variablen bildet man sie für Funktionen mit mehr als zwei Variablen. Auch hier ist der Satz von Schwarz gültig.

Beispiel 10.14. Von der Funktion

$$f\,(x,\,y,\,z) = e^{x-y}\,\cos\,(5\,z)$$

sind alle partiellen Ableitungen bis zur Ordnung 2 gesucht:

Nach dem folgenden Ableitungsschema bis zur Ordnung 2 für eine Funktion von drei Variablen $f(x,y,z)$ werden die Ableitungen von f berechnet: Nach links erfolgt die Ableitung nach x, mittig nach y und nach rechts erfolgt die Ableitung nach z.

$$f$$

$$f_x \qquad\qquad f_y \qquad\qquad f_z$$

$$f_{xx}\;\; \underline{f_{xy}}\;\; \underline{\underline{f_{xz}}} \qquad \underline{f_{yx}}\;\; f_{yy}\;\; \underline{\underline{\underline{f_{yz}}}} \qquad \underline{\underline{f_{zx}}}\;\; \underline{\underline{\underline{f_{zy}}}}\;\; f_{zz}$$

Ableitungen erster Ordnung:

$$\begin{aligned} f_x &= e^{x-y}\,\cos\,(5\,z) \\ f_y &= -e^{x-y}\,\cos\,(5\,z) \\ f_z &= -5e^{x-y}\,\sin\,(5\,z)\,. \end{aligned}$$

Ableitungen zweiter Ordnung (bezüglich einer Variablen):

$$\begin{aligned} f_{xx} &= e^{x-y}\,\cos\,(5\,z) \\ f_{yy} &= e^{x-y}\,\cos\,(5\,z) \\ f_{zz} &= -25\,e^{x-y}\,\cos\,(5\,z)\,; \end{aligned}$$

Ableitungen zweiter Ordnung (gemischt):

$$\begin{aligned} f_{xy} &= -e^{x-y}\,\cos\,(5\,z) = f_{yx} \\ f_{xz} &= -5\,e^{x-y}\,\sin\,(5\,z) = f_{zx} \\ f_{yz} &= 5\,e^{x-y}\,\sin\,(5\,z) = f_{zy}. \end{aligned}$$

□

Beispiele 10.15:

① $\varphi(x, y) = \sqrt{x^2+y^2}$:

$$\frac{\partial \varphi}{\partial x} = \frac{x}{\sqrt{x^2+y^2}}; \qquad \frac{\partial \varphi}{\partial y} = \frac{y}{\sqrt{x^2+y^2}};$$

$$\frac{\partial^2 \varphi}{\partial x^2} = \frac{\sqrt{x^2+y^2} - x\,\frac{x}{\sqrt{x^2+y^2}}}{x^2+y^2} = \frac{x^2+y^2-x^2}{(x^2+y^2)^{\frac{3}{2}}} = \frac{y^2}{(x^2+y^2)^{\frac{3}{2}}};$$

$$\frac{\partial^2 \varphi}{\partial y^2} = \frac{x^2}{(x^2+y^2)^{\frac{3}{2}}}.$$

Für die Summe der zweiten Ableitungen $\varphi_{xx} + \varphi_{yy}$ gilt weiterhin:

$$\varphi_{xx} + \varphi_{yy} = \frac{x^2+y^2}{(x^2+y^2)^{\frac{3}{2}}} = \frac{1}{(x^2+y^2)^{\frac{1}{2}}} = \frac{1}{\varphi(x,y)}.$$

② $r(x, y, z) = \sqrt{x^2+y^2+z^2}$:

$$\frac{\partial r}{\partial x} = \frac{x}{\sqrt{x^2+y^2+z^2}} = \frac{x}{r}; \qquad \frac{\partial r}{\partial y} = \frac{y}{r}; \qquad \frac{\partial r}{\partial z} = \frac{z}{r}$$

$$\frac{\partial^2 r}{\partial x^2} = \frac{r - x\,\frac{x}{r}}{r^2} = \frac{r^2-x^2}{r^3}; \qquad \frac{\partial^2 r}{\partial y^2} = \frac{r^2-y^2}{r^3}; \qquad \frac{\partial^2 r}{\partial z^2} = \frac{r^2-z^2}{r^3}$$

Für die Summe der zweiten Ableitungen $r_{xx} + r_{yy} + r_{zz}$ gilt weiterhin:

$$r_{xx} + r_{yy} + r_{zz} = \frac{3\,r^2 - (x^2+y^2+z^2)}{r^3} = \frac{2\,r^2}{r^3} = \frac{2}{r}.$$

③ $f(x, y, z) = \frac{1}{r} = \frac{1}{\sqrt{x^2+y^2+z^2}}$:

$$\frac{\partial f}{\partial x} = \frac{-x}{(x^2+y^2+z^2)^{\frac{3}{2}}} = \frac{-x}{r^3}; \quad \frac{\partial f}{\partial y} = \frac{-y}{r^3}; \quad \frac{\partial f}{\partial z} = \frac{-z}{r^3}$$

$$\frac{\partial^2 f}{\partial x^2} = -\frac{r^3 - x\,\frac{3}{2}\,r\;2x}{r^6} = -\frac{r^2-3\,x^2}{r^5}$$

$$\frac{\partial^2 f}{\partial y^2} = -\frac{r^2-3\,y^2}{r^5}; \qquad \frac{\partial^2 f}{\partial z^2} = -\frac{r^2-3\,z^2}{r^5}$$

Für die Summe der zweiten Ableitungen $f_{xx} + f_{yy} + f_{zz}$ gilt weiterhin:

$$f_{xx} + f_{yy} + f_{zz} = -\frac{3\,r^2 - 3\,(x^2+y^2+z^2)}{r^5} = 0.$$

□

10.3.2 Totale Differenzierbarkeit

Während differenzierbare Funktionen einer Variablen immer stetige Funktionen sind, kann man dies i.A. von partiell differenzierbaren Funktionen nicht behaupten.

Beispiel 10.16. Wir untersuchen die Funktion

$$f(x, y) = \begin{cases} \dfrac{2\,x\,y}{x^2+y^2} & \text{für} \quad (x, y) \neq (0, 0) \\ 0 & \text{für} \quad (x, y) = (0, 0) \end{cases}$$

die nach Beispiel 10.10 an allen Punkten außer in (0, 0) stetig ist. Trotzdem können wir auch bei (0, 0) die partiellen Ableitungen berechnen:

Für $(x, y) \neq (0, 0)$ wenden wir die Quotientenregel an

$$f_x(x, y) = \frac{2\,y\,(y^2-x^2)}{(x^2+y^2)^2} \quad \text{und} \quad f_y(x, y) = \frac{2\,x\,(x^2-y^2)}{(x^2+y^2)^2}.$$

Für den Punkt $(x, y) = (0, 0)$ wenden wir die Definition der partiellen Ableitung an:

$$\begin{aligned} f_x(x_0, y_0) &= \lim_{h\to 0} \frac{1}{h}\left(f(x_0+h, y_0) - f(x_0, y_0)\right) \\ &= \lim_{h\to 0} \frac{1}{h}\left(\frac{2\,h\cdot 0}{h^2+0^2} - 0\right) = 0\,. \end{aligned}$$

Auf analoge Weise wird $f_y(0, 0) = 0$ berechnet. Somit existieren in allen Punkten die partiellen Ableitungen von f, obwohl die Funktion nach Beispiel 10.10 in (0, 0) nicht stetig ist! □

Daher führt man den Begriff der *totalen* Differenzierbarkeit ein, der vom Begriff der *partiellen* Differenzierbarkeit zu unterscheiden ist. Man nennt eine Funktion f von zwei Variablen im Punkte (x_0, y_0) total differenzierbar, wenn sie nahe dieses Punktes durch eine Ebene angenähert werden kann:

Definition: (Totale Differenzierbarkeit). *Die Funktion f heißt im Punkte $(x_0, y_0) \in \mathbb{D}$* **total differenzierbar**, *wenn es Zahlen A, $B \in \mathbb{R}$ und Funktionen $\varepsilon_1(x, y)$, $\varepsilon_2(x, y)$ gibt, so dass für alle (x, y) nahe bei (x_0, y_0) gilt*

$$\begin{aligned} f(x, y) \quad = \quad & f(x_0, y_0) + A\cdot(x-x_0) + B\cdot(y-y_0) \\ & + \varepsilon_1(x, y)\,(x-x_0) + \varepsilon_2(x, y)\,(y-y_0), \end{aligned} \qquad (*)$$

wenn die Funktionen ε_1 und ε_2 gegen Null gehen für $(x, y) \to (x_0, y_0)$:

$$\begin{aligned} \varepsilon_1(x, y) \to 0 \;\; &\text{für } (x, y) \to (x_0, y_0) \\ \varepsilon_2(x, y) \to 0 \;\; &\text{für } (x, y) \to (x_0, y_0). \end{aligned}$$

Gleichung $(*)$ besagt, dass in der Nähe des Punktes $(x_0,\, y_0)$ die Funktionswerte $f\,(x,\, y)$ näherungsweise durch die lineare Funktion

$$z\,(x,\, y) = f\,(x_0,\, y_0) + A\,(x - x_0) + B\,(y - y_0)$$

beschrieben werden kann. Der Graph von z stellt eine Ebene im $\mathbb{R}^3$ dar, die durch den Punkt $(x_0,\, y_0,\, f\,(x_0,\, y_0))$ geht. Sie heißt die **Tangentialebene** von f in $(x_0,\, y_0)$, da sie sich in der Umgebung dieses Punktes an den Graphen der Funktion f anschmiegt.

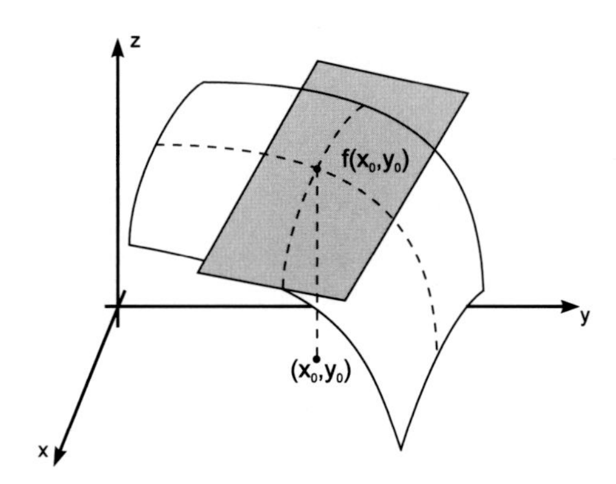

Abb. 10.15. Funktion und Tangentialebene

Aus der totalen Differenzierbarkeit folgt sowohl die partielle Differenzierbarkeit als auch die Stetigkeit von f:

Totale Differenzierbarkeit

Ist f in $(x_0,\, y_0)$ **total differenzierbar**, dann folgt

(1) f ist in $(x_0,\, y_0)$ stetig.

(2) Es existieren die partiellen Ableitungen

$$f_x\,(x_0,\, y_0)\;, \qquad f_y\,(x_0,\, y_0)\,.$$

(3) Die Zahlenwerte A und B in Gleichung $(*)$ berechnen sich durch

$$A = f_x\,(x_0,\, y_0)\;, \qquad B = f_y\,(x_0,\, y_0)\,.$$

(4) Der Graph der Funktion f lässt sich in der Nähe des Punktes annähern durch die **Tangentialebene** z_t

$$f\,(x,\, y) \approx z_t = f\,(x_0,\, y_0) + f_x\,(x_0,\, y_0)\,(x - x_0) + f_y\,(x_0,\, y_0)\,(y - y_0)\,.$$

Die Definition für die totale Differenzierbarkeit ist zwar anschaulich, aber im konkreten Fall schwierig nachzuprüfen. Man kann aber anhand der partiellen Ableitungen entscheiden, ob eine Funktion f total differenzierbar ist:

Satz: f ist in einer Umgebung von $(x_0, y_0) \in \mathbb{D}$ partiell nach x und y differenzierbar und die **partiellen Ableitungen f_x und f_y sind in (x_0, y_0) stetig**. Dann ist f in (x_0, y_0) **total differenzierbar**.

Beispiel 10.17 (Tangentialebene, mit MAPLE-Worksheet). Gesucht ist die Tangentialebene der Funktion

$$f(x, y) = e^{-\left(x^2+y^2\right)} \quad \text{im Punkte} \quad (x_0, y_0) = (0.15, 0.15).$$

Die partiellen Ableitungen der Funktion

$$\begin{aligned} f_x(x, y) &= -2\,x\,e^{-\left(x^2+y^2\right)} \\ f_y(x, y) &= -2\,y\,e^{-\left(x^2+y^2\right)} \end{aligned}$$

sind stetig. Daher ist die Funktion total differenzierbar und die Tangentialebene ist gegeben durch

$$\begin{aligned} z &= f(x_0, y_0) + f_x(x_0, y_0)\,(x - x_0) + f_y(x_0, y_0)\,(y - y_0) \\ &= e^{-\frac{9}{200}} - \tfrac{3}{10} e^{-\frac{9}{200}} (x - 0.15) - \tfrac{3}{10} e^{-\frac{9}{200}} (y - 0.15). \end{aligned}$$

Wir stellen in Abb. 10.16 sowohl die Funktion als auch die Tangentialebene graphisch dar:

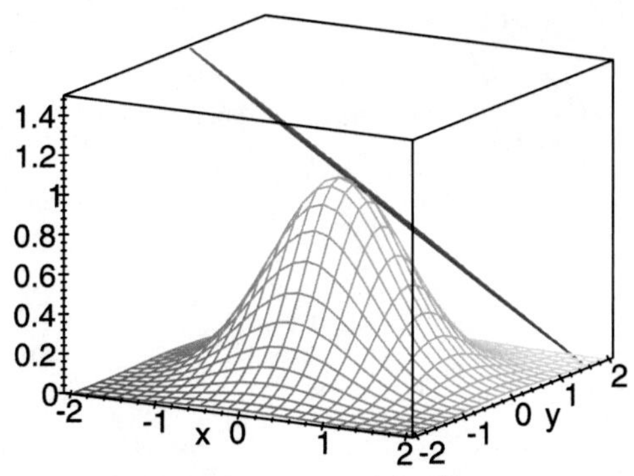

Abb. 10.16. Funktion $f(x, y) = e^{-\left(x^2+y^2\right)}$ mit Tangentialebene

Man erkennt, dass die Tangentialebene im Entwicklungspunkt (x_0, y_0) den Graphen der Funktion f berührt. □

10.3.3 Gradient und Richtungsableitung

In diesem Abschnitt gehen wir von einer Funktion $f(x, y)$ mit zwei Variablen x und y aus, die stetig partiell differenzierbar nach x als auch nach y ist.

Der Gradient

Bei Funktionen einer Variablen gibt die Ableitung der Funktion im Punkte x_0 die Steigung (= Steilheit) der Funktion an. An Stellen großer Ableitung ändert sich die Funktion stark, an Stellen geringer Ableitung ändert sie sich schwach. Bei Funktionen zweier Variablen berücksichtigt man als Maß sowohl die partielle Ableitung in x-Richtung als auch in y-Richtung. Um eine Funktion f bezüglich ihrer Steigung in einem Punkt (x_0, y_0) zu charakterisieren, führt man den *Vektor* $\operatorname{grad} f(x_0, y_0) := \begin{pmatrix} \frac{\partial f}{\partial x}(x_0, y_0) \\ \frac{\partial f}{\partial y}(x_0, y_0) \end{pmatrix}$ ein, dessen Komponenten aus der partiellen Ableitung nach x und y bestehen. Er beschreibt die Neigung der Tangentialebene im Punkte (x_0, y_0)! Da dieser Vektor den Grad der Steigung der Funktion angibt, nennt man ihn den *Gradienten.*

Definition: (Gradient)
Der Vektor

$$\operatorname{grad}(f)|_{(x_0,y_0)} := \begin{pmatrix} \frac{\partial f}{\partial x} \\ \frac{\partial f}{\partial y} \end{pmatrix}(x_0, y_0) := \begin{pmatrix} \frac{\partial f}{\partial x}(x_0, y_0) \\ \frac{\partial f}{\partial y}(x_0, y_0) \end{pmatrix}$$

heißt der **Gradient von** f *an der Stelle* (x_0, y_0). *Für den Gradienten wird oft der sog. Nabla-Operator* ∇ *verwendet:*

$$\nabla := \begin{pmatrix} \partial_x \\ \partial_y \end{pmatrix} \Rightarrow \quad \operatorname{grad} f = \nabla f = \begin{pmatrix} \partial_x f \\ \partial_y f \end{pmatrix}.$$

Beispiele 10.18 (Mit Maple-Worksheet):

① Gesucht ist der Gradient der Funktion $f = \sqrt{x^2 + y^2 + 1}$:

$$\operatorname{grad} f = \begin{pmatrix} \frac{\partial f}{\partial x} \\ \frac{\partial f}{\partial y} \end{pmatrix} = \begin{pmatrix} \frac{x}{\sqrt{x^2+y^2+1}} \\ \frac{y}{\sqrt{x^2+y^2+1}} \end{pmatrix}.$$

Stellt man dieses Ergebnis in Form einer Vektorgraphik dar, erhält man die zweidimensionale Darstellung:

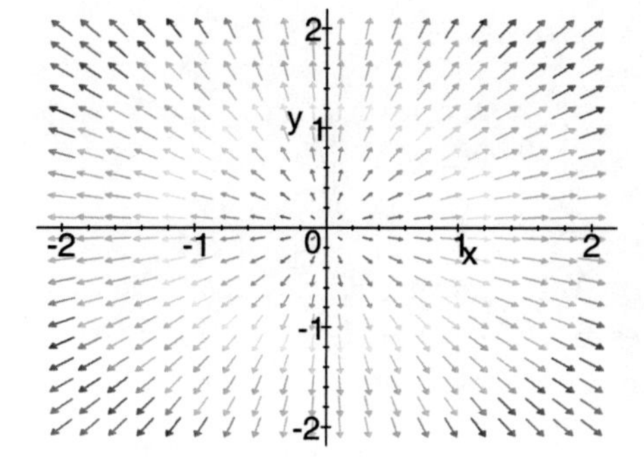

Abb. 10.17. Zweidimensionale Darstellung des Gradienten einer Funktion $f(x, y)$

② Gesucht ist der Gradient der Funktion $f = \sqrt{x^2 + y^2 + z^2 + 1}$:

$$\operatorname{grad} f = \begin{pmatrix} \frac{\partial f}{\partial x} \\ \frac{\partial f}{\partial y} \\ \frac{\partial f}{\partial z} \end{pmatrix} = \begin{pmatrix} \frac{x}{\sqrt{x^2 + y^2 + z^2 + 1}} \\ \frac{y}{\sqrt{x^2 + y^2 + z^2 + 1}} \\ \frac{z}{\sqrt{x^2 + y^2 + z^2 + 1}} \end{pmatrix}.$$

Stellt man dieses Ergebnis in Form einer Vektorgraphik dar, erhält man die dreidimensionale Darstellung:

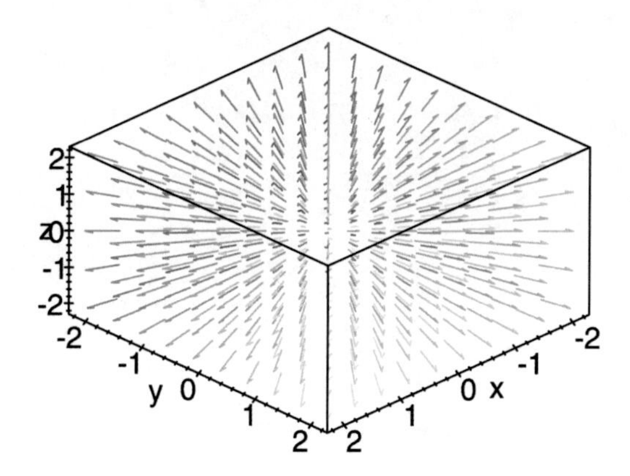

Abb. 10.18. Dreidimensionale Darstellung des Gradienten einer Funktion $f(x, y, z)$

Anwendungsbeispiel 10.19 (Elektrisches Feld einer Punktladung).

Gegeben ist eine Punktladung q an der Stelle $\vec{r}_0 = (x_0, y_0, z_0)$. Gesucht ist das Potenzial $\Phi(\vec{r})$ und das elektrische Feld $\vec{E}(\vec{r})$ in einem beliebigen Punkt des Raumes $\vec{r} = (x, y, z)$. Das durch die Punktladung induzierte Potenzial ist

$$\Phi(\vec{r}) = \frac{1}{4\pi\,\varepsilon_0} \frac{q}{|\vec{r} - \vec{r}_0|} = \frac{1}{4\pi\,\varepsilon_0} \frac{q}{\sqrt{(x - x_0)^2 + (y - y_0)^2 + (z - z_0)^2}}$$

und das zugehörige elektrische Feld ist definiert durch

$$\vec{E}\,(\vec{r}) := -\ \text{grad}\ \Phi\,(\vec{r}) = -\begin{pmatrix} \partial_x\,\Phi(x,y,z) \\ \partial_y\,\Phi(x,y,z) \\ \partial_z\,\Phi(x,y,z) \end{pmatrix}.$$

Um Missverständnisse mit den partiellen Ableitungen von $\vec{E}$ auszuschließen, wird im Folgenden die x-Komponente des elektrischen Feldes statt E_x mit E_1, die y-Komponente statt E_y mit E_2 und die z-Komponente statt E_z mit E_3 bezeichnet:

$$\begin{aligned} E_1\,(x,\,y,\,z) &= -\partial_x\,\Phi\,(x,\,y,\,z) \\ &= -\partial_x \frac{q}{4\pi\,\varepsilon_0}\left((x-x_0)^2+(y-y_0)^2+(z-z_0)^2\right)^{-\frac{1}{2}} \\ &= \frac{1}{4\pi\,\varepsilon_0}\,\frac{q}{\sqrt{(x-x_0)^2+(y-y_0)^2+(z-z_0)^2}^{\,3}}\,(x-x_0) \\ &= \frac{1}{4\pi\,\varepsilon_0}\,\frac{q}{|\vec{r}-\vec{r}_0|^3}\,(x-x_0) \end{aligned}$$

Analog berechnen sich

$$E_2\,(x,\,y,\,z) = -\partial_y\,\Phi\,(x,\,y,\,z) = \frac{1}{4\pi\,\varepsilon_0}\,\frac{q}{|\vec{r}-\vec{r}_0|^3}\,(y-y_0)$$

$$E_3\,(x,\,y,\,z) = -\partial_z\,\Phi\,(x,\,y,\,z) = \frac{1}{4\pi\,\varepsilon_0}\,\frac{q}{|\vec{r}-\vec{r}_0|^3}\,(z-z_0)$$

$$\Rightarrow \vec{E}\,(\vec{r}) = \frac{1}{4\pi\,\varepsilon_0}\,\frac{q}{|\vec{r}-\vec{r}_0|^3}\begin{pmatrix} x-x_0 \\ y-y_0 \\ z-z_0 \end{pmatrix} = \frac{1}{4\pi\,\varepsilon_0}\,\frac{q}{|\vec{r}-\vec{r}_0|^3}\,(\vec{r}-\vec{r}_0)\,.$$

Man nennt $\vec{E}\,(\vec{r})$ auch ein *Vektorfeld.* □

Die Richtungsableitung

In Abb. 10.19 sind für das Zwei-Elektroden-System eines elektrostatischen Problems Äquipotenziallinien schematisch gezeichnet.

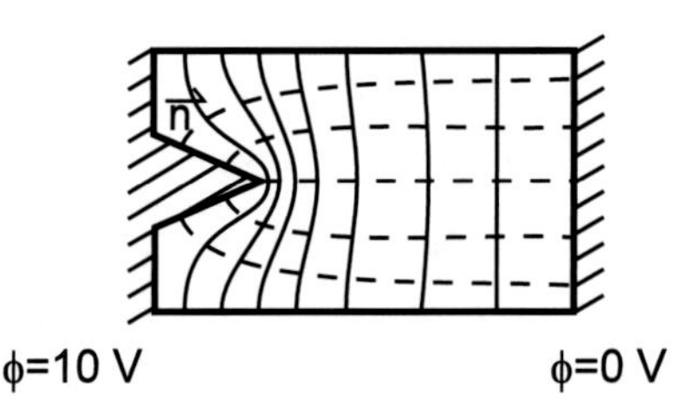

Abb. 10.19. Qualitativer Potenzialverlauf für ein Zwei-Elektroden-System

Der **Gradient** von Φ **steht senkrecht zu den Äquipotenziallinien**; der Betrag ist ein Maß für die Dichte der Potenziallinien: An Stellen mit hoher Dichte (nahe der Kante) stellt sich ein hohes elektrisches Feld ein, an Stellen mit geringer Dichte (rechte Elektrode) ein kleines Feld. Wird das elektrische Feld z.B. auf der Elektrodenoberfläche gesucht, so ist nicht die Ableitung von Φ in Richtung x oder y gesucht, sondern die Ableitung von Φ in eine vorgegebene Richtung $\vec{n}$. Dies führt auf den Begriff der *Richtungsableitung*:

Gegeben ist eine Funktion f, gesucht ist die Änderung der Funktion in Richtung $\vec{n}$, wenn $\vec{n}$ der Richtungs-Einheitsvektor ist. Zur Bestimmung der Richtungsableitung projiziert man den Gradienten in Richtung des Vektors $\vec{n}$.

Nach Kapitel 2.2.2 (Band 1) gilt für die Projektion eines Vektors $\vec{b}$ in Richtung $\vec{a}$ die Formel

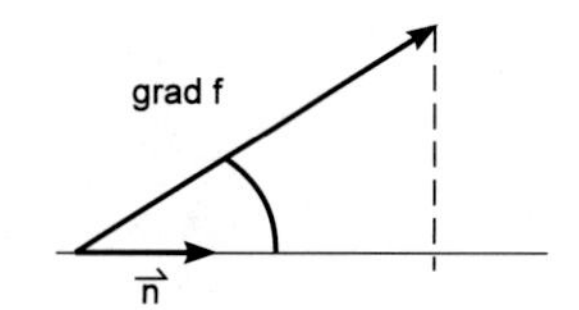

$$\vec{b}_a = \frac{\vec{a} \cdot \vec{b}}{|\vec{a}|^2} \cdot \vec{a} \, ,$$

wenn $\vec{a} \cdot \vec{b}$ das Skalarprodukt und $|\vec{a}|$ der Betrag des Vektors $\vec{a}$ ist. Für den Fall, dass $\vec{a}$ ein Einheitsvektor ist (d.h. $|\vec{a}| = 1$), gilt für den Betrag von $\vec{b}_a$

$$\left|\vec{b}_a\right| = b_a = \vec{a} \cdot \vec{b}.$$

Übertragen auf unser Problem der Ableitung in Richtung $\vec{n}$ bedeutet dies:

Definition: (Richtungsableitung). *Die Ableitung einer Funktion $f(x, y)$ mit zwei Variablen in Richtung des Einheitsvektors $\vec{n} = \begin{pmatrix} n_1 \\ n_2 \end{pmatrix}$ ist gegeben durch*

$$\begin{aligned} \frac{\partial f}{\partial \vec{n}} &:= \vec{n} \cdot \operatorname{grad}(f) \\ &= \begin{pmatrix} n_1 \\ n_2 \end{pmatrix} \cdot \begin{pmatrix} \partial_x f(x,y) \\ \partial_y f(x,y) \end{pmatrix} = n_1 \, \partial_x f(x,y) + n_2 \, \partial_y f(x,y). \end{aligned}$$

Sie heißt **Richtungsableitung von f in Richtung $\vec{n}$.**
Notation: $\partial_{\vec{n}} f \, , \quad \frac{\partial}{\partial \vec{n}} f \, , \quad D_{\vec{n}} f.$

⚠ **Achtung:** Im Gegensatz zum Gradienten stellt die Richtungsableitung keinen Vektor, sondern eine skalare Größe dar. Die partiellen Ableitungen nach x und y sind Spezialfälle der Richtungsableitung.

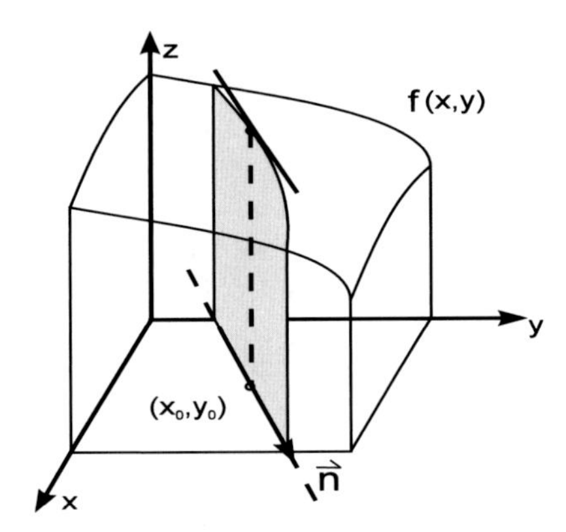

Abb. 10.20. Richtungsableitung

Spezialfälle:

Für $\vec{n} = \begin{pmatrix} 1 \\ 0 \end{pmatrix}$ ist $\partial_{\vec{n}} f = \frac{\partial f}{\partial x}$ die partielle Ableitung nach x.

Für $\vec{n} = \begin{pmatrix} 0 \\ 1 \end{pmatrix}$ ist $\partial_{\vec{n}} f = \frac{\partial f}{\partial y}$ die partielle Ableitung nach y.

Die Richtungsableitung von f in Richtung $\vec{n}$ ist also die Projektion des Gradienten $grad\, f$ auf die Gerade mit Richtung $\vec{n}$. Folglich gilt:

Richtungsableitung

(1) Die Richtungsableitung ist am größten, wenn die Richtung $\vec{n}$ parallel zum Gradienten ist.

(2) Die Richtungsableitung ist Null, wenn $\vec{n}$ senkrecht zum Gradienten $grad\, f$ steht.

(3) Der Gradientenvektor $grad\, f$ zeigt in Richtung des stärksten Anstiegs bzw. Abfalls der Funktion $f(x, y)$. Sein Betrag gibt die Größe der Steigung bzw. des Abfalls an.

Beispiele 10.20 (Richtungsableitung, mit MAPLE-Worksheet):

① Gegeben ist die Funktion $f(x, y) = \sqrt{x^2 + y^2}$. Gesucht ist die Ableitung von f in Richtung $\vec{n} = \frac{1}{\sqrt{2}} \begin{pmatrix} 1 \\ 1 \end{pmatrix}$:

Die partiellen Ableitungen von f nach x und y sind

$$f_x = \frac{x}{\sqrt{x^2 + y^2}}, \quad f_y = \frac{y}{\sqrt{x^2 + y^2}}.$$

Damit bestimmt sich die Richtungsableitung in Richtung $\vec{n}$ zu

$$\frac{\partial f}{\partial \vec{n}} = \vec{n} \cdot \text{ grad } f = \frac{1}{\sqrt{2}} \begin{pmatrix} 1 \\ 1 \end{pmatrix} \frac{1}{\sqrt{x^2+y^2}} \begin{pmatrix} x \\ y \end{pmatrix} = \frac{1}{\sqrt{2}} \frac{x+y}{\sqrt{x^2+y^2}}.$$

② $f(x, y) = x \cdot y$. Gesucht ist die Ableitung von f in Richtung $\vec{a} = \begin{pmatrix} 1 \\ 2 \end{pmatrix}$.
Die partiellen Ableitungen sind

$$f_x = y, \qquad f_y = x.$$

Der zum Vektor $\vec{a} = \begin{pmatrix} 1 \\ 2 \end{pmatrix}$ gehörende Einheitsvektor ist

$$\vec{n} = \frac{1}{|\vec{a}|} \vec{a} = \frac{1}{\sqrt{5}} \begin{pmatrix} 1 \\ 2 \end{pmatrix}.$$

$$\Rightarrow \frac{\partial f}{\partial \vec{n}} = \frac{1}{\sqrt{5}} \begin{pmatrix} 1 \\ 2 \end{pmatrix} \begin{pmatrix} y \\ x \end{pmatrix} = \frac{1}{\sqrt{5}} (2x + y). \qquad \square$$

Bemerkung: Die Richtungsableitung von f in Richtung des Einheitsvektors $\vec{n} = \begin{pmatrix} n_1 \\ n_2 \end{pmatrix}$ im Punkte (x_0, y_0) wird oftmals auch in der äquivalenten Darstellung

$$\frac{\partial f}{\partial \vec{n}} = \lim_{h \to 0} \frac{f(x_0 + h\, n_1, y_0 + h\, n_2) - f(x_0, y_0)}{h}$$

definiert. Dieser Grenzwert spiegelt die Ableitung entlang der Geraden

$$\begin{pmatrix} x_0 + h\, n_1 \\ y_0 + h\, n_2 \end{pmatrix} = \begin{pmatrix} x_0 \\ y_0 \end{pmatrix} + h \begin{pmatrix} n_1 \\ n_2 \end{pmatrix}$$

wider. Diese Gerade ist in der Punkt-Richtungs-Darstellung durch den Punkt $\begin{pmatrix} x_0 \\ y_0 \end{pmatrix}$ und die Richtung $\vec{n} = \begin{pmatrix} n_1 \\ n_2 \end{pmatrix}$ festgelegt.

10.3.4 Der Taylorsche Satz

Eine wesentliche Eigenschaft von differenzierbaren Funktionen einer Variablen besteht darin, dass sie in der Umgebung eines Punktes näherungsweise durch Polynome ersetzt werden können. Dies ist auch im mehrdimensionalen Fall möglich. Wir werden den Taylorschen Satz nicht beweisen, stattdessen geben wir eine Plausibilitätsüberlegung für die Taylorsche Formel für Funktionen mit zwei Variablen an:

Für eine $(m+1)$-mal stetig differenzierbare Funktion $f(x)$ gilt nach der Taylorschen Formel aus Kapitel 9.3 am Entwicklungspunkt $x_0 \in \mathbb{D}$

$$f(x) = f(x_0) + (x - x_0)\, f'(x_0) + \tfrac{1}{2}\,(x - x_0)^2\, f''(x_0) + \ldots +$$

$$+ \tfrac{1}{m!}\,(x - x_0)^m\, f^{(m)}(x_0) + R_m(x) \ ,$$

wenn die Differenz zwischen dem Polynom und der Funktion durch das Restglied

$$R_m(x) = \tfrac{1}{(m+1)!}\, f^{(m+1)}(\xi)\,(x - x_0)^{m+1}$$

mit einem nicht näher bekannten Wert ξ, der zwischen x und x_0 liegt, bestimmt ist. In modifizierter Schreibweise lautet die Entwicklung

$$\begin{aligned} f(x) &= f(x_0) + (x - x_0)\,\frac{d}{dx} f\Big|_{x_0} + \tfrac{1}{2!}\,(x - x_0)^2 \left(\frac{d}{dx}\right)^2 f\Big|_{x_0} + \ldots \\ &\qquad + \tfrac{1}{m!}\,(x - x_0)^m \left(\frac{d}{dx}\right)^m f\Big|_{x_0} + R_m(x) \\ &= \sum_{n=0}^{m} \frac{1}{n!} \left[(x - x_0)\,\frac{d}{dx}\right]^n f\Big|_{x_0} + R_m(x). \qquad (*) \end{aligned}$$

In dieser Formel ersetzen wir $\left[(x - x_0)\,\frac{d}{dx}\right]^n$ durch die entsprechenden partiellen Ableitungen gemäß

$$(x - x_0)\,\frac{d}{dx} \quad \to \quad (x - x_0)\,\frac{\partial}{\partial x} + (y - y_0)\,\frac{\partial}{\partial y}$$

$$\left[(x - x_0)\,\frac{d}{dx}\right]^n \quad \to \quad \left[(x - x_0)\,\frac{\partial}{\partial x} + (y - y_0)\,\frac{\partial}{\partial y}\right]^n .$$

Nach der Binomischen Formel (Band 1, Kapitel 1.2.5) ist

$$(a + b)^n = \sum_{k=0}^{n} \binom{n}{k}\, a^{n-k}\, b^k \ ,$$

so dass mit den Binomialkoeffizienten $\binom{n}{k} = \dfrac{n!}{(n-k)!\,k!}$ folgt

$$\left[(x - x_0)\,\frac{d}{dx}\right]^n \to \sum_{k=0}^{n} \binom{n}{k}\,(x - x_0)^{n-k} \left(\frac{\partial}{\partial x}\right)^{n-k} (y - y_0)^k \left(\frac{\partial}{\partial y}\right)^k$$

bzw.

$$\left[(x-x_0)\,\frac{d}{dx}\right]^n \to \sum_{k=0}^{n}\binom{n}{k}\underbrace{(x-x_0)^{n-k}\,(y-y_0)^k}_{\text{Polynom vom Grad } n}\underbrace{\left(\frac{\partial}{\partial x}\right)^{n-k}\left(\frac{\partial}{\partial y}\right)^k}_{\substack{\text{partielle Ableitung}\\ \text{der Ordnung } n}}.$$

In die Taylorsche Formel (∗) eingesetzt, folgt

Satz von Taylor für Funktionen mit zwei Variablen

Sei $f(x,\,y)$ eine $(m+1)$-mal stetig partiell differenzierbare Funktion und $(x_0,\,y_0)\in\mathbb{D}$ der Entwicklungspunkt. Für $(x,\,y)\in\mathbb{D}$ gilt

$$\begin{aligned} f(x,\,y) &= \sum_{n=0}^{m}\frac{1}{n!}\left[(x-x_0)\,\frac{\partial}{\partial x}+(y-y_0)\,\frac{\partial}{\partial y}\right]^n f\Big|_{(x_0,\,y_0)} + R_m \\ &= \sum_{n=0}^{m}\frac{1}{n!}\sum_{k=0}^{n}\binom{n}{k}(x-x_0)^{n-k}\,(y-y_0)^k\cdot \\ &\qquad f\underbrace{{}_{x\dots x}}_{n-k\,\text{-}}\underbrace{{}_{y\dots y}}_{k\,\text{-mal}}(x_0,\,y_0)+R_m \end{aligned}$$

mit dem Restglied

$$R_m=\frac{1}{(m+1)!}\sum_{k=0}^{m+1}\binom{m+1}{k}(x-x_0)^{m+1-k}\,(y-y_0)^k\,f\underbrace{{}_{x\dots x}}_{m+1-k}\underbrace{{}_{y\dots y}}_{k\,\text{-mal}}(\xi,\,\eta),$$

wobei $(\xi,\,\eta)$ ein nicht näher bekannter Punkt auf der Verbindungsgeraden von $(x_0,\,y_0)$ und $(x,\,y)$, die ganz in $\mathbb{D}$ liegen soll.

Bemerkungen:

(1) Wenn $(x,\,y)$ hinreichend nahe bei $(x_0,\,y_0)$ liegt, dann ist i.A. die Verbindungsgerade zwischen diesen Punkten ebenfalls in $\mathbb{D}$ enthalten.

(2) Die Formel

$$\left[(x-x_0)\,\frac{\partial}{\partial x}+(y-y_0)\,\frac{\partial}{\partial y}\right]^n f\Big|_{(x_0,\,y_0)}$$

ist folgendermaßen zu interpretieren: Man multipliziere entsprechend der Potenz n die Summe aus, wende alle Ableitungen auf f an, werte diese Ableitungen an der Stelle $(x_0,\,y_0)$ aus und multipliziere mit dem Polynom $(x-x_0)^i\,(y-y_0)^j$, wenn i die Ordnung der Ableitung $\frac{\partial}{\partial x}$ und j die Ordnung der Ableitung $\frac{\partial}{\partial y}$ repräsentiert $(i+j=n)$.

(3) **Satz von Taylor für Funktionen mit k Variablen:** Analog zu der Herleitung der Taylorschen Formel für eine Funktion mit zwei Variablen erhält man für eine Funktion f mit k Variablen $(x_1, ..., x_k)$ die Formel

$$f(x_1, ..., x_k) = \sum_{n=0}^{m} \frac{1}{n!} \left[\left(x_1 - x_1^{(0)}\right) \frac{\partial}{\partial x_1} + \ldots + \left(x_k - x_k^{(0)}\right) \frac{\partial}{\partial x_k} \right]^n f|_{\left(x_1^{(0)}, ..., x_k^{(0)}\right)} + R_m(x_1, ..., x_k)$$

mit dem Entwicklungspunkt $(x_1^{(0)}, ..., x_k^{(0)})$ und dem Restglied R_m, das sich analog zum Restglied einer Funktion mit zwei Variablen berechnet.

Zur Verdeutlichung der Taylorschen Formel für eine Funktion $f(x, y)$ betrachten wir die Spezialfälle $n = 0, 1, 2$:

n = 0: Mittelwert

$$\begin{aligned} f(x, y) &= \sum_{n=0}^{0} \frac{1}{n!} \left[(x - x_0) \frac{\partial}{\partial x} + (y - y_0) \frac{\partial}{\partial y} \right]^n f\Big|_{(x_0, y_0)} + R_0(x, y) \\ &= f(x_0, y_0) + R_0(x, y). \end{aligned}$$

Dies ist der **Mittelwert einer Funktion mit mehreren Variablen**.

n = 1: Linearisierung

$$f(x, y) = \sum_{n=0}^{1} \frac{1}{n!} \left[(x - x_0) \frac{\partial}{\partial x} + (y - y_0) \frac{\partial}{\partial y} \right]^n f\Big|_{(x_0, y_0)} + R_1(x, y)$$

$$f(x, y) = f(x_0, y_0) + (x - x_0)\, f_x(x_0, y_0) + (y - y_0)\, f_y(x_0, y_0) + R_1(x, y)$$

Diese Formel wird zur **Linearisierung von Funktionen** verwendet, indem $f(x, y)$ durch das Polynom auf der rechten Seite ersetzt wird.

n = 2: Quadratische Näherung

$$\begin{aligned} f(x, y) &= \sum_{n=0}^{2} \frac{1}{n!} \left[(x - x_0) \frac{\partial}{\partial x} + (y - y_0) \frac{\partial}{\partial y} \right]^n f\Big|_{(x_0, y_0)} + R_2(x, y) \\ &= f(x_0, y_0) + (x - x_0)\, f_x(x_0, y_0) + (y - y_0)\, f_y(x_0, y_0) \\ &\quad + \frac{1}{2!} \left[(x - x_0)^2 \frac{\partial^2}{\partial x^2} + 2\,(x - x_0)\,(y - y_0) \frac{\partial}{\partial x} \frac{\partial}{\partial y} \right. \\ &\quad \left. + (y - y_0)^2 \frac{\partial^2}{\partial y^2} \right] f\Big|_{(x_0, y_0)} + R_2(x, y) \end{aligned}$$

$$f(x, y) = f(x_0, y_0) + (x - x_0)\, f_x(x_0, y_0) + (y - y_0)\, f_y(x_0, y_0)$$

$$+\frac{1}{2}\left((x-x_0)^2 f_{xx}(x_0, y_0) + 2(x-x_0)(y-y_0) f_{xy}(x_0, y_0) + (y-y_0)^2 f_{yy}(x_0, y_0)\right) + R_2(x, y)$$

Bemerkung: Führen wir den Richtungsvektor $\vec{n} = \begin{pmatrix} x-x_0 \\ y-y_0 \end{pmatrix}$ ein und definieren die *Hesse-Matrix*

$$H := \begin{pmatrix} f_{xx}(x_0, y_0) & f_{xy}(x_0, y_0) \\ f_{xy}(x_0, y_0) & f_{yy}(x_0, y_0) \end{pmatrix},$$

kann man die Formel für die quadratische Näherung schreiben in der Form

$$f(x, y) - f(x_0, y_0) = \vec{n} \cdot \operatorname{grad}(f)\Big|_{(x_0, y_0)} + \frac{1}{2}\, \vec{n}^{\,t}\, H\, \vec{n} + R_2(x, y).$$

Diese Darstellung einer Funktion werden wir in den Abschnitten 10.4.3 und besonders in 10.4.4 anwenden, um lokale Extremwerte von Funktionen mit mehreren Variablen zu identifizieren.

Beispiel 10.21 (Taylor-Polynom): Man berechne für die Funktion

$$f(x, y) = \sin\left(x^2 + 2y\right)$$

an der Stelle $(x_0, y_0) = \left(0, \frac{\pi}{4}\right)$ das Taylor-Polynom bis zur Ordnung 2.

(1) Die partiellen Ableitungen bis zur Ordnung 2 lauten

$$f(x,y) = \sin\left(x^2 + 2y\right) \qquad f\left(0, \tfrac{\pi}{4}\right) = 1$$

$$\begin{aligned} f_x(x,y) &= 2x\cos\left(x^2+2y\right) & f_x\left(0, \tfrac{\pi}{4}\right) &= 0 \\ f_y(x, y) &= 2\cos\left(x^2+2y\right) & f_y\left(0, \tfrac{\pi}{4}\right) &= 0 \end{aligned}$$

$$\begin{aligned} f_{xx}(x, y) &= -4x^2\sin\left(x^2+2y\right) + 2\cos\left(x^2+2y\right) & f_{xx}\left(0, \tfrac{\pi}{4}\right) &= 0 \\ f_{yy}(x, y) &= -4\sin\left(x^2+2y\right) & f_{yy}\left(0, \tfrac{\pi}{4}\right) &= -4 \\ f_{xy}(x, y) &= -4x\sin\left(x^2+2y\right) & f_{xy}\left(0, \tfrac{\pi}{4}\right) &= 0. \end{aligned}$$

In die Formel für das Taylor-Polynom bis zur Ordnung 2 eingesetzt folgt

$$\begin{aligned} f(x, y) &= 1 + \frac{1}{2}(y-y_0)^2 \cdot (-4) + R_2(x,y) \\ &= 1 - 2\left(y - \frac{\pi}{4}\right)^2 + R_2(x, y). \end{aligned}$$

(2) Berechnung des Restgliedes $R_2(x, y)$: Das Restglied lautet mit einem nicht näher bekannten Punkt (ξ, η) auf der Verbindungsgeraden von (x, y) und $\left(0, \frac{\pi}{4}\right)$

$$R_2(x, y) = \frac{1}{3!}\left\{f_{xxx}(\xi, \eta)(x-x_0)^3 + 3 f_{xxy}(\xi, \eta)(x-x_0)^2 (y-y_0)\right.$$

$$+3\, f_{xyy}(\xi,\,\eta)\,(x-x_0)\,(y-y_0)^2 + f_{yyy}(\xi,\,\eta)\,(y-y_0)^3$$

Zur Abschätzung von $R_2(x,\,y)$ bestimmen wir die partiellen Ableitungen 3. Ordnung

$$\begin{aligned} f_{xxx}(x,\,y) &= -12\,x\,\sin\left(x^2+2\,y\right) - 8\,x^3\cos\left(x^2+2\,y\right) \\ f_{xxy}(x,\,y) &= -8\,x^2\,\cos\left(x^2+2\,y\right) - 4\,\sin\left(x^2+2\,y\right) \\ f_{xyy}(x,\,y) &= -8\,x\,\cos\left(x^2+2\,y\right) \\ f_{yyy}(x,\,y) &= -8\,\cos\left(x^2+2\,y\right). \end{aligned}$$

Sei $\xi \in [0,\,x]$ und $\eta \in \left[\frac{\pi}{4},\,y\right]$ beliebig. Wenn man von $x>0$ und $y>\frac{\pi}{4}$ ausgeht, dann gelten die Abschätzungen

$$\begin{array}{lclcl} |f_{xxx}(\xi,\,\eta)| & \leq & 12\,\xi + 8\,\xi^3 & \leq & 12\,x + 8\,x^3 \\ |f_{xxy}(\xi,\,\eta)| & \leq & 8\,\xi^2+4 & \leq & 8\,x^2+4 \\ |f_{xyy}(\xi,\,\eta)| & \leq & 8\,\xi & \leq & 8\,x \\ |f_{yyy}(\xi,\,\eta)| & \leq & 8. & & \end{array}$$

Daher erhalten wir eine obere Schranke für $R_2(x,\,y)$:

$$\begin{aligned} \Rightarrow |R_2(x,\,y)| \;\leq\;& \tfrac{1}{3!}\left\{|f_{xxx}(\xi,\,\eta)|\,x^3 + 3\,|f_{xxy}(\xi,\,\eta)|\,x^2\left(y-\tfrac{\pi}{4}\right)\right. \\ & \left. +3\,|f_{xyy}(\xi,\,\eta)|\,x\left(y-\tfrac{\pi}{4}\right)^2 + |f_{yyy}(\xi,\,\eta)|\left(y-\tfrac{\pi}{4}\right)^3\right\} \\ \leq\;& \tfrac{1}{6}\left\{4\,x^4\left(2\,x^2+3\right) + 12\,x^2\left(y-\tfrac{\pi}{4}\right)\left(2\,x^2+1\right)\right. \\ & \left. +24\,x^2\left(y-\tfrac{\pi}{4}\right)^2 + 8\left(y-\tfrac{\pi}{4}\right)^3\right\}. \end{aligned}$$

(3) Zahlenbeispiel: $(x,\,y) = \left(0.05,\,\frac{\pi}{4}+0.05\right)$

$$\begin{array}{rcll} f\left(0.05,\,\frac{\pi}{4}+0.05\right) & = & 0.99475 & \text{(Exakter Wert)} \\ f_T\left(0.05,\,\frac{\pi}{4}+0.05\right) & = & 0.995 & \text{(Taylor-Polynom)} \\ R_2\left(0.05,\,\frac{\pi}{4}+0.05\right) & \leq & 0.000455 & \text{(Abgeschätzter Fehler)} \end{array}$$

□

Visualisierung: Diese Visualisierung stellt eine Funktion von zwei Variablen zusammen mit ihrer Taylor-Entwicklung mit wachsender Ordnung graphisch in einer dreidimensionalen Animation dar.

Anwendung: Der Entwicklungspunkt $(x_0,\,y_0)$ wird festgehalten und $(x,\,y)$ ist ein beliebiger Punkt in der Nähe von $(x_0,\,y_0)$. Aus den Spezialfällen für $n=1$ und $n=2$ ergeben sich wichtige *Näherungsausdrücke*.

(1) **Linearisierung:**

$$f(x,\,y) \approx f(x_0,\,y_0) + (x-x_0)\,f_x(x_0,\,y_0) + (y-y_0)\,f_y(x_0,\,y_0).$$

Die rechte Seite ist eine lineare Funktion in den Variablen x und y. Das Schaubild dieser linearen Funktion stellt eine Ebene im dreidimensionalen Raum dar, die mit f den gemeinsamen Punkt $(x_0, y_0, f(x_0, y_0))$ hat und den Graphen von f dort berührt. Man nennt diese Ebene die sog. *Tangentialebene* an den Graphen von f im Punkte (x_0, y_0) (siehe totale Differenzierbarkeit 10.3.2).

(2) **Quadratische Näherung:**

$$\begin{aligned} f(x, y) \approx f(x_0, y_0) &+ (x - x_0)\, f_x(x_0, y_0) + (y - y_0)\, f_y(x_0, y_0) \\ &+ \tfrac{1}{2}\,(x - x_0)^2\, f_{xx}(x_0, y_0) + (x - x_0)\,(y - y_0)\, f_{xy}(x_0, y_0) \\ &+ \tfrac{1}{2}\,(y - y_0)^2\, f_{yy}(x_0, y_0)\,. \end{aligned}$$

Die rechte Seite ist eine quadratische Funktion in den Variablen x und y. Im Allgemeinen ist die quadratische Näherung für Funktionen besser als die lineare Näherung: Der Graph von f wird nicht durch eine Ebene, sondern durch eine gekrümmte Fläche angenähert, die zusätzlich die gleiche "Krümmung" wie die Funktion im Punkte (x_0, y_0) besitzt.

Beispiel 10.22. Für die Funktion

$$f(x, y) = x\,\cos(x + y) + (y - 1)^2\, e^{-x^2}$$

lautet die lineare Näherung am Entwicklungspunkt $(x_0, y_0) = (0, 0)$

$$f(x, y) \approx 1 + x - 2\,y$$

und die quadratische

$$f(x, y) \approx 1 + x - 2\,y - x^2 + y^2. \qquad \square$$

Anwendungsbeispiel 10.23 (Schwingungsdauer eines Pendels).

Die Schwingungsdauer eines Pendels der Länge l beträgt

$$T = 2\pi\sqrt{\frac{l}{g}}$$

$(g = 9.81\,\frac{m}{s^2})$. Gesucht ist ein linearer Ausdruck in g und l, der eine gute Näherung für T darstellt, wenn l nur wenig von $1\,m$ und g nur wenig von $9.81\,\frac{m}{s^2}$ abweicht:

$$\frac{\partial T}{\partial l} = \frac{\pi}{\sqrt{l\,g}}; \qquad \frac{\partial T}{\partial g} = -\pi\sqrt{\frac{l}{g^3}}$$

$$\begin{aligned} T &\approx T(l_0, g_0) + \frac{\partial T}{\partial l}(l_0, g_0)\cdot(l - l_0) + \frac{\partial T}{\partial g}(l_0, g_0)\cdot(g - g_0) \\ &\approx\ 2.006\,s\ +\ 1.0030\,(l - 1)\,s\ -\ 0.1022\,(g - 9.81)\,s. \qquad \square \end{aligned}$$

10.3.5 Kettenregeln

Die Kettenregel bei Funktionen einer Variablen erlaubt die Berechnung der Ableitung von verketteten Funktionen. Je nach Verkettung gibt es bei Funktionen von zwei Variablen entsprechende Differenziationsregeln.

1. Kettenregel

Die Bewegung eines Massenpunktes in der (x, y)-Ebene lässt sich durch zwei Funktionen der Zeit t beschreiben: $x(t)$ gibt die x-Koordinate und $y(t)$ die y-Koordinate des Punktes an. Beide Koordinaten liefern den Ortsvektor

$$t \mapsto \vec{r}(t) = \begin{pmatrix} x(t) \\ y(t) \end{pmatrix}.$$

Zum Zeitpunkt t_0 befinde sich der Massenpunkt an der Stelle mit den Koordinaten $(x(t_0), y(t_0))$. Da der bewegte Massenpunkt eine Kurve in der Ebene durchläuft, nennt man diese Zuordnung eine ebene Kurve, im dreidimensionalen Fall eine Raumkurve.

Ferner liege eine Funktion $f(x, y)$ vor, deren Definitionsbereich alle Kurvenpunkte enthält. Dann lässt sich die Funktion F von einer Variablen bilden

$$F: \quad t \mapsto F(t) = f(x(t), y(t)).$$

Wie berechnet sich die Ableitung von F aus den Ableitungen von $x'(t)$ und $y'(t)$? Die Antwort gibt die erste Kettenregel

1. Kettenregel

Sind $x(t)$ und $y(t)$ differenzierbare Funktionen einer Variablen und $f(x, y)$ eine stetig partiell differenzierbare Funktion, welche $(x(t), y(t))$ im Definitionsbereich enthält. Dann ist die verkettete Funktion

$$\begin{aligned} F: \mathbb{R} &\to \mathbb{R} \\ t &\mapsto F(t) = f(x(t), y(t)) \end{aligned}$$

differenzierbar und es gilt

$$F'(t) = f_x(x(t), y(t)) \cdot x'(t) + f_y(x(t), y(t)) \cdot y'(t)$$

bzw. kurz:

$$\frac{dF}{dt} = \frac{\partial f}{\partial x} \cdot \frac{dx}{dt} + \frac{\partial f}{\partial y} \cdot \frac{dy}{dt}.$$

Anwendungsbeispiel 10.24 (Waagrechter Wurf).

Beim waagrechten Wurf aus der Höhe y_0 sind die Koordinaten des Massenpunktes

$$x(t) = v_x t$$
$$y(t) = y_0 - \tfrac{1}{2} g t^2.$$

Der Abstand d zum Ursprung beträgt

$$d(x, y) = \sqrt{x^2 + y^2}.$$

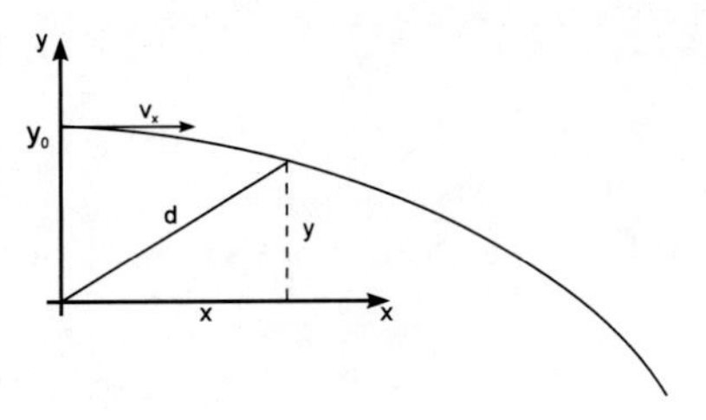

Abb. 10.21. Waagrechter Wurf

Gesucht ist der Zeitpunkt t, bei dem dieser Abstand minimal wird. Zur Bestimmung des Zeitpunktes gehen wir zur Funktion $D(t)$ über

$$D: \quad t \mapsto D(t) = d(x(t), y(t))$$

und bilden

$$\begin{aligned} \frac{dD}{dt} &= \frac{\partial d}{\partial x} \cdot \frac{dx}{dt} + \frac{\partial d}{\partial y} \cdot \frac{dy}{dt} \\ &= \frac{x}{D} v_x + \frac{y}{D} (-g t). \end{aligned}$$

Aus $\frac{dD}{dt} = 0$ folgt $x\, v_x + y\, (-g\, t) = 0$. Setzt man nun die Bewegungsgleichungen und ein, so gilt

$$\begin{aligned} v_x^2 t - g t \left(y_0 - \frac{1}{2} g t^2 \right) &= 0 \\ t^3 + \frac{2}{g^2} \left(v_x^2 - g\, y_0 \right) t &= 0. \end{aligned}$$

$$\Rightarrow t = 0 \quad \text{oder} \quad t = \sqrt{\frac{2\, y_0}{g} - \frac{2\, v_x^2}{g^2}}.$$

□

Beispiel 10.25. $\vec{r}(t) = \begin{pmatrix} x(t) \\ y(t) \end{pmatrix}$ ist eine ebene Raumkurve und $f(x, y)$ eine differenzierbare Funktion.

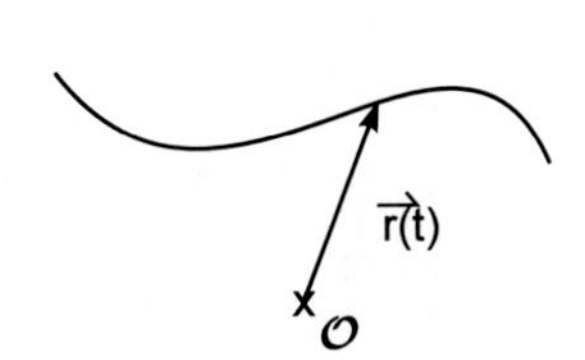

$$F(t) = f(x(t), y(t))$$

beschreibt den Funktionsverlauf von f entlang der Kurve $\vec{r}(t)$ und

$$F'(t) = f_x\, \dot{x} + f_y\, \dot{y} = \vec{r}'(t) \cdot \text{grad}(f)$$

die Änderung der Funktion f entlang der Kurve $\vec{r}$. Ist die Kurve $\vec{r}$ eine Niveaulinie von f (=Äquipotentiallinie, Höhenlinie), dann ändert sich der Funktionswert entlang dieser Niveaulinie nicht. Daher ist $F(t) = const \Rightarrow F'(t) = 0$.

$$\Rightarrow \quad \vec{r}'(t) \perp \operatorname{grad}(f). \qquad \square$$

Hieraus ergibt sich folgende wichtige Folgerung:

Tangentenvektor und Gradient

Der Tangentenvektor $\vec{r}'(t)$ steht senkrecht auf dem Gradienten $\operatorname{grad}(f)$.

2. Kettenregel

Problemstellung: Das elektrische Feld $\vec{E}$ einer Punktladung q in der Ebene ist eine Funktion des Abstandes $\vec{r} = (x, y)$ zur Punktladung. Der Betrag des elektrischen Feldes ist

$$|\vec{E}| = \sqrt{E_1^2(x, y) + E_2^2(x, y)}.$$

Wie ändert sich dieser Betrag, wenn man den Ort x variiert? Gesucht ist die partielle Ableitung von $|\vec{E}|$ nach x. $|\vec{E}|$ entspricht der Verkettung von f mit Funktionen von zwei Variablen.

2. Kettenregel

Seien $u(x, y)$, $v(x, y)$ partiell differenzierbare Funktionen in x und y, $f(u, v)$ eine stetig partiell differenzierbare Funktion in u und v. Dann ist die verkettete Funktion

$$\begin{array}{llll} F: & \mathbb{R}^2 & \rightarrow & \mathbb{R} \\ & (x, y) & \mapsto & F(x, y) \quad := f(u(x, y), v(x, y)) \end{array}$$

nach x und y partiell differenzierbar und für die partiellen Ableitungen gilt

$$F_x(x, y) = f_u(u, v) \cdot u_x(x, y) + f_v(u, v) \cdot v_x(x, y)$$

$$F_y(x, y) = f_u(u, v) \cdot u_y(x, y) + f_v(u, v) \cdot v_y(x, y)$$

bzw. kurz:

$$\begin{aligned} \frac{\partial F}{\partial x} &= \frac{\partial f}{\partial u} \cdot \frac{\partial u}{\partial x} + \frac{\partial f}{\partial v} \cdot \frac{\partial v}{\partial x} \\ \frac{\partial F}{\partial y} &= \frac{\partial f}{\partial u} \cdot \frac{\partial u}{\partial y} + \frac{\partial f}{\partial v} \cdot \frac{\partial v}{\partial y} \end{aligned} \qquad (*)$$

Bemerkung: Führt man die sog. *Funktionalmatrix* bzw. **Jacobi-Matrix**

$$J := \begin{pmatrix} u_x & v_x \\ u_y & v_y \end{pmatrix} = \begin{pmatrix} \frac{\partial u}{\partial x} & \frac{\partial v}{\partial x} \\ \frac{\partial u}{\partial y} & \frac{\partial v}{\partial y} \end{pmatrix}$$

ein, erhält man in der Matrizenschreibweise eine besonders kurze Form von Gleichung (*)

$$\begin{pmatrix} F_x \\ F_y \end{pmatrix} = \begin{pmatrix} u_x & v_x \\ u_y & v_y \end{pmatrix} \begin{pmatrix} f_u \\ f_v \end{pmatrix}.$$

Beispiel 10.26. Wie ändert sich der Betrag

$$\left|\vec{E}\right| = \sqrt{E_1^2(x, y) + E_2^2(x, y)}\,,$$

wenn x variiert?

$$\frac{\partial}{\partial x}\left|\vec{E}\right| = \frac{1}{2}\frac{1}{\sqrt{E_1^2(x, y) + E_2^2(x, y)}}\,2\,E_1(x, y)\cdot\frac{\partial}{\partial x}E_1(x, y) + \frac{1}{2}\frac{1}{\sqrt{E_1^2(x, y) + E_2^2(x, y)}}\,2\,E_2(x, y)\cdot\frac{\partial}{\partial x}E_2(x, y)\,.$$ □

Anwendung: Koordinatentransformation.
Die zweite Kettenregel wendet man häufig in der Situation an, dass die Punkte der Ebene durch zwei Koordinatensysteme (ein (x, y)-System und ein (u, v)-System) beschrieben werden. Ein Punkt mit Koordinaten x und y hat im (u, v)-System die Koordinaten $u(x, y)$ und $v(x, y)$. Eine auf der Ebene definierte Funktion $f(u, v)$ besitzt auf (x, y) bezogen, die Form

$$g(x, y) = f(u(x, y), v(x, y))\,.$$

Beispiel 10.27 (Polarkoordinaten). Durch die Gleichungen

$$x = r\,\cos\varphi$$
$$y = r\,\sin\varphi$$

ist die Transformation zwischen Polar- und kartesischen Koordinaten festgelegt. Ist $f(x, y)$ differenzierbar, dann gilt für die Ableitung der Funktion im Polarkoordinatensystem

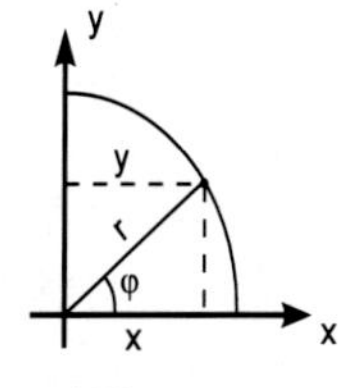

Abb. 10.22.

$$\begin{aligned} g(r, \varphi) &= f(x(r, \varphi), y(r, \varphi)) \\ g_r(r, \varphi) &= f_x\,x_r + f_y\,y_r = f_x\,\cos\varphi + f_y\,\sin\varphi \\ g_\varphi(r, \varphi) &= f_x\,x_\varphi + f_y\,y_\varphi = -f_x\,r\,\sin\varphi + f_y\,r\,\cos\varphi. \end{aligned}$$ □

Zusammenstellung der Kettenregeln

(1) Kettenregel für Funktionen mit einer Variablen

$$\begin{array}{ccccc} \mathbb{R} & \to & \mathbb{R} & \to & \mathbb{R} \\ x & \mapsto & g(x) & \mapsto & f(g(x)) \end{array}$$

$$\boxed{\frac{d}{dx} f(g(x)) = \frac{df}{dg}(g(x)) \cdot \frac{dg}{dx}(x).}$$

(2) Kettenregel 1 für Funktionen mit n Variablen

$$\begin{array}{ccccc} \mathbb{R} & \to & \mathbb{R}^n & \to & \mathbb{R} \\ t & \mapsto & (x_1(t), \ldots, x_n(t)) & \mapsto & f(x_1(t), \ldots, x_n(t)) \end{array}$$

$$\boxed{\frac{d}{dt} f(x_1(t), \ldots, x_n(t)) = \frac{\partial f}{\partial x_1} \frac{dx_1}{dt} + \ldots + \frac{\partial f}{\partial x_n} \frac{dx_n}{dt}.}$$

(3) Kettenregel 2

$$\begin{array}{ccccc} \mathbb{R}^m & \to & \mathbb{R}^n & \to & \mathbb{R} \\ \begin{pmatrix} x_1 \\ \vdots \\ x_m \end{pmatrix} & \mapsto & \begin{pmatrix} u_1(x_1, \ldots, x_m) \\ \vdots \\ u_n(x_1, \ldots, x_m) \end{pmatrix} & \mapsto & f(u_1(\ldots), \ldots, u_n(\ldots)) \end{array}$$

$$\boxed{\begin{array}{ccc} \dfrac{\partial f}{\partial x_1} & = & \dfrac{\partial f}{\partial u_1} \dfrac{\partial u_1}{\partial x_1} + \ldots + \dfrac{\partial f}{\partial u_n} \dfrac{\partial u_n}{\partial x_1} \\ & \vdots & \\ \dfrac{\partial f}{\partial x_m} & = & \dfrac{\partial f}{\partial u_1} \dfrac{\partial u_1}{\partial x_m} + \ldots + \dfrac{\partial f}{\partial u_n} \dfrac{\partial u_n}{\partial x_m} \end{array}}$$

wobei bei $\frac{\partial f}{\partial u_k}$ das Argument $(u_1(x_1, \ldots, x_m), \ldots, u_n(x_1, \ldots, x_m))$ und bei $\frac{\partial u}{\partial x_k}$ das Argument $(x_1, \ldots, x_m)$ zu setzen ist.

(4) Spezialfall der Kettenregel 2:

$$\begin{array}{ccccc} \mathbb{R}^m & \to & \mathbb{R} & \to & \mathbb{R} \\ (x_1, x_2 \ldots, x_m)^t & \mapsto & u(x_1, \ldots, x_m) & \mapsto & f(u(x_1, \ldots, x_m)) \end{array}$$

$$\boxed{\frac{\partial f}{\partial x_1} = \frac{df}{du} \frac{\partial u}{\partial x_1}, \quad \ldots, \quad \frac{\partial f}{\partial x_m} = \frac{df}{du} \frac{\partial u}{\partial x_m}.}$$

10.4 Anwendungen der Differenzialrechnung

Wir werden in diesem Abschnitt einige wichtige Anwendungen der Taylorschen Formel behandeln: Das totale Differenzial als lineare Näherung, die Fehlerrechnung, die Theorie der Maxima und Minima bei Funktionen von zwei Variablen sowie die Bestimmung von Ausgleichungsfunktionen insbesondere der Regressionsgeraden.

10.4.1 Das Differenzial als lineare Näherung

Wir untersuchen das Verhalten der Funktion $z = f(x, y)$ in unmittelbarer Umgebung des Punktes (x_0, y_0), indem wir den Zuwachs der Tangentialebene dz mit dem Zuwachs der Funktion Δz vergleichen.

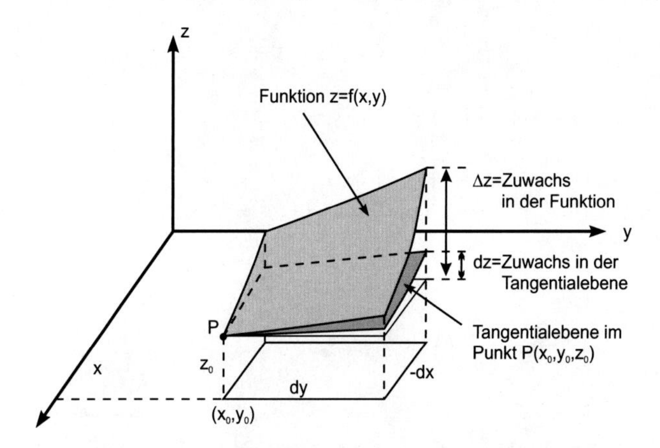

Abb. 10.23. Zum Begriff des vollständigen Differenzials

Die Tangentialebene der Funktion $z = f(x, y)$ ist im Punkte (x_0, y_0) nach Abschnitt 10.3.2 bestimmt durch

$$z_t(x, y) = f(x_0, y_0) + (x - x_0)\, f_x(x_0, y_0) + (y - y_0)\, f_y(x_0, y_0)\,.$$

Im Punkte $(x_0 + dx, y_0 + dy)$ hat die Tangentialebene den Wert

$$z_t(x_0 + dx, y_0 + dy) = f(x_0, y_0) + dx\; f_x(x_0, y_0) + dy\; f_y(x_0, y_0)\,.$$

Die Änderung der Tangentialebene dz ist daher

$$dz = z_t(x_0 + dx, y_0 + dy) - z_t(x_0, y_0) = dx\; f_x(x_0, y_0) + dy\; f_y(x_0, y_0)\;.$$

Wir bezeichnen

dx, dy: *unabhängiges Differenzial*
dz: *abhängiges Differenzial* (= Änderung der Tangentialebene)

und definieren

Definition: (Totales Differenzial einer Funktion mit zwei Variablen). *Das* **totale Differenzial** *einer Funktion $z = f(x, y)$ im Punkte (x_0, y_0) ist*

$$dz := f_x(x_0, y_0)\, dx + f_y(x_0, y_0)\, dy.$$

Es beschreibt die Änderung der Tangentialebene im Punkte (x_0, y_0), wenn man vom Punkt (x_0, y_0) zum Punkt $(x_0 + dx, y_0 + dy)$ übergeht. Statt dz schreibt man auch df.

Beispiel 10.28. Gesucht ist das totale Differenzial der Funktion

$$f(x, y) = x \ln(x + y)$$

im Punkte $(x_0, y_0) = \left(\frac{1}{2}, \frac{1}{2}\right)$.

$$\left.\begin{aligned} \frac{\partial f}{\partial x} &= \ln(x+y) + x \cdot \frac{1}{x+y} \\ \frac{\partial f}{\partial y} &= x \cdot \frac{1}{x+y} \end{aligned}\right\} \quad df = \left(\ln(x+y) + \frac{x}{x+y}\right) dx + \frac{x}{x+y}\, dy.$$

$$\Rightarrow df(x_0, y_0) = \frac{1}{2}\, dx + \frac{1}{2}\, dy. \qquad \square$$

Wir vergleichen die **Änderung der Tangentialebene** dz mit der **Änderung der Funktion** $\triangle z$, indem wir für die Funktion $z = f(x, y)$ linearisieren, d.h. die Taylorsche Formel für $n = 1$ verwenden:

$$f(x, y) - f(x_0, y_0) = (x - x_0)\, f_x(x_0, y_0) + (y - y_0)\, f_y(x_0, y_0) + R_1(x, y).$$

Die Änderung der Funktion $\triangle z$ von (x_0, y_0) nach $(x_0 + dx, y_0 + dy)$ ist

$$\begin{aligned} \triangle z &= f(x, y) - f(x_0, y_0) = f(x_0 + dx, y_0 + dy) - f(x_0, y_0) \\ &= dx\, f_x(x_0, y_0) + dy\, f_y(x_0, y_0) + R_1(x_0 + dx, y_0 + dy) \\ &= dz + R_1(x_0 + dx, y_0 + dy). \end{aligned}$$

Sie stimmt mit der Änderung der Tangentialebene dz

$$dz = dx\, f_x(x_0, y_0) + dy\, f_y(x_0, y_0)$$

bis auf den Term $R_1(x_0 + dx, y_0 + dy)$ überein. Für $(dx, dy) \to (0, 0)$ geht $R_1(x_0 + dx, y_0 + dy) \to R_1(x_0, y_0) = 0$, so dass für kleine dx, dy gilt

$$dz \approx \triangle z. \qquad \square$$

Totales Differenzial von Funktionen mit n Variablen

Der Begriff des totalen Differenzials überträgt sich direkt auf Funktionen mit mehr als zwei Variablen:

Definition: (Totales Differenzial einer Funktion mit n Variablen). *Unter dem* **totalen Differenzial einer Funktion**

$$y = f(x_1, \ldots, x_n)$$

versteht man den Differenzialausdruck

$$\begin{aligned} dy &:= f_{x_1}\, dx_1 + f_{x_2}\, dx_2 + \ldots + f_{x_n}\, dx_n \\ &= \frac{\partial f}{\partial x_1}\, dx_1 + \frac{\partial f}{\partial x_2}\, dx_2 + \ldots + \frac{\partial f}{\partial x_n}\, dx_n. \end{aligned}$$

Bemerkungen:

(1) Statt dy schreibt man auch df.

(2) Das totale Differenzial beschreibt näherungsweise, wie sich der Funktionswert ändert, wenn sich die Variablen geringfügig um $dx_i \quad (i = 1, \ldots, n)$ ändern: $\triangle y \approx dy$.

Beispiele 10.29.

① Gesucht ist das totale Differenzial der Funktion

$$f(x, y, z) = x\, e^{x\,y + 4\,z}$$

im Punkte $(x_0, y_0, z_0) = (1, 0, 1)$:

$$\begin{aligned} \frac{\partial f}{\partial x} &= e^{x\,y+4\,z} + x\, e^{x\,y+4\,z}\, y && \hookrightarrow f_x(1, 0, 1) = e^4 \\ \frac{\partial f}{\partial y} &= x^2\, e^{x\,y+4\,z} && \hookrightarrow f_y(1, 0, 1) = e^4 \\ \frac{\partial f}{\partial z} &= 4\, x\, e^{x\,y+4\,z} && \hookrightarrow f_z(1, 0, 1) = 4\, e^4. \end{aligned}$$

Mit der Formel des totalen Differenzials

$$df = f_x\, dx + f_y\, dy + f_z\, dz$$

erhalten wir für df

$$\begin{aligned} df(x,y,z) &= \left(e^{x\,y+4\,z} + x\, y\, e^{x\,y+4\,z}\right) dx + x^2\, e^{x\,y+4\,z}\, dy + 4\, x\, e^{x\,y+4\,z}\, dz \\ df(1,0,1) &= e^4\, dx + e^4\, dy + 4\, e^4\, dz. \end{aligned}$$

② Ein ideales Gas genügt für 1 Mol der *Zustandsgleichung*

$$p\,(V,\,T) = R \cdot \frac{T}{V}.$$

Das totale Differenzial dieser Funktion lautet

$$dp = \frac{\partial p}{\partial V}\,dV + \frac{\partial p}{\partial T}\,dT = -R\,\frac{T}{V^2}\,dV + \frac{R}{V}\,dT.$$

Es beschreibt näherungsweise die Änderung des Gasdrucks p bei einer geringfügigen Änderung des Volumens um dV und gleichzeitig der Temperatur um dT (vgl. Beispiel 10.11 ⑥). □

Linearisierung von Funktionen mit zwei Variablen

Für eine Funktion $z = f\,(x,\,y)$ gilt für kleine dx und dy näherungsweise

$$dz \approx \triangle z\ ,$$

d.h. für kleine dx und dy kann die Änderung der Funktion über die Änderung der Tangentialebene (totales Differenzial) angenähert werden. Man nennt dieses Vorgehen die Linearisierung der Funktion $z = f\,(x,\,y)$ und setzt

$$\triangle z = f\,(x,\,y) - f\,(x_0,\,y_0)\ \approx\ dz = f_x\,(x_0,\,y_0)\,dx + f_y\,(x_0,\,y_0)\,dy.$$

Über die Beziehung $dx = x - x_0$ und $dy = y - y_0$ folgt insgesamt

$$f\,(x,\,y)\ \approx\ f\,(x_0,\,y_0) + f_x\,(x_0,\,y_0)\,(x - x_0) + f_y\,(x_0,\,y_0)\,(y - y_0)$$

(Linearisierung der Funktion $z = f\,(x,\,y)$.)

Oftmals wird die Linearisierung benutzt, um Differenzen der Form

$$z\,(x_0 + \triangle x,\,y_0 + \triangle y) - z\,(x_0,\,y_0)$$

näherungsweise zu bestimmen:

$$z\,(x_0 + \triangle x,\,y_0 + \triangle y) - z\,(x_0,\,y_0) \approx \left.\frac{\partial z}{\partial x}\right|_{(x_0,\,y_0)} \triangle\,x\ +\ \left.\frac{\partial z}{\partial y}\right|_{(x_0,\,y_0)} \triangle\,y$$

$$z\,(x,\,y) - z\,(x_0,\,y_0) \approx \left.\frac{\partial z}{\partial x}\right|_{(x_0,\,y_0)} (x - x_0)\ +\ \left.\frac{\partial z}{\partial y}\right|_{(x_0,\,y_0)} (y - y_0). \qquad (1)$$

Mit einer verallgemeinerten Formel lassen sich Funktionen von n Variablen linearisieren:

Linearisierung von Funktionen mit n Variablen

In der Umgebung eines Entwicklungspunktes (Arbeitspunktes) $(x_1^0, \ldots, x_n^0)$ kann eine nichtlineare Funktion

$$f(x_1, \ldots, x_n)$$

näherungsweise durch die *lineare* Funktion

$$y = f(x_1^0, \ldots, x_n^0) + \left(\frac{\partial f}{\partial x_1}\right)_0 (x_1 - x_1^0) + \ldots + \left(\frac{\partial f}{\partial x_n}\right)_0 (x_n - x_n^0)$$

ersetzt werden. Die partiellen Ableitungen $\left(\frac{\partial f}{\partial x_i}\right)_0$ müssen am Entwicklungspunkt $(x_1^0, \ldots, x_n^0)$ ausgewertet werden:

$$\left(\frac{\partial f}{\partial x_i}\right)_0 = \frac{\partial}{\partial x_i} f(x_1^0, \ldots, x_n^0).$$

Beispiel 10.30. Gesucht ist die Linearisierung der Funktion

$$f(x, y) = 5\,x\,e^{x-4\,y^2}$$

am Entwicklungspunkt $(x_0, y_0) = \left(1, \frac{1}{2}\right)$:

Mit den partiellen Ableitungen

$$f_x(x, y) = 5\,e^{x-4\,y^2} + 5\,x\,e^{x-4\,y^2} \quad \hookrightarrow \quad f_x\left(1, \tfrac{1}{2}\right) = 5 + 5 = 10$$

$$f_y(x, y) = -40\,x\,y\,e^{x-4\,y^2} \quad \hookrightarrow \quad f_y\left(1, \tfrac{1}{2}\right) = -20$$

erhält man die lineare Approximation

$$\Rightarrow z_l(x, y) = 5 + 10\,(x-1) - 20\left(y - \tfrac{1}{2}\right).$$

□

10.4.2 Fehlerrechnung

Eine Anwendung des totalen Differenzials tritt bei der Fehlerrechnung auf, die überall dort eine Rolle spielt, wo mit ungenauen Messwerten gearbeitet wird: Eine physikalische Größe y hänge nach einem bekannten Gesetz von n unabhängigen Größen $x_1, \ldots, x_n$ ab:

$$y = f(x_1, \ldots, x_n).$$

Zur Auswertung von y müssen die Werte von $x_1, \ldots, x_n$ gemessen werden, was nur mit begrenzter Genauigkeit möglich ist. Die gemessenen Werte bezeichnen wir mit $x_1^0, \ldots, x_n^0$, die Messfehler (Toleranzen) mit $\triangle x_1, \ldots, \triangle x_n$. Es stellt sich die Frage: Um wieviel weicht der aus den Messwerten mit Toleranzen errechnete Wert $f\left(x_1^0 + \triangle x_1, \ldots, x_n^0 + \triangle x_n\right)$ maximal vom Wert $f\left(x_1^0, \ldots, x_n^0\right)$

ab? Die Differenz

$$\triangle f = f\left(x_1^0 + \triangle x_1, \ldots, x_n^0 + \triangle x_n\right) - f\left(x_1^0, \ldots, x_n^0\right)$$

heißt der **absolute Fehler** von f. Gesucht ist eine Abschätzung von $\triangle f$, wenn man weiß, wie groß die Beträge der Messfehler $\triangle x_i$ höchstens sind.

Für kleine $dx_i = \triangle x_i$ stimmt das totale Differenzial df in etwa mit der Änderung der Funktion $\triangle f$ überein:

$$\triangle f \approx df = \left(\frac{\partial f}{\partial x_1}\right)_0 \cdot dx_1 + \ldots + \left(\frac{\partial f}{\partial x_n}\right)_0 \cdot dx_n.$$

Diese Formel verwendet man, um den Einfluss **kleiner** Fehler auf das Resultat zu berechnen. Da für die Messfehler in der Regel eine Toleranz $\pm\triangle x_i$ angegeben wird, erhält man für den Fehler in linearer Näherung eine Obergrenze durch

$$|\triangle f| \approx |df| \leq \left|\left(\frac{\partial f}{\partial x_1}\right)_0\right| |\triangle x_1| + \ldots + \left|\left(\frac{\partial f}{\partial x_n}\right)_0\right| |\Delta x_n| = \overline{df}.$$

Man bezeichnet $\overline{df}$ als **absoluten Fehler in linearer Näherung**. Dabei sind die partiellen Ableitungen $\left(\frac{\partial f}{\partial x_i}\right)_0$ für die Messwerte $\left(x_1^0, \ldots, x_n^0\right)$ auszuwerten und $|\triangle x_i|$ geben die maximalen Fehlerschranken dieser Messwerte an. Oftmals sind auch die **relativen Fehler** von Interesse

$$\left|\frac{\overline{df}}{f_0}\right|, \qquad \left|\frac{\triangle x_i}{x_i^0}\right| \qquad (i = 1, \ldots, n)\ ,$$

die in der Regel auch in Prozenten angegeben werden: $100\left|\frac{\overline{df}}{f_0}\right| \cdot \%$.

Fehlerfortpflanzung nach Gauß

Die Größe y hänge von unabhängigen Größen $x_1, \ldots, x_n$ gemäß dem Gesetz

$$y = f\left(x_1, \ldots, x_n\right)$$

ab. Werden die Einzelgrößen $x_1, \ldots, x_n$ gemessen, so liegen sie in der Form

$$x_i^0 \pm \triangle x_i$$

vor. Dabei ist x_i^0 der Mittelwert der Größen x_i, $\triangle x_i$ die Fehlertoleranzen. Dann bestimmt man den Fehler in y aufgrund der Messungenauigkeiten von x_i näherungsweise durch

$$\overline{df} = \left|\left(\frac{\partial f}{\partial x_1}\right)_0\right| \cdot |\triangle x_1| + \ldots + \left|\left(\frac{\partial f}{\partial x_n}\right)_0\right| \cdot |\triangle x_n|\ ,$$

wenn die partiellen Ableitungen $\left(\frac{\partial f}{\partial x_i}\right)_0$ an den Stellen $\left(x_1^0, \ldots, x_n^0\right)$ ausgewertet werden. Die Größe y hat den Wert

$$y = f\left(x_1^0, \ldots, x_n^0\right) \pm \overline{df}.$$

$\overline{df}$ heißt **absoluter maximaler Fehler** in linearer Näherung.

⚠ **Achtung:** Da man statt $\triangle f$ den Fehler in linearer Näherung $\overline{df}$ angibt, ist diese Vorgehensweise nur für kleine Abweichungen $\triangle x_i$ sinnvoll. Für große Fehlertoleranzen ist die Änderung der Funktion $\triangle f$ nicht mit der Änderung der Tangentialebene vergleichbar!

Anwendungsbeispiel 10.31

Die Spannung U an den Enden eines elektrischen Widerstandes hängt mit der Stromstärke I eines ihn durchfließenden Gleichstromes durch das Ohmsche Gesetz zusammen

R I

U

$$\boxed{R = \frac{U}{I}.}$$

Ist U mit dU und I mit dI fehlerhaft gemessen, so hat man als Oberschranke für den Fehler in R

$$\triangle R \approx dR = \frac{\partial R}{\partial U} \cdot dU + \frac{\partial R}{\partial I} \cdot dI$$

$$\Rightarrow \quad |\triangle R| \leq \left|\frac{1}{I}\, dU\right| + \left|-\frac{U}{I^2}\, dI\right| = \overline{dR}.$$

Zahlenbeispiel: $U = (110 \pm 2)\, V$, $I = (20 \pm 0.5)\, A$ ergibt

$$\overline{dR} = \left(\tfrac{1}{20} \cdot 2 + \tfrac{110}{400} \cdot 0.5\right)\, \Omega = 0.2375\, \Omega \Rightarrow R = (5.5 \pm 0.24)\, \Omega.$$

Der relative Fehler beträgt $\frac{\overline{dR}}{R} = \frac{0.24\,\Omega}{5.5\,\Omega} = 0.044 = 4.4\,\%$. □

Anwendungsbeispiel 10.32

Ein Widerstand der Größe R_0 mit $10\,\%$ Toleranz wird mit einem 5 mal größeren, zweiten Widerstand von $2\,\%$ Toleranz a) seriell b) parallel geschaltet. Gesucht ist für beide Fälle der Gesamtwiderstand sowie der relative Fehler.

a)

R1 R2

$$R_{ges} = R_1 + R_2\, (= 6\, R_0)$$

$$\Rightarrow \quad \frac{\partial R_{ges}}{\partial R_1} = 1; \qquad \frac{\partial R_{ges}}{\partial R_2} = 1.$$

$$\overline{dR} = \left(\frac{\partial R_{ges}}{\partial R_1}\right)_0 \cdot |\triangle R_1| + \left(\frac{\partial R_{ges}}{\partial R_2}\right)_0 \cdot |\triangle R_2|$$
$$= 10\,\%\,R_0 + 10\,\%\,R_0 = 20\,\%\,R_0.$$

Damit ergibt sich der relative Fehler zu

$$\frac{\overline{dR}}{R_{ges}} = \frac{20\,\%\,R_0}{6\,R_0} \approx 3.3\,\%.$$

b)

$$\frac{1}{R_{ges}} = \frac{1}{R_1} + \frac{1}{R_2}$$

$$\Rightarrow\quad R_{ges} = \frac{R_1 \cdot R_2}{R_1 + R_2} \left(= \frac{5\,R_0^2}{6\,R_0} = \tfrac{5}{6}\,R_0\right).$$

$$\frac{\partial R_{ges}}{\partial R_1} = \frac{R_2^2}{(R_1 + R_2)^2}; \qquad \frac{\partial R_{ges}}{\partial R_2} = \frac{R_1^2}{(R_1 + R_2)^2}.$$

$$\overline{dR} = \frac{R_2^2}{(R_1 + R_2)^2}\,|\triangle R_1| + \frac{R_1^2}{(R_1 + R_2)^2}\,|\triangle R_2|$$
$$= \frac{25}{36}\,10\,\%\,R_0 + \frac{1}{36}\,10\,\%\,R_0 = \frac{260}{36}\,\%\,R_0 = 7.2\,\%\,R_0.$$

Der relative Gesamtfehler beträgt hierbei $\frac{\overline{dR}}{R_{ges}} = \frac{7.2\,\%\,R_0}{\frac{5}{6}\,R_0} = 8.66\,\%.$ □

Fehlerformel für Potenzgesetze

Viele funktionale Zusammenhänge in den Naturwissenschaften haben eine einfache Beschreibung der Form

$$y{=}f\,(x_1,\,x_2) = c\,x_1^m \cdot x_2^n. \qquad (*)$$

Für solche Funktionen ist

$$dy = \frac{\partial f}{\partial x_1}\,dx_1 + \frac{\partial f}{\partial x_2}\,dx_2 = c\,m\,x_1^{m-1}\,x_2^n\,dx_1 + c\,n\,x_1^m\,x_2^{n-1}\,dx_2.$$

Damit folgt für den maximalen relativen Fehler

$$\left|\frac{\overline{dy}}{y}\right| = |m|\,\left|\frac{dx_1}{x_1}\right| + |n|\,\left|\frac{dx_2}{x_2}\right|.$$

Der maximale relative Fehler der Größe $y = \alpha\,x_1^{c_1} \cdot x_2^{c_2}$ setzt sich additiv aus den relativen Fehlern der Einzelgrößen x_i zusammen. Als Koeffizienten treten die Beträge der Exponenten auf. □

10.4.3 Lokale Extrema bei Funktionen mit zwei Variablen

Im Folgenden betrachten wir eine Funktion $z = f(x, y)$ von zwei Variablen x und y, deren partiellen Ableitungen bis zweiter Ordnung stetig sind. Wie bei Funktionen einer Variablen suchen wir zur Charakterisierung der Funktion nach solchen Punkten, in denen der Funktionswert von f am größten bzw. kleinsten wird. Bei der Diskussion schränken wir uns auf die *lokalen* Maxima und Minima ein:

Definition: (Lokales Extremum). *Eine Funktion $z = f(x, y)$ besitzt an der Stelle $(x_0, y_0) \in \mathbb{D}$ ein* **relatives Maximum**, *wenn in einer Umgebung des Punktes (x_0, y_0) für alle $(x, y) \neq (x_0, y_0)$ stets gilt*

$$f(x_0, y_0) > f(x, y).$$

Eine Funktion $z = f(x, y)$ besitzt an der Stelle $(x_0, y_0) \in \mathbb{D}$ ein **relatives Minimum**, *wenn in einer Umgebung des Punktes (x_0, y_0) für alle $(x, y) \neq (x_0, y_0)$ stets gilt*

$$f(x_0, y_0) < f(x, y).$$

Die relativen Maxima und Minima fasst man unter den Begriff *"relative Extremwerte"* zusammen. Relative Extremwerte werden manchmal auch als lokale Extremwerte bezeichnet, da die extreme Lage nur in unmittelbarer Umgebung von (x_0, y_0), nicht aber global zutreffen muss.

Beispiele 10.33 (Mit Maple-Worksheet).

① Zeichnet man (mit Maple) die Funktion

$$f(x, y) = x^2 + y^2 + 4$$

erkennt man, dass sie im Punkt $(x_0, y_0) = (0, 0)$ ein lokales (sogar globales) Minimum besitzt, siehe Abb. 10.24.

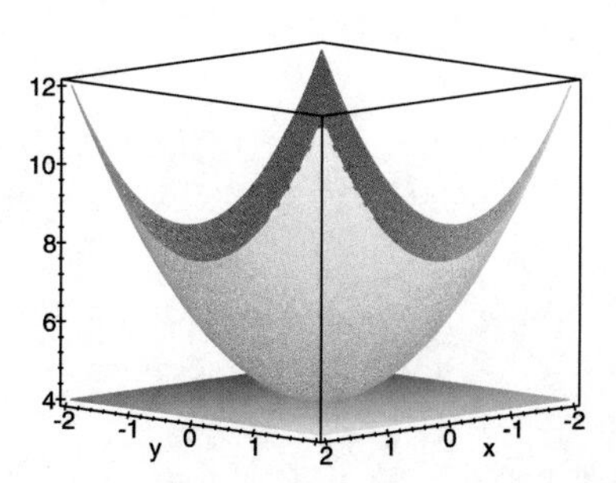

Abb. 10.24. Lokales Minimum der Funktion $f(x, y) = x^2 + y^2 + 4$ bei $(0, 0)$

Neben der Funktion f ist die Tangentialebene im Punkte $(0, 0)$ gezeichnet. Man erkennt, dass sie parallel zur (x, y)-Ebene liegt.

② Die Funktion

$$f(x, y) = e^{-\left(x^2+y^2\right)}$$

besitzt im Punkte $(x_0, y_0) = (0, 0)$ ein lokales (sogar globales) Maximum, wie man aus dem Graphen in Abb. 10.25 ablesen kann:

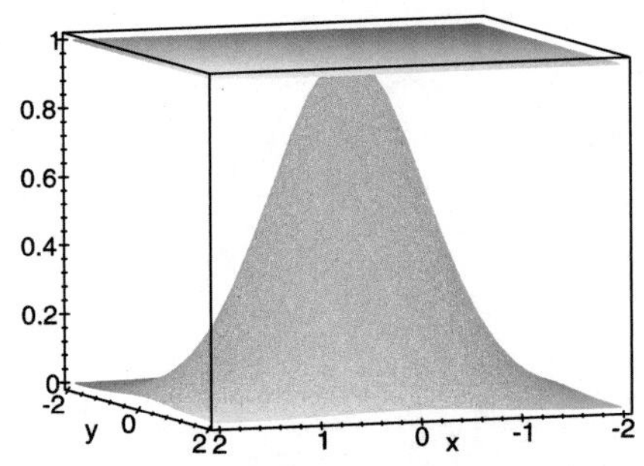

Abb. 10.25. Lokales Maximum der Funktion $f(x, y) = e^{-\left(x^2+y^2\right)}$

Wieder liegt die Tangentialebene parallel zur (x, y)-Ebene. □

Für eine stetig differenzierbare Funktion f *einer* Variablen x besagt die notwendige Bedingung für ein lokales Extremum $x_0 \in \mathbb{D}$, dass die Tangente im Punkt $(x_0, f(x_0))$ parallel zur x-Achse verläuft: $f'(x_0) = 0$. Hat eine Funktion f von *zwei* Variablen in (x_0, y_0) ein lokales Extremum, dann ist die Tangentialebene parallel zur (x, y)-Ebene. Die Tangentialebene z_t von f lautet nach Abschnitt 10.3.2

$$z_t(x, y) = f(x_0, y_0) + \frac{\partial f}{\partial x}(x_0, y_0)(x - x_0) + \frac{\partial f}{\partial y}(x_0, y_0)(y - y_0).$$

Sie liegt parallel zur (x, y)-Ebene, wenn sowohl die partielle Ableitung nach x als auch nach y im Punkt (x_0, y_0) verschwindet.

Notwendige Bedingung für ein relatives Extremum

In einem *relativen Extremum* $(x_0, y_0) \in \mathbb{D}$ besitzt die Funktion $f(x, y)$ eine Tangentialebene parallel zur (x, y)-Ebene:

$$(x_0, y_0) \text{ relatives Extremum} \quad \Rightarrow \frac{\partial f}{\partial x}(x_0, y_0) = 0 \text{ und } \frac{\partial f}{\partial y}(x_0, y_0) = 0.$$

Also: Ist (x_0, y_0) ein relatives Extremum, dann verschwindet also der Gradient von f in (x_0, y_0): $\operatorname{grad} f(x_0, y_0) = \vec{0}$. Aber Achtung, dieser Satz ist nicht umkehrbar, wie das folgende Beispiel zeigt:

Beispiel 10.34 (Mit MAPLE-Worksheet). Die Funktion

$$f(x, y) = x \cdot y$$

hat im Punkte $(x_0, y_0) = (0, 0)$ eine waagrechte Tangentialebene:

$$\left.\begin{array}{l} \frac{\partial f}{\partial x}(x, y) = y \Rightarrow \frac{\partial f}{\partial x}(0, 0) = 0 \\ \\ \frac{\partial f}{\partial y}(x, y) = x \Rightarrow \frac{\partial f}{\partial y}(0, 0) = 0 \end{array}\right\} \Rightarrow \text{grad } f(0, 0) = \vec{0}.$$

Aber in einer Umgebung des Punktes $(0, 0)$ existieren positive **und** negative Funktionswerte, wie man dem Funktionsgraphen in Abb. 10.26 entnimmt:

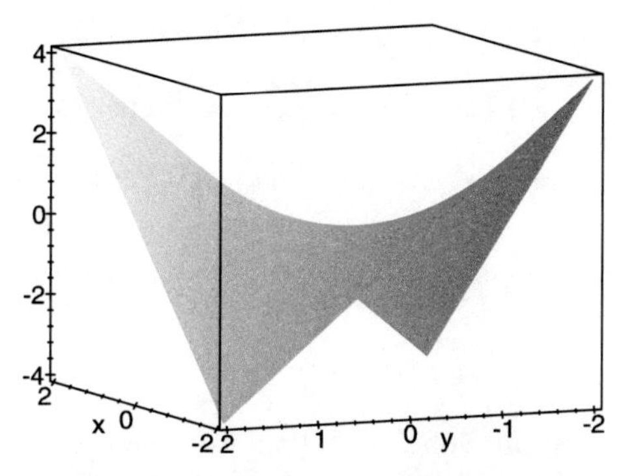

Abb. 10.26. Funktion mit Sattelpunkt

Folglich hat f bei $(0, 0)$ **kein** lokales Extremum. Man nennt diesen Punkt einen *Sattelpunkt*. □

Definition: (Stationärer Punkt). *Der Punkt* (x_0, y_0) *heißt* **stationärer Punkt** *von* f, *wenn*

$$\text{grad}\, f(x_0, y_0) = \vec{0}.$$

Relative Extrema sind demnach stationäre Punkte, aber nicht alle stationären Punkte sind nach Beispiel 10.34 relative Extrema. Ein stationärer Punkt P ist dadurch charakterisiert, dass die Tangentialebene von f in P parallel zur (x, y)-Ebene verläuft. Um zu entscheiden, ob in einem stationären Punkt (x_0, y_0) ein lokales Extremum vorliegt, entwickeln wir f nach dem Satz von Taylor in der Umgebung von (x_0, y_0) bis zur Ordnung 2

$$\begin{aligned} f(x, y) = f(x_0, y_0) &+ f_x(x_0, y_0)(x - x_0) + f_y(x_0, y_0)(y - y_0) \\ &+ \tfrac{1}{2!}\Big(f_{xx}(x_0, y_0)(x - x_0)^2 + 2 f_{xy}(x_0, y_0)(x - x_0)(y - y_0) \\ &\quad + f_{yy}(x_0, y_0)(y - y_0)^2\Big) + R_2(x, y) \end{aligned}$$

Da $f_x(x_0, y_0) = f_y(x_0, y_0) = 0$, entfallen die Ableitungen erster Ordnung; für die Ableitungen zweiter Ordnung schreiben wir

$$f(x, y) = f(x_0, y_0) + \tfrac{1}{2} f_{xx}(x_0, y_0) \left\{ (x - x_0) + \frac{f_{xy}(x_0, y_0)}{f_{xx}(x_0, y_0)} (y - y_0) \right\}^2$$

$$+ \tfrac{1}{2} \frac{1}{f_{xx}(x_0, y_0)} \left\{ f_{xx}(x_0, y_0) \, f_{yy}(x_0, y_0) - f_{xy}^2(x_0, y_0) \right\} (y - y_0)^2 + R_2(x, y) .$$

Da die Terme $(x - x_0)$ und $(y - y_0)$ in $R_2(x, y)$ zur Potenz 3 vorkommen, sind diese sehr viel kleiner als die quadratischen Terme $(x - x_0)^2$ und $(y - y_0)^2$ und spielen daher bei der folgenden Betrachtung keine Rolle. Denn aus obiger Darstellung der Funktion kann man ablesen:

i) Ist $f_{xx}(x_0, y_0) > 0$ und $f_{xx}(x_0, y_0) \, f_{yy}(x_0, y_0) - f_{xy}^2(x_0, y_0) > 0$

$$\Rightarrow f(x, y) > f(x_0, y_0) + R_2(x, y) .$$

D.h. in einer Umgebung von (x_0, y_0) sind die Funktionswerte **größer** als $f(x_0, y_0)$. Es liegt also in (x_0, y_0) ein lokales Minimum vor.

ii) Ist $f_{xx}(x_0, y_0) < 0$ und $f_{xx}(x_0, y_0) \, f_{yy}(x_0, y_0) - f_{xy}^2(x_0, y_0) > 0$

$$\Rightarrow f(x, y) < f(x_0, y_0) + R_2(x, y) .$$

D.h. in einer Umgebung von (x_0, y_0) sind die Funktionswerte **kleiner** als $f(x_0, y_0)$. Es liegt also in (x_0, y_0) ein lokales Maximum vor.

Folglich entscheidet der Ausdruck

$$f_{xx}(x_0, y_0) \, f_{yy}(x_0, y_0) - f_{xy}^2(x_0, y_0) > 0,$$

ob in einem stationären Punkt ein Extremum vorliegt:

Hinreichende Bedingung für ein lokales Extremum

$f(x, y)$ sei zweimal stetig partiell differenzierbar in $(x_0, y_0) \in \mathbb{D}$. Im Punkt (x_0, y_0) liegt ein lokales Extremum vor, falls

(1) $f_x(x_0, y_0) = 0, \quad f_y(x_0, y_0) = 0.$

(2) $\triangle := f_{xx}(x_0, y_0) \cdot f_{yy}(x_0, y_0) - f_{xy}^2(x_0, y_0) > 0.$

Für $f_{xx}(x_0, y_0) < 0$ liegt ein **relatives Maximum** vor.

Für $f_{xx}(x_0, y_0) > 0$ liegt ein **relatives Minimum** vor.

Ist hingegen in einem stationären Punkt (x_0, y_0)

$$f_{xx}(x_0, y_0)\, f_{yy}(x_0, y_0) - f_{xy}^2(x_0, y_0) < 0\,,$$

so liegt kein Extremum, sondern ein **Sattelpunkt** vor.

Bemerkungen:

(1) Wie bei Funktionen einer Variablen wird die zweite Ableitung herangezogen, um zu entscheiden, ob ein lokales Extremum vorliegt oder nicht.

(2) Definiert man die sog. *Hesse-Matrix*

$$\mathrm{H}(f) := \begin{pmatrix} f_{xx} & f_{xy} \\ f_{yx} & f_{yy} \end{pmatrix},$$

entscheidet die Determinante der Hesse-Matrix im Punkte (x_0, y_0), ob ein Extremum vorliegt. Es gilt:

$\det(\mathrm{H}(f)) < 0$	kein Extremwert, sondern Sattelpunkt.
$\det(\mathrm{H}(f)) = 0$	keine Entscheidung möglich, ob an der Stelle (x_0, y_0) ein Extremum vorliegt.
$\det(\mathrm{H}(f)) > 0$	ein lokales Extremum liegt vor.

In diesem Abschnitt werden wir den Gradienten und die Δ-Formel verwenden, um die Extremwerte einer Funktion mit zwei Variablen zu bestimmen. Im nächsten Abschnitt 10.4.4 müssen wir jedoch, wenn wir Funktionen mit mehr als zwei Variablen betrachten, zusätzlich zum Gradienten auch mit der Hesse-Matrix arbeiten. Um zu bestätigen, dass ein stationärer Punkt ein Extremwert ist, verwenden wir Eigenschaften symmetrischer Matrizen, die in Kapitel 11.5 zusammengestellt sind.

Beispiel 10.35. Die Funktion

$$f(x, y) = x^2 + y^2 + c$$

hat im Punkte $(x_0, y_0) = (0, 0)$ ein lokales Minimum:

(i) Aus $\mathrm{grad}(f) = \vec{0}$ folgen die stationären Punkte:

$$\left.\begin{array}{l} f_x(x, y) = 2x \stackrel{!}{=} 0 \Rightarrow x = 0 \\ \\ f_y(x, y) = 2y \stackrel{!}{=} 0 \Rightarrow y = 0 \end{array}\right\} \Rightarrow (x, y) = (0, 0) \quad \text{ist stationärer Punkt.}$$

(ii) Einsetzen des stationären Punktes in die $\triangle$-Formel:

$$\left.\begin{array}{l} f_{xx}(0,\,0)=2 \\ f_{yy}(0,\,0)=2 \\ f_{xy}(0,\,0)=0 \end{array}\right\} \Rightarrow \triangle = f_{xx}(0,\,0)\cdot f_{yy}(0,\,0) - f_{xy}^2(0,\,0) = 4 > 0.$$

$\Rightarrow$ (0, 0) ist relatives Extremum.
Wegen $f_{xx}(0,\,0) > 0$ liegt ein relatives Minimum vor. □

Musterbeispiel 10.36 . Gesucht sind die lokalen Extrema der Funktion

$$f(x,\,y) = \left(x^2+y^2\right)^2 - 2\left(x^2-y^2\right).$$

(i) Aus $\operatorname{grad}(f) = \vec{0}$ folgen die stationären Punkte:

$$f_x(x,\,y) = 4\,x\,\left(x^2+y^2\right) - 4\,x \stackrel{!}{=} 0$$
$$f_y(x,\,y) = 4\,y\,\left(x^2+y^2\right) + 4\,y \stackrel{!}{=} 0.$$

Dies ist ein gekoppeltes System nichtlinearer Gleichungen für die Unbekannten x und y. Durch Ausklammern folgt

$$4\,x\,\left(x^2+y^2-1\right) = 0 \qquad (1)$$
$$4\,y\,\left(x^2+y^2+1\right) = 0. \qquad (2)$$

Aus Gleichung (1) folgt $x = 0$ oder $x^2+y^2-1=0$.
Setzen wir $x = 0$ in Gleichung (2) ein, gilt: $4y(y^2+1) = 0$ bzw. $y = 0$.
$\Rightarrow (x,y) = (0,0)$ ist stationärer Punkt.

Für $x^2+y^2-1=0$ folgt $x^2+y^2=1$. In Gleichung (2) eingesetzt, gilt: $4y\cdot 2 = 0$ bzw. $y = 0$. Eingesetzt wiederum in $x^2+y^2-1=0$ folgt dann $x^2-1=0$ bzw. $x=\pm 1$.
$\Rightarrow (x,y) = (1,0)$ und $(x,y) = (-1,0)$ sind ebenfalls stationäre Punkte.

Damit besitzt die Funktion drei stationäre Punkte: (0, 0); (1, 0) und (−1, 0). Höchstens an diesen Stellen kann f ein Extremum annehmen.

(ii) Einsetzen der stationären Punkte in die $\triangle$-Formel: Dazu berechnen wir die zweiten partiellen Ableitungen

$$f_{xx}(x,\,y) = 12\,x^2+4\,y^2-4$$
$$f_{yy}(x,\,y) = 12\,y^2+4\,x^2+4$$
$$f_{xy}(x,\,y) = 8\,xy$$

und setzen die stationären Punkte ein:
$\triangle(0,\,0) = f_{xx}(0,\,0) \cdot f_{yy}(0,\,0) - f_{xy}^2(0,\,0) = -4 \cdot 4 - 0 = -16 < 0.$

$\Rightarrow$ In $(0,\,0)$ liegt **kein** Extremum, sondern ein Sattelpunkt vor.

$\triangle(1,\,0) = f_{xx}(1,\,0) \cdot f_{yy}(1,\,0) - f_{xy}^2(1,\,0) = 8 \cdot 8 - 0 = 64 > 0.$

$\Rightarrow$ In $(1,\,0)$ liegt ein lokales Minimum vor, da $f_{xx}(1,\,0) = 8 > 0.$

Wegen der Symmetrie $f(-x,\,y) = f(x,y)$ liegt auch im Punkt $(-1,\,0)$ ein lokales Minimum vor. □

Beispiel 10.37. Die Funktion

$$f(x,\,y) = c + x^2 - y^2$$

hat in $(0,\,0)$ einen Sattelpunkt:

Setzt man die partiellen Ableitungen gleich Null $f_x(x,\,y) = 2\,x \overset{!}{=} 0$ und $f_y(x,\,y) = 2\,y \overset{!}{=} 0$, ergibt sich, dass $(x,\,y) = (0,\,0)$ der einzige stationäre Punkt der Funktion ist.

Da

$$f_{xx}(0,\,0) \cdot f_{yy}(0,\,0) - f_{xy}^2(0,\,0) = -4 < 0$$

ist $(0,\,0)$ **kein** lokales Extremum, sondern ein Sattelpunkt. □

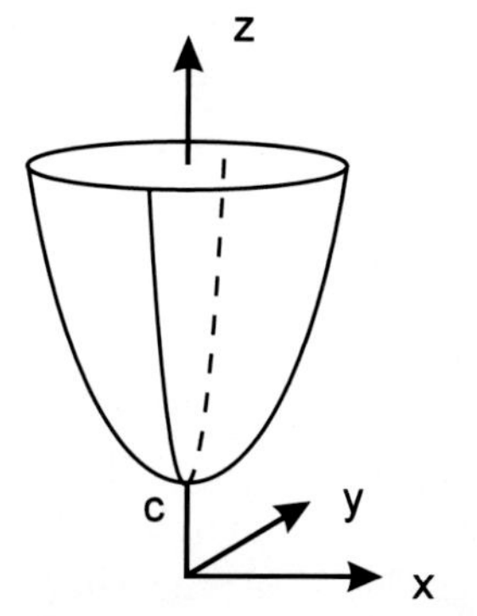

Funktion $f(x,y) = c + x^2 + y^2$

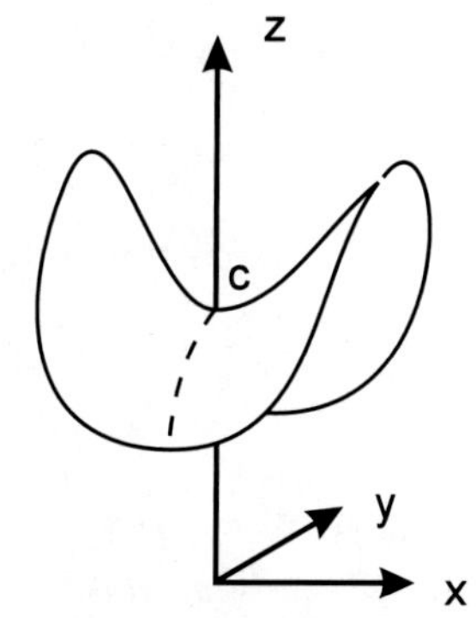

Funktion $f(x,y) = c + x^2 - y^2$

10.4.4 Lokale Extrema bei Funktionen mit mehreren Variablen

Der Begriff des relativen Extremum lässt sich direkt auf Funktionen mit mehr als zwei Variablen $y = f(x_1, \ldots, x_n)$ übertragen: Eine **notwendige Bedingung** für ein Extremum im Punkte $\left(x_1^0, \ldots, x_n^0\right)$ ist, dass der Gradient von f in diesem Punkt verschwindet:

Lokale Extremwerte (Notwendige Bedingung)

Die Funktion $y = f(x_1, \ldots, x_n)$ besitzt im Punkte $\left(x_1^0, \ldots, x_n^0\right)$ ein **lokales Extremum**, dann gilt

$$\operatorname{grad} f\left(x_1^0, \ldots, x_n^0\right) = \vec{0}.$$

Dies bedeutet, dass im Punkte $\left(x_1^0, \ldots, x_n^0\right)$ alle partiellen Ableitungen verschwinden

$$\partial_{x_1} f\left(x_1^0, \ldots, x_n^0\right) = 0, \ldots, \partial_{x_n} f\left(x_1^0, \ldots, x_n^0\right) = 0.$$

Um eine **hinreichende Bedingung** zu erhalten, geht man zu der entsprechenden *Hesse-Matrix*

$$\mathrm{H}(f) := \begin{pmatrix} f_{x_1 x_1} & f_{x_1 x_2} & \cdots & f_{x_1 x_n} \\ f_{x_2 x_1} & f_{x_2 x_2} & \cdots & f_{x_2 x_n} \\ \vdots & & & \\ f_{x_n x_1} & f_{x_n x_2} & \cdots & f_{x_n x_n} \end{pmatrix}$$

aller partiellen Ableitungen der Ordnung 2 über. Nach dem Satz von Taylor, siehe Abschnitt 10.3.4 auf Seite 131, schreiben wir die Formel für die quadratische Approximation um in die Form

$$f(\vec{x}) - f(\vec{x}_0) = \vec{h}^{\,t} \cdot \operatorname{grad}(f)\Big|_{(\vec{x}_0)} + \tfrac{1}{2}\,\vec{h}^{\,t}\, H(f)\Big|_{(\vec{x}_0)} \vec{h} + R_2(\vec{x}).$$

Für einen stationären Punkt $\vec{x}_0$ verschwindet der Gradient, so dass

$$f(\vec{x}) - f(\vec{x}_0) = \tfrac{1}{2}\,\vec{h}^{\,t}\, H(f)\Big|_{(\vec{x}_0)} \vec{h} + R_2(\vec{x}).$$

Wenn der Ausdruck $\vec{h}^{\,t}\; H(f)|_{(\vec{x}_0)}\, \vec{h}$ für kleine Werte von h immer positiv ist, dann ist die Differenz $f(\vec{x}) - f(\vec{x}_0)$ positiv. Der Wert der Funktion steigt also in der Umgebung von $f(\vec{x}_0)$ an und es liegt ein lokales Minimum bei $\vec{x}_0$ vor. Dies ist dann der Fall, wenn die Hesse-Matrix $H(f)$ bei $\vec{x}_0$ positiv definit ist.

Wenn jedoch $\vec{h}^{\,t}\; H(f)|_{(\vec{x}_0)}\, \vec{h}$ für kleine Werte von h immer negativ ist, dann ist die Differenz $f(\vec{x}) - f(\vec{x}_0)$ ebenfalls negativ. Der Wert der Funktion nimmt also in der Nähe von $f(\vec{x}_0)$ ab und es gibt ein lokales Maximum bei $\vec{x}_0$. Dies ist dann der Fall, wenn die Hesse-Matrix $H(f)$ bei $\vec{x}_0$ negativ definit ist.

Da wir in diesem Abschnitt annehmen, dass die Funktionen zweimal stetig partiell differenzierbar sind, besagt der Satz von Schwarz, dass die gemischten Ableitungen zweiter Ordnung gleich sind: $f_{x_i x_j} = f_{x_j x_i}$. Die Hesse-Matrix ist also symmetrisch. Um die Extremwerte zu charakterisieren, führen wir das Sylvester-Kriterium für symmetrische Matrizen ein, das im nächsten Kapitel im Abschnitt 11.5 über positiv definite Matrizen ausführlicher behandelt wird:

Anwendung des Sylvester-Kriteriums

Sei $A = \begin{pmatrix} a_{11} & \cdots & a_{1n} \\ \vdots & & \vdots \\ a_{n1} & \cdots & a_{nn} \end{pmatrix}$ eine symmetrische $(n \times n)$-Matrix.

A ist **positiv definit**, falls alle Unterdeterminanten (**Hauptminoren**)

$\triangle_k := \det \begin{pmatrix} a_{11} & \cdots & a_{1k} \\ \vdots & & \vdots \\ a_{k1} & \cdots & a_{kk} \end{pmatrix}$ größer Null sind: $\Delta_k > 0$ für alle $k = 1, \ldots, n$.

A ist positiv semi-definit, falls alle Hauptminoren größer gleich Null sind: $\Delta_k \geq 0$ für alle $k = 0, \ldots, n$.

A ist **negativ definit**, falls die Matrix $(-A)$ positiv definit ist.

A ist negativ semi-definit, falls die Matrix $(-A)$ positiv semi-definit ist.

Andernfalls ist A indefinit.

Beispiele 10.38:

① $A = \begin{pmatrix} 1 & 2 \\ 2 & 5 \end{pmatrix}$ ist positiv definit:
$\Delta_1 = \det(1) = 1 > 0$ und $\Delta_2 = \det(A) = 1 > 0$.

② $A = \begin{pmatrix} -3 & -3 & 1 \\ -3 & -5 & 0 \\ 1 & 0 & -4 \end{pmatrix}$ ist negativ definit:
Da $\Delta_1 = \det(-3)$ negativ ist, kann A nicht positiv definit sein. Daher überprüfen wir $-A = \begin{pmatrix} 3 & 3 & -1 \\ 3 & 5 & 0 \\ -1 & 0 & 4 \end{pmatrix}$ und berechnen die Hauptminoren
$\Delta_1 = \det(3) = 3 > 0$, $\Delta_2 = \det \begin{pmatrix} 3 & 3 \\ 3 & 5 \end{pmatrix} = 15 - 9 = 6 > 0$ und
$\Delta_3 = \det \begin{pmatrix} 3 & 3 & -1 \\ 3 & 5 & 0 \\ -1 & 0 & 4 \end{pmatrix} = 19 > 0$. Alle drei Hauptminoren sind positiv.
Daher ist $-A$ positiv definit und damit A negativ definit. □

Wir werden das Sylvester-Kriterium verwenden, um zu prüfen, ob ein stationärer Punkt $\vec{x}_0$ einer Funktion f ein Extremum darstellt oder nicht. Fasst man den Abschnitt 11.5 zusammen, erhält man das wichtige Ergebnis:

Ausreichende Bedingung für ein lokales Extremum

Sei $y = f(x_1, \ldots, x_n)$ eine Funktion in n Variablen. In einem stationären Punkt $(x_1^0, \ldots, x_n^0)$ gilt:

- Die Hesse-Matrix $H(f)$ ist im Punkt $(x_1^0, \ldots, x_n^0)$ negativ definit, dann liegt in diesem Punkt ein **lokales Maximum** vor.
- Die Hesse-Matrix $H(f)$ ist im Punkt $(x_1^0, \ldots, x_n^0)$ positiv definit ist, dann liegt in diesem Punkt ein **lokales Minimum** vor.

Beispiel 10.39. Gegeben ist die Funktion

$$f(x_1, x_2, x_3) = 5\,x_1^2 + 6\,x_2^2 + 7\,x_3^2 - 4\,x_1x_2 + 4\,x_2x_3 - 10\,x_1 + 8\,x_2 + 14\,x_3 - 6.$$

Gesucht sind die lokalen Extremwerte.

(1) **Stationäre Punkte:**
Zunächst bestimmen wir die stationären Punkte, indem wir $\operatorname{grad}(f) = \vec{0}$ lösen.

$$\begin{aligned} f_{x_1} &= 10\,x_1 - 4\,x_2 - 10 = 0 \\ f_{x_2} &= -4\,x_1 + 12\,x_2 + 4\,x_3 + 8 = 0 \\ f_{x_3} &= 4\,x_2 + 14\,x_3 + 14 = 0 \end{aligned} \quad \Longrightarrow \quad \left(\begin{array}{rrr|r} 10 & -4 & 0 & 10 \\ -4 & 12 & 4 & -8 \\ 0 & 4 & 14 & -14 \end{array}\right).$$

Dieses lineare Gleichungssystem hat die eindeutige Lösung $\vec{x}_0 = \begin{pmatrix} 1 \\ 0 \\ -1 \end{pmatrix}$.

(2) **Hesse-Matrix:** Mit den zweiten Ableitungen stellen wir die Hesse-Matrix auf und werten die Hesse-Matrix an diesem stationären Punkt $\vec{x}_0$ aus.

$$H(f) = \begin{pmatrix} f_{x_1x_1} & f_{x_1x_2} & f_{x_1x_3} \\ f_{x_2x_1} & f_{x_2x_2} & f_{x_2x_3} \\ f_{x_3x_1} & f_{x_3x_2} & f_{x_3x_3} \end{pmatrix} = \begin{pmatrix} 10 & -4 & 0 \\ -4 & 12 & 4 \\ 0 & 4 & 14 \end{pmatrix}$$

Die Matrix $H(f)|_{\vec{x}_0}$ ist positiv definit, da alle Hauptminoren $\Delta_1 = 10$, $\Delta_2 = 104$ und $\Delta_3 = 1296$ positiv sind. Daher ist $\vec{x}_0$ ein lokales Minimum.

Beispiel 10.40. Gegeben ist

$$f(x,y) = 3\,x^2y + 4\,y^3 - 3\,x^2 - 12\,y^2 + 1.$$

Wir zeigen, dass $P_1(0,0)$, $P_2(0,2)$, $P_3(2,1)$ und $P_4(-2,1)$ stationäre Punkte sind und identifizieren die lokalen Extremwerte sowie Sattelpunkte.

(1) **Stationäre Punkte:**
Wir berechnen die Ableitungen erster Ordnung von f und prüfen, ob diese Ableitungen an den gegebenen Punkten Null ergeben:

$$\begin{aligned} f_x &= 6\,x\,y - 6\,x \\ f_y &= 3\,x^2 + 12\,y^2 - 24\,y. \end{aligned}$$

Setzt man $P_1(0,0)$, $P_2(0,2)$, $P_3(2,1)$ und $P_4(-2,1)$ in diese Ableitungen ein, so erhält man Null. Somit sind alle Punkte stationäre Punkte.

(2) **Hesse-Matrix:** Mit den zweiten Ableitungen stellen wir die Hesse-Matrix auf

$$H(f) = \begin{pmatrix} f_{x,x} & f_{x,y} \\ f_{y,x} & f_{y,y} \end{pmatrix} = \begin{pmatrix} 6y-6 & 6x \\ 6x & 24y-24 \end{pmatrix}$$

und werten $H(f)$ an den vier Punkten aus.

$P_1(0,0)$: $H(f)|_{(0,0)} = \begin{pmatrix} -6 & 0 \\ 0 & -24 \end{pmatrix}$. Da $\Delta_1 = -6$ gehen wir zu $-H(f)|_{(0,0)} = \begin{pmatrix} 6 & 0 \\ 0 & 24 \end{pmatrix}$ über. Da beide Hauptminoren positiv $\Delta_1 = 6$ und $\Delta_2 = 144$ sind, ist $-H(f)|_{(0,0)}$ positiv definit und damit $H(f)|_{(0,0)}$ negativ definit. P_1 ist ein lokales Maximum.

$P_2(0,2)$: $H(f)|_{(0,2)} = \begin{pmatrix} 6 & 0 \\ 0 & 24 \end{pmatrix}$. $H(f)|_{(0,2)}$ ist positiv definit, da beide Hauptminoren positiv sind: $\Delta_1 = 6$ und $\Delta_2 = 144$. P_2 ist ein lokales Minimum.

$P_3(2,1)$: $H(f)|_{(2,1)} = \begin{pmatrix} 0 & 12 \\ 12 & 0 \end{pmatrix}$. $H(f)|_{(2,1)}$ ist indefinit: $\Delta_1 = 0$ und $\Delta_2 = -144$. P_3 ist ein Sattelpunkt.

$P_4(-2,1)$: $H(f)|_{(-2,1)} = \begin{pmatrix} 0 & -12 \\ -12 & 0 \end{pmatrix}$. $H(f)|_{(-2,1)}$ ist indefinit: $\Delta_1 = 0$ und $\Delta_2 = -144$. P_4 ist ein Sattelpunkt. □

Beispiel 10.41. Gesucht sind die lokalen Extremwerte von

$$f(x,y,z) = 2\,x^2 - xy + 2\,xz - y - y^3 + z^2.$$

(1) **Stationäre Punkte:** Aus grad $(f) = 0$ folgt

$$\begin{aligned} f_x &= 4x - y + 2z = 0 \\ f_y &= 3y^2 - x - 1 = 0 \\ f_z &= 2x + 2z = 0. \end{aligned}$$

Wir lösen diese drei Gleichungen und erhalten

$$x = \frac{1}{3},\ y = \frac{2}{3},\ z = -\frac{1}{3}$$

$$x = -\frac{1}{4},\ y = -\frac{1}{2},\ z = \frac{1}{4}.$$

Somit sind $P_1(\frac{1}{3}, \frac{2}{3}, -\frac{1}{3})$ und $P_2(-\frac{1}{4}, -\frac{1}{2}, \frac{1}{4})$ stationäre Punkte.

(2) **Hesse-Matrix:** Mit den zweiten Ableitungen erhalten wir die Hesse-Matrix

$$H(f) = \begin{pmatrix} 4 & -1 & 2 \\ -1 & 6y & 0 \\ 2 & 0 & 2 \end{pmatrix}.$$

Die Hesse-Matrix lautet im Punkt P_1

$$H(f)\Big|_{(\frac{1}{3}, \frac{2}{3}, -\frac{1}{3})} = \begin{pmatrix} 4 & -1 & 2 \\ -1 & 4 & 0 \\ 2 & 0 & 2 \end{pmatrix}.$$

H ist positiv definit, da alle Hauptminoren positiv sind:

$$\det\begin{pmatrix} 4 \end{pmatrix} = 4 > 0, \quad \det\begin{pmatrix} 4 & -1 \\ -1 & 4 \end{pmatrix} = 15 > 0,$$

$$\det\begin{pmatrix} 4 & -1 & 2 \\ -1 & 4 & 0 \\ 2 & 0 & 2 \end{pmatrix} = 14 > 0.$$

Damit ist P_1 ein lokales Minimum. Die Hesse-Matrix lautet für P_2

$$H(f)\Big|_{(-\frac{1}{4}, -\frac{1}{2}, \frac{1}{4})} = \begin{pmatrix} 4 & -1 & 2 \\ -1 & -3 & 0 \\ 2 & 0 & 2 \end{pmatrix}.$$

H ist indefinit, da für die Hauptminoren

$$\Delta_1 = 4 > 0,\ \Delta_2 = -13 < 0,\ \Delta_3 = -14 < 0$$

gilt. Damit ist P_2 ein Sattelpunkt. □

10.4.5 Ausgleichen von Messfehlern; Regressionsgerade

Eine wichtige Anwendung der Theorie der Extremwerte ist das Ausgleichen von Messfehlern: Durch Messungen, welche die Abhängigkeit einer Größe y von *einer* anderen Größe x ermittelt, seien n Wertepaare $(x_1, y_1), \dots, (x_n, y_n)$ erfasst worden. Die Aufgabe der Ausgleichsrechnung besteht darin, eine Funktion f zu finden, die sich einerseits den vorliegenden Messpunkten möglichst gut anschmiegt und die andererseits einen möglichst glatten Verlauf besitzt.

Problemstellung: Gemessen wird die Temperaturabhängigkeit eines Ohmschen Widerstandes. Gesucht ist eine Gerade, welche die Messpunkte "geeignet" repräsentiert.

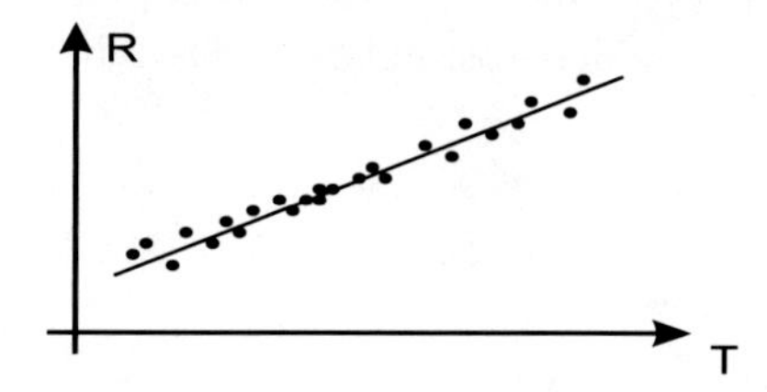

Abb. 10.27. Temperaturabhängigkeit eines Ohmschen Widerstandes

Prinzip der kleinsten Quadrate

Die gesuchte Funktion f soll die Eigenschaft besitzen, dass die Summe der Abstandsquadrate der Messpunkte zur Ausgleichsfunktion minimal werden:

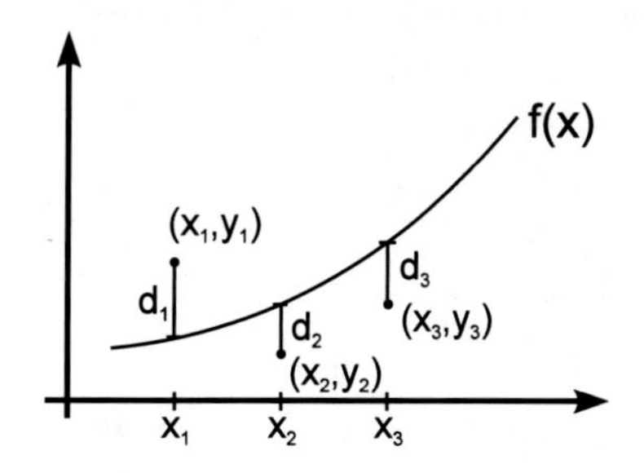

Abb. 10.28. Abstände d_i zur Ausgleichsfunktion

Der Abstand des Messpunkts y_i zur Ausgleichsfunktion f im Punkte x_i ist

$$d_i = y_i - f(x_i).$$

Die Summe über alle Abstandsquadrate ist daher

$$\sum_{i=1}^{n} d_i^2 = \sum_{i=1}^{n} (y_i - f(x_i))^2 .$$

Je nach vermutetem funktionalen Zusammenhang wählt man sich einen Funktionsansatz. Häufig verwendete Ausgleichsfunktionen sind in Tabelle 10.1 angegeben.

Tabelle 10.1: Ausgleichsfunktionen

Ausgleichsfunktion		Parameter
lineare Funktion	$f(x) = a\,x + b$	$a,\ b$
quadratische Funktion	$f(x) = a\,x^2 + b\,x + c$	$a,\ b,\ c$
Polynomfunktion	$f(x) = a_n\,x^n + \ldots + a_1\,x + a_0$	$a_n,\ a_{n-1}, \ldots,\ a_0$
Potenzfunktion	$f(x) = a\,x^b$	$a,\ b$
Logarithmusfunktion	$f(x) = a\,\ln(x) + b$	$a,\ b$
Exponentialfunktion	$f(x) = a\,e^{bx}$	$a,\ b$

In jeder Ansatzfunktion $f(x)$ sind Parameter enthalten, die so bestimmt werden müssen, dass die Summe der Abstandsquadrate minimal wird (*Prinzip der kleinsten Quadrate*):

$$F(a,\ b,\ c, \ldots) := \sum_{i=1}^{n} (y_i - f(x_i))^2 \rightarrow \text{ minimal.}$$

Diese Summe F ist wiederum eine Funktion der Parameter $a,\ b,\ c, \ldots$. Gesucht ist ein Minimum dieser Funktion. Aus der Theorie der Extrema in 10.4.3 kennen wir eine notwendige Bedingung für ein lokales Extremum: Alle partiellen Ableitungen müssen im stationären Punkt verschwinden

$$\Rightarrow \frac{\partial F}{\partial a} = 0\,, \ \frac{\partial F}{\partial b} = 0\,, \ \frac{\partial F}{\partial c} = 0, \ldots \quad .$$

Dies liefert genau so viele (nichtlineare) Gleichungen wie Parameter im Ansatz enthalten sind.

Methode der kleinsten Quadrate

Zu n vorgegebenen Messpunkten $(x_i,\ y_i)_{i=1,\ldots,n}$ lässt sich eine Ausgleichskurve wie folgt bestimmen:

(1) Auswahl einer Ansatzfunktion (Gerade, Parabel, ...). Dieser Ansatz enthält zunächst unbestimmte Parameter $a,\ b,\ c, \ldots$.

(2) Man bildet die Summe der Abstandsquadrate

$$F(a,\ b,\ c, \ldots) = \sum_{i=1}^{n} (y_i - f(x_i))^2 .$$

Diese Summe ist eine Funktion der freien Parameter.

(3) Die Parameter werden dann so bestimmt, dass die Funktion $F(a,\ b,\ c, \ldots)$ minimal wird, d.h.

$$\frac{\partial F}{\partial a} = 0\,, \quad \frac{\partial F}{\partial b} = 0\,, \quad \frac{\partial F}{\partial c} = 0\,, \ldots .$$

Regressionsgerade

Wir werden nur den für die Anwendungen wichtigsten Spezialfall der Regressionsgeraden diskutieren. Wir nehmen an, dass zu n verschiedenen x-Werten $x_1, \ldots, x_n$ die zugehörigen y-Werte $y_1, \ldots, y_n$ vorliegen, so dass n Messpunkte

$$(x_1, y_1), (x_2, y_2), \ldots, (x_n, y_n)$$

gegeben sind. Gesucht sind die Parameter a und b in der Regressionsgeraden

$$f(x) = a\,x + b\,,$$

so dass die Summe der Abstandsquadrate minimal wird. Der Abstand d_i der Messpunkten zur Ausgleichsgeraden lautet

$$d_i = y_i - a\,x_i - b.$$

Die Summe der Abstandsquadrate

$$F(a, b) = \sum_{i=1}^{n} d_i^2 = \sum_{i=1}^{n} (y_i - a\,x_i - b)^2$$

ist daher eine Funktion der beiden Parameter a und b. Von dieser Funktion $F(a, b)$ suchen wir das Minimum. Um die stationären Punkte zu bestimmen, setzen wir die partiellen Ableitungen von F nach a und b gleich Null:

$$\begin{aligned}
\frac{\partial F}{\partial a} &= 2\sum_{i=1}^{n} (y_i - a\,x_i - b)\,(-x_i) \\
&= -2\sum_{i=1}^{n} y_i\,x_i + 2\,a\sum_{i=1}^{n} x_i^2 + 2\,b\sum_{i=1}^{n} x_i \overset{!}{=} 0. \\
\frac{\partial F}{\partial b} &= 2\sum_{i=1}^{n} (y_i - a\,x_i - b)\,(-1) \\
&= -2\sum_{i=1}^{n} y_i + 2\,a\sum_{i=1}^{n} x_i + 2\sum_{i=1}^{n} b \overset{!}{=} 0.
\end{aligned}$$

Diese notwendigen Bedingungen bilden ein lineares Gleichungssystem für a, b:

$$\begin{aligned}
\left(\sum_{i=1}^{n} x_i^2\right) a &+ \left(\sum_{i=1}^{n} x_i\right) b = \sum_{i=1}^{n} x_i\,y_i \\
\left(\sum_{i=1}^{n} x_i\right) a &+ n\,b = \sum_{i=1}^{n} y_i.
\end{aligned}$$

Da für die Koeffizientenmatrix gilt

$$D = \begin{vmatrix} \sum x_i^2 & \sum x_i \\ \sum x_i & n \end{vmatrix} = n\sum_{i=1}^{n} x_i^2 - \left(\sum_{i=1}^{n} x_i\right)^2 = \frac{1}{2}\sum_{j=1}^{n}\sum_{i=1}^{n} (x_i - x_j)^2 > 0\,,$$

erhalten wir z.B. mit der Cramerschen Regel die eindeutige Lösung des linearen Gleichungssystems

$$a = \frac{1}{D} \left(n \cdot \sum_{i=1}^{n} x_i\, y_i - \left(\sum_{i=1}^{n} x_i \right) \left(\sum_{i=1}^{n} y_i \right) \right)$$

$$b = \frac{1}{D} \left(\left(\sum_{i=1}^{n} x_i^2 \right) \left(\sum_{i=1}^{n} y_i \right) - \left(\sum_{i=1}^{n} x_i \right) \left(\sum_{i=1}^{n} x_i\, y_i \right) \right).$$

Um zu überprüfen, dass F im Punkte $(a,\, b)$ ein lokales Minimum annimmt, berechnen wir die zweiten partiellen Ableitungen

$$F_{aa} = 2 \sum_{i=1}^{n} x_i^2; \qquad F_{bb} = 2\,n; \qquad F_{ab} = 2 \sum_{i=1}^{n} x_i$$

und setzen sie in die $\triangle$-Formel $\triangle = F_{aa}(a,\, b) \cdot F_{bb}(a,\, b) - F_{ab}^2(a,\, b)$ ein:

$$\triangle = F_{aa} \cdot F_{bb} - F_{ab}^2 = 4\,n \sum_{i=1}^{n} x_i^2 - 4 \left(\sum_{i=1}^{n} x_i \right)^2 = 4\,D > 0.$$

Da $\triangle > 0$ und $F_{aa} > 0$, ist dies ein lokales Minimum.

Ausgleichsgerade

Zu n vorgegebenen Messpunkten $(x_i,\, y_i)_{i=1,\ldots,n}$ bestimmt man durch die Methode der kleinsten Quadrate die Gerade

$$y = a\,x + b.$$

Diese Gerade heißt **Regressionsgerade** oder auch **Ausgleichsgerade**. Die Koeffizienten berechnen sich über die Formeln

$$a = \frac{1}{D} \left(n \cdot \sum_{i=1}^{n} x_i\, y_i - \left(\sum_{i=1}^{n} x_i \right) \left(\sum_{i=1}^{n} y_i \right) \right)$$

$$b = \frac{1}{D} \left(\left(\sum_{i=1}^{n} x_i^2 \right) \left(\sum_{i=1}^{n} y_i \right) - \left(\sum_{i=1}^{n} x_i \right) \left(\sum_{i=1}^{n} x_i\, y_i \right) \right),$$

wenn

$$D = n \sum_{i=1}^{n} x_i^2 - \left(\sum_{i=1}^{n} x_i \right)^2.$$

Beispiel 10.42 (Mit MAPLE-Worksheet). Gesucht ist eine Ausgleichsgerade zu den folgenden Messwerten:

x	0	1	2	3	4	5
y	3	5	7	8	10	10

.

Mit diesen Messwerten berechnet man D, a und b:

$$D = 6 \cdot \left(1 + 2^2 + 3^2 + 4^2 + 5^2\right) - (1 + 2 + 3 + 4 + 5)^2 = 105$$

$$a = \frac{1}{105}\,[6 \cdot (1 \cdot 5 + 2 \cdot 7 + 3 \cdot 8 + 4 \cdot 10 + 5 \cdot 10) - (1 + 2 + 3 + 4 + 5)\,(3 + 5 + 7 + 8 + 10 + 10)] = \frac{51}{35}.$$

Analog berechnet sich $b = \frac{74}{21}$. Die Regressionsgerade hat somit die Form

$$y = \frac{51}{35}\,x + \frac{74}{21}.$$

In Abb. 10.29 ist die Ausgleichsgerade zusammen mit den Messwerten graphisch dargestellt:

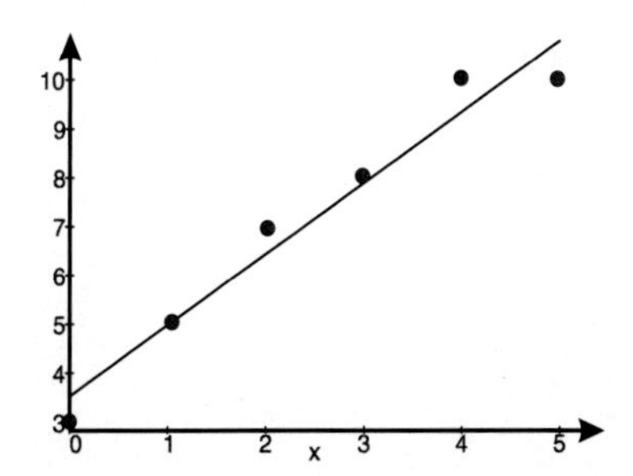

Abb. 10.29. Messwerte mit Regressionsgerade

Für eine größere Anzahl von Messpunkten muss die Bestimmung der Regressionsgeraden auf einem Rechner durchgeführt werden. □

Wir haben den Fall der Ausgleichsgeraden ausführlich behandelt, da er durch Modifikation der Messwerte auch die logarithmische, die exponentielle sowie die Potenzanpassung beinhaltet:

Bemerkungen:

(1) Ist eine **logarithmische Anpassung**

$$f(x) = a \ln x + b$$

an die Messwerte gesucht, führt man die Hilfsvariable $z = \ln x$ ein. Aus den x-Werten der Messung wird der Logarithmus gebildet und von den Messwerten (x_i, y_i), $i = 1, \ldots, n$ zu den Wertepaaren $(\ln(x_i), y_i)$, $i = 1, \ldots, n$ übergegangen. Mit diesen Daten bestimmt man die Ausgleichsgerade.

(2) Ist eine **exponentielle Anpassung**

$$f(x) = a\, e^{b\,x}$$

an die Messwerte gesucht, bildet man von der Gleichung

$$y = a\, e^{b\,x}$$

den Logarithmus

$$\ln y = \ln a + b \cdot x = A\, x + B.$$

Aus den $(x_i,\, y_i)$-Messwerten geht man zu den Wertepaaren $(x_i,\, \ln(y_i))$ über und bestimmt die Parameter A und B der Ausgleichsgeraden. Dann ist $b = A \quad \text{und} \quad a = e^B$.

(3) Ist eine **Potenzanpassung**

$$f(x) = a\, x^b$$

an die Messwerte gesucht, bildet man von der Gleichung

$$y = a\, x^b$$

den Logarithmus

$$\ln y = \ln a + b\, \ln x.$$

Aus den $(x_i,\, y_i)$-Messwerten geht man zu den Wertepaaren $(\ln(x_i)\,,\, \ln(y_i))$ über und bestimmt die Ausgleichsgerade

$$y = A\, x + B.$$

Dann ist $b = A \quad \text{und} \quad a = e^B$.

(4) Die logarithmische und exponentielle Anpassung bzw. die Potenzanpassung entsprechen der Darstellung der Messwerte in einer logarithmischen bzw. doppel-logarithmischen Auftragung. (siehe Band 1, Abschnitt 4.1.1).

10.5 Aufgaben zur Differenzialrechnung

10.1 Stellen Sie mit dem **plot3d**-Befehl die folgenden Funktionen in MAPLE graphisch dar

a) $z = x \cdot y$ b) $z = x + y$ c) $z = x^2 - y^2$
d) $z = x^2 + y^2$ e) $z = (x - y)^2$ f) $z = e^{-(x^2+y^2)}$

10.2 Fügen Sie durch die Option **style = contour** 20 Höhenlinien in die Schaubilder ein und variieren Sie interaktiv den Blickwinkel.

10.3 Berechnen Sie für die folgenden Funktionen alle partiellen Ableitungen 1. Ordnung

a) $f(x, y) = x^3 + x \cdot y - y^{-2}$ b) $f(a, t) = 3 \cdot a \cdot x + y \cdot \ln(t^2)$
c) $f(u, v) = \frac{u+w}{u+v}$ d) $f(x, y, z) = \operatorname{arcsinh}(x^2 + z^2)$
e) $f(x_1, x_2, x_3) = x_2$ f) $f(a, b) = (a\,x + b\,x^2)^{-1} + y \cdot e^{a\,b}$

10.4 Man berechne die partiellen Ableitungen 1. und 2. Ordnung der folgenden Funktionen

a) $f(x, y) = 3\,x^2 + 4\,x\,y - 2\,y^2$ b) $f(x, y) = 2\cos(3\,x\,y)$
c) $f(x, y) = (3\,x - 5\,y)^4$ d) $f(x, y) = \frac{x^2-y^2}{x+y}$
e) $f(x, y) = 3\,x \cdot e^{x\,y}$ f) $f(x, y) = \sqrt{x^2 - 2\,x\,y}$

10.5 Gegeben ist die Funktion $f(x, y) = \sin(x^2 + 2\,y)$.
Man bestätige den Satz von Schwarz, dass $f_{xy} = f_{yx}$.

10.6 Berechnen Sie die partiellen Ableitungen 2. Ordnung für die Funktion

$$f(x_1, x_2, x_3) = x_1 \cdot \ln(x_2^2 + x_3^2).$$

10.7 Gesucht sind alle partiellen Ableitungen zweiter Ordnung der Funktion
a) $f(x, y) = (3\,x - 5\,y)^4$ b) $f(x, y, z) = e^{x-y} \cdot \cos(5\,z)$

10.8 Zeigen Sie, dass die Funktion

$$f(x, y, z) = \frac{a}{\sqrt{x^2 + y^2 + z^2}}$$

Lösung der Laplace-Gleichung $f_{xx} + f_{yy} + f_{zz} = 0$ ist.

10.9 Zeigen Sie durch Einsetzen, dass $z = x \cdot e^{y/x}$
der partiellen Differenzialgleichung $x\,\frac{\partial z}{\partial x} + y\,\frac{\partial z}{\partial y} = z$ genügt.

10.10 Zeigen Sie, dass die Funktion

$$f(x, y) = \frac{1}{2} \cdot \ln(x^2 + y^2)$$

die partielle Differenzialgleichung $f_{xx} + f_{yy} = 0$ erfüllt.

10.11 Bestimmen Sie im Punkte $P(1, 0)$ die Gleichung der Tangentialebene an die Fläche $z = (3\,x + x \cdot y)^2$.

10.12 Berechnen Sie an der Stelle $P(1, 2, 0)$ das totale Differenzial von

$$f(x, y, z) = y \cdot \cos(z) + \frac{\ln(1 + x^2)}{y}.$$

10.13 Berechnen Sie den Gradienten und die Richtungsableitung in Richtung $\vec{a} = \begin{pmatrix} 2 \\ 4 \end{pmatrix}$ für die Funktion

$$f(x, y) = (3x + x \cdot y)^2 .$$

10.14 Berechnen Sie Gradient und die Richtungsableitung in Richtung $\vec{a} = \begin{pmatrix} 3 \\ -1 \\ 2 \end{pmatrix}$ für die Funktion

$$f(x, y, z) = y \cdot \cos(z) + \frac{\ln\left(1 + x^2\right)}{y}$$

10.15 Man bestimme das totale Differenzial der Funktionen

a) $z(x, y) = 4x^3 y - 3x \cdot e^y$

b) $z(x, y) = \dfrac{x^2 + y^2}{x - y}$

c) $f(x, y, z) = \ln \sqrt{x^2 + y^2 + z^2}$.

10.16 Betrachten Sie die differenzierbaren Funktionen $f_1, f_2 : \mathbb{R} \to \mathbb{R}$ und $g : \mathbb{R}^2 \to \mathbb{R}$ und bilden die Verkettung $h(x_1, x_2) = g(f_1(x_1), f_2(x_2))$. Berechnen Sie h und die ersten partiellen Ableitungen von h in folgenden Fällen

a) $f_1(x_1) = a_0 + a_1 x_1$; $f_2(x_2) = b_0 + b_1 x_2$; $g(u_1, u_2) = c_0 + c_1 u_1 + c_2 u_2$.

b) $f_1(x_1) = \sin x_1$; $f_2(x_2) = \cos x_2$; $g(u_1, u_2) = u_1^2 + u_1 u_2$.

10.17 Man berechne die Taylor-Reihe der Funktion f an der Stelle (x_0, y_0) bis zur Ordnung 2 für

a) $f(x, y) = \dfrac{(x - y)}{(x + y)}$, $(x_0, y_0) = (1, 1)$

b) $f(x, y) = e^{x^2 + y^2}$, $(x_0, y_0) = (1, 0)$

10.18 Man berechne das totale Differenzial von

a) $f(x, y) = \sin\left(x^2 + 2y\right)$ b) $f(x, y) = 3x^2 + 4xy - 2y^2$

c) $f(x, y) = y \cdot \cos(x - 2y)$ d) $f(x, y, z) = x^2 z - y z^3 + x^4$

10.19 Für den Durchmesser eines geraden Kreiszylinders hat man $(6.0 \pm 0.003)\,m$ gemessen, für die Höhe $(4.0 \pm 0.02)\,m$. Wie groß ist der größte, absolute und relative Fehler des Zylindervolumens?

10.20 Zur Berechnung eines elektrischen Widerstandes $R = \frac{U}{I}$ werden die Stromstärke $I = (15 \pm 0.3)\,A$ und die Spannung $U = (110 \pm 2)\,V$ gemessen. Gesucht ist der relative Maximalfehler von R.

10.21 Der Elastizitätsmodul eines zylindrischen Drahtes (r: Radius des Drahtquerschnitts, l: Länge des Drahtes) wird bestimmt, indem die Längenzunahme z des Drahtes unter dem Einfluss der Kraft k gemessen wird. Es gilt

$$E = \frac{l \cdot k}{\pi r^2 \cdot z} \qquad \text{(E-Modul)}.$$

Wie groß und mit welcher Genauigkeit ist E bestimmt, wenn die Messwerte $l = (2000 \pm 3)\,mm$, $r = (0.2 \pm 0.002)\,mm$, $k = (200 \pm 0.05)\,N$ und $z = (15 \pm 0.1)\,mm$ betragen?

10.22 Zu bestimmen ist die Dichte ρ eines Messingstücks nach der Auftriebsmethode: Sei m das Gewicht in Luft, $\bar{m}$ das Gewicht in Wasser, dann gilt

$$\rho = \frac{m}{m - \bar{m}} = \frac{\text{Gewicht in Luft}}{\text{Volumen}} .$$

Wie groß ist der relative Fehler von ρ, wenn $m = \left(100 \pm 5 \cdot 10^{-3}\right) g$ und $\bar{m} = \left(88 \pm 8 \cdot 10^{-3}\right) g$?

10.23 Linearisieren Sie die Funktion

$$f(x,\, y,\, z) = y \cdot \cos(z) + \frac{\ln\left(1 + x^2\right)}{y}$$

an der Stelle $(x_0,\, y_0,\, z_0) = (1,\, 2,\, 0)$.

10.24 Bestimmen Sie für die folgenden Funktionen zunächst die kritischen Stellen und entscheiden Sie, ob (und wenn ja um welche) es sich um lokale Extremstellen handelt

a) $f(x,\, y) = x^2 + \cos(y)$
b) $f(x,\, y) = 3\,x^2 + 3\,x\,y - 18\,y^2$
c) $f(x,\, y) = (x - y)^3 + 12\,x\,y$

10.25 Welcher Punkt der Fläche $z = \sqrt{1 + (x - 2\,y)^2}$ hat den kleinsten Abstand vom Punkt $(1,\, -2,\, 0)$?

10.26 Zeigen Sie, dass die Funktion

$$f(x,\, y) = c - x^2 - y^2$$

im Punkte $(0,\, 0)$ ein lokales Maximum besitzt.

10.27 Bestimmen Sie die relativen Extremwerte der Funktion

$$f(x,\, y) = x^3 + y^3 - 3\,x - 12\,y + 20.$$

10.28 Bestimmen Sie die relativen Extremwerte der Funktionen

a) $f(x,\, y) = 3\,x\,y - x^3 - y^3$
b) $f(x,\, y) = x^2 + y^2 + x - y$
c) $f(x,\, y) = 1 - x + y - 2\,x\,y + x^2 - y^2$
d) $f(x,\, y) = e^{x^2+y^2} - 2\,x^4 - 2\,y^2$

10.29 Bestimmen Sie alle stationären Punkte der Funktion

$$f(x,\, y,\, z) = e^{-\left(x^2+y^2+z^2\right)} \cdot \left(x^2 - z^2\right)$$

und überprüfen Sie, ob lokale Extremwerte vorliegen.

10.30 Bestimmen Sie zu den folgenden Messreihen jeweils die Ausgleichsgerade

a)

x_i	0	1	2	3	4	5	6
y_i	2.1	0.81	−0.5	−2.1	−3.4	−4.3	−5.8

b)

x_i	1.5	1.8	2.4	3.0	3.5	4.0	4.5	6.0
y_i	1.9	2.1	2.8	3.4	4.0	4.1	5.1	6.1

Tragen Sie die Punkte zusammen mit der Ausgleichsgeraden in ein Schaubild ein!

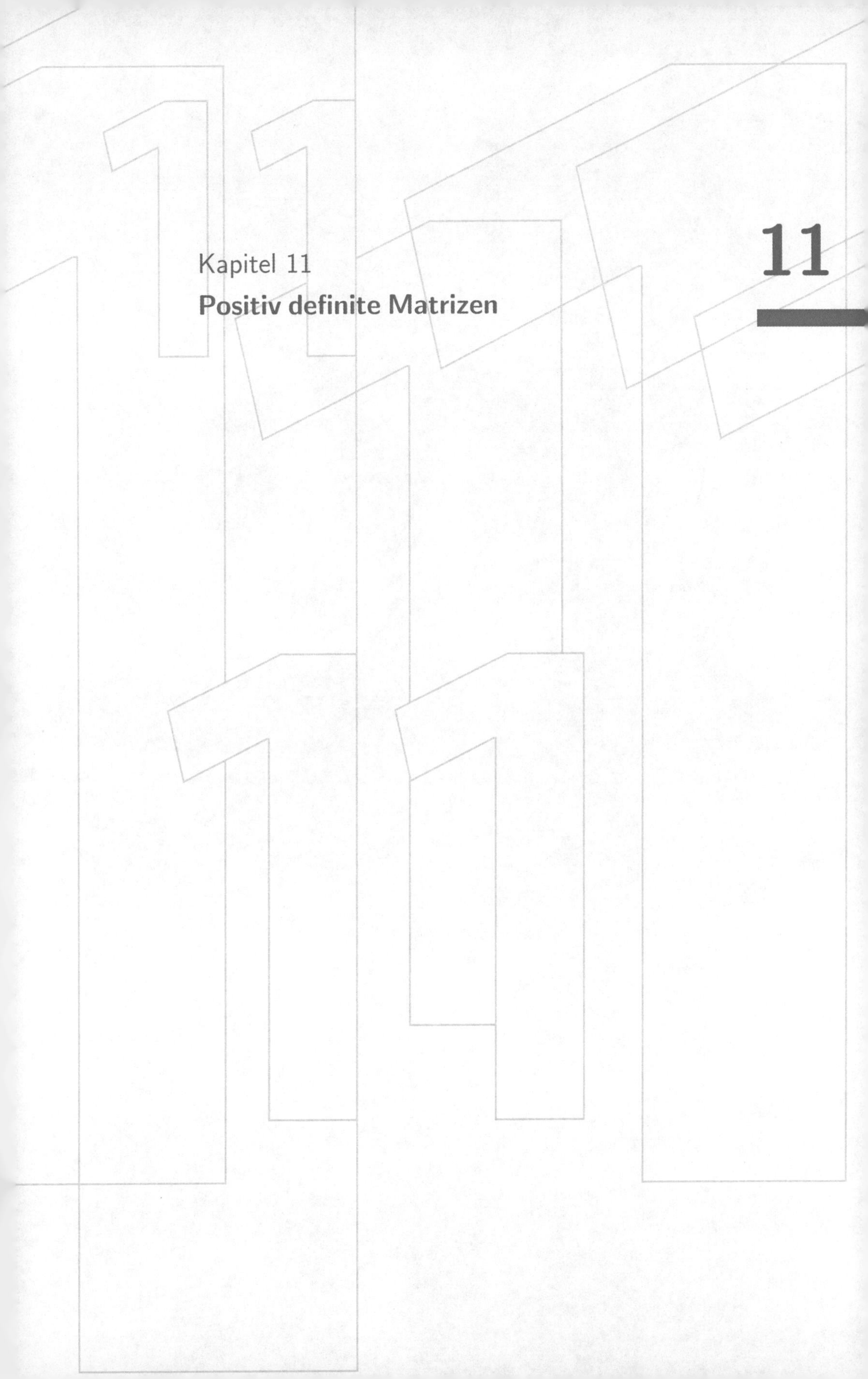

Kapitel 11
Positiv definite Matrizen

11

11

11 Positiv definite Matrizen

In diesem Kapitel fassen wir wichtige Ergebnisse zusammen, um die Berechnung der Extremwerte von Funktionen mit mehr als zwei Variablen durchführen zu können. Grundlegend ist der Begriff der Eigenvektoren und Eigenwerte für quadratische Matrizen. Dabei besitzen die symmetrischen Matrizen genügend Eigenvektoren, um eine Basis von $\mathbb{R}^n$ zu bilden. Und unter den symmetrischen Matrizen gibt es die positiv definitiven Matrizen, deren Eigenvektoren sogar eine orthonormale Basis bilden. Genau diese Eigenschaft bzw. deren Konsequenz haben wir im Abschnitt 10.4.4 verwendet, um über die Hesse-Matrix lokale Extremwerte zu identifizieren.

11.1 Eigenwerte und Eigenvektoren

11.1

Definition: *Sei A eine $(n \times n)$-Matrix und $\vec{x}$ ein Vektor $\vec{x} \neq \vec{0}$. Dann heißt* $\vec{x}$ **Eigenvektor** *von A, wenn es eine komplexe Zahl λ gibt mit*

$$A\,\vec{x} = \lambda\,\vec{x}.$$

λ heißt dann **Eigenwert** *von A zum Eigenvektor $\vec{x}$.*

Visualisierung: Auf der Homepage gibt es eine Animation zur graphischen Bestimmung von Eigenwerten und Eigenvektoren für eine (2×2)-Matrix. Mit der entsprechenden MAPLE-Prozedur können beliebige (2×2)-Matrizen gewählt werden.

Beispiel 11.1. Gegeben ist die (3×3)-Matrix $A = \begin{pmatrix} 4 & 7 & -5 \\ 0 & 3 & -1 \\ 2 & 8 & -4 \end{pmatrix}$ und die Vektoren $\vec{x}_1 = \begin{pmatrix} 2 \\ 1 \\ 3 \end{pmatrix}$, $\vec{x}_2 = \begin{pmatrix} 1 \\ 1 \\ 2 \end{pmatrix}$, $\vec{x}_3 = \begin{pmatrix} -1 \\ 1 \\ 1 \end{pmatrix}$. Dann gilt

$$A\,\vec{x}_1 = \begin{pmatrix} 4 & 7 & -5 \\ 0 & 3 & -1 \\ 2 & 8 & -4 \end{pmatrix} \begin{pmatrix} 2 \\ 1 \\ 3 \end{pmatrix} = \begin{pmatrix} 8+7-15 \\ 0+3-3 \\ 4+8-12 \end{pmatrix} = \begin{pmatrix} 0 \\ 0 \\ 0 \end{pmatrix} = 0 \cdot \begin{pmatrix} 2 \\ 1 \\ 3 \end{pmatrix}$$

$\hookrightarrow \vec{x}_1$ ist ein Eigenvektor zum Eigenwert $\lambda_1 = 0$.

$$A\,\vec{x}_2 = \begin{pmatrix} 4 & 7 & -5 \\ 0 & 3 & -1 \\ 2 & 8 & -4 \end{pmatrix} \begin{pmatrix} 1 \\ 1 \\ 2 \end{pmatrix} = \begin{pmatrix} 4+7-10 \\ 0+3-2 \\ 2+8-8 \end{pmatrix} = \begin{pmatrix} 1 \\ 1 \\ 2 \end{pmatrix} = 1 \cdot \begin{pmatrix} 1 \\ 1 \\ 2 \end{pmatrix}$$

T. Westermann, *Mathematik für Ingenieure 2*,
https://doi.org/10.1007/978-3-662-70570-4_4

$\hookrightarrow \vec{x}_2$ ist ein Eigenvektor zum Eigenwert $\lambda_2 = 1$.

$$A\,\vec{x}_3 = \begin{pmatrix} 4 & 7 & -5 \\ 0 & 3 & -1 \\ 2 & 8 & -4 \end{pmatrix} \begin{pmatrix} -1 \\ 1 \\ 1 \end{pmatrix} = \begin{pmatrix} -4+7-5 \\ 0+3-1 \\ -2+8-4 \end{pmatrix} = \begin{pmatrix} -2 \\ 2 \\ 2 \end{pmatrix} = 2 \cdot \begin{pmatrix} -1 \\ 1 \\ 1 \end{pmatrix}$$

$\hookrightarrow \vec{x}_3$ ist ein Eigenvektor zum Eigenwert $\lambda_3 = 2$.□

In Beispiel 11.1 haben wir nur überprüft, dass die gegebenen Vektoren Eigenvektoren sind. Der nächste Schritt ist die Berechnung der Eigenvektoren und Eigenwerte einer Matrix A. Dabei berechnen wir zuerst alle Eigenwerte von A und dann für jeden Eigenwert die entsprechenden Eigenvektoren:

11.2

11.2 Berechnung der Eigenwerte einer Matrix

Sei A eine $(n \times n)$-Matrix und $\lambda \in \mathbb{C}$ ein Eigenwert von A. Dann gibt es einen Vektor $\vec{x} \neq 0$, so dass

$$A\,\vec{x} = \lambda\,\vec{x}. \tag{3}$$

Wir schreiben die Matrizengleichung um, indem wir die Einheitsmatrix

$$I_n = \begin{pmatrix} 1 & & 0 \\ & \ddots & \\ 0 & & 1 \end{pmatrix}$$

und den Vektor

$$\vec{x} = \begin{pmatrix} x_1 \\ \vdots \\ x_n \end{pmatrix} = \begin{pmatrix} 1 & & 0 \\ & \ddots & \\ 0 & & 1 \end{pmatrix} \begin{pmatrix} x_1 \\ \vdots \\ x_n \end{pmatrix} = I_n\,\vec{x}.$$

verwenden. Dann ist Gleichung (3) äquivalent zu

$$A\,\vec{x} = \lambda\,I_n\,\vec{x} \;\Leftrightarrow\; A\,\vec{x} - \lambda\,I_n\,\vec{x} = \vec{0} \;\Leftrightarrow\; (A - \lambda\,I_n)\,\vec{x} = \vec{0}.$$

Dies ist ein lineares Gleichungssystem mit der Matrix $B = (A - \lambda\,I_n)$. Ein lineares Gleichungssystem ist nach dem Fundamentalsatz für LGS (siehe Band 1, Abschnitt 3.3.1) eindeutig lösbar, wenn $\det(B) \neq 0$. Dann ist $\vec{x} = \vec{0}$ die einzige Lösung von $B\,\vec{x} = \vec{0}$. Diese Lösung liefert jedoch keinen Eigenvektor, da die Eigenvektoren ungleich Null sein müssen. Um also einen Eigenvektor zu erhalten, kann $\vec{x} = \vec{0}$ nicht die einzige Lösung sein, d.h. das LGS darf nicht eindeutig lösbar sein! Es muss also $\det(B) = 0$ sein:

$$\det\,(A - \lambda\,I_n) = 0.$$

Eigenwerte der Matrix

$$\lambda \text{ ist ein Eigenwert der Matrix } A \quad \Leftrightarrow \quad \det\,(A - \lambda\, I_n) = 0.$$

Beispiel 11.2. Gegeben ist die (3×3)-Matrix $A = \begin{pmatrix} 5 & 7 & -5 \\ 0 & 4 & -1 \\ 2 & 8 & -3 \end{pmatrix}$. Gesucht sind alle Eigenwerte der Matrix.

Um die Eigenwerte zu bestimmen, berechnen wir

$$A - \lambda\, I_3 = \begin{pmatrix} 5 & 7 & -5 \\ 0 & 4 & -1 \\ 2 & 8 & -3 \end{pmatrix} - \lambda \begin{pmatrix} 1 & 0 & 0 \\ 0 & 1 & 0 \\ 0 & 0 & 1 \end{pmatrix} = \begin{pmatrix} 5-\lambda & 7 & -5 \\ 0 & 4-\lambda & -1 \\ 2 & 8 & -3-\lambda \end{pmatrix}$$

sowie die Determinante

$$\begin{aligned} \det\,(A - \lambda\, I_3) &= \begin{vmatrix} 5-\lambda & 7 & -5 \\ 0 & 4-\lambda & -1 \\ 2 & 8 & -3-\lambda \end{vmatrix} \\ &= (5-\lambda) \begin{vmatrix} 4-\lambda & -1 \\ 8 & -3-\lambda \end{vmatrix} + 2 \begin{vmatrix} 7 & -5 \\ 4-\lambda & -1 \end{vmatrix} \\ &= -\lambda^3 + 6\,\lambda^2 - 11\,\lambda + 6 = -\,(\lambda - 1)\,(\lambda - 2)\,(\lambda - 3)\,. \end{aligned}$$

Aus der Bedingung $\det\,(A - \lambda\, I_3) = 0$ können die Eigenwerte bestimmt werden: $\lambda_1 = 1$, $\lambda_2 = 2$ und $\lambda_3 = 3$. □

Außerdem erkennen wir, dass für die (3×3)-Matrix A, die Determinante

$$\det\,(A - \lambda\, I_3) = -\lambda^3 + 6\,\lambda^2 - 11\,\lambda + 6$$

ein Polynom dritten Grades in λ ist. Allgemein gilt

Charakteristisches Polynom

Ist A eine $(n \times n)$-Matrix, dann ist

$$P\,(\lambda) := \det\,(A - \lambda\, I_n)$$

ein Polynom in λ vom Grad n. $P\,(\lambda)$ heißt **charakteristisches Polynom. Die Nullstellen des charakteristischen Polynoms sind die Eigenwerte der Matrix** A.

Nach dem Fundamentalsatz der Algebra (siehe Band 1, Abschnitt 5.2.7) gilt, dass jedes Polynom vom Grade n genau n Nullstellen besitzt. D.h. im Komplexen zerfällt das charakteristische Polynom immer in Linearfaktoren. Da man jedoch für Systeme mit mehr als vier Gleichungen keine Formeln zur Berechnung dieser Nullstellen hat, müssen zu Bestimmung numerische Methoden wie z.B. das Newton-Verfahren (Band 1, Abschnitt 7.8) herangezogen werden, um die Eigenwerte näherungsweise zu berechnen.

11.3

11.3 Berechnung der Eigenvektoren

Sind die Eigenwerte einer Matrix bestimmt, müssen zu jedem Eigenwert die zugehörigen Eigenvektoren berechnet werden, indem das lineare Gleichungssystem $(A - \lambda I_n)\, \vec{x} = \vec{0}$ zu lösen ist:

Eigenvektoren

Ist λ ein Eigenwert der Matrix A, dann sind alle Eigenvektoren zu diesem Eigenwert λ Lösungen des zugehörigen linearen Gleichungssystems

$$(A - \lambda I_n)\, \vec{x} = \vec{0}.$$

Beispiel 11.3 (Eigenvektoren). Gegeben ist die Matrix $A = \begin{pmatrix} 5 & 7 & -5 \\ 0 & 4 & -1 \\ 2 & 8 & -3 \end{pmatrix}$ aus Beispiel 11.2 mit den Eigenwerten $\lambda_1 = 1$, $\lambda_2 = 2$, $\lambda_3 = 3$. Gesucht sind die zugehörigen Eigenvektoren.

i) Eigenvektor zum Eigenwert $\lambda_1 = 1$: Wir suchen Vektoren $\vec{x} \neq \vec{0}$, so dass $(A - \lambda_1 I_3)\, \vec{x} = \vec{0}$. Dazu lösen wir das LGS

$$\begin{pmatrix} 5-1 & 7 & -5 \\ 0 & 4-1 & -1 \\ 2 & 8 & -3-1 \end{pmatrix} \begin{pmatrix} x_1 \\ x_2 \\ x_3 \end{pmatrix} = \begin{pmatrix} 0 \\ 0 \\ 0 \end{pmatrix}:$$

$$\hookrightarrow \left(\begin{array}{ccc|c} 4 & 7 & -5 & 0 \\ 0 & 3 & -1 & 0 \\ 2 & 8 & -4 & 0 \end{array}\right) \hookrightarrow \left(\begin{array}{ccc|c} 4 & 7 & -5 & 0 \\ 0 & 3 & -1 & 0 \\ 0 & -9 & 3 & 0 \end{array}\right) \hookrightarrow \left(\begin{array}{ccc|c} 4 & 7 & -5 & 0 \\ 0 & 3 & -1 & 0 \\ 0 & 0 & 0 & 0 \end{array}\right).$$

Die Lösung lautet $x_3 = t$; $3\,x_2 - t = 0 \hookrightarrow x_2 = \frac{1}{3}\,t$; $4\,x_1 + \frac{7}{3}\,t - 5\,t = 0 \hookrightarrow x_1 = \frac{2}{3}\,t$.

$$\Rightarrow \mathbb{L}_1 = \left\{ \vec{x} \in \mathbb{R}^3 : \vec{x} = t \begin{pmatrix} \frac{2}{3} \\ \frac{1}{3} \\ 1 \end{pmatrix}, \quad t \in \mathbb{R} \right\}$$

Wählen wir z.B. $t = 3$, dann ist $\vec{x}_1 = \begin{pmatrix} 2 \\ 1 \\ 3 \end{pmatrix}$ ein Eigenvektor zum Eigenwert $\lambda_1 = 1$.

ii) Eigenvektor zum Eigenwert $\lambda_2 = 2$: Hierzu lösen wir das LGS

$$(A - \lambda_2 I_3)\, \vec{x} = \vec{0} :$$

$$\left(\begin{array}{ccc|c} 5-2 & 7 & -5 & 0 \\ 0 & 4-2 & -1 & 0 \\ 2 & 8 & -3-2 & 0 \end{array}\right) \hookrightarrow \left(\begin{array}{ccc|c} 3 & 7 & -5 & 0 \\ 0 & 2 & -1 & 0 \\ 0 & 0 & 0 & 0 \end{array}\right).$$

Also $x_3 = t$; $2\,x_2 - t = 0 \hookrightarrow x_2 = \frac{1}{2}\,t$; $3\,x_1 + \frac{7}{2}\,t - 5\,t = 0 \hookrightarrow x_1 = \frac{1}{2}\,t$.

$$\Rightarrow \mathbb{L}_2 = \left\{ \vec{x} \in \mathbb{R}^3 : \vec{x} = t \begin{pmatrix} \frac{1}{2} \\ \frac{1}{2} \\ 1 \end{pmatrix}, \quad t \in \mathbb{R} \right\}$$

ist die Lösung des linearen Gleichungssystems. Einen Eigenvektor zum Eigenwert $\lambda_2 = 2$ erhalten wir, indem wir z.B. $t = 2$ setzen: $\vec{x}_2 = \begin{pmatrix} 1 \\ 1 \\ 2 \end{pmatrix}$.

iii) Eigenvektor zum Eigenwert $\lambda_3 = 3$: Wir lösen das lineare Gleichungssystem $(A - \lambda_3\, I_3)\, \vec{x} = \vec{0}$ und erhalten als Eigenvektor zum Eigenwert $\lambda_3 = 3$: $\vec{x}_3 = \begin{pmatrix} -1 \\ 1 \\ 1 \end{pmatrix}$ □

Sind $\vec{x}_1$ und $\vec{x}_2$ zwei Eigenvektoren zum **selben** Eigenwert λ, dann ist jede Linearkombination von $\vec{x}_1$ und $\vec{x}_2$ ebenfalls ein Eigenvektor zum selben Eigenwert:

$$\begin{aligned} A\,(c_1\,\vec{x}_1 + c_2\,\vec{x}_2) &= c_1\,A\,\vec{x}_1 + c_2\,A\,\vec{x}_2 = c_1\,\lambda\,\vec{x}_1 + c_2\,\lambda\,\vec{x}_2 \\ &= \lambda\,(c_1\,\vec{x}_1 + c_2\,\vec{x}_2). \end{aligned}$$

Folglich ist $c_1\,\vec{x}_1 + c_2\,\vec{x}_2$ ein Eigenvektor zu λ für alle $c_1, c_2 \in \mathbb{C}$. Mit dem Untervektorraum-Kriterium UVR (siehe Band 1, Abschnitt 2.4.2) folgern wir

Eigenraum

Sei A eine $(n \times n)$-Matrix und λ ein Eigenwert von A. Dann ist die Menge aller Eigenvektoren zum Eigenwert λ ein Vektorraum.

$$\begin{aligned} \operatorname{Eig}(A, \lambda) &= \text{Menge aller Eigenvektoren zum Eigenwert } \lambda \\ &= \text{Eigenraum von } A \text{ zum Eigenwert } \lambda. \end{aligned}$$

Die Dimension dieses Vektorraums heißt die **geometrische Vielfachheit** des Eigenwertes λ.

Sind $\vec{x}_1$ und $\vec{x}_2$ zwei Eigenvektoren zu zwei **unterschiedlichen** Eigenwerten λ_1 und λ_2, dann sind $\vec{x}_1$ und $\vec{x}_2$ linear unabhängig:

Beweis: Sind $\lambda_1 \neq \lambda_2$ zwei unterschiedliche Eigenwerte zu zwei Eigenvektoren $\vec{x}_1$ und $\vec{x}_2$, d.h. $A\,\vec{x}_1 = \lambda_1\,\vec{x}_1$ und $A\,\vec{x}_2 = \lambda_2\,\vec{x}_2$. Dann wenden wir die Matrix A an auf die Linearkombination $c_1\,\vec{x}_1 + c_2\,\vec{x}_2 = \vec{0}$

$$\Rightarrow c_1\,A\vec{x}_1 + c_2\,A\vec{x}_2 = A\,\vec{0} \quad \Rightarrow \quad c_1\,\lambda_1\vec{x}_1 + c_2\,\lambda_2\vec{x}_2 = \vec{0}.$$

In der letzten Gleichung ersetzen wir $c_1\,\vec{x}_1 = -c_2\,\vec{x}_2$, so dass

$$-c_2\lambda_1\vec{x}_2 + c_2\,\lambda_2\vec{x}_2 = \vec{0} \quad \Rightarrow \quad (\lambda_2 - \lambda_1)\,c_2\,\vec{x}_2 = \vec{0}.$$

Da $\lambda_1 \neq \lambda_2$ ist $c_2 = 0$ und folglich $c_1 = 0$. □

Unterschiedliche Eigenwerte

Eigenvektoren zu unterschiedlichen Eigenwerten sind linear unabhängig.

Wenn wir n verschiedene Eigenwerte haben, dann erhalten wir eine Basis von Eigenvektoren. Wenn wir einen Eigenwert der algebraischen Vielfachheit k haben und die geometrische Vielfachheit ist ebenfalls k, dann erhalten wir auch eine Basis von Eigenvektoren. Dies gilt zum Beispiel für die wichtige Anwendung der symmetrischen Matrizen. Nur für solche Matrizen, bei denen die algebraische Vielfachheit größer als die geometrische Vielfachheit ist, findet man nicht genügend Eigenvektoren, um eine Basis von $\mathbb{R}^n$ zu bilden.

Basis von Eigenvektoren

Sei A eine $(n \times n)$-Matrix und sei $\vec{x}_1, \ldots, \vec{x}_n$ eine Basis aus Eigenvektoren zu den Eigenwerten $\lambda_1, \ldots, \lambda_n$. Dann existiert eine invertierbare Matrix S und eine Diagonalmatrix D, so dass

$$A = S\,D\,S^{-1} \quad \text{oder} \quad D = S^{-1}\,A\,S\,.$$

Beweis: Die Diagonalmatrix D ist definiert über die Eigenwerte als Diagonalelemente $\lambda_1, \dots, \lambda_n$

$$D = \begin{pmatrix} \lambda_1 & & 0 \\ & \ddots & \\ 0 & & \lambda_n \end{pmatrix}$$

und die Spalten der Matrix S sind gegeben durch die zugehörigen Eigenvektoren

$$S = (\vec{x}_1, \dots, \vec{x}_n).$$

Somit ist $S\,\vec{e}_j = \vec{x}_j$ und für die inverse Matrix S^{-1} folgt $S^{-1}\,\vec{x}_j = \vec{e}_j$. Für jeden Eigenvektor $\vec{x}_j$ berechnen wir

$$\begin{aligned} S\,D\,S^{-1}\,\vec{x}_j &= S\,D\,(S^{-1}\vec{x}_j) = S\,D\,\vec{e}_j = S\,\lambda_j\vec{e}_j \\ &= \lambda_j\,(S\,\vec{e}_j) = \lambda_j\,\vec{x}_j = A\,\vec{x}_j\,. \end{aligned}$$

Da $\vec{x}_1, \dots, \vec{x}_n$ eine Basis darstellt, können wir jeden Vektor $\vec{x}$ darstellen als Linearkombination $\vec{x} = c_1\,\vec{x}_1 + \dots + c_n\,\vec{x}_n$. Damit gilt $S\,D\,S^{-1}(\vec{x}) = A(\vec{x})$ für alle $\vec{x} \in \mathbb{R}^n$:

$$\begin{aligned} S\,D\,S^{-1}\,\vec{x} &= S\,D\,S^{-1}\,(c_1\,\vec{x}_1 + \cdots + c_n\,\vec{x}_n) \\ &= (c_1\,S\,D\,S^{-1}\,\vec{x}_1 + \cdots + c_n\,S\,D\,S^{-1}\,\vec{x}_n) \\ &= (c_1\,A\,\vec{x}_1 + \cdots + c_n\,A\,\vec{x}_n) \\ &= A\,(c_1\,\vec{x}_1 + \cdots + c_n\,\vec{x}_n) = A\,\vec{x}\,. \end{aligned}$$

Damit ist die Matrix auf der linken Seite identisch zur Matrix auf der rechten Seite. □

Beispiel 11.4 (Diagonalisierung). Gegeben ist die Matrix

$$A = \begin{pmatrix} 5 & 7 & -5 \\ 0 & 4 & -1 \\ 2 & 8 & -3 \end{pmatrix}$$

von Beispiel 11.2 mit den Eigenwerten $\lambda_1 = 1$, $\lambda_2 = 2$, $\lambda_3 = 3$. Wir bestimmen die Zerlegung der Matrix A, indem wir die Diagonalmatrix mit den Eigenwerten verwenden.

Nach Beispiel 11.3 sind die Eigenvektoren zu den Eigenwerten

$$\vec{x}_1 = \begin{pmatrix} 2 \\ 1 \\ 3 \end{pmatrix}, \vec{x}_2 = \begin{pmatrix} 1 \\ 1 \\ 2 \end{pmatrix}, \vec{x}_3 = \begin{pmatrix} -1 \\ 1 \\ 1 \end{pmatrix}.$$

Mit diesen Eigenvektoren definieren wir die Transfermatrix S und mit den zugehörigen Eigenwerten die Diagonalmatrix D:

$$S = \begin{pmatrix} 2 & 1 & -1 \\ 1 & 1 & 1 \\ 3 & 2 & 1 \end{pmatrix}, \ D = \begin{pmatrix} 1 & 0 & 0 \\ 0 & 2 & 0 \\ 0 & 0 & 3 \end{pmatrix}.$$

Mit der Inversen von S

$$S^{-1} = \begin{pmatrix} -1 & -3 & 2 \\ 2 & 5 & -3 \\ -1 & -1 & 1 \end{pmatrix}$$

prüfen wir nach, dass

$$\begin{aligned} S^{-1} A\, S &= \begin{pmatrix} -1 & -3 & 2 \\ 2 & 5 & -3 \\ -1 & -1 & 1 \end{pmatrix} \cdot \begin{pmatrix} 5 & 7 & -5 \\ 0 & 4 & -1 \\ 2 & 8 & -3 \end{pmatrix} \cdot \begin{pmatrix} 2 & 1 & -1 \\ 1 & 1 & 1 \\ 3 & 2 & 1 \end{pmatrix} \\ &= \begin{pmatrix} -1 & -3 & 2 \\ 2 & 5 & -3 \\ -1 & -1 & 1 \end{pmatrix} \cdot \begin{pmatrix} 2 & 2 & -3 \\ 1 & 2 & 3 \\ 3 & 4 & 3 \end{pmatrix} \\ &= \begin{pmatrix} 1 & 0 & 0 \\ 0 & 2 & 0 \\ 0 & 0 & 3 \end{pmatrix} = D. \end{aligned}$$

Wir bestimmen nun noch die Determinante

$$\begin{aligned} \det(D) &= \det(S^{-1} A\, S) = \det(S^{-1}) \cdot \det(A) \cdot \det(S) \\ &= \frac{1}{\det(S)} \cdot \det(A) \cdot \det(S) = \det(A). \end{aligned}$$

Somit ist

$$\det(A) = 1 \cdot 2 \cdot 3 = 6.$$

□

11.4 Symmetrische Matrizen

Für reelle symmetrische Matrizen ist es grundlegend, dass sie nur reelle Eigenwerte mit reellen Eigenvektoren haben, die eine Basis von $\mathbb{R}^n$ bilden, was wir weiter unten beweisen werden. Wenn wir also die Spalten der Transfermatrix S durch die Eigenvektoren definieren, dann ist $D = S^{-1} \cdot A \cdot S$, wenn D die Diagonalmatrix mit den entsprechenden Eigenwerten ist. Mit Hilfe der Gram-Schmidt-Orthogonalisierung erzeugen wir eine Orthonormalbasis von Eigenvektoren und dann gilt sogar $S^{-1} = S^t$.

Gram-Schmidtsches Orthogonalisierungsverfahren

Gegeben seien k linear unabhängige Vektoren $\vec{v}_1, \ldots, \vec{v}_k$. Dann existieren k orthogonale Vektoren $\vec{s}_1, \ldots, \vec{s}_k$, so dass $\operatorname{span}(\vec{v}_1, \ldots, \vec{v}_k) = \operatorname{span}(\vec{s}_1, \ldots, \vec{s}_k)$.

Der Gram-Schmidt-Algorithmus garantiert, dass man aus k linear unabhängigen Vektoren immer k orthogonale Vektoren konstruieren kann, die denselben Vektorraum mit der Dimension k erzeugen. Nach der Normalisierung haben wir dann k orthonormale Vektoren.

Beweis:

Gegeben seien k linear unabhängige Vektoren $\vec{v}_1, \ldots, \vec{v}_k$. Wir starten mit $\vec{s}_1 = \vec{v}_1$ und definieren rekursiv $(j = 2, \ldots, k)$

$$\vec{s}_j = \vec{v}_j - \sum_{i=1}^{j-1} \frac{\vec{v}_j^{\,t} \vec{s}_i}{|\vec{s}_i|^2} \vec{s}_i,$$

um k orthogonale Vektoren zu erhalten. Wir können direkt nachprüfen, dass $\vec{s}_k$ orthogonal zu jedem $\vec{s}_j$ für $j = 1, \ldots, k-1$, indem wir das Skalarprodukt von einem beliebigen $\vec{s}_j$ mit $\vec{s}_k$ bilden:

$$\begin{aligned}
\vec{s}_j^{\,t} \cdot \vec{s}_k = \vec{s}_j^{\,t} \cdot \left(\vec{v}_k - \sum_{i=1}^{k-1} \frac{\vec{v}_k^{\,t} \vec{s}_i}{|\vec{s}_i|^2} \vec{s}_i \right) &= \vec{s}_j^{\,t} \vec{v}_k - \vec{s}_j^{\,t} \cdot \sum_{i=1}^{k-1} \frac{\vec{v}_k^{\,t} \vec{s}_i}{|\vec{s}_i|^2} \vec{s}_i \\
&= \vec{s}_j^{\,t} \vec{v}_k - \sum_{i=1}^{k-1} \frac{\vec{v}_k^{\,t} \vec{s}_i}{|\vec{s}_i|^2} \vec{s}_j^{\,t} \cdot \vec{s}_i .
\end{aligned}$$

Durch Rekursion ist $\vec{s}_j^{\,t} \cdot \vec{s}_i = 0$ für $i \neq j$ und $\vec{s}_j^{\,t} \cdot \vec{s}_i \neq 0$ für $i = j$. Somit gilt

$$\vec{s}_j^{\,t} \cdot \vec{s}_k = \vec{s}_j^{\,t} \vec{v}_k - \frac{\vec{v}_k^{\,t} \vec{s}_j}{|\vec{s}_j|^2} \vec{s}_j^{\,t} \vec{s}_j = \vec{s}_j^{\,t} \cdot \vec{v}_k - \vec{v}_k^{\,t} \vec{s}_j = 0. \qquad \square$$

Bemerkung

Sei A eine reelle $(n \times n)$-Matrix. Sei S eine invertierbare Matrix mit $S^{-1} = S^t$. Dann gilt

(1) $S^t \cdot A \cdot S$ ist symmetrisch.

(2) Ist λ ein Eigenwert von A, dann ist λ auch ein Eigenwert von $S^t \cdot A \cdot S$ und umgekehrt.

(3) Die charakteristische Polynome von A und $S^t \cdot A \cdot S$ haben dieselben Nullstellen.

Beweis:

(1) $(S^t \cdot A \cdot S)^t = S^t \cdot A^t \cdot (S^t)^t = S^t \cdot A \cdot S$.

(2) Ist λ ein Eigenwert von A, dann gibt es einen Eigenvektor $\vec{x}$, so dass $A\,\vec{x} = \lambda\,\vec{x}$. Dann ist $\vec{y} = S^t\,\vec{x}$ ein Eigenvektor von $S^t \cdot A \cdot S$:

$$S^t\,A\,S\,(S^t\,\vec{x}) = S^t\,A\,(S\,S^t)\,\vec{x} = S^t\,A\,\vec{x} = S^t\,\lambda\,\vec{x} = \lambda\,\vec{y},$$

da $(S\,S^t) = (S\,S^{-1}) = I_n$. Und analog, falls λ ein Eigenwert von $S^t \cdot A \cdot S$ zum Eigenvektor $\vec{y}$ ist, dann erhalten wir durch $\vec{x} = S\,\vec{y}$ einen Eigenvektor von A.

(3) Folgerung von Bemerkung (2).

Unter Verwendung dieser Vorbemerkungen können wir die folgenden wichtigen Eigenschaften von reellen, symmetrischen Matrizen prüfen.

Eigenschaften reeller symmetrischer Matrizen

Sei A eine reelle symmetrische $(n \times n)$-Matrix.

(1) A hat nur reelle Eigenwerte.

(2) Die geometrische Vielfachheit eines Eigenwertes ist immer gleich der algebraischen Vielfachheit.

(3) Eigenvektoren zu unterschiedlichen Eigenwerten sind senkrecht.

(4) Es können immer orthogonale Eigenvektoren zum selben Eigenwert konstruiert werden.

(5) Ist $(\vec{s}_1, \ldots \vec{s}_n)$ eine orthonormale Basis, dann hat die Transfermatrix $S = (\vec{s}_1, \ldots, \vec{s}_n)$ die Inverse S^t.

Anmerkung: Bemerkung (1) besagt, dass das charakteristische Polynom vom Grad n nur reelle Nullstellen hat. Das können einfache Nullstellen sein oder Nullstellen der Vielfachheit k. Diese Zahl nennt man auch die algebraische Ordnung. Wenn die algebraische Ordnung k ist, braucht man so viele linear unabhängige Eigenvektoren wie die algebraische Ordnung, um die Matrix zu diagonalisieren. Die Anzahl der linear unabhängigen Eigenvektoren für einen Eigenwert ist die geometrische Ordnung. Aus Punkt (2) schließen wir, dass jede reelle symmetrische Matrix diagonalisiert werden kann.

Aus den Punkten (3) und (4) können wir schließen, dass es eine Basis von Eigenvektoren gibt, die orthogonal sind und die Länge 1 haben. Wir haben also eine orthonormale Basis von Eigenvektoren. Nach Punkt (5) hat die Transfermatrix S, die aus den orthonormalen Eigenvektoren besteht, S^t als Inverse.

Beweis der Eigenschaften: A reell bedeutet $\bar{A} = A$. Da A symmetrisch ist, gilt auch $A^t = A$. Eine wichtige Regel für die Transposition zweier Matrizen ist $(A \cdot B)^t = B^t \cdot A^t$. Für die Matrix-Vektor-Multiplikation gilt also $(A \cdot \vec{x})^t = \vec{x}^{\,t} \cdot A^t$.

(1) Ist λ ein Eigenwert, dann existiert ein Eigenvektor $\vec{v} \neq 0$ so dass $A\,\vec{v} = \lambda\,\vec{v}$. Wir nehmen das komplex Konjugierte beider Seiten und erhalten

$$\overline{A\,\vec{v}} = \overline{\lambda\,\vec{v}} \quad \Rightarrow \quad \overline{A}\,\overline{\vec{v}} = \overline{\lambda}\,\overline{\vec{v}} \quad \Rightarrow \quad A\,\overline{\vec{v}} = \overline{\lambda}\,\overline{\vec{v}}.$$

Damit ist $\overline{\lambda}$ ein Eigenwert zum Eigenvektor $\overline{\vec{v}}$. Nehmen wir das Skalarprodukt der letzten Gleichung mit $\vec{v}$, folgt

$$\vec{v}^{\,t}\,A\,\overline{\vec{v}} = \vec{v}^{\,t}\,\overline{\lambda}\,\overline{\vec{v}} \quad \Rightarrow \quad (A\,\vec{v})^t\,\overline{\vec{v}} = \overline{\lambda}\,\vec{v}^{\,t}\,\overline{\vec{v}}$$

$$\Rightarrow \quad (\lambda\,\vec{v})^t\,\overline{\vec{v}} = \overline{\lambda}\,\vec{v}^{\,t}\,\overline{\vec{v}} \quad \Rightarrow \quad \lambda\,\vec{v}^{\,t}\,\overline{\vec{v}} = \overline{\lambda}\,\vec{v}^{\,t}\,\overline{\vec{v}}.$$

Da $\vec{v}^{\,t}\,\overline{\vec{v}} = |\vec{v}|^2 \neq 0$, ist $\lambda = \overline{\lambda}$ und λ muss eine reelle Zahl sein.

(2) Die geometrische Ordnung eines Eigenwertes ist gleich der algebraischen Ordnung: Sei $\mu \in \mathbb{R}$ ein Eigenwert von A mit der geometrischen Ordnung l. Dann gibt es l linear unabhängige Eigenvektoren $(\vec{x}_1, \ldots, \vec{x}_l)$ von A.

Mit Hilfe des Gram-Schmidtschen Orthogonalisierungsverfahrens können wir annehmen, dass dies orthonormale Vektoren sind. Wir erweitern diese Liste von Vektoren um $n - l$ Vektoren $(\vec{x}_{l+1}, \ldots, \vec{x}_n)$, so dass

$$(\vec{x}_1, \ldots, \vec{x}_l;\ \vec{x}_{l+1}, \ldots, \vec{x}_n)$$

eine orthonormale Basis von $\mathbb{R}^n$ ist. Wiederum unter Verwendung des Gram-Schmidt-Algorithmus. Mit diesen Vektoren definieren wir die Matrix $S = (\vec{x}_1, \ldots, \vec{x}_l;\ \vec{x}_{l+1}, \ldots, \vec{x}_n)$. Damit erhalten wir

$$S^t \cdot A \cdot S = \left(\begin{array}{cccc|c} \mu & 0 & \cdots & 0 & 0 \ \cdots \ \cdots \ 0 \\ 0 & \mu & \ddots & \vdots & \\ \vdots & \ddots & \ddots & 0 & \vdots \qquad \vdots \\ 0 & \cdots & 0 & \mu & 0 \ \cdots \ \cdots \ 0 \\ \hline 0 & \cdots & \cdots & 0 & \\ \vdots & & & \vdots & \mathrm{Y} \\ \vdots & & & \vdots & \\ 0 & \cdots & \cdots & 0 & \end{array}\right).$$

Der linke obere Block ist die diagonale $(l \times l)$-Untermatrix mit dem Eigenwert μ, der linke untere Block ist die $((n-l) \times l)$-Nullmatrix, da die ersten

l Spalten die Bilder der Eigenvektoren sind. Für A ist $S^t \cdot A \cdot S$ ebenfalls eine symmetrische Matrix, so dass der rechte obere Block die $(l \times (n-l))$-Nullmatrix sein muss. Nach Anmerkung (3) haben die charakteristischen Polynome von A und $S^t \cdot A \cdot S$ dieselben Nullstellen. Bis zu einem konstanten Faktor c sind sie daher identisch:

$$p_A(\lambda) = c\, p_{S^tAS}(\lambda) = c\,(\mu - \lambda)^l \det(Y - \lambda\, I_{n-l}) .$$

Wäre μ eine Nullstelle des charakteristischen Polynoms von Y, gäbe es einen zugehörigen Eigenvektor $\vec{y}_{n-l} \in \mathbb{R}^{n-l}$. Dann ist

$$\vec{y} = \begin{pmatrix} 0 \\ \vdots \\ 0 \\ \vec{y}_{n-l} \end{pmatrix}$$

ein Eigenvektor von $S^t \cdot A \cdot S$ zum Eigenwert μ. Damit wäre μ auch ein Eigenwert von $S^t \cdot A \cdot S$ und

$$\begin{aligned} S\,\vec{y} &= (\vec{x}_1, \ldots, \vec{x}_l\, ; \vec{x}_{l+1}, \ldots, \vec{x}_n) \begin{pmatrix} 0 \\ \vdots \\ 0 \\ \vec{y}_{n-l} \end{pmatrix} \\ &= \vec{x}_1 \cdot 0 + \cdots + \vec{x}_l \cdot 0 + \vec{x}_{l+1} \cdot y_1 + \cdots + \vec{x}_n \cdot y_l \notin \text{ span } (\vec{x}_1, \ldots, \vec{x}_l). \end{aligned}$$

Dies widerspricht der Annahme, dass nur $\vec{x}_1, \ldots, \vec{x}_l$ linear unabhängige Eigenvektoren von A sind. Daher kann μ kein Eigenwert von Y sein und die algebraische Ordnung des Eigenwertes μ ist ebenfalls l.

(3) Sei $\vec{v}_1$ ein Eigenvektor zum Eigenwert λ_1 (d.h. $A\,\vec{v}_1 = \lambda_1\,\vec{v}_1$) und $\vec{v}_2$ ein Eigenvektor zum Eigenwert λ_2 (d.h. $A\,\vec{v}_2 = \lambda_2\,\vec{v}_2$) und $\lambda_1 \neq \lambda_2$. Verwenden wir die Symmetrie-Eigenschaft ($A^t = A$), erhalten wir

$$(\lambda_1\,\vec{v}_1)^t\,\vec{v}_2 = (A\,\vec{v}_1)^t\,\vec{v}_2 = \vec{v}_1^{\,t}\,A^t\,\vec{v}_2 = \vec{v}_1^{\,t}\,A\,\vec{v}_2 = \vec{v}_1^{\,t}\,\lambda_2\,\vec{v}_2 .$$

Folglich ist

$$\lambda_1\,\vec{v}_1^{\,t}\,\vec{v}_2 - \lambda_2\,\vec{v}_1^{\,t}\,\vec{v}_2 = 0 \quad \Rightarrow \quad (\lambda_1 - \lambda_2)\,\vec{v}_1^{\,t}\,\vec{v}_2 = 0.$$

Da die Eigenwerte unterschiedlich sind, muss ist $\vec{v}_1^{\,t}\,\vec{v}_2 = 0$. Dies ist das Skalarprodukt von $\vec{v}_1$ mit $\vec{v}_2$. Folglich sind die beiden Vektoren orthogonal.

(4) Gemäß Punkt (2) bleiben Eigenvektoren zu verschiedenen Eigenwerten orthogonal. Wenn die geometrische Ordnung eines Eigenwerts größer als 1 ist, können wir orthogonale Eigenvektoren zu demselben Eigenwert mithilfe des Gram-Schmidtschen Orthogonalisierungsverfahrens konstruieren.

(5) Wenn $(\vec{s}_1, \ldots, \vec{s}_n)$ eine Orthonormalbasis ist, dann hat die Transfermatrix $S = (\vec{s}_1, \ldots, \vec{s}_n)$ die Inverse S^t. Nach den Punkten (3) und (4) kann eine

orthogonale Basis von Eigenvektoren $\vec{s}_i \quad (i = 1, \ldots, n)$ konstruiert werden, die man schließlich normalisiert: Sie bleiben orthogonal zueinander und haben die Länge 1, was sich durch die folgende Eigenschaft vereinfacht darstellen lässt

$$\vec{s}_i^{\,t} \cdot \vec{s}_j = \delta_{ij} = \begin{cases} 1 & \text{for} \quad i = j \\ 0 & \text{for} \quad i \neq j \end{cases}.$$

Wenn wir nun die Transfermatrix $S = (\vec{s}_1, \ldots, \vec{s}_n)$ mit den Eigenvektoren als Spalten definieren, dann sind die Zeilen $S^t = \begin{pmatrix} \vec{s}_1^{\,t} \\ \vdots \\ \vec{s}_n^{\,t} \end{pmatrix}$ die Eigenvektoren und das Produkt von S^t mit S ergibt die Einheitsmatrix $S^t \cdot S = (\delta_{ij}) = I_n$. Damit ist S^t die Inverse von S. □

Aus Anmerkung (5) folgt, dass wir für jede gegebene reelle symmetrische Matrix A eine invertierbare Matrix S mit $S^{-1} = S^t$ finden, so dass

$$D = S^t \cdot A \cdot S,$$

wobei D die Diagonalmatrix ist, die aus allen Eigenwerten von A besteht. Je nach diesen Eigenwerten definieren wir positiv bzw. negativ definite Matrizen:

11.5 Positiv definite Matrizen

11.5

Definition: *Sei A eine reelle symmetrische $(n \times n)$-Matrix.*

(1) *A heißt* **positiv definit**, *falls alle Eigenwerte größer als Null sind: $\lambda_k > 0$ für alle $k = 1, \ldots, n$.*

(2) *A heißt* **positiv semi-definit**, *falls alle Eigenwerte größer gleich Null sind: $\lambda_k \geq 0$ für alle $k = 1, \ldots, n$.*

(3) *A heißt* **negativ definit**, *falls alle Eigenwerte kleiner als Null sind: $\lambda_k < 0$ für alle $k = 1, \ldots, n$.*

(4) *A heißt* **negativ semi-definit**, *falls alle Eigenwerte kleiner gleich Null sind: $\lambda_k \leq 0$ für alle $k = 1, \ldots, n$.*

(5) *Andernfalls nennt man A indefinit.*

Bemerkung: A ist negativ definit, falls $-A$ positiv definit ist. A is negativ semi-definit, falls $-A$ positiv semi-definit ist.

Schaut man sich nur die Definition von positiv definit oder negativ definit an, so gibt es zunächst keinen Hinweis wie man überprüft, ob ein stationärer Punkt $\text{grad}\,(f) = \vec{0}$ auch ein Extremum ist. Daher ist der nächste Satz über positiv definite Matrizen von Bedeutung, da er genau diesen Zusammenhang herstellt. Wir beschränken die Diskussion auf positiv definite Matrizen, da die Argumentation für negativ definite Matrizen analog ist.

Positiv definite Matrizen und Extremwerte

Sei A eine reelle symmetrische $(n \times n)$-Matrix. Dann ist äquivalent:

$$A \text{ ist positiv definit} \quad \Longleftrightarrow \quad \vec{x}^{\,t} A \vec{x} > 0 \quad \text{für alle} \quad \vec{x} \neq \vec{0} \in \mathbb{R}^n.$$

Beweis:

$\Rightarrow$: Da A eine reelle symmetrische $(n \times n)$-Matrix ist, kann sie diagonalisiert werden. Das bedeutet, dass es Eigenvektoren $\vec{x}_1, \ldots, \vec{x}_n$ und Eigenwerte $\alpha_1, \ldots, \alpha_n$ gibt, so dass die Matrix A zerlegt werden kann in

$$A = S \cdot D \cdot S^t$$

wobei die Diagonalmatrix D aus den Eigenwerten und die Transfermatrix S aus den entsprechenden Eigenvektoren besteht. Also ist

$$\begin{aligned} \vec{x}^{\,t} \cdot A \cdot \vec{x} &= \vec{x}^{\,t} \cdot (S \cdot D \cdot S^t) \cdot \vec{x} \\ &= (S^t\,\vec{x})^t \cdot D \cdot (S^t\,\vec{x}) \\ &= (\vec{y})^t \cdot D \cdot (\vec{y}) \\ &= \alpha_1\, y_1^2 + \alpha_2\, y_2^2 + \cdots + \alpha_n\, y_n^2 > 0\,, \end{aligned}$$

wenn man den Vektor $\vec{y} = S^t\,\vec{x}$ einführt. Da die positiv definite Matrix A nur positive Eigenwerte $\alpha_i > 0$ hat, ist die rechte Seite für alle Vektoren $\vec{y} \neq \vec{0}$ positiv und folglich ist die linke Seite für alle Vektoren $\vec{x} \neq \vec{0}$ positiv.

$\Leftarrow$: Ist $\vec{x}^{\,t} A \vec{x} > 0$ für alle $\vec{x} \neq \vec{0} \in \mathbb{R}^n$, dann gilt diese Eigenschaft auch für die Eigenvektoren. Ist $\vec{x}_i \neq 0$ ein Eigenvektor zum Eigenwert α_i. Dann ist

$$\vec{x}_i^{\,t} A \vec{x}_i = \vec{x}_i^{\,t} (A \vec{x}_i) = \vec{x}_i^{\,t}\, \alpha_i\, \vec{x}_i = \lambda_i\, |\vec{x}_i|^2 > 0.$$

Somit muss $\lambda_i > 0$ sein. Dieses Argument gilt für alle Eigenwerte, also sind alle Eigenwerte positiv. □

Um eine Matrix A als positiv definit zu identifizieren, kann man entweder prüfen, ob sie für alle von Null verschiedenen Vektoren $\vec{x}^{\,t} A \vec{x} > 0$ ist, was normalerweise unpraktikabel ist. Oder wir müssen alle Eigenwerte finden und prüfen, ob sie positiv sind, was unpraktisch ist. Wir brauchen also ein einfaches Kriterium zur Überprüfung. Einen Ausweg liefert das Sylvester-Kriterium:

Sylvester-Kriterium

Sei $A = \begin{pmatrix} a_{11} & \cdots & a_{1n} \\ \vdots & & \vdots \\ a_{n1} & \cdots & a_{nn} \end{pmatrix}$ eine reelle symmetrische $(n \times n)$-Matrix.

A ist genau dann **positiv definit**, wenn alle Unterdeterminanten (**Hauptminoren**) $\triangle_k := \det \begin{pmatrix} a_{11} & \cdots & a_{1k} \\ \vdots & & \vdots \\ a_{k1} & \cdots & a_{kk} \end{pmatrix}$ größer als Null sind: $\Delta_k > 0$ für alle $k = 1, \ldots, n$.

Positiv semi-definite, negativ (semi-)definite Matrizen

A ist genau dann positiv semi-definit, wenn alle Hauptminoren größer gleich Null sind: $\Delta_k \geq 0$ für alle $k = 1, \ldots, n$.

A ist genau dann **negativ definit**, wenn $(-A)$ positiv definit ist.

A ist genau dann negativ semi-definit, wenn $(-A)$ positiv semi-definit ist.

Andernfalls ist A indefinit.

Diese Äquivalenz wird als Sylvester- oder Hurwitz-Kriterium bezeichnet.

Beweis des Sylvester-Kriteriums: Wir werden nur den ersten Teil für eine positiv definite Matrix beweisen. Alle anderen Teile sind einfache Modifikationen hiervon. Da A eine reelle symmetrische $(n \times n)$-Matrix ist, kann sie diagonalisiert werden: Es gibt Eigenvektoren $\vec{s}_1, \ldots, \vec{s}_n$ und Eigenwerte $\lambda_1, \ldots, \lambda_n$, so dass die Matrix A zerlegt werden kann in

$$A = S \cdot D \cdot S^t$$

wobei die Diagonalmatrix D aus den Eigenwerten und die Transfermatrix S aus den entsprechenden Eigenvektoren besteht.

$\Rightarrow$: A sei positiv definit. Da alle Eigenwerte positiv sind, werden wir sehen, dass $\det(A) > 0$:

$$A = S \cdot D \cdot S^t \quad \Rightarrow \quad \begin{aligned} \det(A) &= \det(S \cdot D \cdot S^t) = \det(D) \cdot \det(S)^2 \\ &= \lambda_1 \cdot \ldots \cdot \lambda_n \cdot \det(S)^2 > 0. \end{aligned}$$

Sei k eine beliebige Zahl $1 \leq k < n$. Bei der Berechnung der Hauptminoren $\Delta_k = \det(A_k)$ prüfen wir, ob die Matrix A_k ebenfalls positiv definit ist. Für jeden Vektor $\vec{x}_k \in \mathbb{R}^k$ definieren wir den zugehörigen Vektor $\vec{x}_n \in \mathbb{R}^n$:

$$\vec{x}_n = \begin{pmatrix} \vec{x}_k \\ 0 \\ \vdots \\ 0 \end{pmatrix}.$$

Somit gilt für alle $\vec{x}_k \in \mathbb{R}^k$

$$\vec{x}_k^{\,t}\, A_k\, \vec{x}_k = \vec{x}_n^{\,t}\, A\, \vec{x}_n > 0,$$

da A positiv definit ist und daher $\vec{x}^{\,t}\, A_k\, \vec{x} > 0$ für alle $\vec{x} \in \mathbb{R}^k$. A_k ist also positiv definit, und mit demselben Argument wie für A folgt, dass die Determinante von A_k positiv ist, so dass damit für alle Hauptminoren

$$\Delta_k = \det(A_k) > 0 \quad \text{für alle} \quad 1 \leq k \leq n.$$

$\Leftarrow$: Wir beweisen diese Richtung durch vollständige Induktion. Wir nehmen an, dass alle Hauptminoren $\Delta_k = \det(A_k) > 0$ für alle $k = 1, \ldots, n$. Dann müssen wir zeigen, dass A_n positiv definit ist.

(1) $n = 1$: Für $n = 1$ ist $A_1 = (a_{11})$ mit $\Delta_1 = \det(A_1) > 0$. Also ist a_{11} der Eigenwert von A_1. Da er positiv ist, ist die Matrix A_1 positiv definit.

(2) $n \to n + 1$: Nehmen wir an, dass alle Hauptminoren von A_n positiv sind und dass A_n positiv definit ist. Dann müssen wir zeigen, dass alle Eigenwerte von A_{n+1} positiv sind. Dazu zerlegen wir die $(n+1)\times(n+1)$-Matrix A_{n+1} in die $n \times n$-Matrix A_n oben links, die $(n+1)$-te Spalte $\vec{a}_n$ oben rechts, $\vec{a}_n^{\,t}$ unten links und die Zahl $a_{n+1,n+1}$:

$$A_{n+1} = \left(\begin{array}{c|c} A_n & \vec{a}_n \\ \hline \vec{a}_n^{\,t} & a_{n+1,n+1} \end{array}\right)$$

Nach Induktionsannahme ist A_n positiv definit, also existiert eine Transfermatrix S mit $S^{-1} = S^t$ und $D_n = S^t\, A_n\, S$. D_n ist die Diagonalmatrix, die aus den positiven Eigenwerten λ_1, ..., λ_n besteht. Nach der vorherigen Zerlegung erhalten wir mit der erweiterten Transfermatrix

$$S_{n+1} = \left(\begin{array}{c|c} & 0 \\ S & \vdots \\ & 0 \\ \hline 0, \ldots, 0 & 1 \end{array}\right):$$

$$S_{n+1}^t\,A_{n+1}\,S_{n+1} = \left(\begin{array}{c|c} S^t & \vec{0} \\ \hline \vec{0}^{\,t} & 1 \end{array}\right)\left(\begin{array}{c|c} A_n & \vec{a}_n \\ \hline \vec{a}_n^{\,t} & a_{n+1,n+1} \end{array}\right)\left(\begin{array}{c|c} S & \vec{0} \\ \hline \vec{0}^{\,t} & 1 \end{array}\right)$$

$$= \left(\begin{array}{c|c} S^t\,A_n\,S & \vec{b}_n \\ \hline \vec{b}_n^{\,t} & b' \end{array}\right) = \left(\begin{array}{c|c} D_n & \vec{b}_n \\ \hline \vec{b}_n^{\,t} & b' \end{array}\right) = D_{n+1} \qquad (*)$$

Die Matrix D_{n+1} auf der rechten Seite ist symmetrisch, so dass sie mit der folgenden Transfermatrix diagonalisiert werden kann

$$T_{n+1} = \left(\begin{array}{c|c} & \beta_1 \\ I_n & \vdots \\ & \beta_n \\ \hline 0,\ldots,0 & 1 \end{array}\right)$$

mit $\beta_i = -\frac{b_i}{\lambda_i}$. Wir werten die Matrizenprodukte direkt aus und erhalten die Diagonalmatrix D_n, die um eine Zahl d entlang der Diagonalen erweitert ist

$$T_{n+1}^t\,D_{n+1}\,T_{n+1} = \left(\begin{array}{c|c} D_n & \vec{0} \\ \hline \vec{0}^t & d \end{array}\right).$$

Ersetzen wir D_{n+1} mit Gleichung $(*)$, erhalten wir

$$T_{n+1}^t\,S_{n+1}^t\,A_{n+1}\,S_{n+1}\,T_{n+1} = \left(\begin{array}{c|c} D_n & \vec{0} \\ \hline \vec{0}^t & d \end{array}\right)$$

$$\Rightarrow (S_{n+1}\,T_{n+1})^{\,t}\,A_{n+1}\,(S_{n+1}\,T_{n+1}) = \left(\begin{array}{c|c} D_n & \vec{0} \\ \hline \vec{0}^t & d \end{array}\right).$$

Wir berechnen die Determinanten der linken und rechten Seite

$$\det((S_{n+1}\,T_{n+1})^{\,t})\,\det(A_{n+1})\,\det(S_{n+1}\,T_{n+1}) = \det\left(\begin{array}{c|c} D_n & \vec{0} \\ \hline \vec{0}^t & d \end{array}\right),$$

und erhalten

$$\det((S_{n+1}\,T_{n+1}))^2\,\det(A_{n+1}) = \lambda_1\cdot\ldots\cdot\lambda_n\cdot d.$$

Da die Hauptminoren $\det(A_{n+1}) > 0$ und alle Eigenwerte $\lambda_1, \ldots, \lambda_n > 0$ sind, muss auch $d > 0$ sein. Daher sind alle Eigenwerte von A_{n+1} positiv und damit ist die Matrix A_{n+1} positiv definit. □

Im nächsten, abschließenden Beispiel werden wir unterschiedliche Methoden anwenden, um zu überprüfen, dass eine gegebene (4×4)-Matrix positiv definit ist.

Beispiel 11.5. Gegeben ist die (4×4)-Matrix $A = \begin{pmatrix} 2 & -1 & 0 & 0 \\ -1 & 2 & -1 & 0 \\ 0 & -1 & 2 & -1 \\ 0 & 0 & -1 & 2 \end{pmatrix}$.

Wir zeigen mit verschiedenen Methoden, dass diese Matrix positiv definit ist: (1) Wir überprüfen, dass alle Eigenwerte positiv sind. (2) Wir zeigen, dass für alle von Null verschiedenen Vektoren $\vec{x}^{\,t} A \vec{x} > 0$. (3) Alle Hauptminoren sind positiv.

(1) Wir bestimmen die Eigenwerte von A und prüfen, dass sie alle positiv sind. Dazu berechnen wir das charakteristische Polynom $p(\lambda) = \det(A - \lambda I_4)$, welches wir Null setzen.

$$\begin{aligned} p(\lambda) = \det(A - \lambda I_4) &= \begin{vmatrix} 2-\lambda & -1 & 0 & 0 \\ -1 & 2-\lambda & -1 & 0 \\ 0 & -1 & 2-\lambda & -1 \\ 0 & 0 & -1 & 2-\lambda \end{vmatrix} \\ &= \cdots = \cdots = \lambda^4 - 8\lambda^3 + 21\lambda^2 - 20\lambda + 5 = 0\,. \end{aligned}$$

Die Berechnung des charakteristischen Polynoms ist zeitaufwendig, aber einfach. Nicht so die Bestimmung der Nullstellen, die für (2×2)-, für einige (3×3)- und für wenige (4×4)-Matrizen möglich ist. In unserem Fall erhalten wir

$$\lambda_{1/2} = \frac{3}{2} \pm \frac{1}{2}\sqrt{5} \qquad \lambda_{3/4} = \frac{5}{2} \pm \frac{1}{2}\sqrt{5}$$

Alle Eigenwerte sind positiv, also ist die Matrix A positiv definit.

(2) Um zu zeigen, dass A positiv definit ist, genügt es zu prüfen, dass für alle $\vec{x} \neq \vec{0} \in \mathbb{R}^4$ gilt $\vec{x}^{\,t} A \vec{x} > 0$.

$$\begin{aligned} \vec{x}^{\,t} A \vec{x} &= \begin{pmatrix} x_1\, x_2\, x_3\, x_4 \end{pmatrix} \cdot \begin{pmatrix} 2 & -1 & 0 & 0 \\ -1 & 2 & -1 & 0 \\ 0 & -1 & 2 & -1 \\ 0 & 0 & -1 & 2 \end{pmatrix} \cdot \begin{pmatrix} x_1 \\ x_2 \\ x_3 \\ x_4 \end{pmatrix} \\ &= \begin{pmatrix} x_1\, x_2\, x_3\, x_4 \end{pmatrix} \cdot \begin{pmatrix} 2x_1 - x_2 \\ -x_1 + 2x_2 - x_3 \\ -x_2 + 2x_3 - x_4 \\ -x_3 + 2x_4 \end{pmatrix} \\ &= \begin{matrix} (2x_1^2 - x_1x_2 \\ \quad -x_1x_2 + 2x_2^2 - x_2x_3 \\ \qquad -x_2x_3 + 2x_3^2 - x_3x_4 \\ \qquad\qquad -x_3x_4 + 2x_4^2) \end{matrix} \\ &= x_1^2 + x_4^2 + (x_1 - x_2)^2 + (x_2 - x_3)^2 + (x_3 - x_4)^2 > 0 \end{aligned}$$

Die Summe der Quadrate ist nicht negativ und da mindestens eine Komponente des Vektors $\vec{x}$ ungleich Null ist, ist die Summe größer als Null. Dies beweist, dass die Matrix positiv definit ist.

(3) Nach dem Sylvester-Kriterium ist es aber auch ausreichend, alle Hauptminoren der Matrix A zu berechnen:

$$\Delta_1 = \det(2) = 2 > 0$$

$$\Delta_2 = \begin{vmatrix} 2 & -1 \\ -1 & 2 \end{vmatrix} = 4 - 1 = 3 > 0$$

$$\Delta_3 = \begin{vmatrix} 2 & -1 & 0 \\ -1 & 2 & -1 \\ 0 & -1 & 2 \end{vmatrix} = 2 \begin{vmatrix} 2 & -1 \\ -1 & 2 \end{vmatrix} + \begin{vmatrix} -1 & 0 \\ -1 & 2 \end{vmatrix} = 6 - 2 = 4 > 0$$

$$\Delta_4 = \begin{vmatrix} 2 & -1 & 0 & 0 \\ -1 & 2 & -1 & 0 \\ 0 & -1 & 2 & -1 \\ 0 & 0 & -1 & 2 \end{vmatrix} = \cdots = 5 > 0$$

Somit sind alle Hauptminoren größer als Null und die Matrix ist positiv definit. □

Bemerkung: Mit Hilfe des Silvester-Kriteriums können wir mit vollständiger Induktion für die entsprechende $(n \times n)$-Matrix von Beispiel 11.5 zeigen, dass alle Hauptminoren positiv sind: $\Delta_k = k + 1$ für alle $k = 1, \ldots, n$.

11.6

11.6 Aufgaben zu Positiv Definite Matrizen

11.1 Bestimmen Sie alle Eigenwerte und Eigenvektoren der Matrizen

a) $A = \begin{pmatrix} 2 & 0 & -2 \\ 0 & 4 & 0 \\ -2 & 0 & 5 \end{pmatrix}$ b) $B = \begin{pmatrix} -2 & -9 & 5 \\ -5 & -10 & 7 \\ -9 & -21 & 14 \end{pmatrix}$

Überprüfen Sie, ob die Eigenvektoren eine Basis des $\mathbb{R}^3$ bilden.

11.2 Bestimmen Sie alle Eigenvektoren von $A = \begin{pmatrix} 1 & -2 \\ -2 & 4 \end{pmatrix}$. Bilden die Eigenvektoren eine Basis von $\mathbb{R}^2$? Kann die Matrix diagonalisiert werden?

11.3 Gegeben ist die Matrix $A = \begin{pmatrix} -3 & 1 \\ 1 & -3 \end{pmatrix}$.

a) Bestimmen Sie alle Eigenwerte und Eigenvektoren der Matrix A.
b) Bestimmen Sie eine Orthonormalbasis aus Eigenvektoren.
c) Stellen Sie die Matrix S auf und berechnen S^{-1}, so dass $A = S\,D\,S^{-1}$.

11.4 Berechnen Sie eine Basis aus Eigenvektoren für

a) $A = \begin{pmatrix} 3 & 4 \\ -5 & -5 \end{pmatrix}$ b) $B = \begin{pmatrix} 3 & 1 & 1 \\ 1 & 5 & 1 \\ 1 & 1 & 3 \end{pmatrix}$ c) $C = \begin{pmatrix} 3 & -1 & 1 \\ -1 & 3 & -1 \\ 1 & -1 & 3 \end{pmatrix}$.

11.5 Gegeben sind die Matrizen aus Aufgabe 11.4. Welche sind positiv definit?

11.6 Gegeben ist die Matrix $A = \begin{pmatrix} 2 & 1 & -4 \\ 2 & 1 & 2 \\ -3 & 3 & 3 \end{pmatrix}$.

a) Bestimmen Sie alle Eigenwerte und Eigenvektoren der Matrix A.
b) Bestimmen Sie eine Basis aus Eigenvektoren.
c) Stellen Sie die Matrix S auf und berechnen S^{-1}, so dass $A = S\,D\,S^{-1}$.

11.7 Gegeben ist die Matrix $A = \begin{pmatrix} 4 & 1 & 1 \\ 1 & 4 & 1 \\ 1 & 1 & 4 \end{pmatrix}$.

a) Kann A diagonalisiert werden?
b) Bestimmen Sie alle Eigenwerte und Eigenvektoren der Matrix A.
c) Bestimmen Sie eine Orthonormalbasis aus Eigenvektoren.
d) Stellen Sie die Matrix S auf und berechnen S^{-1}, so dass $A = S\,D\,S^{-1}$.

Kapitel 12

Integralrechnung bei Funktionen mit mehreren Variablen

12

12

12 Integralrechnung bei Funktionen mit mehreren Variablen

In diesem Kapitel wird der Begriff des bestimmten Integrals auf Doppel- und Dreifachintegrale erweitert. Bei jedem dieser Begriffe wird die Berechnung des Integralwertes auf die eines bestimmten Integrals zurück gespielt. Zunächst führen wir in 12.1 Doppelintegrale z.B. zur Beschreibung von Volumina, Schwerpunkten von ebenen Flächen und Flächenmomenten ein. Anschließend übertragen wir in 12.2 die Vorgehensweise auf Dreifachintegrale, um Schwerpunkte und Massenträgheitsmomente von Körpern zu berechnen.

12.1 Doppelintegrale (Gebietsintegrale)

Wir beschäftigen uns in diesem Abschnitt mit zweidimensionalen Integralen. Die Übertragung vom eindimensionalen auf den mehrdimensionalen Fall bereitet im Prinzip keine Schwierigkeiten, wird von seiner Konstruktion her aber aufwändiger, da nicht ein Intervall sondern nun ein zweidimensionales Gebiet aufgeteilt werden muss.

12.1.1 Definition

Das bestimmte Integral einer positiven Funktion $f(x)$ im Intervall $[a, b]$ repräsentiert die Fläche, welche die Kurve $f(x)$ mit der x-Achse im Bereich $[a, b]$ einschließt. Definiert wird das bestimmte Integral

$$\int_a^b f(x)\, dx$$

als Grenzwert über die Summe aller Rechteckflächen $(x_k - x_{k-1})\, f(\xi_k)$, wenn die Intervallbreite $\triangle x_k = (x_k - x_{k-1})$ der Unterteilung des Intervalls $a = x_0 < x_1 < \ldots < x_{n-1} < x_n = b$ für $n \to \infty$ gegen Null strebt (siehe Abb. 12.1).

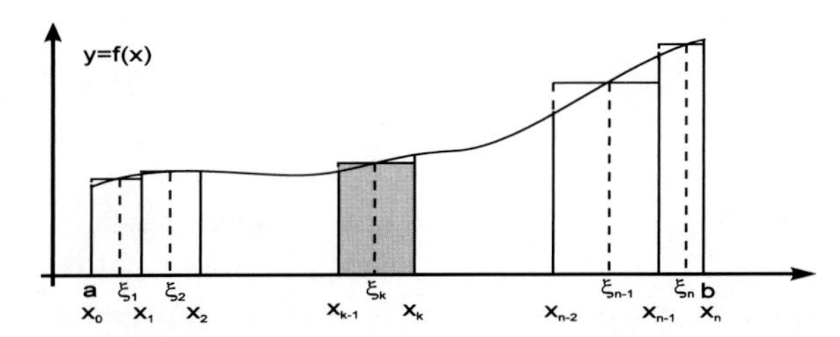

Abb. 12.1. Summe der Rechteckflächen

T. Westermann, *Mathematik für Ingenieure 2*,
https://doi.org/10.1007/978-3-662-70570-4_5

Um diesen Integralbegriff auf zweidimensionale Gebiete zu übertragen, reicht es für unsere Zwecke vollkommen aus, nur einen beschränkten, einfach zusammenhängenden Bereich $G \subset \mathbb{R}^2$ in der $(x,\, y)$-Ebene zu betrachten, der einen "glatten" Rand besitzt. Diesen Bereich nennen wir im Folgenden ein *Gebiet*. Es sei $z = f\,(x,\, y)$ eine auf dem Gebiet G stetige, positive Funktion. Gesucht ist das Volumen zwischen dem Funktionsgraphen und G:

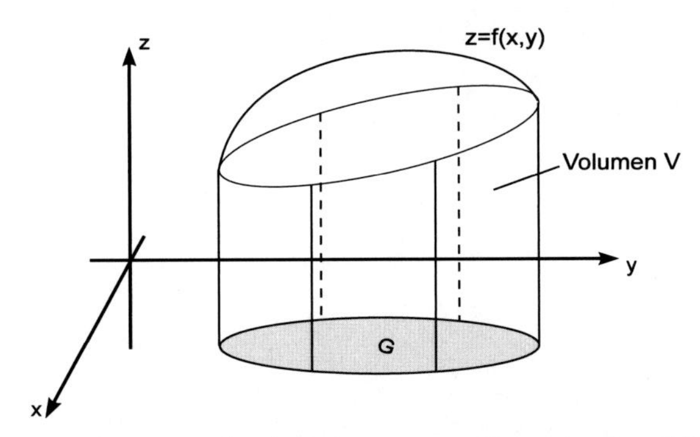

Abb. 12.2. Funktion $f(x,y)$ über einem zweidimensionalen Gebiet G

Zur Bestimmung des Volumens V zerlegen wir das Gebiet G in Rechteckflächen der Länge $\triangle x_i$ und Breite $\triangle y_j$. Die Anzahl der Unterteilungen in x-Richtung sei n, die Anzahl der Unterteilungen in y-Richtung m. D.h. i variiert zwischen 1 und n, j variiert zwischen 1 und m. Für jedes Rechteck mit Index $(i,\, j)$ wählen wir einen beliebigen Punkt $P\,(\xi_i,\, \eta_j)$ aus dem Bereich Δx_i und Δy_j (siehe Abbildung 12.3). Anschließend bestimmen wir den zugehörigen Funktionswert $f\,(\xi_i,\, \eta_j)$. Das Zylindervolumen über dem Rechteck beträgt Grundfläche mal Höhe:

$$V_{ij} = f\,(\xi_i,\, \eta_j)\; \Delta x_i\, \Delta y_j.$$

Anschließend bildet man die Summe aller Zylindervolumen über dem Gebiet G. (Für Rechtecke außerhalb von G setze man das Volumen auf Null.) Die Zwischensumme aller Zylindervolumen bildet eine Näherung für das zu berechnende Volumen

$$V \approx \sum_{j=1}^{m} \sum_{i=1}^{n} f\,(\xi_i,\, \eta_j)\; \Delta x_i\, \Delta y_j.$$

Je feiner die Unterteilung des Gebietes G, umso genauer ist diese Näherung. Wir lassen daher die Anzahl der Unterteilungen in x- und y-Richtung anwachsen. Strebt beim Grenzübergang $n,\, m \to \infty$ die Zwischensumme gegen einen Grenzwert, so bezeichnet man ihn als *Doppelintegral* bzw. *Gebietsintegral*.

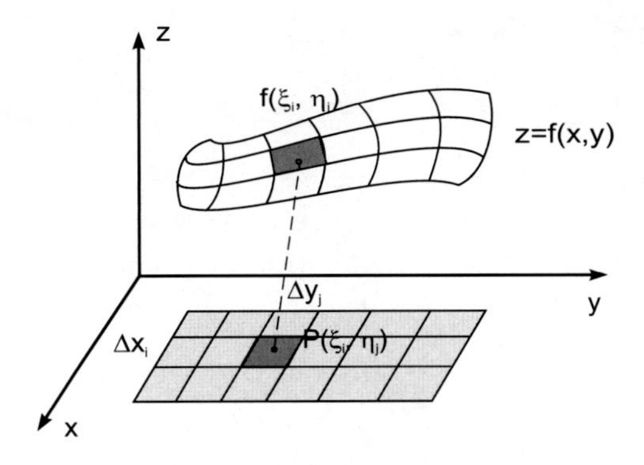

Abb. 12.3. Zur Konstruktion des Doppelintegrals

Definition: (Doppelintegral, Gebietsintegral). *Der Grenzwert*

$$\iint\limits_{(G)} f(x, y)\, dG := \lim_{m\to\infty} \lim_{n\to\infty} \sum_{j=1}^{m} \sum_{i=1}^{n} f(\xi_i, \eta_j)\, \Delta x_i\, \Delta y_j$$

wird (falls er existiert) als Doppelintegral bzw. Gebietsintegral von f über G bezeichnet. Man nennt dann f über G integrierbar.

Bemerkungen:

(1) Oftmals wird die symbolische Schreibweise $\int\limits_{(G)} f(x, y)\, dG$ nur mit einem Integralzeichen verwendet.

(2) Man nennt

(x, y)	die Integrationsvariablen
$f(x, y)$	den Integrand
dG	das Flächenelement
(G)	den Integrationsbereich.

(3) Für stetige Funktionen ist das Doppelintegral immer definiert.

(4) Existiert der Grenzwert, dann ist er unabhängig von der speziellen Gebietszerlegung.

(5) Für die algebraische Definition des Doppelintegrals ist $f(x, y) \geq 0$ nicht erforderlich, sondern nur für die geometrische Interpretation als Volumen zwischen dem Graphen von f und G.

12.1.2 Berechnung von Doppelintegralen

Um Doppelintegrale zu berechnen, zerlegen wir $\iint\limits_{(G)} f(x, y)\, dG$ in zwei nacheinander auszuführende einfache Integrale. Dazu überdecken wir das Gebiet G mit einem achsenparallelen Rechteckgitter mit Maschenweiten $\triangle x$ und $\triangle y$ und bilden die Summe über alle Zylinder, deren Grundfläche in G liegt:

$$V \approx \sum_{i=1}^{n} \left(\sum_{j=1}^{m} f(\xi_i, \eta_j)\, \Delta y \right) \Delta x.$$

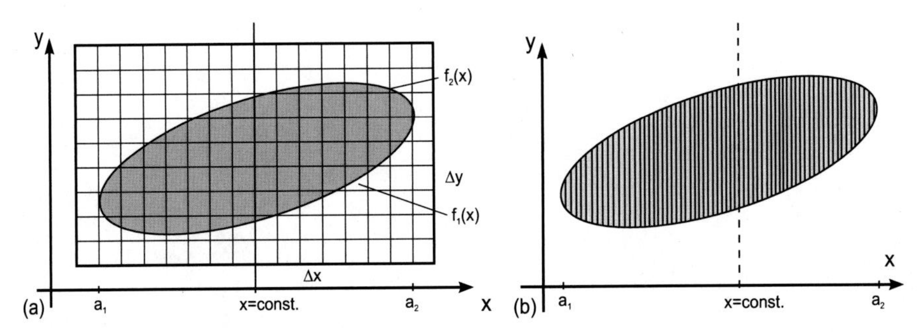

Abb. 12.4. Berechnung eines Doppelintegrals über eine Zerlegung der Grundfläche

Stellen wir den unteren und oberen Rand durch Funktionen $f_1(x)$ und $f_2(x)$ dar, dann konvergiert die innere Summe für $\triangle y \to 0 \quad (m \to \infty)$ für festes $\xi_i \in [x_{i-1}, x_i]$ gegen das Integral

$$I_y(\xi_i) = \int_{f_1(\xi_i)}^{f_2(\xi_i)} f(\xi_i, y)\, dy.$$

Dies ist ein gewöhnliches Integral mit der Integrationsvariablen y. Für festes ξ_i wird entlang der y-Achse von $f_1(\xi_i)$ bis $f_2(\xi_i)$ integriert.

$$\begin{aligned} \Rightarrow V \quad &\approx \quad \lim_{m \to \infty} \sum_{i=1}^{n} \left(\sum_{j=1}^{m} f(\xi_i, \eta_j)\, \Delta y \right) \Delta x \\ &= \quad \sum_{i=1}^{n} I_y(\xi_i)\, \Delta x. \end{aligned}$$

Lassen wir nun auch noch $\triangle x \to 0$ gehen $(n \to \infty)$, dann konvergiert die verbleibende Summe gegen das Integral

$$\lim_{n \to \infty} \sum_{i=1}^{n} I_y(\xi_i)\, \Delta x = \int_{a_1}^{a_2} I_y(x)\, dx.$$

Dieses Ergebnis ist der doppelte Grenzwert $n \to \infty$, $m \to \infty$, also genau das Doppelintegral von f über dem Gebiet G.

$$\Rightarrow \iint_{(G)} f(x, y)\, dx\, dy = \int_{x=a_1}^{a_2} \left(\int_{y=f_1(x)}^{f_2(x)} f(x, y)\, dy \right) dx.$$

Berechnung von Doppelintegralen

Die Berechnung des Doppelintegrals $\iint_{(G)} f(x, y)\, dG$ erfolgt durch zwei nacheinander auszuführende, gewöhnliche Integrationen:

$$\iint_{(G)} f(x, y)\, dG = \int_{x=a_1}^{a_2} \underbrace{\left(\int_{y=f_1(x)}^{f_2(x)} f(x, y)\, dy \right)}_{x=const,\ y \text{ variiert zwischen } f_1(x) \text{ und } f_2(x)} dx. \qquad \text{(D1)}$$

(1) Das innere Integral wird für festes x nach y integriert. Die Grenzen sind $y_1 = f_1(x)$ und $y_2 = f_2(x)$. Das Ergebnis der ersten Integration ist eine Funktion, in der nur noch x als Variable vorkommt.

(2) Das äußere Integral wird durch Integration über x bestimmt.

Bemerkungen:

(1) Die Integrationsformel ($D1$) entspricht der Zerlegung des Gebietes in Streifen parallel zur y-Achse und anschließender Aufsummierung aller Streifen in x-Richtung (siehe Abb. 12.4 b). Die einzelnen, zur y-Achse parallelen Streifen besitzen Anfangs- und Endwerte, y_1 und y_2, die wiederum von der Lage des Streifens, d.h. von der x-Koordinate abhängen: $y_1 = f_1(x)$ und $y_2 = f_2(x)$. Das Aufsummieren erfolgt über alle Streifen zwischen $x_{\min} = a_1$ und $x_{\max} = a_2$.

(2) Vertauscht man die Rolle von x und y und stellt den linken Rand durch die Funktion $g_1(y)$ und den rechten Rand durch $g_2(y)$ dar, erhält man für das Doppelintegral

$$\iint_{(G)} f(x, y)\, dG = \int_{y=b_1}^{b_2} \underbrace{\left(\int_{x=g_1(y)}^{g_2(y)} f(x, y)\, dx \right)}_{y=const,\ \text{integriert wird über } x} dy. \qquad \text{(D2)}$$

Das innere Integral wird für festes y von $g_1(y)$ bis $g_2(y)$ nach x integriert. Das Ergebnis enthält nur noch die Variable y. Das äußere Integral wird durch Integration über y bestimmt (siehe Abb. 12.5, rechts).

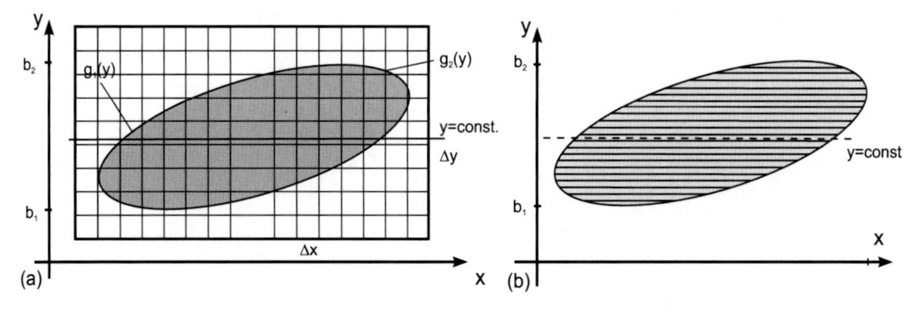

Abb. 12.5. Zerlegung in Streifen parallel zu y-Richtung.

(3) Graphisch entspricht die Integrationsformel ($D2$) einer Zerlegung des Gebietes in Streifen parallel zur x-Achse und anschließender Aufsummierung aller Streifen in y-Richtung. Anfangs- und Endpunkte der Streifen hängen hier von y ab: $g_1(y)$ und $g_2(y)$. Durch Aufsummieren werden alle Streifen von $y_{\min} = b_1$ bis $y_{\max} = b_2$ berücksichtigt.

(4) Die Reihenfolge der Integration ist durch die Reihenfolge der Differenziale dx und dy von Innen nach Außen festgelegt.

(5) Es wird bei dieser Darstellung davon ausgegangen, dass der Rand sich durch zwei Funktionen $f_1(x)$ und $f_2(x)$ beschreiben lässt. Für komplizierte Gebiete muss G in entsprechende Teilbereiche unterteilt werden (siehe Abb. 12.6, links).

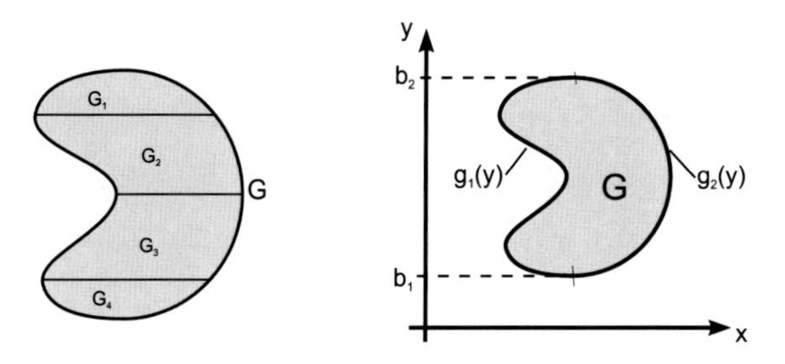

Abb. 12.6. Zerlegung in Teilgebiete

(6) Das eigentliche Problem bei der Berechnung von Doppelintegralen besteht im Auffinden der Funktionen $f_1(x)$ und $f_2(x)$ bzw. $g_1(y)$ und $g_2(y)$. Sind diese, den Rand beschreibenden Funktionen gefunden, reduziert sich die Berechnung auf die Bestimmung gewöhnlicher Integrale.

Beispiele 12.1 (Die Integrationsgrenzen sind vorgegeben):

① Die Bestimmung des Doppelintegrals

$$I = \int_{y=0}^{1} \int_{x=-2}^{y} x\, y\, dx\, dy$$

erfolgt, indem zunächst das innere Integral (y fest, x variiert von $x = -2$ bis y) nach der Variablen x integriert wird.

$$\int_{x=-2}^{y} x\, y\, dx = y \int_{x=-2}^{y} x\, dx = y \cdot \left[\frac{x^2}{2}\right]_{-2}^{y} = y \left[\frac{y^2}{2} - 2\right] = \frac{1}{2}y^3 - 2y$$

Anschließend wird die äußere Integration über y durchgeführt

$$I = \int_{y=0}^{1} \left(\frac{1}{2}\, y^3 - 2\, y\right) dy = \left[\frac{1}{8}\, y^4 - y^2\right]_0^1 = -\frac{7}{8}.$$

② Zur Bestimmung des Doppelintegrals

$$I = \int_{x=0}^{3} \int_{y=0}^{\pi} x^2 \sin(y)\, dy\, dx$$

berechnen wir zunächst das innere Integral (x fest, y variiert von 0 bis π)

$$\int_{y=0}^{\pi} x^2 \sin(y)\, dy = x^2 \int_{y=0}^{\pi} \sin(y)\, dy = x^2\, [-\cos(y)]_0^{\pi} = 2\, x^2\ ,$$

dann das äußere

$$I = \int_{x=0}^{3} 2\, x^2\, dx = \frac{2}{3}\, x^3 \Big|_0^3 = 18. \qquad \square$$

12.1.3 Reduktion von Doppelintegralen auf einfache Integrationen

Beispiel 12.2 (Mit Gebietszerlegung).
Gegeben ist eine Funktion $z = f(x,\, y)$, die auf dem Gebiet G (siehe Abb. 12.7) definiert ist. Gesucht ist $\iint\limits_{(G)} f(x,\, y)\, dG$.

Um das Doppelintegral berechnen, zerlegen wir das Gebiet G in Streifen parallel zur x-Achse. Dies bedeutet, dass wir Integralformel ($D2$) wählen und als innere Integrationsvariable x setzen. D.h. wir halten $y = const$, dann variiert x zwischen den Werten $g_1(y) = y$ und $g_2(y) = y + 4$ (siehe gestrichelte Linie). Anschließend variiert im äußeren Integral y von -1 bis 1.

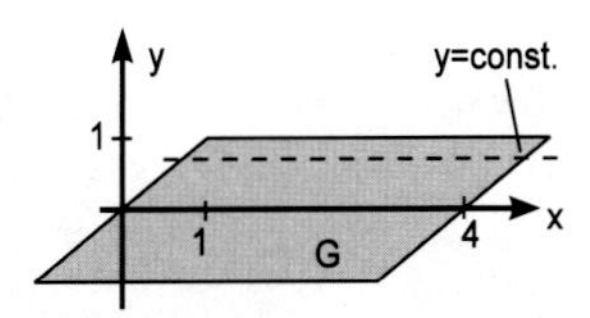

Abb. 12.7. Gebiet G

$$\Rightarrow \iint\limits_{(G)} f(x,\, y)\, dG = \int_{y=-1}^{1} \underbrace{\left(\int_{x=y}^{y+4} f(x,\, y)\, dx\right)}_{y=const} dy. \qquad \square$$

Beispiel 12.3 (Mit Gebietszerlegung).
Gesucht ist das Doppelintegral $\iint\limits_{(G)} f(x, y)\, dG$, wenn das Gebiet G einen Kreis in der (x, y)-Ebene mit Radius R darstellt.

(i) Zerlegung des Gebietes in Streifen parallel zur x-Achse: Führen wir die Integration mit Formel $(D2)$ aus, erfolgt die innere Integration für konstantes y über die Variable x.

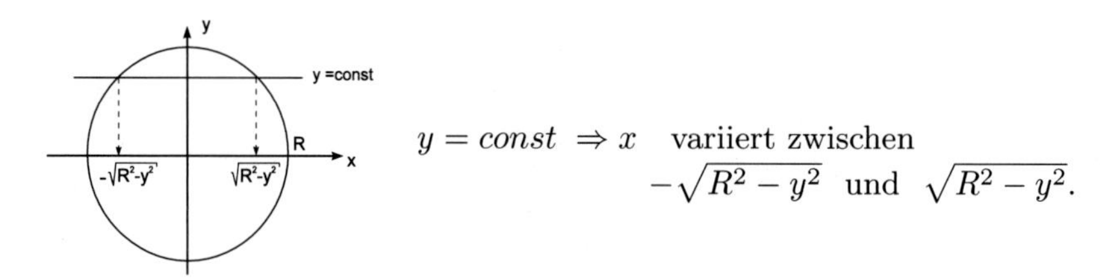

$y = const \Rightarrow x$ variiert zwischen $-\sqrt{R^2 - y^2}$ und $\sqrt{R^2 - y^2}$.

Für festes y variieren also die zugehörigen x-Werte zwischen $g_1(y) = -\sqrt{R^2 - y^2}$ und $g_2(y) = \sqrt{R^2 - y^2}$. Zur Bestimmung des äußeren Integrals muss y dann zwischen $b_1 = -R$ und $b_2 = R$ variieren.

$$\Rightarrow \iint\limits_{(G)} f(x, y)\, dG = \int_{y=-R}^{R} \left(\int_{x=-\sqrt{R^2-y^2}}^{\sqrt{R^2-y^2}} f(x, y)\, dx \right) dy.$$

(ii) Zerlegung des Gebietes in Streifen parallel zur y-Achse: Führen wir die Integration gemäß Formel $(D1)$ aus, erfolgt die innere Integration für konstantes x über die Variable y.

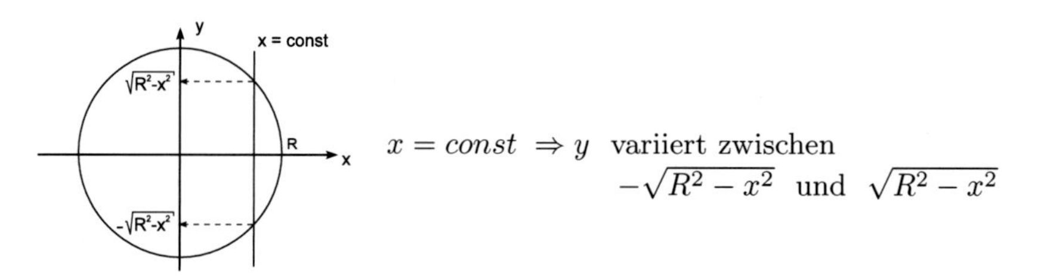

$x = const \Rightarrow y$ variiert zwischen $-\sqrt{R^2 - x^2}$ und $\sqrt{R^2 - x^2}$

Für festes x variieren nun die y-Werte zwischen $f_1(x) = -\sqrt{R^2 - x^2}$ und $f_2(x) = \sqrt{R^2 - x^2}$. Zur Bestimmung des äußeren Integrals muss anschließend x zwischen $-R$ und R variieren

$$\Rightarrow \iint\limits_{(G)} f(x, y)\, dG = \int_{x=-R}^{R} \left(\int_{y=-\sqrt{R^2-x^2}}^{\sqrt{R^2-x^2}} f(x, y)\, dy \right) dx. \qquad \square$$

12.1.4 Anwendungen

Doppelintegrale kommen häufig bei der Berechnung von ebenen Flächen, bei der Schwerpunktsberechnung ebener Flächen, bei der Bestimmung von Flächenmomenten und Volumenberechnungen vor. Auf jede dieser Problemstellungen werden wir im Folgenden eingehen.

Flächenberechnungen

Setzt man die Funktion $z = f(x, y) = 1$, entspricht das Doppelintegral über G dem Volumen des Körpers mit der Grundfläche G und der konstanten Höhe 1. Dies ist zahlenmäßig gerade der Flächeninhalt von G:

Flächeninhalt

Der **Flächeninhalt** A eines ebenen Gebietes $G \subset \mathbb{R}^2$ ist

$$A = \iint_{(G)} dG.$$

Beispiel 12.4. Gesucht ist die Fläche, die durch die Gerade $f_1(x) = x + 2$ und die Parabel $f_2(x) = 4 - x^2$ begrenzt wird.

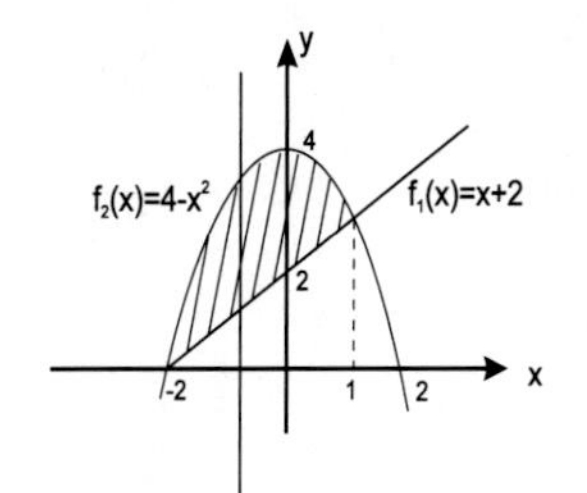

Abb. 12.8. Fläche zwischen zwei Funktionen

Zur Berechnung des Doppelintegrals zerlegen wir das Gebiet in Streifen parallel zur y-Achse; wir wählen also Formel $(D1)$: Für festes x variiert y von $f_1(x) = x + 2$ bis $f_2(x) = 4 - x^2$; das verbleibende äußere Integral über dx wird gebildet mit den Grenzen $a_1 = -2$ und $a_2 = +1$:

$$A = \iint_{(G)} dG = \int_{x=-2}^{1} \underbrace{\left(\int_{y=x+2}^{4-x^2} dy \right)}_{x \text{ fest}} dx = \int_{x=-2}^{1} [y]_{x+2}^{4-x^2} \, dx$$

$$= \int_{x=-2}^{1} (-x^2 - x + 2) \, dx = \left[-\frac{1}{3} x^3 - \frac{1}{2} x^2 + 2x \right]_{-2}^{1} = 4.5. \qquad \square$$

Beispiel 12.5. Gesucht ist der Flächeninhalt des Gebietes G, welches in Abb. 12.9 definiert ist.

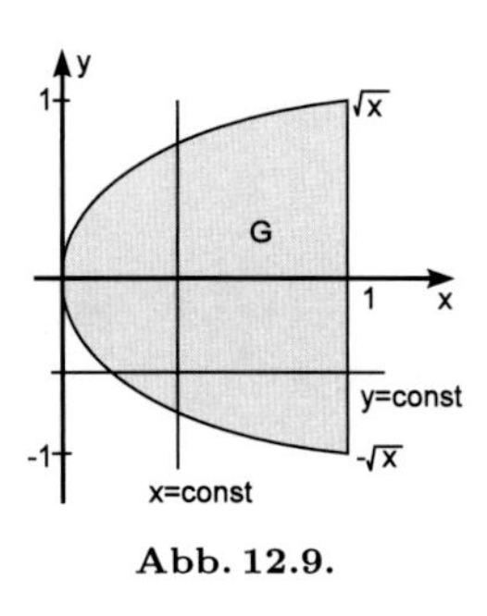

Abb. 12.9.

(i) Zerlegung des Gebietes in Streifen parallel zur y-Achse: Für $x = const$ variiert y von $-\sqrt{x}$ bis $\sqrt{x}$. Mit Formel $(D1)$ gilt damit

$$A = \iint\limits_{(G)} dG = \int_{x=0}^{1} \underbrace{\left(\int_{y=-\sqrt{x}}^{\sqrt{x}} dy \right)}_{x=const} dx$$

$$= \int_0^1 2\sqrt{x}\, dx = \int_0^1 2\, x^{\frac{1}{2}}\, dx = \frac{4}{3} \left[x^{\frac{3}{2}} \right]_0^1 = \frac{4}{3}.$$

(ii) Zerlegung des Gebietes in Streifen parallel zur x-Achse: Mit Formel $(D2)$ folgt ebenfalls $\big(y = const \Rightarrow x$ variiert von y^2 bis $1\big)$

$$A = \iint\limits_{(G)} dG = \int_{y=-1}^{1} \underbrace{\left(\int_{x=y^2}^{1} dx \right)} dy$$

$$= \int_{y=-1}^{1} \left(1 - y^2\right) dy = \left[y - \frac{1}{3} y^3 \right]_{-1}^{1} = \frac{4}{3}.$$

□

Schwerpunktsberechnung ebener Flächen

In Abschnitt 8.6.6 sind Formeln für die Schwerpunktskoordinaten einer Fläche unter einem Graphen f und der x-Achse hergeleitet. Für ebene Gebiete gilt allgemein:

Schwerpunkt einer homogenen ebenen Fläche

Die Koordinaten des Schwerpunktes $S = (x_s,\, y_s)$ eines ebenen Gebietes G bestimmen sich über

$$x_s = \frac{1}{A} \iint\limits_{(G)} x\, dG, \qquad y_s = \frac{1}{A} \iint\limits_{(G)} y\, dG,$$

wenn A der Flächeninhalt von G ist.

Beispiel 12.6. Gesucht ist der Schwerpunkt für die Fläche aus Beispiel 12.5: Für die x-Koordinate von S gilt

$$x_s = \frac{1}{A} \iint\limits_{(G)} x\, dG = \frac{1}{A} \int_{x=0}^{1} \underbrace{\left(\int_{y=-\sqrt{x}}^{\sqrt{x}} x\, dy \right)}_{x=const} dx$$

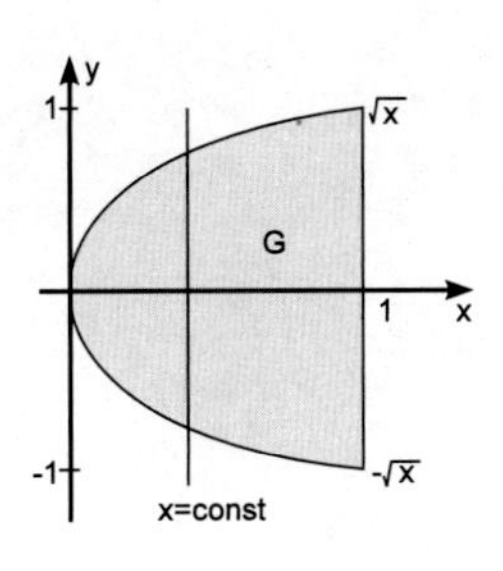

Das innere Integral über dy ist für festes x

$$\int_{y=-\sqrt{x}}^{\sqrt{x}} x\,dy = x\int_{y=-\sqrt{x}}^{\sqrt{x}} dy = 2\,x\,x^{\frac{1}{2}} = 2\,x^{\frac{3}{2}}.$$

Wir setzen dieses Ergebnis für das innere Integral ein und erhalten anschließend für das äußere Integral

$$\int_{x=0}^{1} 2\,x^{\frac{3}{2}}\,dx = \frac{4}{5}\,x^{\frac{5}{2}}\Big|_0^1 = \frac{4}{5} \curvearrowright x_s = \frac{1}{A}\cdot\frac{4}{5} = \frac{3}{5}.$$

Aufgrund der Symmetrie ist $y_s = 0$.

$$\Rightarrow S = \left(\frac{3}{5}, 0\right).$$

□

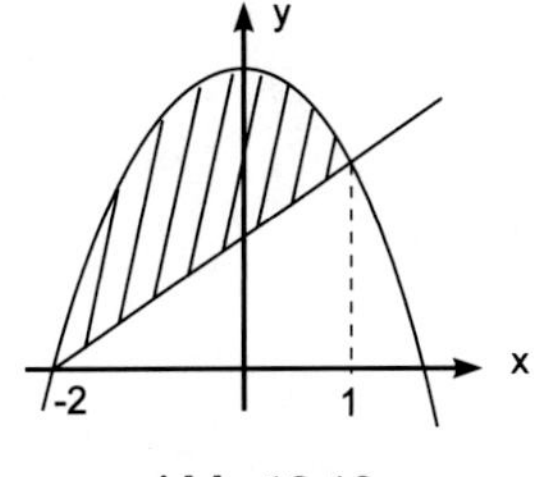

Abb. 12.10.

Beispiel 12.7 (Mit MAPLE-Worksheet). Gesucht sind die Schwerpunktskoordinaten für das Gebiet aus Beispiel 12.4: Mit Beispiel 12.4 gilt für die x-Koordinate des Schwerpunktes

$$x_s = \frac{1}{A}\iint\limits_{(G)} x\,dG$$
$$= \frac{1}{4.5}\int_{x=-2}^{1}\left(\int_{y=x+2}^{4-x^2} x\,dy\right)dx$$

$$\text{bzw. } x_s = \frac{2}{9}\int_{x=-2}^{1} x\,(4-x^2-x-2)\,dx = \frac{2}{9}\int_{x=-2}^{1}\left(-x^3-x^2+2x\right)dx$$
$$= \frac{2}{9}\left[-\frac{1}{4}x^4 - \frac{1}{3}x^3 + x^2\right]_{-2}^{1} = -\frac{1}{2}.$$

Entsprechend gilt für die y-Komponente $y_s = 2.4$. □

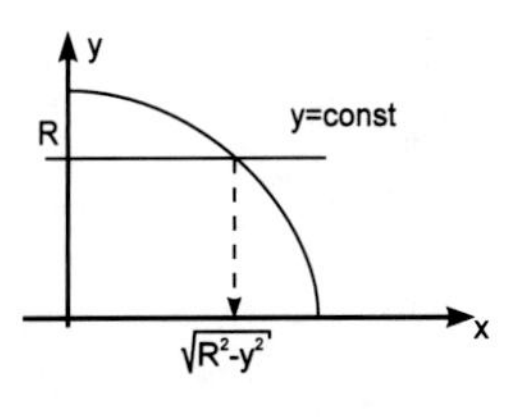

Abb. 12.11.

Beispiel 12.8 (Mit MAPLE-Worksheet). Gesucht sind die Schwerpunktskoordinaten des Viertelkreises. Wir wählen zur Berechnung des Doppelintegrals Formel ($D2$): Dabei erfolgt die innere Integration bei konstantem y über die Variable x von $g_1(y) = 0$ bis $g_2(y) = \sqrt{R^2-y^2}$. Zur Bestimmung des äußeren Integrals über y variiert dann die Variable y von $0 \le y \le R$:

$$x_s = \frac{1}{A} \iint_{(G)} x\, dG = \frac{1}{A} \int_{y=0}^{R} \left(\int_{x=0}^{\sqrt{R^2-y^2}} x\, dx \right) dy = \frac{1}{A} \int_{y=0}^{R} \frac{1}{2} (R^2 - y^2)\, dy;$$

$$y_s = \frac{1}{A} \iint_{(G)} y\, dG = \frac{1}{A} \int_{y=0}^{R} \left(\int_{x=0}^{\sqrt{R^2-y^2}} y\, dx \right) dy = \frac{1}{A} \int_{y=0}^{R} y \sqrt{R^2 - y^2}\, dy.$$

Wertet man die Integral aus, folgt für die Koordinaten mit $A = \frac{\pi R^2}{4}$:

$$x_s = \frac{4}{3} \frac{R}{\pi} \text{ und } y_s = \frac{4}{3} \frac{R}{\pi}$$ □

Flächenmomente

In der Festigkeitslehre benötigt man zur Beschreibung von Biegungen **Flächenmomente** von Querschnittsflächen. Sie sind jeweils bezogen auf bestimmte Achsen. Es wird unterschieden zwischen sog. *axialen* Momenten, bei denen die Bezugsachse in der Flächenebene liegt und *polaren* Momenten, bei denen die Achse senkrecht zur Flächenebene orientiert ist. Es gelten die Formeln

Axiales Flächenmoment bzg. der y-Achse	$I_y = \iint_{(G)} x^2\, dG$
Axiales Flächenmoment bzg. der x-Achse	$I_x = \iint_{(G)} y^2\, dG$
Polares Flächenmoment	$I_p = \iint_{(G)} \left(x^2 + y^2\right)\, dG$

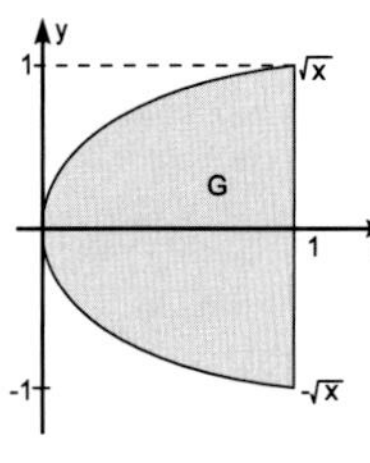

Abb. 12.12.

Beispiel 12.9. Gesucht sind die axialen Flächenmomente des Gebietes G aus Beispiel 12.5. Gemäß der Zerlegung aus Beispiel 12.5 berechnen wir

$$I_x = \iint_{(G)} y^2\, dG = \int_0^1 \left(\int_{-\sqrt{x}}^{\sqrt{x}} y^2\, dy \right) dx$$

$$= \int_0^1 \left[\frac{1}{3} y^3 \right]_{-\sqrt{x}}^{\sqrt{x}} dx = \frac{2}{3} \int_0^1 x^{\frac{3}{2}}\, dx = \frac{2}{3} \frac{2}{5} \left[x^{\frac{5}{2}} \right]_0^1 = \frac{4}{15}.$$

$$I_y = \iint_{(G)} x^2\, dG = \int_0^1 \left(\int_{-\sqrt{x}}^{\sqrt{x}} x^2\, dy \right) dx = \int_0^1 x^2 \left(\int_{-\sqrt{x}}^{\sqrt{x}} dy \right) dx$$

$$= 2 \int_0^1 x^2\, x^{\frac{1}{2}}\, dx = 2 \int_0^1 x^{\frac{5}{2}}\, dx = 2\, \frac{2}{7} \left[x^{\frac{7}{2}} \right]_0^1 = \frac{4}{7}.$$ □

Volumenberechnung

Aufgrund seiner Definition dient das Doppelintegral zur Berechnung von *Volumeninhalten*, die ein Funktionsgraph einer positiven Funktion $z = f(x, y) > 0$ mit der (x, y)-Ebene über einem Gebiet G einschließt

$$V = \iint_{(G)} f(x, y)\, dG.$$

Beispiel 12.10 (Mit Maple-Worksheet). Gesucht ist das Volumen V, das durch den Graphen von

$$z = f(x, y) = 1 - x^2 - y^2$$

und der (x, y)-Ebene eingeschlossen wird. Das zugehörige Gebiet G soll der Einheitskreis in der (x, y)-Ebene darstellen.

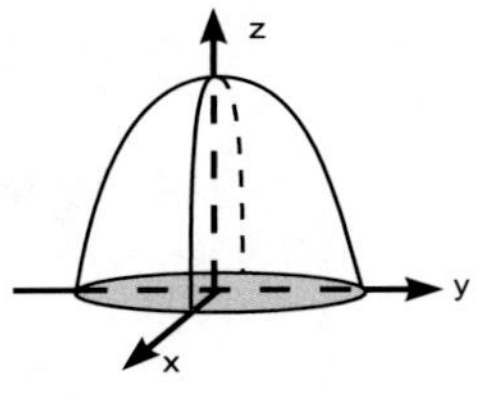

Abb. 12.13.

Der Einheitskreis wird beschrieben durch $x^2 + y^2 = 1$ (siehe Abb. 12.14). Wir wählen Streifen entlang der y-Achse und halten x fest, so dass wir $y^2 = 1 - x^2$ bzw. $y = \pm\sqrt{1 - x^2}$ erhalten. Für konstantes x wird somit y begrenzt durch $f_1(x) = -\sqrt{1 - x^2}$ und $f_2(x) = \sqrt{1 - x^2}$ mit $a_1 = -1$ und $a_2 = 1$.

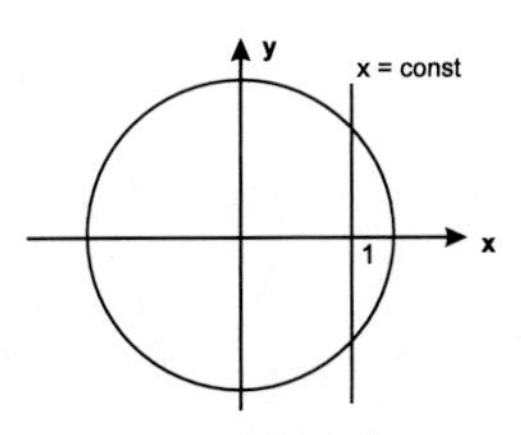

Abb. 12.14.

Nach der Integrationsformel $(D1)$ für Doppelintegrale auf Seite 201 ist

$$\begin{aligned} V &= \iint_{(G)} f(x, y)\, dG \\ &= \int_{x=-1}^{1} \left(\int_{y=-\sqrt{1-x^2}}^{\sqrt{1-x^2}} (1 - x^2 - y^2)\, dy \right) dx \\ &= \int_{x=-1}^{1} \left[(1 - x^2)\, y - \frac{1}{3} y^3 \right]_{y=-\sqrt{1-x^2}}^{\sqrt{1-x^2}} dx = \int_{x=-1}^{1} \frac{4}{3} (1 - x^2)^{3/2}\, dx \\ &= \left[\left(\frac{1}{3} (1 - x^2)^{3/2} + \frac{1}{2} (1 - x^2)^{1/2} \right) x + \frac{1}{2} \arcsin(x) \right]_{x=-1}^{1} = \frac{1}{2}\pi. \end{aligned}$$

□

12.2

12.2 Dreifachintegrale

Der Begriff des *Dreifachintegrals* für Funktionen $f(x, y, z)$ über einem dreidimensionalen Gebiet $G \subset \mathbb{R}^3$ wird auf ähnliche Weise eingeführt und berechnet wie das Doppelintegral. Da sich eine Funktion von drei Variablen nicht mehr graphisch darstellen lässt, besitzt das Dreifachintegral über eine Funktion $f(x, y, z)$ zunächst keine geometrische Bedeutung. Nur für den Fall $f(x, y, z) = 1$ entspricht das Dreifachintegral dem Volumen des Gebietes G. Auch Dreifachintegrale reduziert man auf jetzt 3 aufeinander folgende, gewöhnliche Integrationen, wobei nun $3! = 6$ verschiedene Integrationsreihenfolgen möglich sind!

12.2.1 Definition und Berechnung von Dreifachintegralen

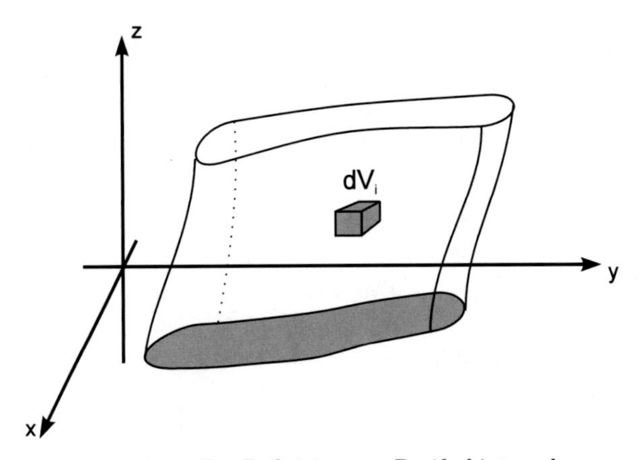

Abb. 12.15. Zur Definition von Dreifachintegralen

Zur Definition des Dreifachintegrals zerlegen wir den Körper in kleine Teilvolumen dV_i $(i = 1, \ldots, n)$ und wählen in jedem Volumen einen Punkt $P(x_i, y_i, z_i)$ aus, auf dem wir die Funktion f auswerten. Schließlich bilden wir das Produkt von Funktionswert und Volumenelement

$$f(x_i, y_i, z_i)\, dV_i$$

und summieren über alle Volumina auf

$$Z_n = \sum_{i=1}^{n} f(x_i, y_i, z_i)\, dV_i \,. \qquad \text{(Zwischensumme)}$$

Wir lassen nun die Anzahl der Teilvolumina anwachsen (dies bedeutet gleichzeitig, dass $dV_i \to 0$ geht). Strebt die Zwischensumme Z_n für $n \to \infty$ gegen einen Grenzwert, dann bezeichnen wir diesen als *Dreifachintegral* oder als *dreidimensionales Gebietsintegral*.

Definition: (Dreifachintegral; dreidimensionales Gebietsintegral). *Sei $G \subset \mathbb{R}^3$ und $f\colon G \to \mathbb{R}$ stetig. Der Grenzwert*

$$\iiint\limits_{(G)} f(x, y, z)\, dG = \lim_{n\to\infty} \sum_{i=1}^{n} f(x_i, y_i, z_i)\, dV_i$$

bezeichnet man als **Dreifachintegral** *bzw.* **dreidimensionales Gebietsintegral**.

Die Berechnung von Dreifachintegralen wird auf einfache Integrationen zurückgeführt, wobei natürlich die Beschreibung der Integrationsgrenzen komplizierter wird als für Doppelintegrale. Die Vorgehensweise bei der Berechnung werden wir an dem folgenden Beispiel verdeutlichen.

Beispiel 12.11.

$$I = \iiint\limits_{(G)} f(x, y, z)\, dG = \int_0^1 \int_0^x \int_{-y^2}^{x^2} (1+x)\, dz\, dy\, dx.$$

Die Integrationsreihenfolge wird durch die Reihenfolge der Differenziale dz, dy, dx festgelegt und zwar von Innen nach Außen. Das innerste Integral wird integriert über die Variable z. Die anderen Variablen x und y sind dabei konstant.

$$I_1 = \int_{z=-y^2}^{z=x^2} (1+x)\, dz = \left[(1+x)\, z\right]_{z=-y^2}^{z=x^2} = (1+x)\, x^2 - (1+x)\left(-y^2\right).$$

I_1 enthält als Ergebnis nicht mehr die Variable z, sondern nur noch x und y. Das verbleibende Doppelintegral

$$I = \int_0^1 \int_0^x \left[(1+x)\, x^2 + (1+x)\, y^2\right] dy\, dx$$

wird berechnet, indem zunächst wieder das innerste Integral über y ausgeführt wird

$$\begin{aligned} I_2 &= \int_{y=0}^{y=x} \left[(1+x)\, x^2 + (1+x)\, y^2\right] dy \\ &= \left[(1+x)\, x^2\, y + \frac{1}{3}\,(1+x)\, y^3\right]_{y=0}^{y=x} = \frac{4}{3}\, x^3 + \frac{4}{3}\, x^4. \end{aligned}$$

I_2 enthält als Variable nur noch x, über die zuletzt integriert wird

$$I = \int_{x=0}^{x=1} \left(\tfrac{4}{3}\, x^3 + \tfrac{4}{3}\, x^4\right) dx = \left[\tfrac{1}{3}\, x^4 + \tfrac{4}{15}\, x^5\right]_0^1 = \frac{3}{5}.$$

□

12.2.2 Anwendungen

Die Anwendungsbeispiele sollen die Berechnungen von Dreifachintegralen verdeutlichen. In der Regel sind Volumen, Masse, Schwerpunktskoordinaten und Trägheitsmomente starrer Körper über Dreifachintegrale zu berechnen. Für Spezialfälle kann durch Einführung eines angepassten Koordinatensystems die Rechnung erheblich vereinfacht werden; in manchen Fällen wird sie durch spezielle Koordinatensysteme erst möglich.

Die für die Anwendungen wichtigsten Systeme sind Polar-, Zylinder- und Kugelkoordinaten. Auf der Homepage sind in einem zusätzlichen Abschnitt die Formeln für die Integration in transformierten Koordinatensystemen hergeleitet. Zusammenfassend gilt

(1) **Polarkoordinaten:** Bei Polarkoordinaten wird ein Punkt in der (x, y)-Ebene eindeutig durch die Angabe des Winkel φ, $0 \leq \varphi < 2\pi$, und des Radius $r \geq 0$ angegeben. Die Transformationsgleichungen lauten

$$x = r\,\cos\varphi\,, \qquad y = r\,\sin\varphi.$$

Ein Doppelintegral lautet in Polarkoordinaten

$$\iint\limits_{(x,y)} f(x, y)\,dx\,dy = \iint\limits_{(r,\varphi)} f(r\,\cos\varphi, r\,\sin\varphi)\,r\,dr\,d\varphi.$$

(2) **Zylinderkoordinaten:** Ein Punkt im (x, y, z)-Raum wird eindeutig durch die Angabe seiner Polarkoordinaten (r, φ) in der (x, y)-Ebene und zusätzlich seiner z-Komponente festgelegt. Ein Dreifachintegral lautet in Zylinderkoordinaten

$$\iiint\limits_{(x,y,z)} f(x, y, z)\,dx\,dy\,dz = \iiint\limits_{(r,\varphi,z)} f(r\,\cos\varphi, r\,\sin\varphi, z)\,r\,dr\,d\varphi\,dz.$$

(3) **Kugelkoordinaten:** Durch die Angabe zweier Winkel φ und ϑ sowie dem Abstand zum Ursprung lässt sich jeder Punkt im $\mathbb{R}^3$ eindeutig festlegen:

$$x = r\,\cos\varphi\,\cos\vartheta,\ y = r\,\sin\varphi\,\cos\vartheta,\ z = r\,\sin\vartheta$$

Ein Dreifachintegral lautet in Kugelkoordinaten

$$\iiint\limits_{(x,y,z)} f(x, y, z)\,dx\,dy\,dz = \iiint\limits_{(r,\varphi,\vartheta)} f(r\,\cos\varphi\,\cos\vartheta, r\,\sin\varphi\,\cos\vartheta, r\,\sin\vartheta)$$
$$\cdot r^2\,\cos\vartheta\,dr\,d\varphi\,d\vartheta.$$

Wir geben im Folgenden eine Zusammenstellung der wichtigsten Formeln aus der Physik starrer Körper für Volumen, Masse, Schwerpunktskoordinaten und Trägheitsmomente an.

Ist $K \subset \mathbb{R}^3$ ein starrer Körper mit der ortsabhängigen Dichte $\rho = \rho(x, y, z)$, dann ist

$$V = \iiint\limits_{(K)} dx\,dy\,dz \qquad \text{das Volumen des Körpers und}$$

$$M = \iiint\limits_{(K)} \rho(x, y, z)\,dx\,dy\,dz \qquad \text{die Masse des Körpers.}$$

Die **Koordinaten des Schwerpunktes** $S(x_s, y_s, z_s)$ eines Körpers der Masse M lauten

$$x_s = \frac{1}{M} \iiint\limits_{(K)} x \cdot \rho(x, y, z)\,dx\,dy\,dz$$

$$y_s = \frac{1}{M} \iiint\limits_{(K)} y \cdot \rho(x, y, z)\,dx\,dy\,dz$$

$$z_s = \frac{1}{M} \iiint\limits_{(K)} z \cdot \rho(x, y, z)\,dx\,dy\,dz.$$

Rotiert ein starrer Körper um die Drehachse x, dann heißt das Integral

$$I_x = \iiint\limits_{(K)} \rho(x, y, z)\,\left(y^2 + z^2\right)\,dx\,dy\,dz$$

das **Trägheitsmoment bezüglich der x-Achse**. Die Trägheitsmomente bezüglich der y- und z-Achse sind entsprechend definiert.

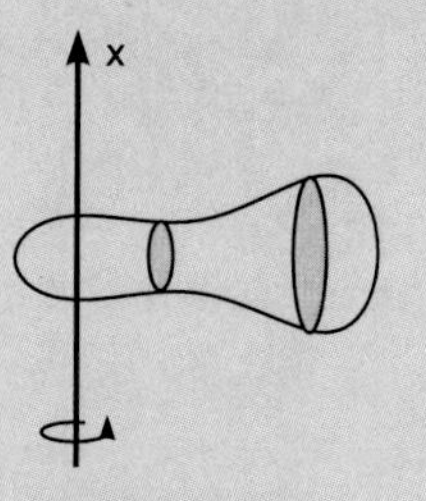

Abb. 12.16.

Zur Bestimmung des Trägheitsmomentes eines Körpers K bezüglich einer beliebigen Achse A wendet man den sog. *Steinerschen Satz* an:

Steinerscher Satz

Für eine zu einer Schwerpunktsachse S im Abstand d parallel verlaufenden Rotationsachse A gilt

$$I_A = I_S + M\,d^2\,,$$

wenn I_S das Trägheitsmoment bezüglich der Schwerpunktsachse und M die Masse des Körpers ist.

Nach dem Steinerschen Satz genügt es jeweils nur parallele Achsen durch den Schwerpunkt zu berücksichtigen.

Anwendungsbeispiel 12.12 (Volumenberechnung).

Gesucht ist das Volumen des Rotationskörpers, der durch Rotation von x^2 an der z-Achse entsteht. Zur Berechnung führen wir Zylinderkoordinaten ein:

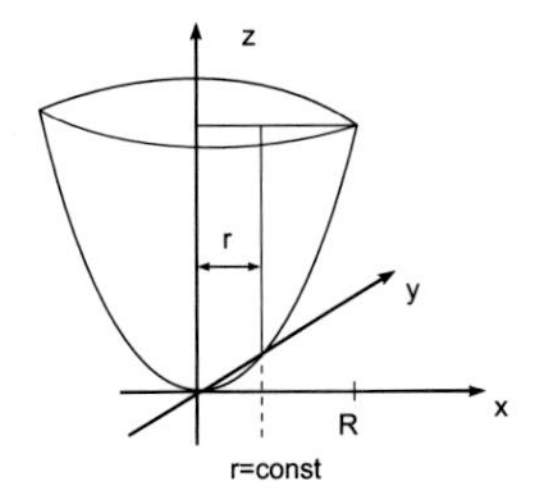

φ-Integration: $\varphi = 0$ bis $\varphi = 2\pi$ unabhängig von r und z.
z-Integration: Bei konstantem r variiert z von $z = r^2$ bis $z = R^2$.
r-Integration: $r = 0$ bis $r = R$.

$$V = \iiint\limits_{(K)} dx\,dy\,dz = \iiint\limits_{(K)} r\,d\varphi\,dr\,dz = \int_{r=0}^{R}\int_{z=r^2}^{R^2}\int_{\varphi=0}^{2\pi} r\,d\varphi\,dz\,dr$$
$$= \int_{r=0}^{R}\int_{z=r^2}^{R^2} r\,2\pi\,dz\,dr = \int_{r=0}^{R} \left[r\,2\pi\,z\right]_{z=r^2}^{z=R^2}\,dr$$
$$= 2\pi\int_{r=0}^{R}\left(R^2\,r - r^3\right)\,dr = 2\pi\,\left[\tfrac{1}{2}\,R^2\,r^2 - \tfrac{1}{4}\,r^4\right]_{r=0}^{R} = \frac{\pi}{2}\,R^4.$$

Alternativ kann die Integration auch "scheibenweise" durchgeführt werden:

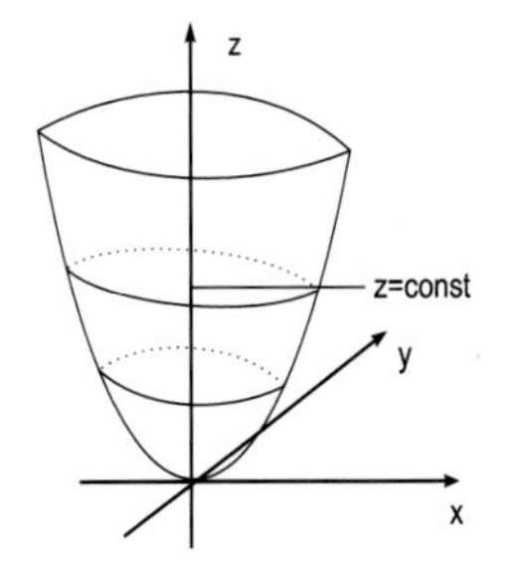

φ-Integration: $\varphi = 0$ bis $\varphi = 2\pi$ unabhängig von r und z.
r-Integration: Bei konstantem z variiert r von $r = 0$ bis $r = \sqrt{z}$.
z-Integration: $z = 0$ bis $z = R^2$.

$$\Rightarrow V = \int_{z=0}^{R^2}\int_{r=0}^{\sqrt{z}}\int_{\varphi=0}^{2\pi} r\,d\varphi\,dr\,dz = \frac{\pi}{2}\,R^4.$$ □

Anwendungsbeispiel 12.13 (Schwerpunktskoordinaten).

Gesucht sind die Schwerpunktskoordinaten einer $\frac{1}{8}$-Kugel mit der Dichte $\rho = 1$ und dem Radius R.

(i) Berechnung des Volumens in Kugelkoordinaten:

$$V = \iiint\limits_{(K)} r^2 \cos\vartheta \, dr \, d\varphi \, d\vartheta$$

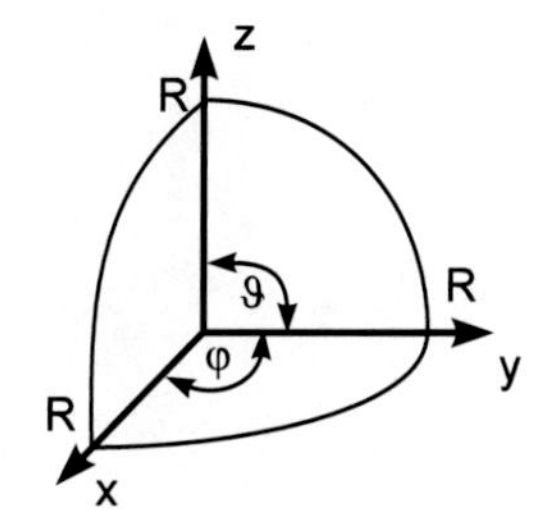

r-Integration: $r = 0$ bis $r = R$
unabhängig von ϑ und φ.
φ-Integration: $\varphi = 0$ bis $\varphi = \frac{\pi}{2}$
unabhängig von r und ϑ.
ϑ-Integration: $\vartheta = 0$ bis $\vartheta = \frac{\pi}{2}$
unabhängig von r und φ.

$$V = \int_{\vartheta=0}^{\pi/2} \int_{\varphi=0}^{\pi/2} \left(\int_{r=0}^{R} r^2 \cos\vartheta \, dr \right) d\varphi \, d\vartheta$$

$$= \int_{\vartheta=0}^{\pi/2} \cos\vartheta \int_{\varphi=0}^{\pi/2} \left[\frac{r^3}{3} \right]_{r=0}^{r=R} d\varphi \, d\vartheta = \tfrac{1}{3} R^3 \int_{\vartheta=0}^{\pi/2} \cos\vartheta \int_{\varphi=0}^{\pi/2} d\varphi \, d\vartheta$$

$$= \tfrac{1}{3} R^3 \int_{\vartheta=0}^{\pi/2} \cos\vartheta \cdot \frac{\pi}{2} \, d\vartheta = \tfrac{1}{6} R^3 \pi \int_{\vartheta=0}^{\pi/2} \cos\vartheta \, d\vartheta = \tfrac{1}{6} R^3 \pi.$$

(ii) Berechnung der Schwerpunktskoordinate x_s:

$$x_s = \frac{1}{V} \iiint\limits_{(K)} x \, r^2 \cos\vartheta \, dr \, d\varphi \, d\vartheta$$

$$= \frac{1}{V} \int_{\vartheta=0}^{\pi/2} \int_{\varphi=0}^{\pi/2} \int_{r=0}^{R} r \cos\varphi \cos\vartheta \, r^2 \cos\vartheta \, dr \, d\varphi \, d\vartheta$$

$$= \frac{1}{V} \int_{\vartheta=0}^{\pi/2} \cos^2\vartheta \int_{\varphi=0}^{\pi/2} \cos\varphi \int_{r=0}^{R} r^3 \, dr \, d\varphi \, d\vartheta$$

$$= \frac{1}{V} \int_{\vartheta=0}^{\pi/2} \cos^2\vartheta \int_{\varphi=0}^{\pi/2} \cos\varphi \, \tfrac{1}{4} R^4 \, d\varphi \, d\vartheta = \frac{1}{V} \int_{\vartheta=0}^{\pi/2} \cos^2\vartheta \, \tfrac{1}{4} R^4 \, d\vartheta$$

$$= \frac{1}{V} \tfrac{1}{4} R^4 \left[\tfrac{1}{2} \vartheta + \tfrac{1}{2} \cos\vartheta \sin\vartheta \right]_0^{\pi/2} = \frac{1}{V} \tfrac{1}{16} R^4 \pi = \tfrac{3}{8} R.$$

(iii) analog berechnen sich $y_s = z_s = \frac{3}{8} R$. □

Anwendungsbeispiel 12.14 **(Massenträgheitsmoment Würfel).**

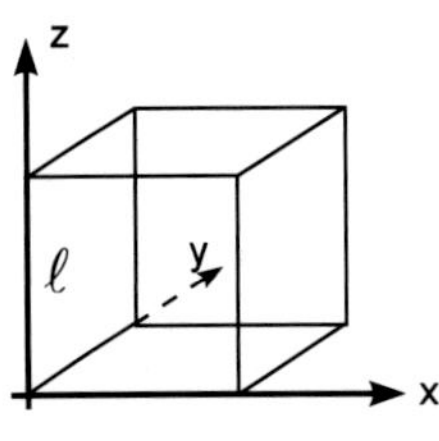

Abb. 12.17. Würfel

Gesucht ist das Massenträgheitsmoment eines homogenen Würfels bezüglich der z-Achse.

$$\begin{aligned} I_z &= \iiint_{(K)} \left(x^2+y^2\right) \rho \, dx \, dy \, dz \\ &= \rho \int_{x=0}^{x=l} \left(\int_{y=0}^{y=l} \left(\int_{z=0}^{z=l} \left(x^2+y^2\right) dz \right) dy \right) dx \\ &= \rho \int_{x=0}^{l} \int_{y=0}^{l} \left(x^2+y^2\right) \left(\int_0^l dz \right) dy \, dx \\ &= \rho \, l \int_{x=0}^{l} \int_{y=0}^{l} \left(x^2+y^2\right) dy \, dx \\ &= \rho \, l \int_{x=0}^{l} \left[x^2 \, y + \frac{y^3}{3} \right]_{y=0}^{l} dx = \rho \, l \int_{x=0}^{l} \left(x^2 \, l + \tfrac{1}{3} l^3\right) dx \\ &= \rho \, l \left[\tfrac{1}{3} x^3 \, l + \tfrac{1}{3} \, l^3 x \right]_0^l = \rho \, l \left(\tfrac{1}{3} l^4 + \tfrac{1}{3} l^4 \right) = \tfrac{2}{3} \rho \, l^5 . \end{aligned}$$

Mit der Masse $M = \rho \cdot V = \rho \cdot l^3$ folgt $\boxed{I_z = \frac{2}{3} M \, l^2}$. □

Anwendungsbeispiel 12.15 **(Massenträgheitsmoment Zylinder).**

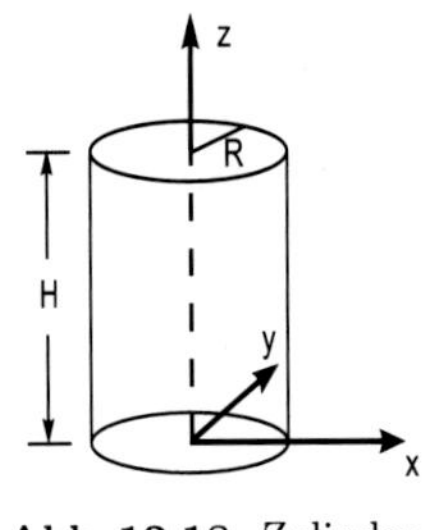

Abb. 12.18. Zylinder

Gesucht ist das Trägheitsmoment eines Zylinders der Höhe H und Grundfläche πR^2 bezüglich der z-Achse. Zur Berechnung des Trägheitsmomentes verwenden wir Zylinderkoordinaten

$$\begin{aligned} I_z &= \rho \iiint_{(K)} \left(x^2+y^2\right) dx \, dy \, dz \\ &= \rho \iiint_{(K)} r^2 \, r \, dr \, d\varphi \, dz \\ &= \rho \int_{z=0}^{H} \int_{\varphi=0}^{2\pi} \int_{r=0}^{R} r^3 \, dr \, d\varphi \, dz = \rho \, \frac{R^4}{4} \cdot 2\pi \cdot H . \end{aligned}$$

Mit $\rho = \frac{M}{V} = \frac{M}{\pi R^2 H}$ folgt $\boxed{I_z = M \, \frac{1}{2} \, R^2}$. □

12.3 Aufgaben zur Integralrechnung

12.1 Berechnen Sie die folgenden Doppelintegrale

a) $\displaystyle\int_{x=0}^{1}\int_{y=1}^{l}\frac{x^2}{y}\,dy\,dx$ b) $\displaystyle\int_{x=0}^{3}\int_{y=0}^{1-x}\left(25-x^2-y^2\right)\,dy\,dx$

c) $\displaystyle\int_{y=0}^{\pi}\int_{x=\pi/2}^{y-1}\sin(x+y)\,dx\,dy$ d) $\displaystyle\int_{y=0}^{\pi}\int_{x=\pi}^{y}x\cdot\cos(x+y)\,dx\,dy$

12.2 Bestimmen Sie das Doppelintegral über das schraffierte Gebiet G für die Funktion $z=x-y$, indem Sie sowohl Integralformel ($D1$) als auch ($D2$) anwenden:

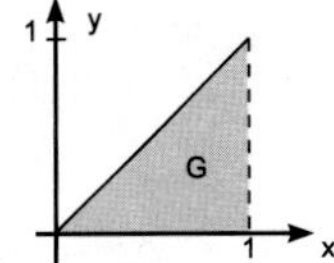

$$\begin{aligned} I=\iint_G (x-y)\,dG &= \int_{x=0}^{1}\int_{y=0}^{x}(x-y)\,dy\,dx \\ &= \int_{y=0}^{1}\int_{x=y}^{1}(x-y)\,dx\,dy \end{aligned}$$

12.3 Zeigen Sie, dass der Wert der beiden Gebietsintegrale I_1 und I_2 gleich ist

$$I_1=\int_{x=0}^{2}\int_{y=0}^{x^2}2\,x\,y\,dy\,dx \qquad I_2=\int_{y=0}^{4}\int_{x=\sqrt{y}}^{2}2\,x\,y\,dx\,dy$$

12.4 Bestimmen Sie den Flächeninhalt des Halbkreises mit Radius $R=2$ und Mittelpunkt (2, 0) in der oberen Halbebene, indem Sie in Polarkoordinaten das folgende Integral berechnen

$$\iint_{(G)}1\,dx\,dy=\int_{r=0}^{2}\int_{\varphi=0}^{\pi}r\,d\varphi\,dr.$$

12.5 Gegeben sind die Kurven von $y=-x\,(x-3)$ und $y=-2\,x$.

a) Welche Fläche schließen sie ein?

b) Wie lauten die Koordinaten des Flächenschwerpunktes?

12.6 Bestimmen Sie die axialen Flächenmomente I_x und I_y sowie das polare Flächenmoment I_p eines Viertelkreises mit Radius R.

12.7 Bestimmen Sie den Schwerpunkt der Dreiecksfläche (Abb. a).

12.8 Bestimmen Sie den Schwerpunkt des Halbkreises mit Radius R (Abb. b).

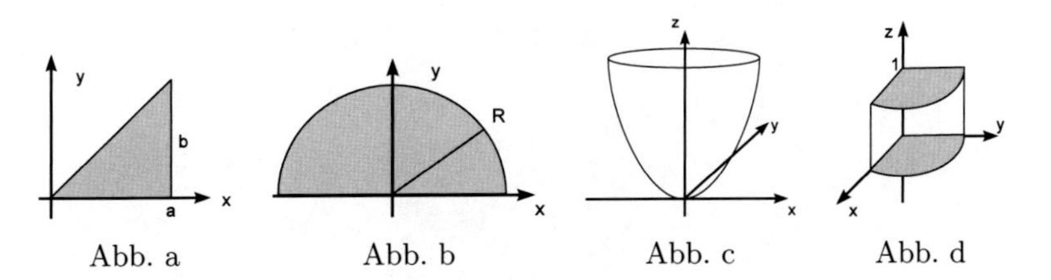

Abb. a Abb. b Abb. c Abb. d

12.9 Berechnen Sie die Dreifachintegrale

a) $\displaystyle\int_{z=0}^{1}\int_{y=z-1}^{z}\int_{x=y}^{y+1} x^2\,dx\,dy\,dz$

b) $\displaystyle\int_{z=-l}^{l}\int_{x=z}^{z^2}\int_{y=x-z}^{x+z} x\,y\,z\,dy\,dx\,dz$

c) $\displaystyle\int_{\varphi=0}^{\pi}\int_{\vartheta=-\pi/2}^{\pi/2}\int_{r=0}^{R} r^2\cos\vartheta\,\sin\varphi\,dr\,d\vartheta\,d\varphi$

d) $\displaystyle\int_{x=-R}^{R}\int_{y=0}^{R}\int_{r=0}^{\sqrt{x^2+y^2}} r\,dr\,dy\,dx$

12.10 Bestimmen Sie die Schwerpunktskoordinate z_s sowie die Massenträgheitsmomente des Rotationskörpers, der durch Rotation von x^2 an der z-Achse entsteht. Führen Sie zur Beschreibung des Körpers Zylinderkoordinaten ein (vgl. Abb. c).

12.11 Bestimmen Sie die Massenträgheitsmomente einer Halbkugel ($z > 0$).

12.12 Gesucht ist das Integral

$$I = \iiint_G x^2\,y\,dx\,dy\,dz$$

wobei
$G = \left\{(x,\,y,\,z) : x \geq 0\,,\ y \geq 0\,,\ x^2 + y^2 \leq 1\,,\ 0 \leq z \leq 1\right\}.$
(Zur Berechnung führe man Zylinderkoordinaten ein; vgl. Abb. d.)

12.13 Gesucht ist der Schwerpunkt des Zylinderstücks aus Aufgabe 12.12.

Kapitel 13

Differenzialgleichungen 1. Ordnung

13

13

13 Differenzialgleichungen 1. Ordnung

Wir beschäftigen uns in diesem Kapitel hauptsächlich mit linearen Differenzialgleichungen erster Ordnung. Wichtig bei der mathematischen Darstellung der Lösung ist, dass die allgemeine Lösung der Differenzialgleichung sich zerlegen lässt in die allgemeine Lösung des *homogenen* Problems plus einer *partikulären* Lösung der inhomogen Differenzialgleichung. Diese spezielle Struktur der Lösung überträgt sich sowohl auf die linearen Differenzialgleichungssysteme wie auch auf die Differenzialgleichungen n-ter Ordnung.

Die Methoden, die wir für die Lösung der linearen Differentialgleichungen einführen, werden auf nichtlineare Differentialgleichungen und auf die numerische Lösung von Differentialgleichungen erster Ordnung erweitert.

Differentialgleichungen sind in Wissenschaft und Technik unverzichtbar, da sie viele Naturgesetze ausdrücken. Differenzialgleichungen sind das Ergebnis einer mathematisch-physikalischen Modellierung, die die auftretenden Phänomene beschreibt. Für Ingenieure ist jedoch nicht nur das Lösen von Differentialgleichungen in der Mathematik wichtig, sondern auch das Aufstellen des Modells, das letztendlich zu einer Differentialgleichung führt. Deshalb wird zunächst die Modellierung von anwendungsrelevanten Beispielen beschrieben und anschließend die verschiedenen Arten von Differentialgleichungen systematisch gelöst.

Begriffsbestimmung: Eine **Differenzialgleichung** ist eine Gleichung, in der neben der gesuchten Funktion (oder mehreren Funktionen) auch Ableitungen dieser Funktion (bzw. Funktionen) vorkommen. Eine **gewöhnliche Differenzialgleichung** ist eine Gleichung, in der nur Funktionen und deren *gewöhnliche* Ableitungen auftreten, im Gegensatz zu **partiellen Differenzialgleichungen**, bei denen auch *partielle* Ableitungen in der Bestimmungsgleichung enthalten sind.

Die Ordnung der höchsten in einer Differenzialgleichung auftretenden Ableitung heißt **Ordnung der Differenzialgleichung**. Eine Differenzialgleichung heißt **linear**, wenn alle Ableitungen der Funktion sowie die Funktion selbst linear (d.h. proportional) vorkommen. Ansonsten heißt die Differenzialgleichung **nichtlinear**.

Wir werden in diesem Kapitel nur gewöhnliche Differenzialgleichungen erster Ordnung behandeln und daher im Folgenden den Zusatz *gewöhnlich* unterdrücken. Die partiellen Differenzialgleichungen werden in Band 3 behandelt.

T. Westermann, *Mathematik für Ingenieure 2*,
https://doi.org/10.1007/978-3-662-70570-4_6

13.1 Lineare Differenzialgleichungen erster Ordnung

13.1.1 Einleitende Problemstellungen

Im Folgenden werden einige Problemstellungen aus der Physik, der Elektrotechnik und anderen Anwendungen modelliert. Diese Beispiele zeigen auf, wie man vom physikalischen Problem zu einer mathematischen Modellgleichung, nämlich in diesem Fall zu einer Differenzialgleichung erster Ordnung, kommt.

Anwendungsbeispiel 13.1 (RL-Kreis).

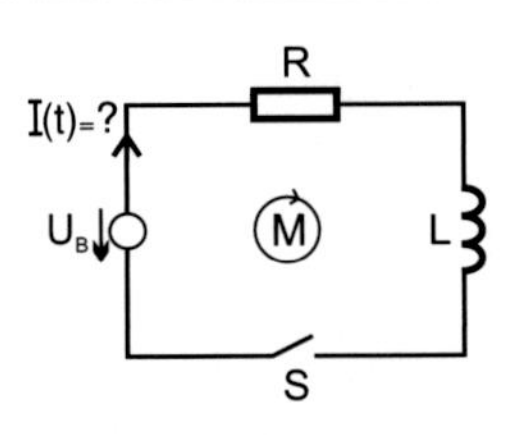

Abb. 13.1. RL-Kreis

Ein Widerstand R, eine Spule mit der Induktivität L und eine Batterie mit der Spannung U_B sind mit einem Schalter S in Reihe geschaltet. Der Schalter ist zunächst offen und wird zur Zeit $t = 0$ geschlossen. Zum Zeitpunkt $t = 0$ ist der Strom Null: $I(0) = 0$. Wie verhält sich der Strom $I(t)$ als Funktion der Zeit für $t > 0$?

Zur Lösung des Problems stellen wir zunächst die Bestimmungsgleichung für den Strom auf. Nach dem Maschensatz gilt für die Masche M, dass der Spannungsabfall entlang R plus dem Spannungsabfall entlang L gleich der angelegten Spannung U_B ist:

$$U_R + U_L = U_B$$

Mit dem Ohmschen Gesetz ($U_R = R \cdot I(t)$) und dem Induktionsgesetz ($U_L = L\,\frac{dI(t)}{dt}$) folgt weiter

$$R\,I(t) + L\,\frac{dI(t)}{dt} = U_B$$

$$\Rightarrow \quad \frac{d}{dt} I(t) + \tfrac{R}{L}\,I(t) = \tfrac{1}{L}\,U_B \quad \text{mit } I(0) = 0.$$

Dies ist eine *gewöhnliche, lineare Differenzialgleichung erster Ordnung* für den Strom $I(t)$. Gesucht ist eine Funktion $I(t)$, welche die obige Differenzialgleichung mit der Anfangsbedingung erfüllt.

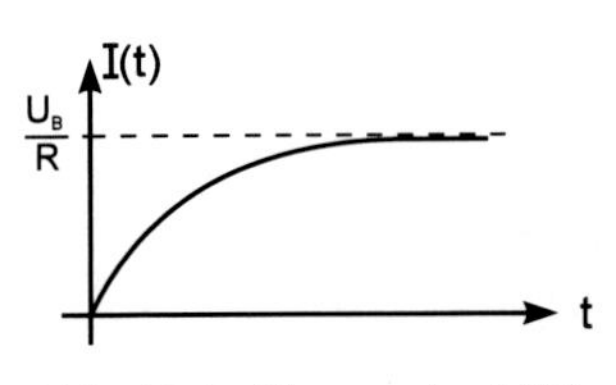

Abb. 13.2. Stromverlauf $I(t)$

Wie man durch Nachrechnen bestätigt, ist die Lösung gegeben durch

$$I(t) = \frac{U_B}{R}\left(1 - e^{-\frac{R}{L}t}\right).$$

Denn setzen wir die Ableitung von $I(t)$

$$\dot{I}(t) = \frac{U_B}{R} \cdot \frac{R}{L}\,e^{-\frac{R}{L}t}$$

und die Funktion in die Differenzialgleichung ein, folgt

$$\Rightarrow \dot{I}(t) + \tfrac{R}{L} I(t) = \tfrac{U_B}{L} e^{-\frac{R}{L}t} + \tfrac{R}{L}\tfrac{U_B}{R}\left(1 - e^{-\frac{R}{L}t}\right) = \tfrac{U_B}{L}\,.$$

Die Funktion $I(t)$ erfüllt also die Differenzialgleichung und besitzt die geforderte Anfangsbedingung $I(0) = \frac{U_B}{R}\left(1 - e^0\right) = 0$. □

Anwendungsbeispiel 13.2 **(Barometrische Höhenformel).**

Der Luftdruck $p(h)$ in der Höhe h über dem Meeresspiegel wird verursacht durch das Gewicht der über der Fläche A lastenden Luftsäule. Der Druckunterschied $p(h) - p(h+dh)$ ist gleich dem Gewicht $G = dm\,g$ der vertikalen Luftsäule mit Querschnitt A, die sich zwischen h und $h + dh$ befindet ($g = 9.81\,\frac{m}{s^2}$). Für kleine dh nehmen wir an, dass die Dichte $\rho(h)$ in dieser Luftsäule konstant ist:

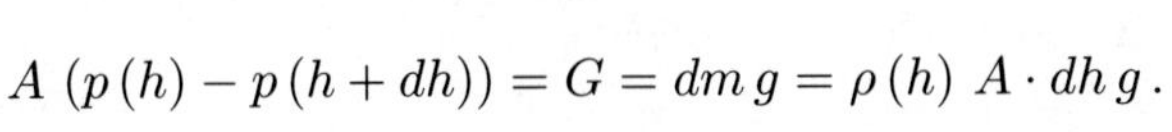

$$A\,(p(h) - p(h+dh)) = G = dm\,g = \rho(h)\,A \cdot dh\,g\,.$$

Die Division durch dh und der anschließende Grenzübergang $dh \to 0$ liefert

$$p'(h) = \lim_{dh \to 0} \frac{p(h+dh) - p(h)}{dh} = -g\,\rho(h)\,.$$

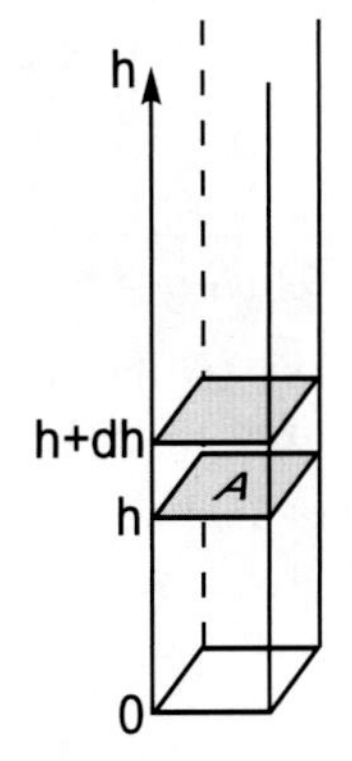

Abb. 13.3.
Höhenformel

Wird die Luft als ideales Gas betrachtet, so gilt folgender Zusammenhang zwischen ρ, p und der Temperatur T: $\rho = \alpha\,\dfrac{p}{T}$ mit der Konstanten $\alpha = \frac{1}{287}\,\frac{kg\,K}{N\,m}$.

(i) Betrachtet man die Temperatur T als konstant und unabhängig von der Höhe und führt die Konstante $\beta = g\frac{\alpha}{T}$ ein, erhält man die lineare Differenzialgleichung 1. Ordnung mit der Anfangsbedingung $p(0) = p_0$

$$p'(h) = -\frac{\alpha\,g}{T}\,p(h) = -\beta\,p(h).$$

Die Lösung dieser Differenzialgleichung lautet

$$p(h) = p_0\,e^{-\beta\,h} \qquad \textbf{(Barometrische Höhenformel).}$$

(ii) Die obige Differenzialgleichung ist wegen der Annahme $T = const$ nur in einem kleinen Bereich gültig. In Realität fällt die Temperatur mit zunehmender Höhe. Die einfachste Modellannahme ist, dass T einen linearen Temperaturabfall besitzt:

$$T(h) = T_0 - b\,h \quad \text{mit} \quad b \approx 6.5 \cdot 10^{-3}\,\frac{K}{m}.$$

Dies führt auf die lineare Differenzialgleichung erster Ordnung

$$p'(h) = \frac{-\alpha\, g}{T_0 - b\, h}\, p(h) \quad \text{mit } p(0) = p_0.$$

Wie man wieder durch Nachrechnen bestätigt, ist

$$p(h) = p_0 \left(1 - \frac{b}{T_0}\, h\right)^{\frac{\alpha\, g}{b}}$$

die Lösung der Differenzialgleichung. □

Anwendungsbeispiel 13.3 (Radioaktiver Zerfall).

Sei $n(t)$ die Anzahl der zum Zeitpunkt t gegebenen radioaktiven Atome einer Substanz. Die Menge der Atome, die in einer Zeitspanne dt zerfallen, ist proportional zur Gesamtzahl der noch vorhandenen radioaktiven Atome und zur Zeitspanne dt:

$$n(t + dt) - n(t) \sim -dt \cdot n(t).$$

Führt man die Proportionalitätskonstante $\lambda > 0$ ein, gilt

$$n(t + dt) - n(t) = -\lambda\, dt\, n(t).$$

Division durch dt und anschließender Grenzübergang $dt \to 0$ liefert eine *lineare Differenzialgleichung erster Ordnung* mit der Anfangsbedingung $n(0) = N$

$$n'(t) = \lim_{dt \to 0} \frac{n(t + dt) - n(t)}{dt} = -\lambda\, n(t)$$

(Zerfallsgesetz). □

Allgemeine Problemstellung: Wir betrachten in einem Intervall I die lineare Differenzialgleichung 1. Ordnung

$$y'(x) = h(x)\, y(x) + f(x), \tag{D1}$$

wenn $h(x)$ und $f(x)$ gegebene, auf dem Intervall I stetige Funktionen sind.

Für $f(x) \neq 0$ heißt $(D1)$ eine **inhomogene** Differenzialgleichung.
Für $f(x) = 0$ heißt $(D1)$ eine **homogene** Differenzialgleichung.

Im Falle einer inhomogenen Differenzialgleichung nennt man $f(x) \neq 0$ die **Inhomogenität** oder die **Störfunktion**.

13.1.2 Lösen der homogenen Differenzialgleichung

Wir behandeln zunächst das homogene Problem

$$y'(x) = h(x)\, y(x)$$

mit der Anfangsbedingung $y(x_0) = y_0$. Um eine Lösungsformel dieser DG zu erhalten, setzen wir zunächst $y_0 \neq 0$ voraus, so dass die Null-Funktion keine Lösung des Problems darstellt. Außerdem nehmen wir an, dass die gesuchte Funktion im betrachteten Bereich keine Nullstellen hat, so dass wir formal die Gleichung durch y dividieren dürfen. An der Lösungsformel erkennen wir dann, dass die Lösung auch keine Nullstellen besitzt.

Die Lösung der Differenzialgleichung erfolgt durch die Methode der **Trennung der Variablen**. Dazu ersetzen wir $y'(x)$ durch $\frac{dy}{dx}$ und trennen die Variablen, indem wir formal die Gleichung mit dx multiplizieren und durch y dividieren:

$$\frac{dy}{dx} = h(x)\, y(x) \Rightarrow \frac{dy}{y} = h(x)\, dx\ .$$

Die anschließende Integration liefert

$$\int_{y_0}^{y} \frac{d\tilde{y}}{\tilde{y}} = \int_{x_0}^{x} h(\tilde{x})\, d\tilde{x} \Rightarrow \ln|\tilde{y}|\Big|_{y_0}^{y} = \ln\left(|\frac{y}{y_0}|\right) = \int_{x_0}^{x} h(\tilde{x})\, d\tilde{x}\ .$$

Wir wenden man auf beiden Seiten der Gleichung die Exponentialfunktion an. Beachtet man, dass die Exponentialfunktion immer positiv ist, dann ist das Vorzeichen von y durch y_0 bestimmt und wir erhalten als Lösung

$$y(x) = y_0\, e^{\int_{x_0}^{x} h(\tilde{x})\, d\tilde{x}}\ . \qquad (H)$$

Mit Hilfe der Formel (H) ist man in der Lage durch die Berechnung des bestimmten Integrals $\int_{x_0}^{x} h(\tilde{x})\, d\tilde{x}$ jede homogene lineare Differenzialgleichung erster Ordnung auch für $y_0 = 0$ zu lösen. In den Anwendungen wird oftmals die Methode Trennung der Variablen statt dieser Lösungsformel verwendet.

Anwendungsbeispiel 13.4 (RL-Kreis).

Der unter Beispiel 13.1 diskutierte RL-Kreis ist zunächst geschlossen. Zum Zeitpunkt $t_0 = 0$ wird die Batterie überbrückt. Dann gilt mit der Anfangsbedingung $I(0) = I_0$ die DG

$$\frac{d}{dt} I(t) + \frac{R}{L}\, I(t) = 0 \ \text{ bzw. } \ \dot{I}(t) = -\frac{R}{L}\, I(t)\ .$$

Die Lösungsformel (H) liefert

$$I(t) = I_0\, e^{\int_{t_0}^{t} (-\frac{R}{L})\, d\tau} = I_0\, e^{-\frac{R}{L}(t-t_0)} = I_0\, e^{-\frac{R}{L}\, t}\ . \qquad \square$$

Anwendungsbeispiel 13.5 (Barometrische Höhenformel).

Die unter Beispiel 13.2 (i) und (ii) angegebenen Differenzialgleichungen werden ebenfalls mit der Formel (H) gelöst:

(i) $p'(h) = -\beta\, p(h)$: $\quad p(h) = p(h_0)\, e^{\int_{h_0}^{h} -\beta\, d\tilde{h}} = p(h_0)\, e^{-\beta\,(h-h_0)}$.

(ii) $p'(h) = -\frac{\alpha\, g}{T_0 - b\,(h-h_0)}\, p(h)$:

$$\hookrightarrow p(h) = p(h_0)\, e^{\int_{h_0}^{h} \frac{-\alpha\, g}{T_0 - b\,(\tilde{h}-h_0)}\, d\tilde{h}} = p(h_0)\, e^{\frac{\alpha\, g}{b} \ln(T_0 - b\,(\tilde{h}-h_0))\big|_{h_0}^{h}} .$$

Durch Einsetzen der oberen und unteren Grenze folgt für das Argument der Exponentialfunktion

$$\frac{\alpha\, g}{b} \ln\left(T_0 - b\left(\tilde{h} - h_0\right)\right)\Big|_{h_0}^{h} = \frac{\alpha\, g}{b} \left[\ln\left(T_0 - b\,(h-h_0)\right) - \ln\left(T_0\right)\right]$$

$$= \frac{\alpha\, g}{b} \ln \frac{T_0 - b\,(h-h_0)}{T_0} = \ln\left(1 - \frac{b}{T_0}\,(h-h_0)\right)^{\frac{\alpha\, g}{b}} .$$

Wir erhalten damit insgesamt für die Funktion $p(h)$

$$p(h) = p(h_0) \left(1 - \frac{b}{T_0}\,(h-h_0)\right)^{\frac{\alpha\, g}{b}} .$$

□

13.1.3 Lösen der inhomogenen Differenzialgleichung

Wir gehen nun zur inhomogenen Differenzialgleichung

$$y'(x) = h(x)\, y(x) + f(x)$$

mit der Anfangsbedingung $y(x_0) = y_0$ über und berechnen die Lösung der Differenzialgleichung mit der Methode der **Variation der Konstanten**. Die Lösung des zugehörigen *homogenen* Problems $y'(x) = h(x)\; y(x)$ ist

$$y(x) = c\, e^{\int_{x_0}^{x} h(\tilde{x})\, d\tilde{x}} .$$

Um ausgehend von dieser Lösung eine Lösung der *inhomogenen* Differenzialgleichung zu erhalten, variieren wir die Konstante c, indem wir c als Funktion $c(x)$ zulassen und für $y(x)$ den **Produktansatz**

$$\boxed{y(x) = c(x) \cdot \varphi(x)} \qquad \text{mit } \varphi(x) = e^{\int_{x_0}^{x} h(\tilde{x}) d\tilde{x}}$$

wählen. Um diesen Ansatz in die Differenzialgleichung einzusetzen, differenzieren wir $y(x)$ mit der Produktregel

$$y'(x) = c'(x)\; \varphi(x) + c(x)\; \varphi'(x)$$

$$= c'(x)\,\varphi(x) + \underbrace{c(x)\,\varphi(x)}_{=y(x)} \cdot h(x)\,,$$

da $\varphi'(x) = e^{\int_{x_0}^{x} h(\tilde{x})\,d\tilde{x}} \cdot h(x) = \varphi(x)\,h(x)$. Ersetzen wir $c(x) \cdot \varphi(x) = y(x)$ und setzen den Ansatz nun in die Differenzialgleichung ein, folgt weiter

$$y'(x) = c'(x)\,\varphi(x) + h(x) \cdot y(x) \overset{!}{=} f(x) + h(x) \cdot y(x)\ .$$

Damit ist $y(x)$ Lösung der inhomogenen Differenzialgleichung, wenn

$$c'(x)\,\varphi(x) = f(x) \;\Rightarrow\; c'(x) = \frac{f(x)}{\varphi(x)}\ .$$

Die anschließende Integration liefert

$$c(x) = c_0 + \int_{x_0}^{x} \frac{f(\tilde{x})}{\varphi(\tilde{x})}\,d\tilde{x}\ .$$

Die Lösung der inhomogenen Differenzialgleichung $y(x) = c(x) \cdot \varphi(x)$ ergibt sich damit zu

$$y(x) = \varphi(x) \cdot \left(c_0 + \int_{x_0}^{x} \frac{f(\tilde{x})}{\varphi(\tilde{x})}\,d\tilde{x}\right).$$

Die Konstante c_0 muss so gewählt werden, dass $y(x_0) = y_0 \Rightarrow \boxed{c_0 = y_0}$.

Lineare Differenzialgleichungen 1. Ordnung

Seien $h,\, f : I \to \mathbb{R}$ gegebene, stetige Funktionen. Die lineare Differenzialgleichung 1. Ordnung

$$\begin{aligned} y'(x) &= h(x)\,y(x) + f(x) \\ y(x_0) &= y_0 \end{aligned}$$

besitzt auf dem Intervall I **genau eine** Lösung. Diese einzige Lösung bestimmt man in zwei Schritten:

(1) Man berechnet zuerst eine Lösung der homogenen DG

$$\varphi(x) = e^{\int_{x_0}^{x} h(\tilde{x})\,d\tilde{x}} \qquad (H1)$$

(2) und setzt dann $\varphi(x)$ ein in die Lösungsformel für $y(x)$

$$y(x) = \varphi(x)\,\left(y_0 + \int_{x_0}^{x} \frac{f(\tilde{x})}{\varphi(\tilde{x})}\,d\tilde{x}\right). \qquad (I)$$

Bemerkung zur Methode: Immer dann, wenn Teillösungen einer Differenzialgleichung bekannt sind, versucht man weitere bzw. andere Lösungen der Differenzialgleichung zu konstruieren, indem man die Teilinformation in einem speziellen Ansatz berücksichtigt. Im Falle der inhomogenen Differenzialgleichung ist die Teilinformation die Kenntnis der homogenen Lösung $\varphi(x)$. Die Idee der Variation der Konstanten ist, dass durch die Inhomogenität der Differenzialgleichung die Amplitude der homogenen Lösung variabel ist. Daher multipliziert man die homogene Lösung $\varphi(x)$ mit einer x-abhängigen Amplitude $c(x)$. Diese unbekannte Amplitude wird durch Einsetzen des Ansatzes in die Differenzialgleichung bestimmt.

Bemerkung: Es ist nicht unbedingt notwendig, diese fertige Lösungsformel auswendig zu lernen. In den Anwendungen werden oftmals die Lösungsverfahren auf den konkret gegebenen Fall angewendet:

(1) Lösen der homogenen Differenzialgleichung $y'(x) = h(x)\, y(x)$ durch Trennung der Variablen oder direkt durch

$$y(x) = c\, e^{\int_{x_0}^{x} h(\tilde{x})\, d\tilde{x}} .$$

(2) Lösen der inhomogenen DG durch Variation der Konstanten

$$y(x) = c(x) \cdot e^{\int_{x_0}^{x} h(\tilde{x})\, d\tilde{x}} .$$

□

Interpretation der Lösungsformel

Durch Ausmultiplizieren der Lösungsformel (I) erhält man

$$y(x) = \underbrace{y_0\, \varphi(x)} + \underbrace{\varphi(x) \int_{x_0}^{x} \frac{f(\tilde{x})}{\varphi(\tilde{x})}\, d\tilde{x}} .$$

Die allgemeine Lösung der inhomogenen Differenzialgleichung lässt sich schreiben als Summe der **allgemeinen Lösung der homogenen Differenzialgleichung** und **einer speziellen Lösung der inhomogenen Differenzialgleichung**. Man nennt eine spezielle Lösung der inhomogenen Differenzialgleichung auch **partikuläre Lösung**.

Beweis des Satzes über lineare Differenzialgleichungen 1. Ordnung: Dass die angegebene Formel eine Lösung des Anfangswertproblems liefert, d.h. die Differenzialgleichung und die Anfangsbedingung $y(x_0) = y_0$ erfüllt, rechnet man nach, indem man die Funktion in die Differenzialgleichung einsetzt.

Dass $y(x)$ die einzige Lösung der Differenzialgleichung mit Anfangsbedingung ist, sieht man folgendermaßen ein: Sei $y_2(x)$ ebenfalls eine Lösung. Dann gilt für die Differenz

$$d(x) = y(x) - y_2(x)$$

durch Differenzieren

$$\begin{aligned} d'(x) = y'(x) - y_2'(x) &= h(x)\, y(x) + f(x) - [h(x)\, y_2(x) + f(x)] \\ &= h(x)\, (y(x) - y_2(x)) = h(x) \cdot d(x) \end{aligned}$$

mit $d(x_0) = y(x_0) - y_2(x_0) = 0$. Also ist $d(x)$ Lösung der homogene Differenzialgleichung

$$d'(x) = h(x)\, d(x) \qquad \text{mit } d(x_0) = 0\,. \tag{$*$}$$

Wir zeigen nun, dass die Differenz $d(x) = 0$ für alle $x \in I$. Damit folgt dann, dass $y(x) = y_2(x)$ für alle $x \in I$ und $y(x)$ die einzige Lösung ist. Dazu definieren wir

$$u(x) := d(x)\, e^{-\int_{x_0}^{x} h(\tilde{x})\, d\tilde{x}}\,.$$

Mit der Produkt- und Kettenregel gilt für die Ableitung

$$\begin{aligned} u'(x) &= d'(x)\, e^{-\int_{x_0}^{x} h(\tilde{x})\, d\tilde{x}} + d(x)\, e^{-\int_{x_0}^{x} h(\tilde{x})\, d\tilde{x}}\, (-h(x)) \\ &= \underbrace{[d'(x) - h(x)\, d(x)]}_{=0} \cdot e^{-\int_{x_0}^{x} h(\tilde{x})\, d\tilde{x}} = 0, \end{aligned}$$

da $d(x)$ Lösung der homogenen Differenzialgleichung $(*)$. Also ist $u(x)$ eine konstante Funktion. Die Konstante kann man z.B. durch Auswerten von $u(x)$ an der Stelle x_0 bestimmen: Mit $u(x_0) = const = d(x_0) = 0 \Rightarrow u(x) = 0$. Damit ist d die Nullfunktion: $d(x) = 0$, so dass $y(x) = y_2(x)$ für alle $x \in I$. □

Musterbeispiel 13.6

Gegeben ist die Differenzialgleichung

$$y'(x) = 2\,x\,y(x) + x^3 \quad \text{mit } y(0) = y_0.$$

Gesucht ist die Lösung $y(x)$ der Differenzialgleichung, welche zusätzlich die Anfangsbedingung erfüllt.

Vorgehen: Wir lösen diese Differenzialgleichung in drei Schritten. Zuerst bestimmen wir eine Lösung der homogenen Differenzialgleichung, berechnen dann eine spezielle Lösung der inhomogenen Differenzialgleichung und setzen anschließend beide Teile zusammen:

(1) Lösen der **homogenen** Differenzialgleichung $y'(x) = 2\,x\,y(x)$. Dazu setzen wir $h(x) = 2\,x$ in die Formel $(H1)$ ein:

$$\varphi(x) = e^{\int_0^x 2\,\tilde{x}\,d\tilde{x}} = e^{x^2}\,.$$

(2) Lösen der **inhomogenen** Differenzialgleichung $y'(x) = 2\,x\,y(x) + x^3$ mit Formel (I):

$$y(x) = e^{x^2}\left(y_0 + \int_0^x \frac{t^3}{e^{t^2}}\,dt\right) = e^{x^2}\,y_0 + e^{x^2}\int_0^x \frac{t^3}{e^{t^2}}\,dt\,.$$

Wir berechnen zunächst nur das Integral. Dazu vereinfachen wir das unbestimmte Integral

$$\int t^3\,e^{-t^2}\,dt$$

durch die Substitution ($\xi = t^2$, $d\xi = 2\,t\,dt$)

$$\int t^3\,e^{-t^2}\,dt = \int t^3\,e^{-\xi}\,\frac{d\xi}{2\,t} = \frac{1}{2}\int \xi\,e^{-\xi}\,d\xi$$

und integrieren anschließend partiell

$$\frac{1}{2}\int \xi\,e^{-\xi}\,d\xi = \frac{1}{2}\left[-\xi\,e^{-\xi} + \int e^{-\xi}\,d\xi\right] = \frac{1}{2}[-\,\xi\,e^{-\xi} - e^{-\xi}] + C\,.$$

Durch Rücksubstitution ($\xi = t^2$) und Einsetzen der Grenzen gilt für das bestimmte Integral

$$\int_0^x t^3\,e^{-t^2}\,dt = \frac{1}{2}\left[-\,t^2\,e^{-\,t^2} - e^{-\,t^2}\right]_0^x = \frac{1}{2} - \frac{1}{2}\,e^{-x^2}\,(x^2+1)\,.$$

(3) Die **allgemeine Lösung** der Differenzialgleichung lautet damit

$$y(x) = y_0\,e^{x^2} + e^{x^2}[\frac{1}{2} - \frac{1}{2}\,e^{-x^2}\,(x^2+1)] = y_0\,e^{x^2} + \frac{1}{2}\,e^{x^2} - \frac{1}{2}\,(x^2+1)\,. \quad \square$$

Anwendungsbeispiel 13.7 (RL-Kreis).

Mit der Lösungsformel (I) für inhomogene lineare Differenzialgleichung behandeln wir das in Beispiel 13.1 gestellte Problem des RL-Kreises:

$$\dot{I}(t) = -\frac{R}{L}\,I(t) + \frac{1}{L}\,U_B \quad \text{mit} \quad I(0) = 0\,.$$

(1) Die Lösung der **homogenen** Differenzialgleichung $\dot{I}(t) = -\frac{R}{L}\,I(t)$ ist nach Formel (H)

$$I_h(t) = c\,e^{-\frac{R}{L}\,t}\,.$$

(2) Damit erhält man mit $I_0 = 0$ die Lösung der **inhomogenen** Differenzialgleichung über Formel (I)

$$I(t) = e^{-\frac{R}{L}t}\left(I_0 + \int_{t_0}^{t} \frac{U_B}{L}\frac{1}{e^{-\frac{R}{L}\tau}}\,d\tau\right)$$

$$= e^{-\frac{R}{L}t}\frac{U_B}{L}\int_0^t e^{\frac{R}{L}\tau}\,d\tau = e^{-\frac{R}{L}t}\frac{U_B}{L}\frac{L}{R}e^{\frac{R}{L}\tau}\Big|_0^t$$

$$\Rightarrow I(t) = e^{-\frac{R}{L}t}\frac{U_B}{R}\left(e^{\frac{R}{L}t} - 1\right) = \frac{U_B}{R}\left(1 - e^{-\frac{R}{L}t}\right).$$

Dies ist genau der Stromverlauf, der in Beispiel 13.1 diskutiert wurde. □

Anwendungsbeispiel 13.8 (Modellierung des RC-Kreis).

Ein Widerstand R, ein Kondensator mit der Kapazität C und eine Spannungsquelle $U_b(t)$ sind mit einem Schalter in Reihe geschaltet. Der Schalter ist zunächst offen und wird zur Zeit $t = 0$ geschlossen. Wie verhält sich die Spannung $U(t)$ am Kondensator für $t > 0$?

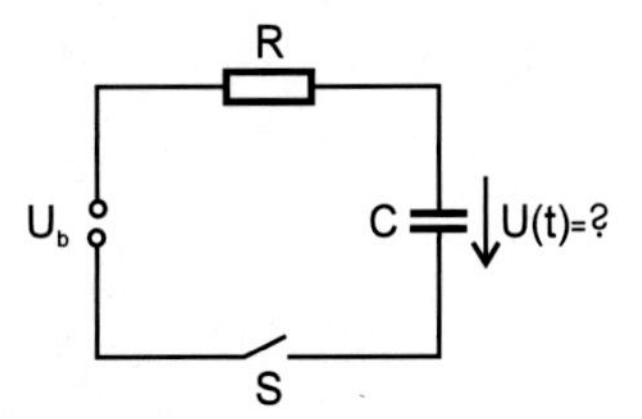

Abb. 13.4. RC-Kreis

Nach dem Maschensatz gilt für die Spannungen

$$U_R(t) + U(t) = U_b(t)\,. \qquad (*)$$

Am Ohmschen Widerstand ist $U_R(t) = R \cdot I(t)$. An der Kapazität gilt

$$U(t) = \frac{1}{C}Q(t) = \frac{1}{C}\int I(t)\,dt \Rightarrow \dot{U}(t) = \frac{1}{C}I(t) \Rightarrow I(t) = C \cdot \dot{U}(t),$$

womit

$$U_R(t) = R \cdot I(t) = RC \cdot \dot{U}(t).$$

Eingesetzt in die Gleichung $(*)$ folgt

$$RC\,\dot{U}(t) + U(t) = U_b(t) \quad \text{mit} \quad U(0) = 0$$

$$\hookrightarrow \quad \dot{U}(t) = -\frac{1}{RC}U(t) + \frac{1}{RC}U_b(t) \quad \text{mit} \quad U(0) = 0.$$

□

Anwendungsbeispiel 13.9 **(RC-Kreis bei Gleichspannung).**

Für eine **konstante Batteriespannung** $U_b(t) = \hat{U}_b$ erhält man analog dem Vorgehen von Beispiel 13.7 als Lösung

$$U(t) = \hat{U}_b \left(1 - e^{-\frac{1}{RC}t}\right).$$

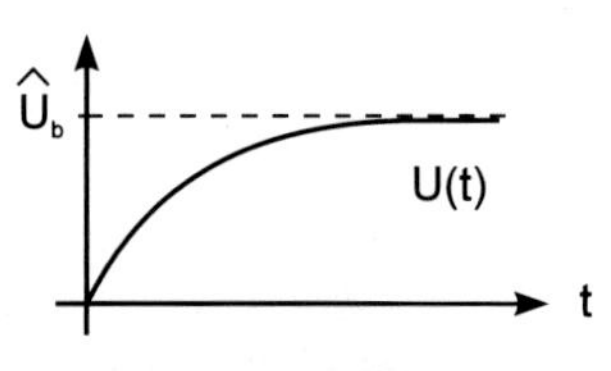

Abb. 13.5. Ladekurve

Die Spannung am Kondensator $U(t)$ und damit die Ladung $Q(t) = C \cdot U(t)$ wächst mit der Zeit asymptotisch auf $\hat{U}_b$ bzw. $Q_0 = C \cdot \hat{U}_b$ an. □

Musterbeispiel 13.10 **(Musterbeispiel/Anwendungsbeispiel).**

Ist die Eingangsspannung in Beispiel 13.8 Abb. 13.4 eine **Wechselspannung**

$$U_b(t) = \hat{U}_b \sin(\omega t)$$

mit der Frequenz ω, so erhält die Differenzialgleichung die Form

$$\dot{U}(t) = -\frac{1}{RC} U(t) + \frac{1}{RC} \hat{U}_b \sin(\omega t) \quad \text{mit} \quad U(0) = 0.$$

(1) Wir wenden die Formel $(H1)$ an, um die homogene Differenzialgleichung $\dot{U}(t) = -\frac{1}{RC} U(t)$ zu lösen:

$$U_h(t) = e^{\int_0^t -\frac{1}{RC}\,dt} = e^{-\frac{1}{RC}t}.$$

(2) Anschließend verwenden wir die Lösungsformel (I)

$$U(t) = e^{-\frac{1}{RC}t} \left(U(0) + \frac{\hat{U}_b}{RC} \int_0^t \frac{\sin(\omega\tau)}{e^{-\frac{1}{RC}\tau}}\,d\tau \right).$$

Zur Berechnung des Integrals integrieren wir zweimal partiell

$$\int_0^t \sin(\omega\tau)\, e^{\frac{1}{RC}\tau}\,d\tau =$$

$$= \left[\sin(\omega\tau) \cdot RC \cdot e^{\frac{1}{RC}\tau}\right]_0^t - \int_0^t \omega \cos(\omega\tau)\, RC\, e^{\frac{1}{RC}\tau}\,d\tau$$

$$= RC \sin(\omega t)\, e^{\frac{1}{RC}t} - \omega RC \left\{ \left[\cos(\omega\tau)\, e^{\frac{1}{RC}\tau}\, RC\right]_0^t + \int_0^t \omega \sin(\omega\tau)\, e^{\frac{1}{RC}\tau}\, RC\,d\tau \right\}$$

$$= RC \sin(\omega t)\, e^{\frac{1}{RC}t} - \omega\,(RC)^2 \left(\cos(\omega t)\, e^{\frac{1}{RC}t} - 1\right)$$
$$-\omega^2\,(RC)^2 \int_0^t \sin(\omega\tau)\, e^{\frac{1}{RC}\tau}\, d\tau.$$

Da das verbleibende Integral auf der rechten Seite mit dem zu berechnenden Integral übereinstimmt, addieren wir auf beiden Seiten der Gleichung den Term $\omega^2\,(RC)^2 \int_0^t \sin(\omega\tau)\, e^{\frac{1}{RC}\tau}\, d\tau$ und dividieren das Ergebnis durch $1 + (\omega\, RC)^2$:

$$\int_0^t \sin(\omega\tau)\, e^{\frac{1}{RC}\tau}\, d\tau = \frac{1}{1+(\omega\, RC)^2} \Big\{ RC \sin(\omega t)\, e^{\frac{1}{RC}t}$$
$$-\omega\,(RC)^2 \cos(\omega t)\, e^{\frac{1}{RC}t} + \omega\,(RC)^2 \Big\}.$$

(3) Setzen wir dieses Ergebnis in die Lösungsformel ein, erhalten wir mit der Anfangsbedingung $U(0) = 0$

$$U(t) = e^{-\frac{1}{RC}t}\, \frac{\hat{U}_b}{1+(\omega\, RC)^2} \left\{ \sin(\omega t)\, e^{\frac{1}{RC}t} - \omega\, RC \cos(\omega t)\, e^{\frac{1}{RC}t} + \omega\, RC \right\}$$
$$= \frac{\hat{U}_b}{1+(\omega\, RC)^2} \left\{ \sin(\omega t) - \omega\, RC \cos(\omega t) + \omega\, RC\, e^{-\frac{1}{RC}t} \right\}.$$

Diskussion: Die Lösung $U(t)$ setzt sich zusammen aus einem exponentiell abklingenden und einem periodischen Term.

$$U(t) = \underbrace{\frac{\hat{U}_b\, \omega\, RC}{1+(\omega\, RC)^2}\, e^{-\frac{1}{RC}t}}_{\text{Einschwingverhalten}} + \underbrace{\frac{\hat{U}_b}{1+(\omega\, RC)^2} \{\sin(\omega t) - \omega\, RC \cos(\omega t)\}.}_{\text{Verhalten für große t}}$$

Der exponentiell abklingende Term spiegelt den **Einschwingvorgang** wider. Das **Langzeitverhalten** der Lösung ist jedoch durch den periodischen Anteil bestimmt.

Physikalische Interpretation: Wir stellen diesen periodischen Anteil der Lösung als reine harmonische Schwingung mit der Amplitude A, Frequenz ω und Phase φ dar:

$$\sin(\omega t) - \omega\, RC \cos(\omega t) = A \sin(\omega t + \varphi) \qquad (*)$$

Um A und φ zu bestimmen benötigen wir zwei Gleichungen. Dazu wenden wir das Additionstheorem für die rechte Seite an

$$A \sin(\alpha + \beta) = A \sin(\alpha)\cos(\beta) + A \cos(\alpha)\sin(\beta).$$

Mit $\alpha = \omega t$ und $\beta = \varphi$ erhalten wir durch Koeffizientenvergleich

$$-\omega\, RC = A \sin\varphi\,. \quad (1)$$

$$1 = A \cos\varphi\,. \quad (2)$$

Dividiert man Gleichung (1) durch (2), folgt

$$\tan\varphi = -RC\,\omega \Rightarrow \varphi\,. \quad (3)$$

Addieren wir die quadrierten Gleichungen (1) und (2) folgt

$$1 + (RC\,\omega)^2 = A^2 \cos^2\varphi + A^2 \sin^2\varphi = A^2(\cos^2\varphi + \sin^2\varphi) = A^2$$

$$\Rightarrow\ A = \sqrt{1 + (RC\,\omega)^2}. \quad (4)$$

Aus (3) und (4) folgt insgesamt für die Lösung $U(t)$

$$U(t) = \text{ Einschwingvorgang } + \frac{\hat{U}_b}{\sqrt{1 + (\omega\, RC)^2}} \sin(\omega t + \varphi)\,. \qquad \square$$

13.2

13.2 Lineare DG mit konstantem Koeffizient

Durch die beiden Formeln (H) und (I) ist jede lineare Differenzialgleichung 1. Ordnung im Prinzip lösbar. Die Auswertung der Integrale kann aber sehr aufwändig werden. Bei Differenzialgleichungen mit **konstanten** Koeffizienten braucht man nicht auf diese Integraldarstellung der Lösung zurückgreifen, sondern ermittelt eine *partikuläre* Lösung durch einen speziellen Lösungsansatz. Beim konkreten Problem wird entsprechend dem Typ der *Inhomogenität* ein Ansatz für die partikuläre Lösung mit freien Parametern gewählt. Diese Parameter bestimmt man anschließend durch Einsetzen in die Differenzialgleichung.

13.2.1 Homogene Lösung

Zum Lösen der *homogenen* linearen DG mit konstantem Koeffizient α,

$$y'(x) = \alpha \cdot y(x)\,,$$

wählen wir den Ansatz

$$y_h(x) = c\, e^{\lambda\, x}$$

und setzen diese Funktion in die Differenzialgleichung ein:

$$c\,\lambda\, e^{\lambda\, x} = \alpha \cdot c\, e^{\lambda\, x} \hookrightarrow \lambda = \alpha\,.$$

Die allgemeine Lösung der homogenen Differenzialgleichung lautet somit

$$y_h(x) = c\, e^{\alpha\, x}.$$

13.2.2 Partikuläre Lösung

Wir betrachten die *inhomogene* lineare Differenzialgleichung

$$y'(x) = \alpha\, y(x) + f(x)$$

mit $\alpha \neq 0$. Je nach Inhomogenität (*Störfunktion*) f lässt sich eine *partikuläre Lösung* durch einen einfachen Ansatz finden. Für häufig auftretende Inhomogenitäten geben wir die Ansatzfunktionen in Tab. 13.1 an.

Tabelle 13.1: Ansätze für partikuläre Lösungen.

Inhomogenität	Ansatzfunktion	Parameter
$f(x) = \sum_{i=0}^{n} a_i\, x^i$ (Polynom vom Grad n)	$y_p(x) = \sum_{i=0}^{n} A_i\, x^i$	$A_0, .., A_n$
$f(x) = a \cdot \sin(\omega x)$ (Sinusanregung)	$y_p(x) = A \sin(\omega\, x) + B \cos(\omega\, x)$	A, B
$f(x) = a \cdot \cos(\omega x)$ (Kosinusanregung)	$y_p(x) = A \sin(\omega\, x) + B \cos(\omega\, x)$	A, B
$f(x) = a\, e^{\mu\, x}$ $(\mu \neq \alpha)$ (Exponentialfunktion)	$y_p(x) = A\, e^{\mu\, x}$	A

Bemerkung: Besteht die Inhomogenität $f(x)$ aus einer Summe von mehreren Anteilen, wählt man für jede Inhomogenität einzeln die entsprechende Ansatzfunktion und bestimmt durch Einsetzen der Ansatzfunktion in die Differenzialgleichung die zugehörigen Parameter. Zum Schluss addiert man alle partikulären Lösungen auf und erhält eine spezielle Lösung des gestellten, inhomogenen Problems.

Musterbeispiel 13.11

Gesucht ist die allgemeine Lösung der linearen Differenzialgleichung

$$y'(x) = 4 \cdot y(x) + x^3 .$$

(1) Die **homogene** Differenzialgleichung $y'(x) = 4 \cdot y(x)$ lösen wir mit dem Ansatz

$$y_h(x) = c\, e^{\lambda\, x}.$$

In die Differenzialgleichung eingesetzt, ergibt sich

$$c\, \lambda\, e^{\lambda\, x} = 4\, c\, e^{\lambda\, x} \hookrightarrow \lambda = 4 \quad \Rightarrow y_h(x) = c\, e^{4x} .$$

(2) Eine partikuläre Lösung der **inhomogenen** Differenzialgleichung

$$y'(x) = 4 \cdot y(x) + x^3$$

bestimmen wir nach Tabelle 13.1 durch den Ansatz

$$y_p(x) = a\,x^3 + b\,x^2 + c\,x + d,$$

da die Inhomogenität $f(x) = x^3$ ein Polynom vom Grad 3 ist. Die Ansatzfunktion in die inhomogene Differenzialgleichung eingesetzt, ergibt

$$\begin{aligned} 3\,a\,x^2 + 2\,b\,x + c &\overset{!}{=} 4\,a\,x^3 + 4\,b\,x^2 + 4\,c\,x + 4\,d + x^3 \\ &= (4\,a + 1)\,x^3 + 4\,b\,x^2 + 4\,c\,x + 4\,d. \end{aligned}$$

Ein Koeffizientenvergleich liefert für absteigende Potenzen in x

$$\begin{array}{lll} x^3\colon & 4\,a + 1 = 0 & \hookrightarrow \quad a = -\frac{1}{4} \\ x^2\colon & 4\,b = 3\,a = -\frac{3}{4} & \hookrightarrow \quad b = -\frac{3}{16} \\ x^1\colon & 4\,c = 2\,b = -\frac{3}{8} & \hookrightarrow \quad c = -\frac{3}{32} \\ x^0\colon & 4\,d = c = -\frac{3}{32} & \hookrightarrow \quad d = -\frac{3}{128}. \end{array}$$

Eine partikuläre Lösung ist also

$$y_p(x) = -\frac{1}{4}\,x^3 - \frac{3}{16}\,x^2 - \frac{3}{32}\,x - \frac{3}{128}\,.$$

(3) Somit ist die **allgemeine Lösung** der inhomogenen Differenzialgleichung

$$y(x) = y_h(x) + y_p(x) = c\,e^{4x} - \frac{1}{4}\,x^3 - \frac{3}{16}\,x^2 - \frac{3}{32}\,x - \frac{3}{128}. \qquad \square$$

Anwendungsbeispiel 13.12 (RC-Kreis bei Wechselspannung).

Die Differenzialgleichung aus Beispiel 13.10 lautet für eine Wechselspannung $U_b(t) = \hat{U}_b \sin(\omega t)$ mit $R \cdot C = 1$

$$\dot{U}(t) = -\,U(t) + \hat{U}_b \sin(\omega t)\,; \quad U(0) = 0.$$

(1) Die **homogene** Differenzialgleichung $\dot{U}(t) = -U(t)$ lösen wir durch den Ansatz $U_h(t) = c\,e^{\lambda t}$. In die Differenzialgleichung eingesetzt, folgt $\lambda = -1$.

$$\Rightarrow U_h(t) = c\,e^{-t}\,.$$

(2) Zum Lösen der **inhomogenen** Differenzialgleichung wählen wir für eine partikuläre Lösung gemäß Tabelle 13.1 den Ansatz:

$$U_p(t) = A \sin(\omega t) + B \cos(\omega t) \qquad (*)$$

und setzen $U_p(t)$ in die inhomogene Differenzialgleichung ein, um die noch unbekannten Konstanten A und B zu bestimmen:

$$A\,\omega\,\cos(\omega t) - B\,\omega\,\sin(\omega t) = -A\,\sin(\omega t) - B\,\cos(\omega t) + \hat{U}_b\,\sin(\omega t)\,.$$

Wir ordnen die rechte Seite der Gleichung nach Vielfachen von $\cos(\omega t)$ und $\sin(\omega t)$

$$(-B\,\omega)\,\sin(\omega t) + (A\,\omega)\,\cos(\omega t) = \left(\hat{U}_b - A\right)\,\sin(\omega t) - B\,\cos(\omega t)\,.$$

Die Gleichung ist für alle t nur dann erfüllt, wenn die Koeffizienten sowohl der Sinus- als auch der Kosinusfunktionen auf beiden Seiten der Gleichung übereinstimmen. Ein Koeffizientenvergleich in $\cos(\omega t)$ und $\sin(\omega t)$ auf beiden Seiten dieser Gleichung führt zu dem linearen Gleichungssystem

$$\begin{array}{llcll} \cos(\omega t): & A\,\omega & = & -B & (1) \\ \sin(\omega t): & -B\,\omega & = & \hat{U}_b - A & (2) \end{array}$$

aus welchem A und B zu bestimmen sind. Setzt man (1) in (2) ein, gilt

$$-B\,\omega = \hat{U}_b + \frac{1}{\omega}\,B \Rightarrow B = \frac{-\omega}{\omega^2+1}\,\hat{U}_b\,.$$

Mit (1) folgt dann

$$A = \frac{\hat{U}_b}{\omega^2+1}\,.$$

Somit ist eine partikuläre Lösung nach $(*)$

$$U_p(t) = \frac{\hat{U}_b}{\omega^2+1}\,[\sin(\omega t) - \omega\,\cos(\omega t)]\,.$$

(3) Die **allgemeine Lösung** lautet

$$U(t) = U_h(t) + U_p(t) = c\,e^{-t} + \frac{\hat{U}_b}{\omega^2+1}\,[\sin(\omega t) - \omega\,\cos(\omega t)]\,.$$

(4) Zum Schluss bestimmen wir die Konstante c durch die Anfangsbedingung $U(0) = 0$:

$$0 = c + \frac{\hat{U}_b}{\omega^2+1}\,[0 - \omega] \quad\Rightarrow\quad c = \frac{\omega\,\hat{U}_b}{\omega^2+1}\,.$$

Damit ist die Lösung des Problems gegeben durch

$$U(t) = \frac{\hat{U}_b}{\omega^2+1}\,\left[\omega\,e^{-t} + \sin(\omega t) - \omega\,\cos(\omega t)\right],$$

welche für $RC = 1$ mit der Endformel aus Beispiel 13.10 übereinstimmt. □

13.3 Nichtlineare Differenzialgleichungen 1. Ordnung

Die Methode Trennung der Variablen wird nicht nur beim Lösen von homogenen linearen Differenzialgleichungen eingesetzt, sondern einfache *nichtlineare* Differenzialgleichungen lassen sich ebenfalls mit dieser Methode lösen. Es werden in diesem Kapitel auch Substitutionsmethoden und Potenzreihenansätze zur Lösung nichtlinearer Differentialgleichungen vorgestellt.

13.3.1 Differenzialgleichung mit trennbaren Variablen

Wir betrachten die Differenzialgleichung

$$y'(x) = f(x)\, g(y)$$

mit einer gegebenen stetigen Funktion g. Sofern g nicht eine lineare Funktion darstellt, ist die Differenzialgleichung nichtlinear! Sie hat aber die gleiche Bauart, wie eine homogene *lineare* Differenzialgleichung 1. Ordnung und lässt sich durch **Trennung der Variablen** lösen. Man bezeichnet diesen Typ daher auch als Differenzialgleichung *mit trennbaren Variablen*. Zum Lösen wird die Differenzialgleichung wie folgt umgestellt

$$\frac{dy}{dx} = f(x) \cdot g(y) \qquad |: g(y) \;\cdot dx$$

$$\hookrightarrow \frac{dy}{g(y)} = f(x) \cdot dx.$$

Die linke Seite der Gleichung enthält nur noch die Variable y und die rechte Seite nur noch die Variable x. Anschließende Integration liefert

$$G(y) = \int \frac{dy}{g(y)} = \int f(x)\, dx.$$

Die Stammfunktion des linken Integrals $G(y)$ wird anschließend nach y aufgelöst, was in vielen Fällen möglich ist.

Beispiel 13.13. $y'(x) = e^{y(x)} \cos x \quad \text{mit } y(0) = y_0.$

Diese Differenzialgleichung lässt sich durch Trennung der Variablen lösen:

$$\frac{dy}{dx} = e^{y} \cos x \qquad |: e^{y} \;\cdot dx$$

$$\frac{dy}{e^{y}} = \cos x\, dx.$$

Da hier ein Anfangswertproblem vorliegt, wählen wir auf beiden Seiten der Gleichung das bestimmte Integral. Die Integration über $\tilde{y}$ erfolgt von y_0 ab und die Integration über $\tilde{x}$ von $x_0 = 0$ ab:

$$\int_{y_0}^{y} e^{-\tilde{y}}\, d\tilde{y} = \int_{0}^{x} \cos\tilde{x}\, d\tilde{x}\ .$$

Wir führen die Integrationen auf beiden Seiten aus und lösen anschließend nach y auf

$$-e^{-\tilde{y}}\Big|_{y_0}^{y} = \sin\tilde{x}\Big|_{0}^{x} \quad \hookrightarrow \quad -e^{-y} + e^{-y_0} = \sin x$$

$$\hookrightarrow\ e^{-y} = e^{-y_0} - \sin x \quad \Rightarrow \quad y\,(x) = -\ln\left(e^{-y_0} - \sin x\right).$$

Bemerkung: Wählt man statt dem bestimmten Integral die unbestimmte Form $\int e^{-y}\, dy = \int \cos x\, dx$, ist bei der Integration eine Integrationskonstante C zu berücksichtigen. Diese Konstante C wird zum Schluss durch die Anfangsbedingung $y\,(0) = y_0$ festgelegt. □

Anwendungsbeispiel 13.14 (Freier Fall mit Luftwiderstand).

Wir untersuchen die Sinkgeschwindigkeit $v\,(t)$ eines Körpers der Masse m unter Berücksichtigung der Luftreibung. Die am Körper angreifenden Kräfte sind

(1) die Schwerkraft $m\,g$

(2) der Luftwiderstand $-k\,v^2$, wenn eine quadratische Abhängigkeit der Reibungskraft von der Geschwindigkeit angenommen wird.

Dabei ist g die Erdbeschleunigung und k der Reibungskoeffizient.

Nach dem Newtonschen Bewegungsgesetz ist die Beschleunigungskraft $m\,\frac{dv}{dt}$ gleich der Summe aller angreifenden Kräfte

$$m\,\frac{dv\,(t)}{dt} = m\,g - k\,v^2\,(t)\,.$$

Unter der Annahme, dass der freie Fall aus der Ruhe erfolgt, gilt zusätzlich die Anfangsbedingung $v\,(0) = 0$. Die Beschleunigungskraft (= rechte Seite der DG) ist zu Beginn $m\,g$ und nimmt mit zunehmender Geschwindigkeit ab, bis sie schließlich Null ergibt. Dann ist $m\,g - k\,v^2\,(t) = 0$ und wir erhalten für $v(t)$ den Wert $v_\infty := \sqrt{\frac{m\,g}{k}}$.

Die *nichtlineare* Differenzialgleichung 1. Ordnung lösen wir durch Trennung der Variablen:

$$\frac{dv}{dt} = g - \frac{k}{m}\,v^2 \qquad \Big|: (g - \frac{k}{m}\,v^2) \quad \cdot dt$$

$$\hookrightarrow \frac{dv}{g - \frac{k}{m} v^2} = dt \qquad \text{bzw.} \qquad \frac{1}{g} \cdot \frac{dv}{1 - \frac{k}{mg} v^2} = dt.$$

Anschließend integrieren wir

$$\frac{1}{g} \int \frac{dv}{1 - \left(\frac{v}{v_\infty}\right)^2} = \int dt\,,$$

$\frac{m\,g}{k}$ wurde dabei durch v_∞^2 ersetzt. Zur Berechnung des rechten Integrals substituieren wir $\xi = \frac{v}{v_\infty}$. Damit ist $d\xi = \frac{dv}{v_\infty}$ und es gilt für $\xi < 1$

$$\frac{1}{g} \int \frac{dv}{1 - \left(\frac{v}{v_\infty}\right)^2} = \frac{1}{g}\, v_\infty \int \frac{d\xi}{1 - \xi^2} = \frac{1}{g}\, v_\infty \cdot \operatorname{artanh}(\xi) + C_1$$

bzw. nach Rücktransformation

$$= \frac{1}{g}\, v_\infty \cdot \operatorname{artanh}\left(\frac{v}{v_\infty}\right) + C_1\,.$$

Das linke Integral ist $\int dt = t + C_2$. Somit erhalten wir insgesamt

$$\frac{1}{g}\, v_\infty \cdot \operatorname{artanh}\left(\frac{v}{v_\infty}\right) + C_1 = t + C_2\,.$$

Wir führen eine gemeinsame Integrationskonstante $C = C_2 - C_1$ ein

$$\operatorname{artanh}\left(\frac{v}{v_\infty}\right) = \frac{g}{v_\infty}(t + C)$$

und lösen die Gleichung nach v auf

$$v(t) = v_\infty \cdot \tanh\left(\frac{g}{v_\infty}(t + C)\right).$$

Aus der Anfangsbedingung $v(t = 0) = 0$ ergibt sich $C = 0$. Dieses Geschwindigkeitsgesetz für die Fallgeschwindigkeit $v(t)$ eines Körpers der Masse m mit Luftwiderstand ist in Abb. 13.6 skizziert:

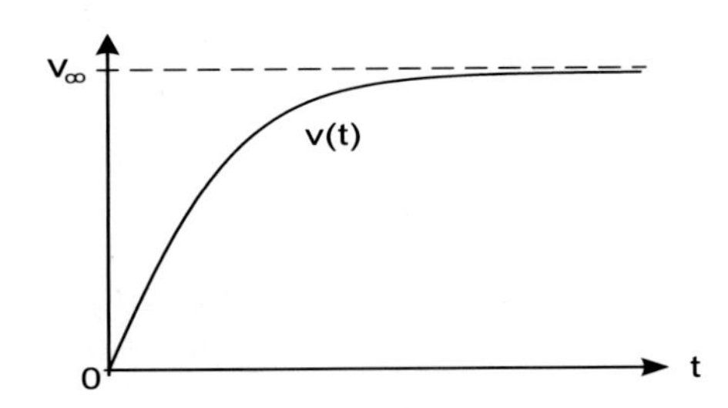

Abb. 13.6. Fallgeschwindigkeit mit Luftwiderstand

Für $t \to \infty$ wird die Endgeschwindigkeit $v_\infty = \lim\limits_{t \to \infty} v\,(t) = \sqrt{\frac{m\,g}{k}}$ erreicht, da $\lim\limits_{x \to \infty} \tanh(x) = 1$. Der Körper fällt dann mit konstanter Geschwindigkeit, da sich dann die Reibungskraft und die Gewichtskraft gegenseitig aufheben. □

13.3.2 Lösen von Differenzialgleichungen durch Substitution

(1) Differenzialgleichungen vom Typ

$$y'(x) = f\left(\frac{y(x)}{x}\right)$$

lassen sich durch die **Substitution**

$$u(x) := \frac{y(x)}{x}$$

in eine Differenzialgleichung für $u(x)$ transformieren, die oftmals durch Trennung der Variablen lösbar ist.

Um die Differenzialgleichung für $u(x)$ zu erhalten, müssen sowohl $y(x)/x$ als auch $y'(x)$ durch Terme in $u(x)$ und $u'(x)$ ersetzt werden.

Aus $u(x) = \frac{y(x)}{x}$ folgt $y(x) = x \cdot u(x)$ und mit der Produktregel

$$y'(x) = u(x) + x\,u'(x).$$

Ersetzt man nun in der Differenzialgleichung sowohl $y'(x)$ als auch $\frac{y}{x}$, folgt die Differenzialgleichung für $u(x)$:

$$u(x) + x \cdot u'(x) = f(u)$$

$$\Rightarrow x \cdot u' = f(u) - u\,.$$

Trennung der Variablen liefert

$$\frac{du}{f(u) - u} = \frac{dx}{x}$$

und die anschließende Integration

$$\int \frac{du}{f(u) - u} = \int \frac{dx}{x} = \ln|x| + C\,.$$

Die Integration der linken Seite liefert einen zunächst impliziten Ausdruck für $u(x)$, der -falls möglich- nach $u(x)$ aufgelöst wird. Durch **Rücksubstitution** erhält man dann die Lösung $y(x)$.

Beispiel 13.15. Gegeben ist das Anfangswertproblem

$$x^2\, y'(x) = y^2(x) + x \cdot y(x) \quad \text{mit} \quad y(1) = -1.$$

Durch Division mit x^2

$$y'(x) = \left(\frac{y(x)}{x}\right)^2 + \left(\frac{y(x)}{x}\right)$$

und anschließender Substitution $u(x) := \frac{y(x)}{x}$, d.h.

$$y(x) = x \cdot u(x) \hookrightarrow y'(x) = u(x) + x \cdot u'(x) \;,$$

folgt

$$u(x) + x \cdot u'(x) = u^2(x) + u(x)$$

$$\Rightarrow u'(x) = \frac{1}{x}\, u^2(x) \quad \text{mit} \quad u(1) = \frac{y(1)}{1} = -1.$$

Trennung der Variablen liefert

$$\frac{du}{u^2} = \frac{dx}{x} \hookrightarrow \int_{-1}^{u} \frac{d\tilde{u}}{\tilde{u}^2} = \int_{1}^{x} \frac{d\tilde{x}}{\tilde{x}} \hookrightarrow -\tilde{u}^{-1}\Big|_{-1}^{u} = \ln|\tilde{x}|_1^x$$

$$\hookrightarrow -\frac{1}{u} - 1 = \ln x \hookrightarrow u(x) = \frac{1}{-1 - \ln x}\,.$$

Durch Rücksubstitution erhält man die Lösung

$$y(x) = -\frac{x}{1 + \ln x}.$$

□

(2) Differenzialgleichungen vom Typ

$$y'(x) = f(a\,x + b\,y + c)$$

transformieren sich durch die **Substitution**

$$u(x) := a\,x + b\,y + c$$

in eine Differenzialgleichung für $u(x)$, die ebenfalls durch Trennung der Variablen lösbar ist:

Aus $u(x) = a\,x + b\,y(x) + c$ folgt $u'(x) = a + b\,y'(x) \hookrightarrow y'(x) = \frac{1}{b}\,(u'(x) - a)$ für $b \neq 0$. Damit lautet die Differenzialgleichung für $u(x)$

$$u'(x) - a = b\,f(u).$$

Anschließende Trennung der Variablen führt zur Lösung.

Den Spezialfall $b = 0$ integriert man direkt ohne Substitution, um $y(x)$ zu erhalten. □

Beispiel 13.16. Gegeben ist die Differenzialgleichung

$$y'(x) = \frac{1}{1 + x - y(x)},$$

die durch eine geeignete Substitution gelöst werden kann.

Wir wählen die Substitution

$$u(x) := 1 + x - y(x)$$

($\hookrightarrow u'(x) = 1 - y'(x)$) und setzen diese in die Differenzialgleichung ein

$$1 - u'(x) = \frac{1}{u(x)} \quad \Rightarrow \quad u'(x) = 1 - \frac{1}{u(x)} = \frac{u(x) - 1}{u(x)}.$$

Trennung der Variablen liefert für $u \neq 1$

$$\frac{u}{u-1}\,du = dx\,.$$

Die Integration liefert mit der Partialbruchzerlegung $\dfrac{u}{u-1} = 1 + \dfrac{1}{u-1}$

$$\int \left(1 + \frac{1}{u-1}\right) du = \int dx \quad \hookrightarrow \quad u + \ln|u-1| = x + C\,.$$

Durch Rücksubstitution $u = 1 + x - y$ folgt

$$1 + x - y + \ln|x - y| = x + C$$

$$\Rightarrow \ln|x - y| = y + C - 1\,.$$

Hieraus erhält man eine implizite Gleichung für $y(x)$, die sich **nicht** nach $y(x)$ auflösen lässt:

$$|x - y(x)| = e^{C-1}\,e^{y(x)}.$$

Man beachte, dass für den Sonderfall $u = 1$, den wir in obiger Rechnung ausgeschlossen haben, aus der Definition von $u(x)$ folgt $y(x) = x$. □

13.3.3 Potenzreihenansatz

Ein ebenfalls übliches Verfahren, die Lösung einer Differenzialgleichung zu bestimmen, besteht darin, einen **Potenzreihenansatz** für die Lösung an dem Entwicklungspunkt x_0 anzunehmen (vgl. 9.2):

$$y(x) = a_0 + a_1 (x - x_0) + a_2 (x - x_0)^2 + \ldots + a_n (x - x_0)^n + \ldots$$
$$= \sum_{n=0}^{\infty} a_n (x - x_0)^n .$$

Dieser Ansatz enthält die unbekannten Koeffizienten $a_0, a_1, \ldots, a_n, \ldots$, die durch Einsetzen der Funktion $y(x)$ in die Differenzialgleichung bestimmt werden. Da Potenzreihen im Innern ihres Konvergenzbereichs beliebig oft differenzierbar sind, kann diese Methode auch für Differenzialgleichungen höherer Ordnung angewendet werden.

Potenzreihenansatz

Man ersetzt die unbekannte Funktion und all ihre in der Differenzialgleichung auftretenden Ableitungen durch den Potenzreihenansatz bzw. dessen Ableitungen und versucht durch Koeffizientenvergleich die Koeffizienten $a_i \quad (i \in \mathbb{N}_0)$ zu berechnen. Im Anschluss daran bestimmt man den Konvergenzbereich der Reihe.

Beispiel 13.17. Gegeben ist die Differenzialgleichung

$$y'(x) + 2\,x\,y(x) - 2\,x^2 - 1 = 0.$$

Als Potenzreihenansatz wählen wir mit dem Entwicklungspunkt $x_0 = 0$:

$$y(x) = a_0 + a_1\,x + a_2\,x^2 + \ldots + a_n\,x^n + \ldots = \sum_{n=0}^{\infty} a_n\,x^n$$
$$\hookrightarrow y'(x) = a_1 + 2\,a_2\,x + 3\,a_3\,x^2 + \ldots + n\,a_n\,x^{n-1} + \ldots = \sum_{n=1}^{\infty} n\,a_n\,x^{n-1} .$$

In die Differenzialgleichung eingesetzt, erhält man

$$\left(a_1 + 2\,a_2\,x + 3\,a_3\,x^2 + 4\,a_4\,x^3 + \ldots + (n+1)\,a_{n+1}\,x^n + \ldots\right)$$
$$+2\,x\left(a_0 + a_1\,x + a_2\,x^2 + \ldots + a_{n-1}\,x^{n-1} + a_n\,x^n + \ldots\right) - 2\,x^2 - 1 = 0$$

und nach Sortieren nach Potenzen von x

$$(a_1 - 1)\,x^0 + (2\,a_2 + 2\,a_0)\,x^1 + (3\,a_3 + 2\,a_1 - 2)\,x^2 + (4\,a_4 + 2\,a_2)\,x^3$$
$$+ \ldots + \left[(n+1)\,a_{n+1} + 2\,a_{n-1}\right]x^n + \ldots = 0.$$

Durch Koeffizientenvergleich folgt als Koeffizient von

$$\begin{array}{lll}
x^0: & a_1 - 1 = 0 & \Rightarrow \; a_1 = 1 \\
x^1: & 2\,a_2 + 2\,a_0 = 0 & \Rightarrow \; a_2 = -a_0 \\
x^2: & 3\,a_3 + 2\,a_1 - 2 = 0 & \Rightarrow \; a_3 = 0 \\
x^3: & 4\,a_4 + 2\,a_2 = 0 & \Rightarrow \; a_4 = \frac{(-2)}{4}\,(-a_0) \\
x^4: & 5\,a_5 + 2\,a_3 = 0 & \Rightarrow \; a_5 = 0 \\
x^5: & 6\,a_6 + 2\,a_4 = 0 & \Rightarrow \; a_6 = -\frac{2}{6}\,a_4 = \frac{(-2)\,(-2)}{6}\,(-a_0) \\
\vdots & & \quad\;\; \vdots \\
x^n: & (n+1)\,a_{n+1} + 2\,a_{n-1} = 0. &
\end{array}$$

Somit gilt für ungerade Indizes $a_3 = a_5 = a_7 = \ldots = a_{2\,k+1} = 0$ mit $(k = 1,\,2,\,3,\ldots)$ und für gerade Indizes

$$\begin{aligned}
a_{2\,k} &= \frac{(-2)\,(-2)\cdot\ldots\cdot(-2)}{2\,k\,(2\,k-2)\cdot\ldots\cdot 4}\,(-a_0) = \frac{(-2)^{k-1}}{2^{k-1}\,k!}\,(-a_0) \\
&= \frac{(-1)^{k-1}}{k!}\,(-a_0) = \frac{(-1)^k}{k!}\,a_0 \qquad k = 1,\,2,\,3,\ldots.
\end{aligned}$$

Die gesuchte Lösung hat als Potenzreihenentwicklung

$$y\,(x) = a_0 + 1\,x - a_0\,x^2 + a_0\,\tfrac{1}{2!}\,x^4 - a_0\,\tfrac{1}{3!}\,x^6 + a_0\,\tfrac{1}{4!}\,x^8 \pm \ldots$$

$$y\,(x) = x + a_0\,\sum_{k=0}^{\infty}(-1)^k\,\frac{x^{2\,k}}{k!}.$$

Die unbestimmte Konstante a_0 entspricht der bei einer linearen Differenzialgleichung erwarteten Konstanten des homogenen Anteils der Lösung. Der Konvergenzbereich der Reihe ist $\mathbb{R}$. Wir schreiben die Potenzreihe um in die Form

$$y\,(x) = x + a_0\,\sum_{k=0}^{\infty}\frac{1}{k!}\left(-x^2\right)^k,$$

um die Exponentialfunktion $e^t = \sum_{k=0}^{\infty}\frac{1}{k!}\,(t)^k$ identifizieren zu können. In diesem speziellen Beispiel gibt es für die Lösung dann sogar eine geschlossene Darstellung:

$$y\,(x) = x + a_0\,e^{-x^2}. \qquad \square$$

13.4

13.4 Numerisches Lösen von DG 1. Ordnung

Wie im vorigen Abschnitt erörtert, können nichtlineare Differentialgleichungen analytisch gelöst werden, z. B. wenn sie trennbar sind. Für andere Differentialgleichungen erster Ordnung oder Systeme von Differentialgleichungen ist jedoch eine Näherungsmethode erforderlich, um sie zu lösen.

13.4.1 Richtungsfelder

Charakteristisch für die diskutierten Differenzialgleichungen ist, dass die Ableitung der Funktion

$$y'(x) = f(x, y(x))$$

für jeden Punkt (x, y) der Ebene durch die rechte Seite der Differenzialgleichung $f(x, y(x))$ gegeben ist. Dies führt auf die Darstellung der Differenzialgleichung in Form eines *Richtungsfeldes*, in der in jedem Punkt der Ebene die Steigung der Funktion $y(x)$ (also $f(x, y(x))$) als Vektor aufgetragen wird. Wählen wir beispielsweise die Differenzialgleichung

$$y'(x) = -y(x) + 1,$$

so ist das Richtungsfeld gegeben durch

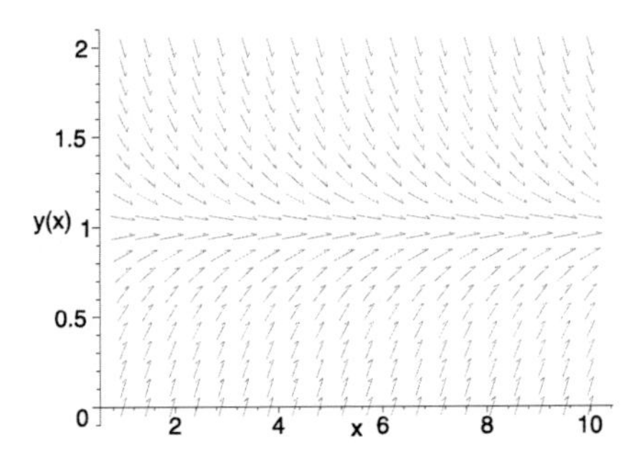

Abb. 13.7. Richtungsfeld der Differenzialgleichung $y'(x) = -y(x) + 1$

Hat man zur Differenzialgleichung noch einen Startwert (Anfangswert) $y(x_0)$ gegeben, dann kennt man den Punkt der Ebene $(x_0, y(x_0))$, in dem die Lösung beginnt. Durch diese zusätzliche Information kann man nun die Lösung konstruieren, indem man ausgehend vom Startpunkt $(x_0, y(x_0))$ über die Steigung der Funktion in diesem Punkt $f(x_0, y(x_0))$ zum nächsten Punkt an der Stelle $x_0 + dx$ kommt und damit y an der Stelle $x_0 + dx$ erhält. Dann ist sowohl $y(x_0 + dx)$ als auch die Steigung $y'(x_0 + dx) = f(x_0 + dx, y(x_0 + dx))$ bekannt und man konstruiert hieraus $y(x_0 + 2dx)$ usw.

In Abb. 13.8 ist das Richtungsfeld der Differenzialgleichung zusammen mit der Lösung zum Anfangswert $y(4) = 0$ eingezeichnet.

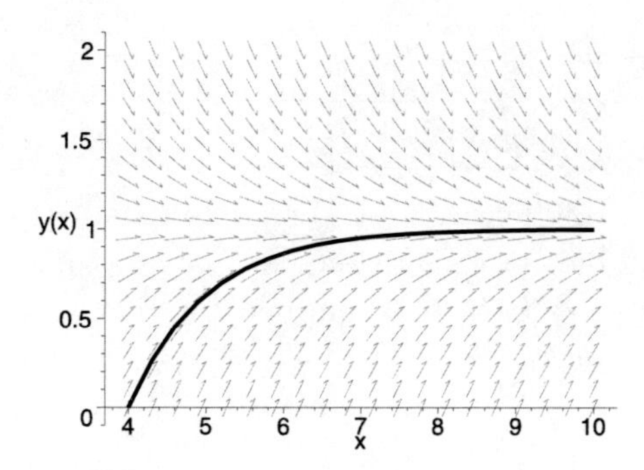

Abb. 13.8. Konstruktion der Lösung über das Richtungsfeld

Dieses Vorgehen führt auf das Euler-Verfahren zum numerischen Lösen von Differenzialgleichungen erster Ordnung.

13.4.2 Streckenzugverfahren von Euler

Wir gehen von dem Anfangswertproblem (AWP)

$$y'(t) = f(t, y(t)) \qquad \text{mit} \ \ y(t_0) = y_0 \tag{1}$$

aus und werden dieses AWP für Zeiten $t_0 \leq t \leq T$ numerisch lösen. Dazu zerlegen wir das Intervall $[t_0, T]$ in N Teilintervalle der Länge

$$h = dt = \frac{T - t_0}{N} \, .$$

Die Größen h und dt werden als **Schrittweite** bzw. **Zeitschritt** bezeichnet. Wir erhalten als Zwischenzeiten

$$t_j = t_0 + j \cdot dt \qquad j = 0, \ldots, N$$

und werden die Lösung nur zu diesen diskreten Zeiten $t_0, t_1, t_2, \ldots, t_N$ berechnen: Ausgehend vom Startwert y_0 bestimmen wir der Reihe nach Näherungen $y_1, y_2, \ldots, y_N$ für die Funktionswerte $y(t_1), \ y(t_2), \ldots, \ y(t_N)$ der Lösung von (1). Man nennt dieses Vorgehen die **Diskretisierung** des AWP.

Für den Startwert (t_0, y_0) kennen wir nach Gl. (1) die exakte Steigung $\tan\alpha$ der Lösungsfunktion

$$y'(t_0) = \tan\alpha = f(t_0, y_0) \ .$$

Für eine kleine Schrittweite h wird die Funktion y im Intervall $[t_0, t_0 + h]$ durch ihre Tangente angenähert (Linearisierung) (siehe Abb. 13.9 a). Für den Funktionswert $y(t_1)$ gilt dann näherungsweise

$$y(t_1) = y(t_0 + h) \approx y(t_0) + y'(t_0) \cdot h \ .$$

Wir setzen

$$\boxed{y_1 := y_0 + f\,(t_0,\, y_0)\; h.}$$

Damit hat man den Funktionswert $y\,(t_1)$ zum Zeitpunkt t_1 durch y_1 angenähert. Ausgehend von diesem genäherten Wert y_1 berechnet man mit (1) die fehlerhafte Steigung $y_1' = f\;(t_1,\, y_1)$. Nun benutzt man y_1 und y_1' für die Berechnung eines Näherungswertes für den nächsten Zeitpunkt $t_2 = t_1 + h$:

$$y\,(t_2) = y\,(t_1 + h) \approx y\,(t_1) + y'\,(t_1)\; h\;. \qquad \text{(Linearisierung)}$$

Wir setzen

$$\boxed{y_2 := y_1 + \; f\,(t_1,\, y_1)\; h.}$$

y_2 ist eine Näherung für den exakten Wert der Lösung $y\,(t_2)$ zur Zeit t_2.

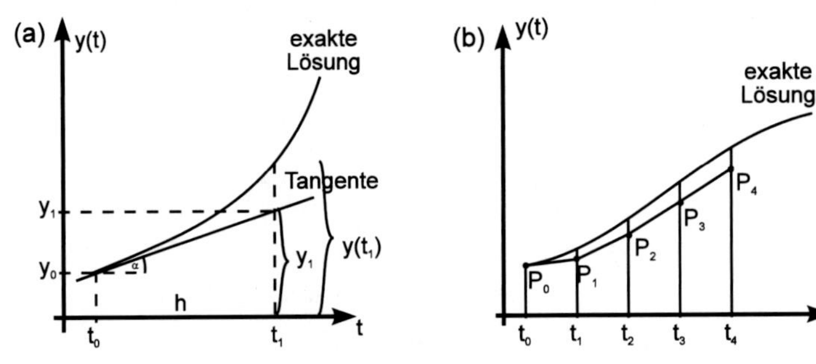

Abb. 13.9. a) 1. Schritt des Polygonzugverfahrens b) Polygonzugverfahren nach Euler

Das beschriebene Verfahren wiederholt man für den neuen Punkt $P_2 = (t_2,\, y_2)$, der in der Regel nicht auf der exakten Lösungskurve liegt. Allgemein kann man das Näherungsverfahren beschreiben durch:

neuer Wert = alter Wert + Änderung der Lösung

bzw.

$$y_{neu} = y_{alt} + f\,(t_{alt},\, y_{alt}) \cdot h.$$

Man berechnet also, ausgehend vom Punkt $P_0 = (t_0,\, y_0)$ sukzessiv die Werte

$$y_{i+1} = y_i + h\, f\,(t_i,\, y_i) \qquad i = 0,\, 1,\, 2, \ldots,\, N-1.$$

Die Lösungskurve setzt sich aus geradlinigen Strecken zusammen, so dass die Näherung in Form eines Streckenzugs vorliegt (siehe Abb. 13.9b). Dieses Verfahren heißt gemäß seiner geometrischen Bedeutung das **Polygonzugverfahren** bzw. nach seinem Erfinder auch das **Euler-Verfahren**.

Bemerkung: Für einfache Beispiele liefert dieses einfache Verfahren für genügend kleine Schrittweiten h ausreichend genaue Näherungswerte $y_1,\ y_2, \ldots,$ y_N für die gesuchten Funktionswerte $y(t_1),\ y(t_2), \ldots,\ y(t_N)$.

Beispiel 13.18 (Mit MAPLE-Worksheet). Das Anfangswertproblem

$$y'(t) = y(t) + e^t \quad \text{mit} \quad y(0) = 1$$

besitzt die exakte Lösung

$$y(t) = (t+1)\, e^t.$$

Wir berechnen mit dem Euler-Verfahren Näherungslösungen im Intervall $0 \leq t \leq 0.2$ für Schrittweiten $h = 0.05$ und $h = 0.025$ und vergleichen die Ergebnisse mit der exakten Lösung.

Wendet man das Euler-Verfahren auf die Differenzialgleichung an, lautet die Iterationsvorschrift

$$y_{i+1} = y_i + h\,\left(y_i + e^{t_i}\right).$$

Speziell für die Schrittweite $h = 0.05$ gilt mit dem Anfangswert $y(0) = 1$

$$\begin{aligned}
y_0 &= 1 \\
y_1 &= y_0 + h\,\left(y_0 + e^{0.}\right) = 1.1 \\
y_2 &= y_1 + h\,\left(y_1 + e^{0.05}\right) = 1.207564 \\
y_3 &= y_2 + h\,\left(y_2 + e^{0.1}\right) = 1.323201 \\
y_4 &= y_3 + h\,\left(y_3 + e^{0.15}\right) = 1.447453
\end{aligned}$$

In der unten angegebenen Tabelle sind diese Näherungswerte für $h = 0.05$ und $h = 0.025$ zusammen mit den exakten Werten angegeben. Der Vergleich zeigt, dass die Näherungswerte bei kleineren Schrittweiten (3. Spalte) sich verbessern.

Ergebnisse:

t	$y\ (h = 0.05)$	$y\ (h = 0.025)$	y exakt
0.00	1.000 000	1.000 000	1.000 000
0.05	1.100 000	1.101 883	1.103 835
0.10	1.207 564	1.211 552	1.215 688
0.15	1.323 201	1.329 535	1.336 109
0.20	1.447 453	1.456 396	1.465 683

Hinweis: Auf der Homepage befindet sich ein zusätzliches Kapitel über das numerische Lösen von Differenzialgleichungen erster Ordnung mit einem qualitativen Vergleich der Euler-, Prädiktor-Korrektor- und Runge-Kutta-Verfahren.

13.5

13.5 Aufgaben zu Differenzialgleichungen 1. Ordnung

13.1 Wie lauten die allgemeinen Lösungen der folgenden linearen DG erster Ordnung mit konstanten Koeffizienten?

a) $y' + 4\,y = 0$ b) $2\,y' + 4\,y = 0$ c) $-3\,y' = 8\,y$
d) $a\,y' - b\,y = 0 \quad (a \neq 0)$ e) $-3\,y' + 18\,y = 0$ f) $L\,\frac{dI}{dt} + R\,I = 0$

13.2 Lösen Sie folgende Anfangswertprobleme:
a) $2\,v + \dot{v} = 0\,, \quad v\,(0) = 10\,\frac{m}{s}$. Wann ist $v\,(t) < 10\,\frac{cm}{s}$?
b) $y' + \lambda\,y = 0\,, \quad y\,(0) = 1$. Was ergibt sich für λ, wenn $y\,(1) = \frac{1}{2}$?
c) $-\frac{dN}{dt} = \frac{1}{\tau}\,N, \quad N\,(0) = N_0$. Wie groß ist τ, wenn $N\left(1{,}819 \cdot 10^{11}\right) = \frac{1}{2}N_0$?

13.3 Bestimmen Sie die allgemeine Lösung der folgenden linearen DG erster Ordnung:

a) $y' + x\,y = 4\,x$ b) $y' + \frac{y}{1+x} = e^{2\,x}$ c) $x\,y' + y = x \cdot \sin x$
d) $y'\,\cos x - y\,\sin x = 1$ e) $y' - 2\,\cos x\,y = \cos x$ f) $x\,y' - y = x^2 + 4$

13.4 Lösen Sie folgende inhomogenen DG:
a) $y'\,(t) + \frac{1}{R\,C}\,y\,(t) = U_0\,\sin\,(\omega t)$ (RC-Wechselstromkreis)
b) $y'\,(t) + \frac{R}{L}\,y\,(t) = U_0\,e^{-2\,t}$ (RL-Kreis)

13.5 Bestimmen Sie eine Lösung für die folgenden DG 1. Ordnung durch Trennung der Variablen:

a) $x^2\,y' = y^2$ b) $y'\,\left(1 + x^2\right) = x\,y$ c) $y' = 1 - y^2$
d) $y' = (1 - y)^2$ e) $y'\,\sin y = -x$ f) $y' = e^y\,\cos x$

13.6 Lösen Sie die folgenden Anfangswertprobleme:
a) $y' + \cos x \cdot y = 0\,; \quad y\left(\frac{\pi}{2}\right) = 2\pi$
b) $x\,(x+1)\,y' = y\,; \quad y\,(1) = \frac{1}{2}$
c) $y^2\,y' + x^2 = 1\,; \quad y\,(2) = 1$
d) $x^2\,y' = y^2 + x\,y\,; \quad y\,(1) = -1$ (Substitution: $u = \frac{y}{x}$)
e) $y\,y' = 2\,e^{2\,x}\,; \quad y\,(0) = 2$

13.7 Man löse durch Substitution $\left(u = \frac{y}{x}\right)$
a) $x\,y' = y + 4\,x$ b) $x^2\,y' = \frac{1}{4}\,x^2 + y^2$

13.8 Lösen Sie folgenden Differenzialgleichungen durch Trennung der Variablen:

a) $\frac{1}{x^5}\,y'\,(x) = \frac{1}{(y(x))^2}$ b) $(x+1)\,(x-1)\,y'\,(x) = 2\,y\,(x)$
c) $x\,y' + \frac{1}{x}\,y' = y$ d) $y^2 - 2\,y\,y' + 1 = 0$
e) $y' = \cos^2 y$ f) $2\,y' = y^4 \cdot \sqrt{x}$

13.9 Welche Lösungen haben folgende Anfangswertprobleme:
a) $y'\,(x) = \sin x \cdot y^2\,(x)\,, \quad y\,(0) = 1$ b) $y + y' = e^x\,, \quad y\,(0) = 1$
c) $\sin x \cdot y' = \cos x \cdot y\,, \quad y\left(\frac{\pi}{2}\right) = \frac{\pi}{2}$ d) $y' \cdot \left(1 + x^2\right) = 2\,x\,y\,, \quad y\,(1) = 4$

Anwendungen

13.11 Eine chemische Reaktion $A + B \to X$ lässt sich durch

$$\frac{dx}{dt} = k\,(a - x)\,(b - x)$$

beschreiben, wenn die Anzahl der Moleküle vom Typ A bzw. B zu Beginn der Reaktion a bzw. b und $x\,(t)$ die Anzahl der Reaktionsmoleküle X zum Zeitpunkt t sind (k: Reaktionskonstante).
a) Man löse die DG für $a \neq b$ und $x\,(0) = 0$.
b) Wann kommt die Reaktion zum Stillstand ($a > b$) ?

13.12 Die Sinkgeschwindigkeit $v\,(t)$ eines Teilchens der Masse m in einer Flüssigkeit (k: Reibungsfaktor, g: Erdbeschleunigung) wird beschrieben durch

$$m\,\frac{dv}{dt} + k\,v = m\,g :$$

a) Man bestimme die Geschwindigkeit und Position zur Zeit $t > 0$ für die Anfangswerte $v\,(0) = v_0$ und $s\,(0) = 0$.
b) Welche Geschwindigkeit $v_{\max}$ kann das Teilchen maximal erreichen?

13.13 Man löse Aufgabe 13.12, wenn das Medium einen Widerstand leistet, der gleich $k\,v^2$ ist und $v\,(0) = 0$.

13.14 Ein Körper besitze zur Zeit $t = 0$ die Temperatur T_0 und werde in der Folgezeit durch vorbeiströmende Luft der konstanten Temperatur T_L gemäß

$$\frac{dT}{dt} = -a\,(T - T_L) \qquad (a > 0)$$

gekühlt. Bestimmen Sie den zeitlichen Verlauf der Körpertemperatur. Gegen welchen Endwert strebt diese?

13.15 Die radiale Geschwindigkeitsverteilung stationärer, laminarer Strömungen eines viskosen inkompressiblen Fluids (Viskosität η) längs eines Rohrstücks, in dem ein Druckabfall $\frac{\Delta p}{\Delta z}$ wirkt, kann durch

$$-\frac{\Delta p}{\Delta z} + \eta\,\frac{1}{r}\,\frac{d}{dr}\left(r\,\frac{d}{dr}\,v_z\,(r)\right) = 0$$

beschrieben werden. Wie groß ist $v_z\,(r)$, wenn am Rand $v_z\,(R) = 0$ gilt?
Hinweis: Integrieren Sie, nach geeigneten Umformungen, zunächst von 0 bis r und überlegen Sie, was sich für die Integrationskonstante bei $r = 0$ ergibt. Integrieren Sie dann von R bis r !

13.16 Ein Körper rollt eine schiefe Ebene (Winkel φ) hinunter und erfährt dabei Reibungskräfte proportional zu seiner Geschwindigkeit und einen Druckwiderstand proportional zum Quadrat seiner Geschwindigkeit. Es gilt:

$$m \cdot \dot{v} + R \cdot v + D \cdot v^2 = m \cdot g \cdot \sin\varphi\,.$$

Die Anfangsgeschwindigkeit sei $v\,(0) = 0$; die physikalischen Konstanten $m = 1$, $g = 10$, $\varphi = \frac{\pi}{3}$, $D = \frac{4}{5}$, $R = 3$.
a) Was ergibt sich für $v\,(t)$ mit $D = 0$?
b) Was ergibt sich für $v\,(t)$ mit $R = 0$?

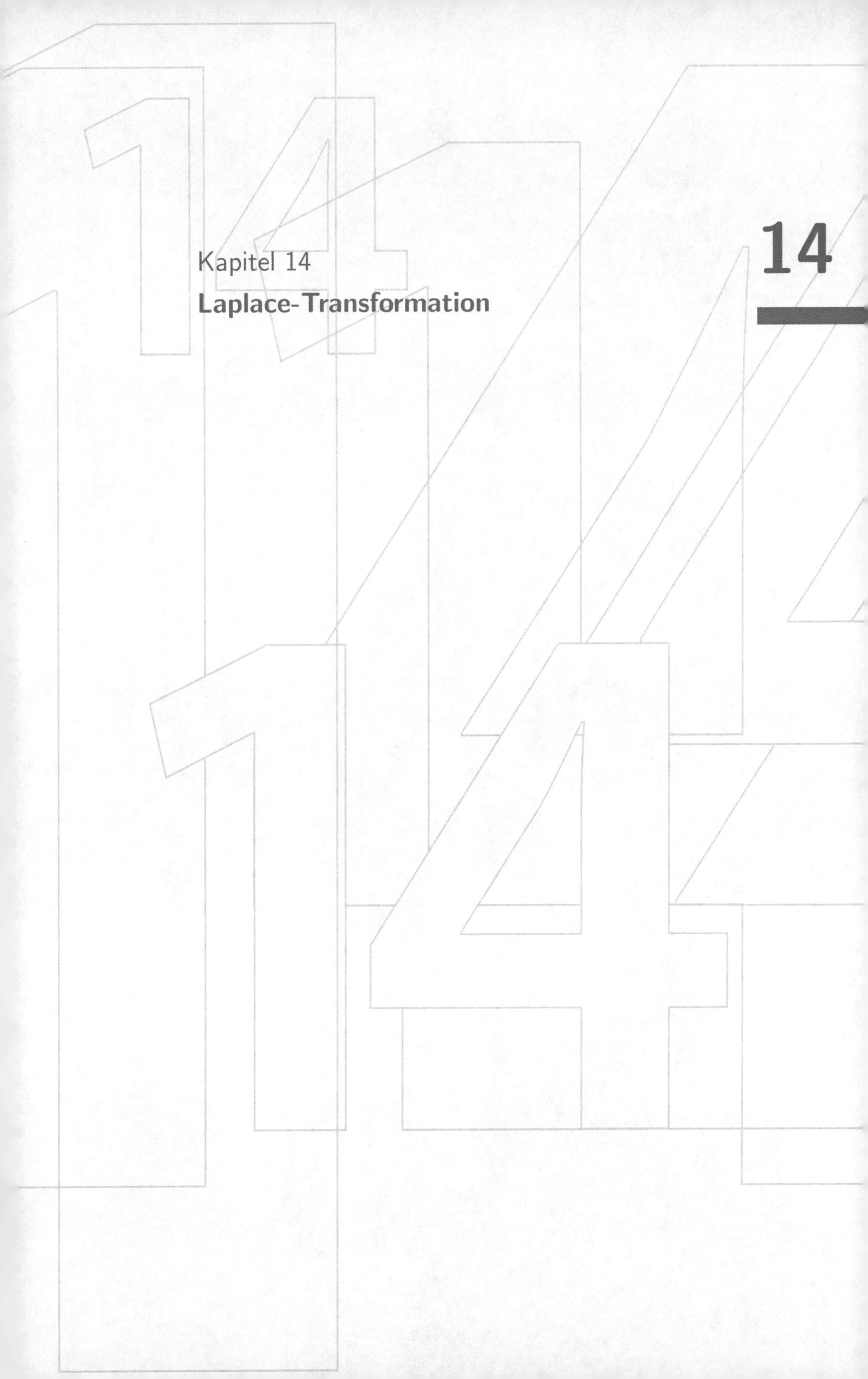

Kapitel 14

Laplace-Transformation

14

14

14 Laplace-Transformation

Eine elegante Methode zur Lösung von Differenzialgleichungen macht Gebrauch von der *Laplace-Transformation*. Das sog. Laplace-Integral eignet sich besonders zur Behandlung von Differenzialgleichungen und Differenzialgleichungssystemen mit Anfangsbedingungen. Die mathematische Formulierung der Laplace-Transformierten einer Zeitfunktion $f(t)$ lautet

$$\mathcal{L}(f(t)) = F(s) = \int_0^{\infty} f(t)\; e^{-st}\; dt.$$

Dabei wird der *Zeitfunktion* $f(t)$ eine *Bildfunktion* $F(s)$ zugeordnet, so dass man bei der Laplace-Transformation auch von einer *Funktionaltransformation* spricht.

Bei der Lösung von Differenzialgleichungen zeigt sich, dass mit der Laplace-Transformation der gesuchten Funktion $y(t)$ in den Bildbereich $Y(s)$ die Differenzialgleichung in eine algebraische Gleichung umgeformt wird. Diese algebraische Gleichung für $Y(s)$ lässt sich i.A. einfacher lösen, als die Differenzialgleichung für $y(t)$. Durch Rücktransformation erhält man schließlich die gesuchte Funktion $y(t)$. Dieser allgemeine Lösungsweg ist schematisch im folgenden Diagramm aufgezeigt (vgl. Abb. 14.1).

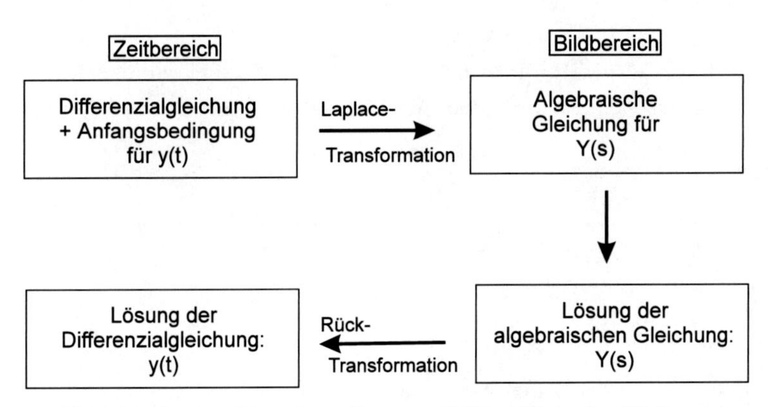

Abb. 14.1. Laplace-Transformation vom Zeitbereich in den Bildbereich

Damit zu gegebener Bildfunktion $Y(s)$ eine zugehörige Zeitfunktion $y(t)$ eindeutig bestimmt ist, muss die Laplace-Transformation und ihre *Rücktransformation* eindeutig sein, was für stetige Funktionen auch der Fall ist.

T. Westermann, *Mathematik für Ingenieure 2*,
https://doi.org/10.1007/978-3-662-70570-4_7

Von großem Vorteil für das Lösen von linearen Differenzialgleichungen mit der Laplace-Transformation ist, dass die Inhomogenitäten der Differenzialgleichung nicht stetig sein müssen und bei der Lösung automatisch die Anfangsbedingungen erfüllt werden. Anwendung findet die Laplace-Transformation u.a. in der Elektrotechnik, beim Lösen von linearen Differenzialgleichungssystemen mit Anfangsbedingungen.

Anwendungsbeispiel 14.1 (Elektrisches Netzwerk).

Gegeben ist das in Abb. 14.2 dargestellte elektrische Netzwerk. Gesucht sind die Einzelströme $I_1(t)$ und $I_2(t)$ in den beiden Zweigen, wenn die Anfangswerte $I_1(0) = I_2(0) = 0$.

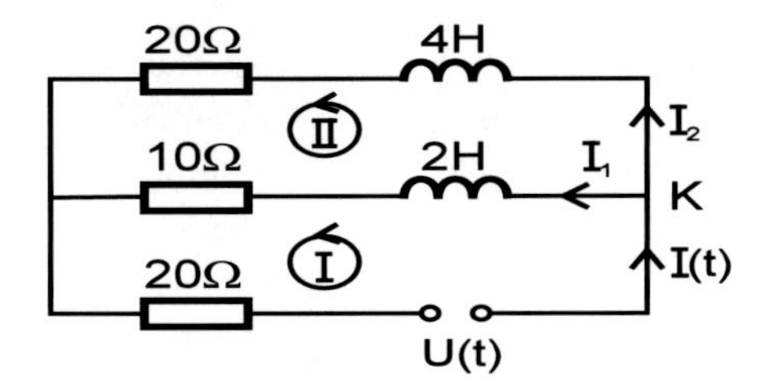

Abb. 14.2. Elektrisches Netzwerk

Aufstellen der Modellgleichungen: Wendet man die Kirchhoffschen Regeln auf das Netzwerk an, gilt nach dem Maschensatz

$$\text{(I)} \qquad 20\, I(t) + 2\, \tfrac{d}{dt} I_1(t) + 10\, I_1(t) = U(t)$$

$$\text{(II)} \qquad -10\, I_1(t) - 2\, \tfrac{d}{dt} I_1(t) + 4\, \tfrac{d}{dt} I_2(t) + 20\, I_2(t) = 0$$

sowie nach dem Knotensatz

$$\text{(K)} \qquad I(t) = I_1(t) + I_2(t).$$

Man erhält ein lineares Differenzialgleichungssystem 1. Ordnung

$$20\, (I_1(t) + I_2(t)) + 2\, I_1'(t) + 10\, I_1(t) = U(t)$$

$$-10\, I_1(t) + 20\, I_2(t) - 2\, I_1'(t) + 4\, I_2'(t) = 0$$

mit den Anfangsbedingungen $I_1(0) = I_2(0) = 0$. Mit der Laplace-Transformation werden wir dieses System direkt unter Einbeziehung der Anfangsbedingungen lösen. □

14.1 Die Laplace-Transformation

Die Laplace-Transformation ist eine Integraltransformation, die jeder *Zeitfunktion* $f(t)$, $t \geq 0$, eine *Bildfunktion* $F(s)$ gemäß

$$F(s) = \int_0^\infty f(t)\ e^{-st}\, dt$$

zuordnet. Da die Zeitintegration bei $t = 0$ beginnt, wird im Folgenden immer von $f(t) = 0$ für $t < 0$ ausgegangen. Für unsere Anwendungen ist es ausreichend die Laplace-Transformation nur für $s \in \mathbb{R}$ zu betrachten. Damit das uneigentliche Integral und damit die Bildfunktion $F(s)$ überhaupt definiert ist, muss das Integral für geeignetes s existieren. Eine hinreichende Bedingung hierfür ist, dass die Funktion $f(t)$ die beiden folgenden Eigenschaften besitzt:

Bedingung 1: $f : [0, \infty) \to \mathbb{R}$ ist eine **stückweise stetige** Funktion: Der Definitionsbereich der Funktion kann in Teilintervalle $[0, \infty) = I_1 \cup I_2 \cup \ldots \cup I_n \cup [t_n, \infty)$ unterteilt werden, in denen die Funktion stetig und für jedes endliche Teilintervall beschränkt ist. (Allgemeiner genügt es, die Bedingung für abzählbar viele Teilintervalle zu fordern.)

Bedingung 2: $f : [0, \infty) \to \mathbb{R}$ wächst nicht schneller als eine Exponentialfunktion $e^{\alpha t}$ mit geeignetem α: Es gibt ein $T > 0$ und Konstanten $\alpha \geq 0,\ M > 0$, so dass

$$|f(t)| \leq M\ e^{\alpha t} \qquad \text{für } \ t \geq T.$$

Man nennt f dann von **höchstens exponentiellem Wachstum** der Ordnung α.

In Abb. 14.3 ist eine stückweise stetige Funktion mit höchstens exponentiellem Wachstum der Ordnung 1 gezeichnet. In jedem Teilintervall ist $f(t)$ stetig und für Zeiten $t > T$ ist $f(t) < e^t$.

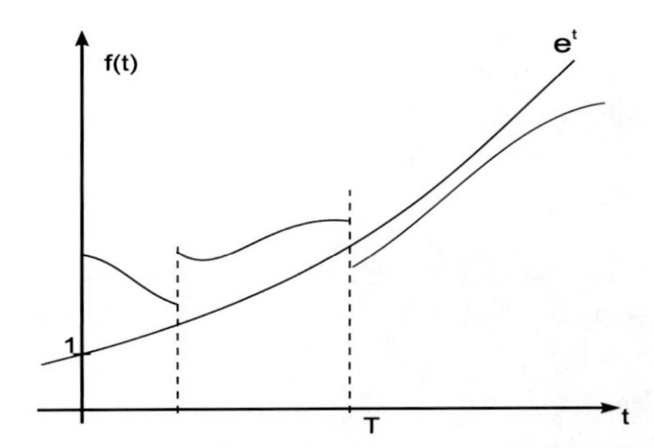

Abb. 14.3. Funktion von höchstens exponentiellem Wachstum

Beispiele 14.2:

① Funktionen von höchstens exponentiellem Wachstum:

$$f(t) = const, \quad t^n, \quad \cos(\omega t), \quad \sin(\omega t), \quad e^{\alpha t},$$

alle beschränkten Funktionen.

② Funktionen, die ein größeres Wachstum als das exponentielle besitzen:

$$e^{t^2}, \quad e^{\sin(t) \cdot t^3}.$$

Satz 14.1: Ist $f : [0, \infty) \to \mathbb{R}$ von höchstens exponentiellem Wachstum der Ordnung α, dann gilt

$$\lim_{t \to \infty} e^{-st} f(t) = 0 \qquad \text{für} \qquad s > \alpha.$$

Begründung: Wenn $|f(t)| \leq M\, e^{\alpha t}$, dann ist für $s > \alpha$

$$\left|e^{-st} f(t)\right| \leq e^{-st} M\, e^{\alpha t} = M\, e^{(\alpha - s)t} \to 0 \qquad \text{für} \quad t \to \infty. \qquad \square$$

Satz von Laplace

Sei $f : [0, \infty) \to \mathbb{R}$ eine stückweise stetige Funktion von höchstens exponentiellem Wachstum der Ordnung α (d.h. $|f(t)| \leq M\, e^{\alpha t}$ für $t > T$) und $s \in \mathbb{R}$. Dann existiert

$$\mathcal{L}(f(t)) := F(s) := \int_0^\infty f(t)\, e^{-st}\, dt \qquad \text{für} \quad s > \alpha. \qquad (*)$$

$\mathcal{L}(f(t))$ heißt **Laplace-Transformierte (Bildfunktion)** zur Zeitfunktion $f(t)$.

Bemerkungen:

(1) I.A. ist $s = \delta + i\omega$ eine komplexe Variable und $F(s)$ eine komplexe Funktion. Im Folgenden werden wir aber bis auf die Angabe der inversen Laplace-Transformation s als reelle Variable und damit $F(s)$ als reellwertige Funktion betrachten.

(2) Ein nach Formel $(*)$ gebildetes Funktionenpaar $f(t)$ und $F(s)$ nennt man eine **Korrespondenz**. Man verwendet dafür auch die symbolische Schreibweise

$$f(t) \circ\!\!-\!\!\bullet\; F(s).$$

(3) Mit der Laplace-Transformation behandelt man zeitlich veränderliche Vorgänge, die zur Zeit $t = 0$ beginnen und die damit durch eine Funktion f mit $f(t) = 0$ für $t < 0$ beschrieben werden können.

(4) Man kann allgemeiner die Laplace-Transformierte von Funktionen bilden, die statt Bedingung 1 die folgende allgemeinere Bedingung erfüllen:
In jedem endlichen Teilintervall von $[0, \infty)$ ist f stückweise stetig.
Diese Eigenschaft ist im Hinblick auf die Laplace-Transformierte von periodischen Funktionen von Bedeutung.

Beweis des Satzes von Laplace: Wir zeigen, dass das Integral

$$\int_0^\infty f(t)\, e^{-st}\, dt$$

für jedes $s > \alpha$ einen endlichen Wert annimmt: Da f stückweise stetig ist, lässt sich das Intervall $I = [0, \infty)$ in Teilintervalle $I_1, \ldots, I_{n+1}$ unterteilen, so dass f auf jedem dieser Intervalle $I_k = [t_{k-1}, t_k)$ für $k = 1, \ldots, n$ und $I_{n+1} = [t_n, \infty)$ stetig und auf allen I_k für $k = 1, \ldots, n$ beschränkt ist. Außerdem ist $f(t)$ von höchstens exponentiellem Wachstum der Ordnung α, d.h. es gibt ein T und Konstanten α, M, so dass

$$|f(t)| \leq M\, e^{\alpha t} \qquad \text{für} \qquad t > T.$$

Wir nehmen an, dass $T > t_n$ und zerlegen den Definitionsbereich von f in

$$[0, \infty) = I_1 \cup I_2 \cup \ldots \cup I_n \cup [t_n, T] \cup [T, \infty)\,.$$

Dann ist

$$\begin{aligned} \int_0^\infty f(t)\, e^{-st}\, dt = \int_0^{t_1} f(t)\, e^{-st}\, dt + \ldots + \int_{t_{n-1}}^{t_n} f(t)\, e^{-st}\, dt \\ + \int_{t_n}^{T} f(t)\, e^{-st}\, dt + \int_T^\infty f(t)\, e^{-st} dt. \end{aligned}$$

Die ersten $n+1$ Integrale sind definiert, da f darauf stetig und beschränkt ist. Das letzte Integral ist existent, da f von höchstens exponentiellem Wachstum:

$$\begin{aligned} \left| \int_T^\infty f(t)\, e^{-st}\, dt \right| &\leq \int_T^\infty e^{-st}\, |f(t)|\, dt \leq M \int_T^\infty e^{-st}\, e^{\alpha t}\, dt \\ &= M \int_T^\infty e^{-(s-\alpha)t} dt = M\, \frac{1}{-(s-\alpha)}\, e^{-(s-\alpha)t} \Big|_T^\infty \\ &= \frac{M}{s-\alpha}\, e^{-(s-\alpha)T} - \frac{M}{s-\alpha} \lim_{t\to\infty} e^{-(s-\alpha)t} \\ &= \frac{M}{s-\alpha}\, e^{-(s-\alpha)T} \qquad \text{für} \quad s > \alpha. \end{aligned}$$

Damit sind alle Teilintegrale endlich und $F(s)$ für $s > \alpha$ definiert. □

Beispiele 14.3:

① Die Laplace-Transformierte der **Sprungfunktion:** Gegeben ist die Sprungfunktion (Heavisidefunktion)

$$S(t) := \begin{cases} 0 & \text{für} \quad t < 0 \\ 1 & \text{für} \quad t \geq 0 \end{cases}$$

Für $s > 0$ ist:

$$\mathcal{L}(S(t)) = \int_0^\infty 1 \cdot e^{-st}\, dt = \left[-\frac{1}{s}\, e^{-st} \right]_0^\infty = \frac{1}{s} \Rightarrow \qquad S(t) \circ\!\!-\!\!\bullet\ \frac{1}{s}.$$

② Laplace-Transformierte von **Potenzfunktionen:**
(i) Die Laplace-Transformierte der unten gezeichneten linearen Funktion

$$p_1(t) := \begin{cases} 0 & \text{für} \quad t < 0 \\ t & \text{für} \quad t \geq 0 \end{cases}$$

erhält man mittels partieller Integration:

$$\mathcal{L}(p_1(t)) = \int_0^\infty t\, e^{-st}\, dt = t\, \frac{e^{-st}}{-s}\bigg|_0^\infty + \frac{1}{s} \int_0^\infty e^{-st}\, dt = -\frac{1}{s^2}\, e^{-st}\bigg|_0^\infty = \frac{1}{s^2}.$$

Die Korrespondenz lautet für $s > 0$

$$t\, S(t) \circ\!\!-\!\!\bullet\ \frac{1}{s^2}.$$

(ii) Die Laplace-Transformierte der Potenzfunktion

$$p_n(t) := \begin{cases} 0 & \text{für } t < 0 \\ t^n & \text{für } t \geq 0 \end{cases} = t^n S(t) \qquad (n \in \mathbb{N})$$

lautet $\mathcal{L}(p_n(t)) = \frac{n!}{s^{n+1}}$. Man erhält diese Formel induktiv durch partielle Integration von

$$\begin{aligned} \mathcal{L}(p_{n+1}(t)) &= \int_0^\infty t^{n+1}\, e^{-st}\, dt = t^{n+1}\, \frac{e^{-st}}{-s}\bigg|_0^\infty + \frac{n+1}{s} \int_0^\infty t^n\, e^{-st}\, dt \\ &= \frac{n+1}{s}\, \mathcal{L}(p_n(t)) = \frac{n+1}{s}\, \frac{n!}{s^{n+1}} = \frac{(n+1)!}{s^{n+2}}. \end{aligned}$$

Der Induktionsanfang ist durch ① bzw. ②(i) gegeben.

$$\Rightarrow \quad t^n\, S(t) \circ\!\!-\!\!\bullet \frac{n!}{s^{n+1}} \qquad s > 0 \qquad n \in \mathbb{N}_0.$$

③ Die Laplace-Transformierte der **Exponentialfunktion:**

$$f(t) = \begin{cases} 0 & \text{für } t < 0 \\ e^{\alpha t} & \text{für } t \geq 0 \end{cases}$$

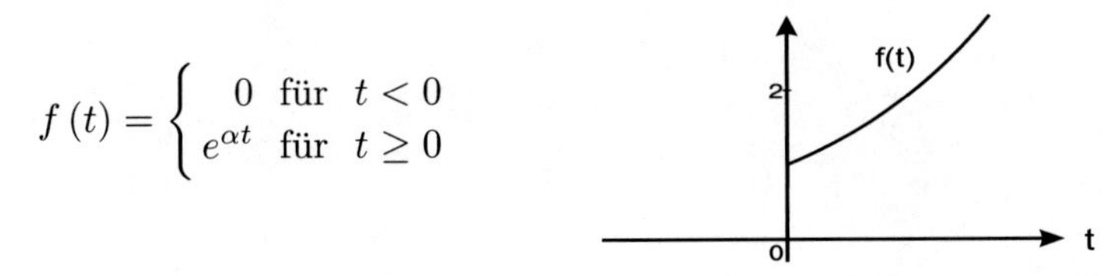

lautet $F(s) = \frac{1}{s-\alpha}$ für $s > \alpha$. Denn

$$\mathcal{L}(f(t)) = \int_0^\infty e^{\alpha t}\, e^{-st}\, dt = \int_0^\infty e^{-(s-\alpha)t}\, dt$$
$$= \frac{1}{-(s-\alpha)}\, e^{-(s-\alpha)t}\Big|_0^\infty = \frac{1}{s-\alpha}.$$

$$\Rightarrow \quad e^{\alpha t}\, S(t) \circ\!\!-\!\!\bullet \frac{1}{s-\alpha} \qquad \text{für } s > \alpha.$$

④ Die Laplace-Transformierte der **verschobenen Sprungfunktion** $(\alpha > 0)$

$$S(t-\alpha) = \begin{cases} 0 & \text{für } t < \alpha \\ 1 & \text{für } t \geq \alpha \end{cases}$$

lautet für $s > 0$

$$\mathcal{L}(S(t-\alpha)) = \int_0^\infty S(t-\alpha)\, e^{-st}\, dt = \int_\alpha^\infty 1 \cdot e^{-st}\, dt = \frac{e^{-st}}{-s}\Big|_\alpha^\infty = \frac{e^{-\alpha s}}{s}$$

$$\Rightarrow \quad S(t-\alpha) \circ\!\!-\!\!\bullet \frac{e^{-\alpha s}}{s} \qquad \text{für } s > 0.$$

□

14.2

14.2 Inverse Laplace-Transformation

Durch die Laplace-Transformation bestimmt man zu einer gegebenen Zeitfunktion $f(t)$ die zugehörige Bildfunktion $F(s)$. Die Rücktransformation aus dem Bildbereich in den Zeitbereich, d.h. die Bestimmung der Zeitfunktion aus einer gegebenen Bildfunktion, heißt **inverse Laplace-Transformation.**

Für die Rücktransformation vom Bildbereich in den Zeitbereich verwendet man folgende Symbole

$$\mathcal{L}^{-1}(F(s)) = f(t) \quad \text{oder} \quad F(s) \;\bullet\!\!-\!\!\circ\; f(t).$$

Inverse Laplace-Transformation

Ist $F(s)$ die Laplace-Transformierte einer Funktion, dann gibt es genau eine stetige Funktion $f(t)$ von höchstens exponentiellem Wachstum, so dass $\mathcal{L}(f(t)) = F(s)$. $f(t)$ ist gegeben durch

$$f(t) = \mathcal{L}^{-1}(F(s)) = \frac{1}{2\pi i} \int_{\delta - i\infty}^{\delta + i\infty} F(s)\, e^{st}\, ds.$$

Die Integration wird im Komplexen durchgeführt. Sie lässt sich im Bedarfsfall mit den mathematischen Mitteln der Funktionentheorie auswerten, auf die wir aber nicht näher eingehen werden. In der Praxis wird die Rücktransformation nicht über die Berechnung des Integrals, sondern fast ausschließlich mit Hilfe von Tabellen durchgeführt. Festzuhalten ist:

Bemerkungen:

(1) Gilt für zwei Bildfunktionen $F(s) = G(s)$, so unterscheiden sich die zugehörigen Zeitfunktionen $f(t) = \mathcal{L}^{-1}(F(s))$ und $g(t) = \mathcal{L}^{-1}(G(s))$ höchstens an Unstetigkeitsstellen von f oder g.

(2) Zwei **stetige** Zeitfunktionen f und g stimmen überein, wenn ihre Bildfunktionen $\mathcal{L}(f(t))$ und $\mathcal{L}(g(t))$ übereinstimmen.

(3) Da die Rücktransformation $\mathcal{L}^{-1}$ im Wesentlichen eindeutig verläuft, besteht eine eindeutige Zuordnung zwischen Bild- und Zeitfunktion, so dass jede Korrespondenz

$$f(t) \;\circ\!\!-\!\!\bullet\; F(s)$$

von links nach rechts, aber auch von rechts nach links gelesen werden kann:

$$F(s) \;\bullet\!\!-\!\!\circ\; f(t).$$

Beispiele 14.4:

① Aus der Korrespondenz

$$t^2\, S(t) \;\circ\!\!-\!\!\bullet\; \frac{2}{s^3} \qquad \text{für} \quad s > 0$$

folgt durch Rücktransformation (inverse Laplace-Transformation)

$$\frac{2}{s^3} \;\bullet\!\!-\!\!\circ\; t^2\, S(t) \qquad \text{bzw.} \qquad \mathcal{L}^{-1}\left(\frac{2}{s^3}\right) = t^2\, S(t).$$

② Aus der Korrespondenz

$$S\,(t-\alpha) \;\circ\!\!-\!\!\bullet\; \frac{1}{s}\, e^{-\alpha s} \qquad \text{für} \quad s > 0$$

folgt durch Rücktransformation

$$\mathcal{L}^{-1}\left(\frac{1}{s}\, e^{-\alpha s}\right) = S\,(t-\alpha) \qquad \text{bzw.} \qquad \frac{1}{s}\, e^{-\alpha s} \;\bullet\!\!-\!\!\circ\; S\,(t-\alpha)\,.$$ □

14.3 Zwei grundlegende Eigenschaften

14.3

Wir zeigen, dass die Laplace-Transformation linear ist: Die Transformierte einer Superposition von Funktionen ist gleich der Überlagerung der Transformierten. Die zweite wichtige Eigenschaft ist, dass die Transformierte der Ableitung einer Funktion gleich der Transformierten der Funktion multipliziert mit s minus $f(0)$ ist. Wir nehmen im Folgenden immer an, dass die Laplace-Transformierten der Funktionen definiert sind.

14.3.1 Linearität

Wir betrachten die Superposition zweier Zeitfunktionen f_1 und f_2 und berechnen hierzu die Laplace-Transformierte:

$$\begin{aligned}
\mathcal{L}\,(c_1\, f_1\,(t) + c_2\, f_2\,(t)) &= \int_0^\infty (c_1\, f_1\,(t) + c_2\, f_2\,(t))\; e^{-st}\, dt \\
&= \int_0^\infty \left(c_1\, f_1\,(t)\; e^{-st} + c_2\, f_2\,(t)\; e^{-st}\right) dt \\
&= c_1 \int_0^\infty f_1\,(t)\; e^{-st}\, dt + c_2 \int_0^\infty f_2\,(t)\; e^{-st}\, dt \\
&= c_1\, \mathcal{L}\,(f_1\,(t)) + c_2\, \mathcal{L}\,(f_2\,(t)).
\end{aligned}$$

Die obigen Umformungen beruhen auf der Eigenschaft des Integrals, dass das Integral über eine Summe von Funktionen gleich der Summe der Integrale und dass konstante Faktoren vor das Integral gezogen werden dürfen. Durch die Laplace-Transformation wird der Überlagerung (= Linearkombination) von Originalfunktionen die gleiche Überlagerung von Bildfunktionen zugeordnet:

Additionssatz

Es gilt: $\mathcal{L}\left(c_1 f_1(t) + c_2 f_2(t)\right) = c_1 \mathcal{L}\left(f_1(t)\right) + c_2 \mathcal{L}\left(f_2(t)\right)$.

Korrespondenz: $c_1 f_1(t) + c_2 f_2(t) \circ\!\!-\!\!\bullet\; c_1 F_1(s) + c_2 F_2(s)$.

Beispiele 14.5:

① Zur Zeitfunktion $f(t) = 2t^3 - 5t^2 + 3$ soll die Laplace-Transformierte bestimmt werden. Es gilt nach dem Additionssatz

$$\begin{aligned} F(s) &= \mathcal{L}(2t^3 - 5t^2 + 3) \\ &= 2\mathcal{L}(t^3) - 5\mathcal{L}(t^2) + 3\mathcal{L}(1) \\ &= 2\frac{3!}{s^4} - 5\frac{2!}{s^3} + 3\frac{1}{s} = \frac{12 - 10s + 3s^3}{s^4}. \end{aligned}$$

② Gesucht ist die Laplace-Transformierte von $f(t) = 4\sin(\omega t) + 5\cos(\omega t)$. Mit dem Additionssatz gilt

$$\begin{aligned} F(s) &= 4\mathcal{L}(\sin(\omega t)) + 5\mathcal{L}(\cos(\omega t)) \\ &= 4\frac{\omega}{s^2+\omega^2} + 5\frac{s}{s^2+\omega^2} = \frac{5s + 4\omega}{s^2+\omega^2}. \end{aligned}$$ □

Die Linearität der Laplace-Transformation überträgt sich durch die Korrespondenz auch auf die Rücktransformation:

Additionssatz der inversen Laplace-Transformation

$$\mathcal{L}^{-1}\left(c_1 F_1(s) + c_2 F_2(s)\right) = c_1 \mathcal{L}^{-1}\left(F_1(s)\right) + c_2 \mathcal{L}^{-1}\left(F_2(s)\right).$$

Beispiele 14.6:

① Man bestimme die Zeitfunktion zu

$$F(s) = \frac{3s+8}{s^2+16}.$$

Mit der Zerlegung der Bildfunktion in die Partialbrüche

$$F(s) = \frac{3s+8}{s^2+16} = 3\frac{s}{s^2+4^2} + 2\frac{4}{s^2+4^2}$$

erhält man unter Verwendung von Beispiel 14.5 ② die zugehörige Zeitfunktion

$$f(t) = 3\cos(4t) + 2\sin(4t).$$

② Gesucht ist die zu

$$F(s) = \frac{5\,s^2 + 3\,s + 8}{s^3}$$

gehörende Zeitfunktion $f(t)$. Durch Zerlegung der Bildfunktion in Partialbrüche

$$F(s) = 5\,\frac{1}{s} + 3\,\frac{1}{s^2} + 4\,\frac{2}{s^3}$$

folgt

$$f(t) = 5 + 3\,t + 4\,t^2. \qquad \square$$

14.3.2 Laplace-Transformierte der Ableitung

Für die Anwendung der Laplace-Transformation auf Differenzialgleichungen bestimmen wir die Laplace-Transformierte der Ableitung einer Funktion:

Laplace-Transformation der Ableitung

Seien $f,\ f' : [0, \infty) \to \mathbb{R}$ stetig und von höchstens exponentiellem Wachstum. Dann gilt:

$$\mathcal{L}(f'(t)) = s\,\mathcal{L}(f(t)) - f(0)\,.$$

Beweis: Mit partieller Integration bestimmt man die Laplace-Transformierte von f':

$$\begin{aligned}\mathcal{L}(f'(t)) &= \int_0^\infty f'(t)\,e^{-st}\,dt = \left[f(t)\,e^{-st}\right]_0^\infty + s\int_0^\infty f(t)\,e^{-st}\,dt \\ &= \lim_{T\to\infty} f(T)\,e^{-sT} - f(0) + s\,\mathcal{L}(f(t)).\end{aligned}$$

Da $f(t)$ von höchstens exponentiellem Wachstum ist, gilt nach Satz 14.1

$$\lim_{T\to\infty} f(T)\,e^{-sT} = 0$$

und folglich ist

$$\mathcal{L}(f'(t)) = s\,\mathcal{L}(f(t)) - f(0)\,. \qquad \square$$

Der Differenziation im Zeitbereich entspricht im Bildbereich die Multiplikation der Transformierten mit s und Subtraktion von $f(0)$. An die Stelle einer komplizierten Rechenoperation im Originalbereich tritt also eine einfache Multiplikation im Bildbereich.

Wiederholtes Anwenden des Ableitungssatzes führt induktiv auf die Laplace-Transformierte der n-ten Ableitung:

Laplace-Transformation der n-ten Ableitung

Seien $f, f', \ldots, f^{(n)} : [0, \infty) \to \mathbb{R}$ stetig und von höchstens exponentiellem Wachstum, dann gilt

$$\mathcal{L}\left(f^{(n)}(t)\right) = s^n\, \mathcal{L}(f(t)) - s^{n-1} f(0) - s^{n-2} f'(0) - \ldots - f^{(n-1)}(0).$$

Die Bildfunktion der n-ten Ableitung von $f(t)$ ist gleich der Laplace-Transformierten von $f(t)$ multipliziert mit s^n minus einem Polynom $(n-1)$-ten Grades in s, dessen Koeffizienten durch die Werte der Funktion f sowie deren Ableitungen an der Stelle $t = 0$ bestimmt sind.

Bemerkung: Von $f(t)$ wird vorausgesetzt, dass $f(t) = 0$ für $t < 0$. Damit ergibt sich der linksseitige Grenzwert an der Stelle $t = 0$ zu Null, $f(-0) = 0$, sowie $f'(-0) = \ldots = f^{(n-1)}(-0) = 0$. Besitzt die Funktion $f(t)$ und deren Ableitungen bei $t = 0$ eine Sprungstelle, so müssen für die Anfangswerte $f(0), f'(0), \ldots, f^{(n-1)}(0)$ in den Ableitungssätzen die rechtsseitigen Grenzwerte $f(+0), f'(+0), \ldots, f^{(n-1)}(+0)$ verwendet werden.

⚠ **Achtung:** Diese Unterscheidung zwischen einem Wert an einer Stelle und dem Grenzwert bei Annäherung an diese Stelle ist wichtig. Mit diesen Grenzwerten sind Anfangswerte gemeint, von denen die Funktionen für $t > 0$ ausgehen und die dann bei $t = 0$ einen stetigen Anschluss der Funktion gewährleisten.

Beispiele 14.7 (Bestimmung der LT über den Ableitungssatz):

① Zur Funktion $f(t) = e^{at}$ soll die Laplace-Transformierte bestimmt werden. Die Anwendung des Ableitungssatzes auf

$$f'(t) = a\, e^{at}$$

führt mit $f(0) = 1$ auf

$$\mathcal{L}\left(a\, e^{at}\right) = s\, \mathcal{L}\left(e^{at}\right) - 1 \;\Rightarrow\; a\, \mathcal{L}\left(e^{at}\right) = s\, \mathcal{L}\left(e^{at}\right) - 1.$$

$$\Rightarrow \mathcal{L}\left(e^{at}\right) = \frac{1}{s-a} \quad \text{bzw.} \quad e^{at} \;\circ\!\!-\!\!\bullet\; \frac{1}{s-a} \qquad \text{für } s > a.$$

② Die trigonometrischen Funktionen $\sin(\omega t)$ und $\cos(\omega t)$ erfüllen die Differenzialgleichungen

$$f''(t) + \omega^2 f(t) = 0 \quad \text{mit} \quad \begin{cases} f(0) = 0, \quad f'(0) = \omega & \text{für } \sin(\omega t) \\ f(0) = 1, \quad f'(0) = 0 & \text{für } \cos(\omega t). \end{cases}$$

Ihre Laplace-Transformierten werden mit dem Ableitungssatz bestimmt. Aus der Differenzialgleichung folgt

$$\mathcal{L}(f''(t)) + \omega^2 \mathcal{L}(f(t)) = \mathcal{L}(0) = 0.$$

Für die Sinusfunktion ergibt sich unter Berücksichtigung der Anfangsbedingungen

$$s^2 \mathcal{L}(f(t)) - \omega + \omega^2 \mathcal{L}(f(t)) = 0$$

$$\Rightarrow \quad \mathcal{L}(\sin(\omega t)) = \frac{\omega}{s^2 + \omega^2} \quad \text{bzw.} \quad \sin(\omega t) \circ\!\!-\!\!\bullet \frac{\omega}{s^2 + \omega^2}.$$

③ Analog findet man für die Kosinusfunktion

$$s^2 \mathcal{L}(f(t)) - s \cdot 1 + \omega^2 \mathcal{L}(f(t)) = 0$$

$$\Rightarrow \quad \mathcal{L}(\cos(\omega t)) = \frac{s}{s^2 + \omega^2} \quad \text{bzw.} \quad \cos(\omega t) \circ\!\!-\!\!\bullet \frac{s}{s^2 + \omega^2}.$$

④ In Verallgemeinerung des vorhergehenden Beispiels wird die Laplace-Transformierte der Funktion $f(t) = \sin(\omega t + \varphi)$ gebildet. Diese Funktion genügt ebenfalls der Differenzialgleichung $f''(t) + \omega^2 f(t) = 0$, jedoch mit den Anfangsbedingungen $f(0) = \sin\varphi$ und $f'(0) = \omega \cos\varphi$. Mit der Laplace-Transformation folgt aus der Differenzialgleichung

$$\mathcal{L}(f''(t)) + \omega^2 \mathcal{L}(f(t)) = 0,$$

$$\hookrightarrow \quad s^2 \mathcal{L}(f(t)) - s \sin\varphi - \omega \cos\varphi + \omega^2 \mathcal{L}(f(t)) = 0.$$

$$\Rightarrow \quad \mathcal{L}(\sin(\omega t + \varphi)) = \frac{s \sin\varphi + \omega \cos\varphi}{s^2 + \omega^2}.$$

Mit $\varphi = \psi + \frac{\pi}{2}$ folgt

$$\Rightarrow \quad \mathcal{L}(\cos(\omega t + \psi)) = \frac{s \cos\psi - \omega \sin\psi}{s^2 + \omega^2}.$$

⑤ Die Hyperbelfunktionen $\sinh(\omega t)$ und $\cosh(\omega t)$ sind Lösungen der Differenzialgleichung

$$f''(t) - \omega^2 f(t) = 0 \quad \text{mit} \quad \begin{cases} f(0) = 0, & f'(0) = \omega \quad \text{für } \sinh(\omega t) \\ f(0) = 1, & f'(0) = 0 \quad \text{für } \cosh(\omega t). \end{cases}$$

$$\Rightarrow \mathcal{L}(f''(t)) - \omega^2 \mathcal{L}(f(t)) = 0.$$

Mit den Anfangsbedingungen ergibt sich für $\sinh(\omega t)$

$$s^2 \mathcal{L}(f(t)) - \omega - \omega^2 \mathcal{L}(f(t)) = 0$$

$$\Rightarrow \quad \mathcal{L}(\sinh(\omega t)) = \frac{\omega}{s^2 - \omega^2} \quad \text{bzw.} \quad \sinh(\omega t) \circ\!\!-\!\!\bullet \frac{\omega}{s^2 - \omega^2}.$$

⑥ Analog erhält man

$$\mathcal{L}(\cosh(\omega t)) = \frac{s}{s^2 - \omega^2} \quad \text{bzw.} \quad \cosh(\omega t) \circ\!\!-\!\!\bullet \frac{s}{s^2 - \omega^2}.$$

□

14.4

14.4 Methoden der Rücktransformation

Die Rücktransformation, d.h. die Ermittlung der Funktion $f(t)$ im Zeitbereich zu einer gegebenen Bildfunktion $F(s)$, ist der schwierigste und aufwändigste Schritt. Die komplexe Umkehrformel wird in den seltensten Fällen benutzt, da sie detaillierte Kenntnisse der Funktionentheorie voraussetzt. Die im Folgenden angegebenen Verfahren führen jedoch in den meisten Fällen zum Erfolg.

Der Gebrauch von Tabellen

Die gebräuchlichste Methode zur Gewinnung der Originalfunktion zu gegebener Bildfunktion ist die Verwendung von Tabellen. Der Vorteil von Tabellen besteht darin, dass für viele vorkommende Fälle die Rechnung schon einmal durchgeführt wurde und in korrespondierenden Funktionenpaaren ihren Niederschlag gefunden hat. In der folgenden Tabelle sind von vielen elementaren Funktionen die zugehörigen Laplace-Transformierten angegeben.

Anmerkung: Die Laplace-Transformation der Funktion t^p für $p > -1$ enthält die Gammafunktion $\Gamma(p+1)$, die für $p > -1$ definiert ist durch

$$\Gamma(p+1) = \int_0^\infty x^p \, e^{-x} \, dx.$$

Die Gammafunktion hat die Eigenschaften

$$(1)\ \Gamma(p+1) = p\Gamma(p), \qquad (2)\ \Gamma(1) = 1, \qquad (3)\ \Gamma\left(\tfrac{1}{2}\right) = \sqrt{\pi}.$$

Aus den Eigenschaften (1) und (2) ergibt sich $\Gamma(n+1) = n!$ für $n \in \mathbb{N}$. Das bedeutet, dass die Gammafunktion eine Verallgemeinerung der Fakultät auf positive reelle Zahlen ist.

Tabelle 14.1: Laplace-Transformierte elementarer Funktionen

Funktion $f(t)$	Bildfunktion $F(s)$	Funktion $f(t)$	Bildfunktion $F(s)$
$S(t)$	$\frac{1}{s} \quad s>0$	$e^{at}\,t^n$	$\frac{n!}{(s-a)^{n+1}}$
t	$\frac{1}{s^2} \quad s>0$	$\sin(\omega t+b)$	$\frac{(\sin b)\ s+\omega\ (\cos b)}{s^2+\omega^2}$
t^n	$\frac{n!}{s^{n+1}} \quad s>0$	$\cos(\omega t+b)$	$\frac{(\cos b)\ s-\omega\ (\sin b)}{s^2+\omega^2}$
e^{at}	$\frac{1}{s-a} \quad s>a$	$e^{bt}\ \sinh(at)$	$\frac{a}{(s-b)^2-a^2}$
$\sin(\omega t)$	$\frac{\omega}{s^2+\omega^2}$	$e^{bt}\ \cosh(at)$	$\frac{s-b}{(s-b)^2-a^2}$
$\cos(\omega t)$	$\frac{s}{s^2+\omega^2}$	$t\ \sin(\omega t)$	$\frac{2\omega s}{(s^2+\omega^2)^2}$
$t^p,\ p>-1$	$\frac{\Gamma(p+1)}{s^{p+1}},\ s>0$	$t\ \cos(\omega t)$	$\frac{s^2-\omega^2}{(s^2+\omega^2)^2}$
$e^{at}\ \sin(\omega t)$	$\frac{\omega}{(s-a)^2+\omega^2}$		
$e^{at}\ \cos(\omega t)$	$\frac{s-a}{(s-a)^2+\omega^2}$		
$\sinh(at)$	$\frac{a}{s^2-a^2}$		
$\cosh(at)$	$\frac{s}{s^2-a^2}$		

Die Methode der Partialbruchzerlegung

Bei vielen Anwendungen der Laplace-Transformation sind die auftretenden Bildfunktionen gebrochenrationale Funktionen

$$F(s) = \frac{Z(s)}{N(s)}$$

der Variablen s. Zähler $Z(s)$ und Nenner $N(s)$ sind Polynome mit grad $Z(s)$ $<$ grad $N(s)$, und die Polynome $Z(s)$ und $N(s)$ besitzen reelle Koeffizienten. Je nach Art der auftretenden Polstellen von $F(s)$ ergeben sich für die Partialbruchzerlegung die folgenden Fälle:

(1) **Bildfunktion mit nur einfachen reellen Polen:** In diesem Fall stellt sich die Bildfunktion $F(s)$ dar als

$$F(s) = \frac{a_1}{s - s_1} + \frac{a_2}{s - s_2} + \ldots + \frac{a_n}{s - s_n}.$$

Mit der Korrespondenz

$$\frac{a_i}{s - s_i} \quad \bullet\!\!-\!\!\circ \quad a_i\, e^{s_i t}$$

lässt sich jeder Summand zurück transformieren.

(2) **Bildfunktion mit mehrfachen reellen Polen:** Ist s_0 eine reelle Polstelle der Vielfachheit k, so gilt für sie die Zerlegung

$$\frac{b_1}{s - s_0} + \frac{b_2}{(s - s_0)^2} + \ldots + \frac{b_k}{(s - s_0)^k}.$$

Mit dem Dämpfungssatz (siehe Abschnitt auf der Homepage) und $t^i \circ\!\!-\!\!\bullet \frac{i!}{s^{i+1}}$ gilt die Korrespondenz

$$\frac{b_i}{(s - s_0)^i} \quad \bullet\!\!-\!\!\circ \quad b_i\, e^{s_0 t}\, \frac{t^{i-1}}{(i-1)!}.$$

Wieder lässt sich mit diesen Korrespondenzen die zugehörige Zeitfunktion ermitteln.

(3) **Bildfunktion mit einfachen komplexen Polen:** Ist $s_0 = a + i\,b$ eine komplexe Nullstelle von $N(s)$, so ist mit s_0 auch die komplex konjugierte Zahl $s_0^* = a - i\,b$ eine Nullstelle (*Fundamentalsatz der Algebra*, siehe Kapitel 5.2.7 in Band 1). Es gilt dann mit

$$(s - s_0)(s - s_0^*) = s^2 - s\,(s_0 + s_0^*) + s_0\, s_0^* = s^2 - 2\,a\,s + a^2 + b^2$$

$$\Rightarrow F(s) = \frac{c_1\, s + c_2}{s^2 - 2\,a\,s + a^2 + b^2} + P(s) = F_0(s) + P(s)\ ,$$

wobei $P(s)$ die Summe der restlichen Partialbrüche darstellt. Die zu $F_0(s)$ gehörende Korrespondenz lautet mit dem Verschiebungssatz

$$f_0(t) = e^{at}\left[c_1 \cos(b\,t) + \frac{c_2 + a\,c_1}{b} \sin(b\,t)\right].$$

(4) **Bildfunktion mit k-fachen komplexen Polen:** Ist $s_0 = a + i\,b$ eine k-fache komplexe Nullstelle von $N(s)$, dann ist auch s_0^* eine k-fache Nullstelle und der Ansatz unter (3) ist folgendermaßen zu modifizieren

$$\frac{c_1\, s + d_1}{(s^2 - 2\,a\,s + a^2 + b^2)^1} + \frac{c_2\, s + d_2}{(s^2 - 2\,a\,s + a^2 + b^2)^2} + \ldots + \frac{c_k\, s + d_k}{(s^2 - 2\,a\,s + a^2 + b^2)^k}.$$

Wieder muss der Verschiebungssatz angewendet werden, um jeden einzelnen Summanden analog (3) zurückzuführen.

14.5 Anwendungen der Laplace-Transformation

Lineare Differenzialgleichungen und Differenzialgleichungssysteme mit Anfangsbedingungen werden elegant mit der Laplace-Transformation gelöst. In diesem Abschnitt werden wir exemplarisch den RL-Kreis und ein elektrisches Netzwerk diskutieren.

Anwendungsbeispiel 14.8 (RL-Stromkreis).

Gegeben ist der in Abb. 14.4 dargestellte RL-Stromkreis. Zur Zeit $t = 0$ wird eine konstante Spannung U_0 angelegt. Gesucht ist der Verlauf des Stromes $I(t)$ für $I(0) = I_0$.

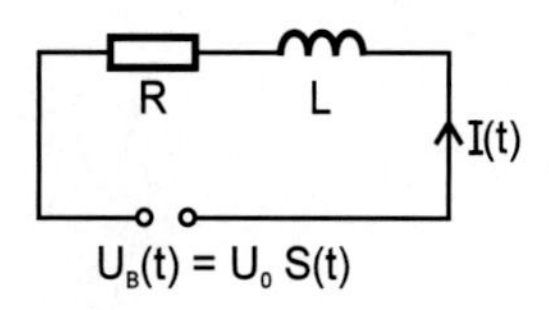

Abb. 14.4. RL-Kreis

Es gilt nach dem Maschensatz

$$L\,I'(t) + R\,I(t) = U_0\,S(t)\,.$$

1. Schritt: Man wende die Laplace-Transformation auf die Differenzialgleichung an. Wegen der Linearität gilt:

$$\begin{aligned} \mathcal{L}(L\,I'(t) + R\,I(t)) &= \mathcal{L}(U_0\,S(t)) \\ \mathcal{L}(I'(t)) + \tfrac{R}{L}\,\mathcal{L}(I(t)) &= \tfrac{1}{L}\,U_0\,\mathcal{L}(S(t)). \end{aligned}$$

2. Schritt: Man ersetze die Laplace-Transformierte der Ableitung unter Berücksichtigung der Anfangsbedingung und berechne die Laplace-Transformierte der Inhomogenität.

$$s\,\mathcal{L}(I(t)) - I_0 + \frac{R}{L}\,\mathcal{L}(I(t)) = \frac{U_0}{L}\,\frac{1}{s}.$$

3. Schritt: Man löse nach der Laplace-Transformierten $\mathcal{L}(I(t))$ auf.

$$\begin{aligned} \left(s + \tfrac{R}{L}\right)\,\mathcal{L}(I(t)) &= \frac{U_0}{L}\,\frac{1}{s} + I_0 \\ \mathcal{L}(I(t)) &= \frac{U_0}{L}\,\frac{1}{s + \frac{R}{L}}\,\frac{1}{s} + \frac{I_0}{s + \frac{R}{L}}. \end{aligned}$$

4. Schritt: Man suche die zugehörige Zeitfunktion. Mit einer Partialbruchzerlegung folgt

$$\mathcal{L}(I(t)) = \frac{U_0}{R}\left[\frac{1}{s} - \frac{1}{s + \frac{R}{L}}\right] + I_0\,\frac{1}{s + \frac{R}{L}}.$$

Berücksichtigt man die Korrespondenzen

$$\mathcal{L}(1) = \frac{1}{s} \qquad \text{und} \qquad \mathcal{L}(e^{-\frac{R}{L}t}) = \frac{1}{s + \frac{R}{L}}$$

folgt

$$I(t) = \frac{U_0}{R}\left(1 - e^{-\frac{R}{L}t}\right) + I_0\, e^{-\frac{R}{L}t}.$$

In Abb. 14.5 sind für unterschiedliche Startwerte $I(0)$ der Verlauf des Stromes gezeichnet.

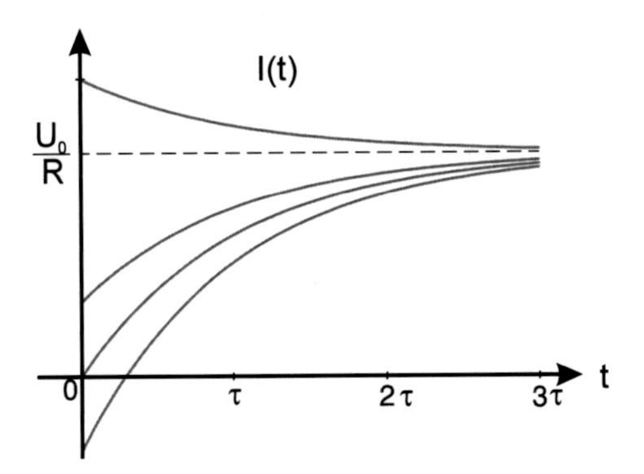

Abb. 14.5. Verlauf des Stromes für verschiedene Anfangswerte I_0 mit $\tau = R/L$

Unabhängig vom Startwert nähert sich der Strom $I(t)$ für lange Zeiten dem Wert $\frac{U_0}{R}$ an. Die Zeitkonstante ist $\tau = \frac{R}{L}$. Sie bestimmt, wie schnell sich der Endzustand einstellt. □

Anwendungsbeispiel 14.9 (Elektrisches Netzwerk).

Gegeben sei das im Einführungsbeispiel 14.1 diskutierte elektrische Netzwerk mit konstanter Spannung $U(t) = 120\,V$:

$$\begin{aligned} 20\,(I_1(t) + I_2(t)) + 2\,I_1'(t) + 10\,I_1(t) &= 120 \\ -10\,I_1(t) + 20\,I_2(t) - 2\,I_1'(t) + 4\,I_2'(t) &= 0 \end{aligned}$$

$$I_1(0) = I_2(0) = 0.$$

Mit den gleichen Schritten wie bei linearen Differenzialgleichungen verwendet man auch bei Systemen die Laplace-Transformation, um die Lösung direkt zu bestimmen:

1. Schritt: Anwenden der Laplace-Transformation auf das Differenzialgleichungssystem.

$$\begin{aligned} 20\,\mathcal{L}(I_1) + 20\,\mathcal{L}(I_2) + 2\,\mathcal{L}(I_1') + 10\,\mathcal{L}(I_1) &= 120\,\mathcal{L}(1) \\ -10\,\mathcal{L}(I_1) + 20\,\mathcal{L}(I_2) - 2\,\mathcal{L}(I_1') + \;\; 4\,\mathcal{L}(I_2') &= 0. \end{aligned}$$

2. Schritt: Ersetzen der Laplace-Transformierten der Ableitungen.

$$\begin{aligned} 30\,\mathcal{L}(I_1) + 20\,\mathcal{L}(I_2) + 2\,\mathcal{L}(I_1)\cdot s \qquad\qquad\qquad &= 120 \cdot \frac{1}{s} \\ -10\,\mathcal{L}(I_1) + 20\,\mathcal{L}(I_2) - 2\,\mathcal{L}(I_1)\cdot s + 4\,\mathcal{L}(I_2)\cdot s &= 0, \end{aligned}$$

da die Anfangsbedingungen $I_1(0) = I_2(0) = 0$ verschwinden. Man erhält das folgende lineare Gleichungssystem für $\mathcal{L}(I_1)$ und $\mathcal{L}(I_2)$:

$$\begin{array}{rcrcl} (30 + 2\,s)\;\mathcal{L}(I_1) & + & 20\,\mathcal{L}(I_2) & = & 120 \cdot \frac{1}{s} \\ (-10 - 2\,s)\;\mathcal{L}(I_1) & + & (20 + 4\,s)\;\mathcal{L}(I_2) & = & 0. \end{array}$$

3. Schritt: Lösen des linearen Gleichungssystems:

$$\mathcal{L}(I_1) = \frac{60}{s\,(s+20)}; \qquad \mathcal{L}(I_2) = \frac{30}{s\,(s+20)}.$$

4. Schritt: Suchen der zugehörigen Zeitfunktion. Eine Partialbruchzerlegung für die beiden Laplace-Transformierten liefert

$$\mathcal{L}(I_1) = 3\left(\frac{1}{s} - \frac{1}{s+20}\right) \quad \text{und} \quad \mathcal{L}(I_2) = \frac{3}{2}\left(\frac{1}{s} - \frac{1}{s+20}\right)$$

$$\Rightarrow \quad I_1(t) = 3\left(1 - e^{-20\,t}\right) \quad \text{und} \quad I_2(t) = \frac{3}{2}\left(1 - e^{-20\,t}\right)$$

$$\Rightarrow \quad I(t) = I_1(t) + I_2(t) = \frac{9}{2}\left(1 - e^{-20\,t}\right).$$

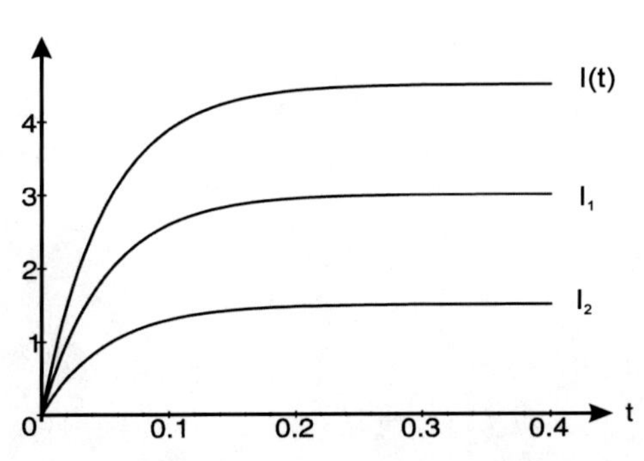

Abb. 14.6. Ströme im elektrischen Netzwerk bei konstanter Spannung

Im Abb. 14.6 sind die Teilströme $I_1(t)$ und $I_2(t)$ zusammen mit dem Gesamtstrom $I(t)$ als Funktion der Zeit dargestellt. □

14.6

14.6 Transformationssätze

In diesem Abschnitt werden weitere Eigenschaften der Laplace-Transformation vorgestellt, die in vielen technischen Beschreibungen ihre Anwendung finden. Oftmals werden die Transformationssätze benötigt, um die inverse Laplace-Transformation auf die in Tabelle 14.1 angegebenen Korrespondenzen zurückzuspielen. In manchen Fällen kann man z.B. über die Grenzwertsätze auch Rückschlüsse über die Zeitfunktion ziehen, ohne $f(t)$ zu berechnen. Die einzelnen Sätze werden durch Beispiele verdeutlicht.

14.6.1 Verschiebungssatz

Der Verschiebungssatz macht eine Aussage über die Laplace-Transformierte einer verschobenen Zeitfunktion $f(t-t_0)$: Die Funktion $f(t-t_0)$ ist die um t_0 auf der Zeitachse nach rechts verschobenen Funktion $f(t)$ (siehe Abb. 14.7).

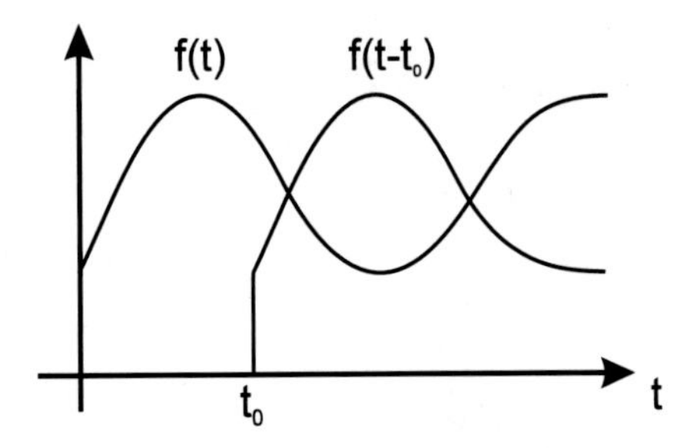

Abb. 14.7. Originalfunktion $f(t)$ und verschobene Funktion $f(t-t_0)$

$$\mathcal{L}(f(t-t_0)) = \int_0^\infty f(t-t_0)\, e^{-st}\, dt = \int_{t_0}^\infty f(t-t_0)\, e^{-st}\, dt.$$

Durch Substitution der Integrationsvariablen $\tau = t - t_0$ ist

$$\begin{aligned}\mathcal{L}(f(t-t_0)) &= \int_0^\infty f(\tau)\, e^{-s(\tau+t_0)}\, d\tau = e^{-st_0} \int_0^\infty f(\tau)\, e^{-s\tau}\, d\tau \\ &= e^{-st_0}\, \mathcal{L}(f(t)).\end{aligned}$$

Eine Verschiebung der Zeitfunktion $f(t)$ um t_0 hat im Bildbereich eine Multiplikation der Bildfunktion $F(s)$ mit dem Faktor e^{-st_0} zur Folge:

Verschiebungssatz

Ist $F(s)$ die Laplace-Transformierte von $f(t)$, dann gilt für $t_0 > 0$

$$\mathcal{L}(f(t-t_0)) = e^{-st_0}\, F(s)$$

Korrespondenz: $f(t) \circ\!\!-\!\!\bullet\ F(s) \Rightarrow f(t-t_0) \circ\!\!-\!\!\bullet\ e^{-st_0}\, F(s).$

Beispiele 14.10:

① Die um t_0 nach rechts verschobene Sprungfunktion $S(t - t_0)$

$$S(t-t_0) = \begin{cases} 0 & \text{für } t < t_0 \\ 1 & \text{für } t > t_0 \end{cases}$$

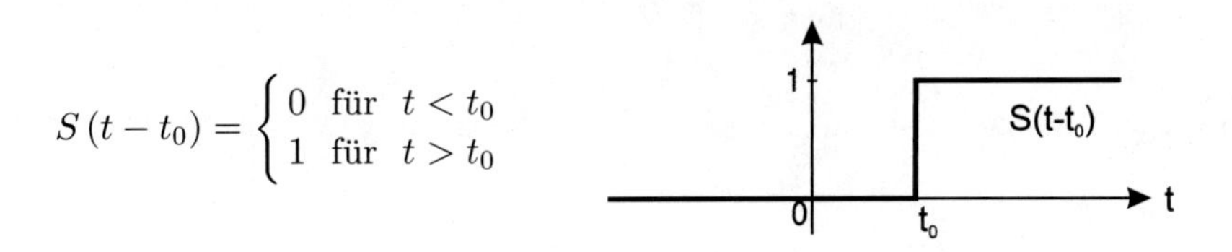

hat nach dem Verschiebungssatz die Laplace-Transformierte

$$F(s) = \mathcal{L}(S(t-t_0)) = e^{-st_0}\,\mathcal{L}(S(t)) = e^{-st_0}\,\frac{1}{s}\,,$$

was mit der Rechnung in Beispiel 14.3 ④ übereinstimmt.

② Es soll die Laplace-Transformierte eines zur Zeit $t = 0$ einsetzenden Rechteckimpulses der Impulsdauer τ und der Impulshöhe A bestimmt werden.

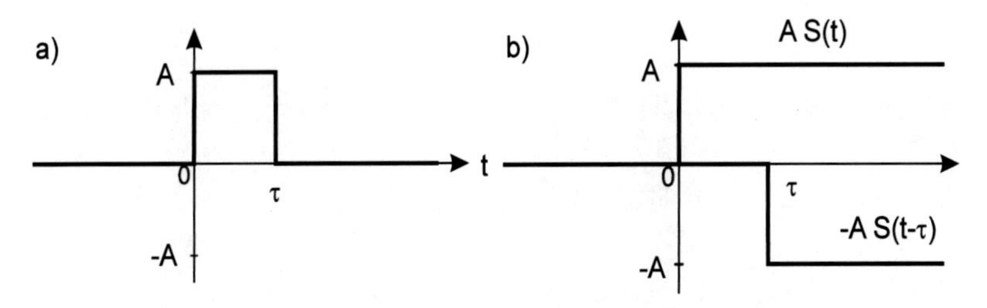

Abb. 14.8. a) Rechteckimpuls und b) Zerlegung in zwei Sprungfunktionen

Wir spielen die Berechnung der Laplace-Transformation der Rechteckfunktion auf die Berechnung der Transformierten der Sprungfunktion aus ① zurück. Denn wie man Abb. 14.8 b) entnehmen kann, ist das Rechtecksignal die Differenz zweier zueinander verschobenen Sprungfunktionen:

$$f(t) = A\,S(t) - A\,S(t-\tau)\,.$$

Damit folgt

$$\mathcal{L}(f(t)) = A\,\mathcal{L}(S(t)) - A\,\mathcal{L}(S(t-\tau)) = A\,\frac{1}{s} - A\,e^{-s\tau}\,\frac{1}{s}$$

$$\Rightarrow \quad \mathcal{L}(f(t)) = \frac{A}{s}\left(1 - e^{-s\tau}\right). \qquad \square$$

Laplace-Transformierte periodisch fortgesetzter Funktionen

Eine Zeitfunktion $f(t)$ entstehe durch *periodische Fortsetzung* der Funktion

$$f_0(t) = \begin{cases} \text{definiert} & \text{für } 0 \leq t \leq T \\ 0 & \text{sonst.} \end{cases}$$

für $t \geq 0$. Gesucht ist die Laplace-Transformierte $F(s)$ dieser Funktion.

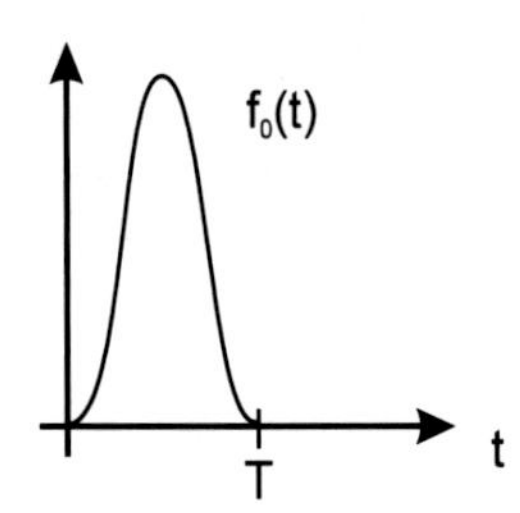

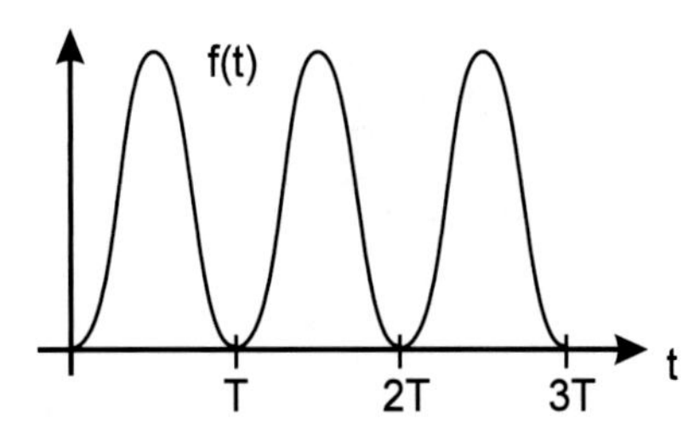

Abb. 14.9. Periodisch fortgesetzte Funktion

Für die fortgesetzte Zeitfunktion $f(t)$ gilt

$$f(t) = f_0(t)\, S(t) \quad f_0(t-T)\, S(t-T) + f_0(t-2T)\, S(t-2T) +$$

$$+ f_0(t-3T)\, S(t-3T) + \ldots$$

Bei bekannter Korrespondenz $f_0(t) \circ\!\!-\!\!\bullet\ F_0(s)$ erhält man mit dem Verschiebungssatz

$$\begin{aligned} F(s) &= F_0(s)\left[1 + e^{-sT} + e^{-s\,2T} + e^{-s\,3T} + \ldots\right] \\ &= F_0(s)\left[1 + e^{-sT} + \left(e^{-sT}\right)^2 + \left(e^{-sT}\right)^3 + \ldots\right]. \end{aligned}$$

Mit $q = e^{-sT}$ ist der Ausdruck in der Klammer die geometrische Reihe. Da $q = e^{-sT} < 1$, konvergiert die Reihe gegen $\frac{1}{1-q}$ und daher gilt für die Laplace-Transformierte der periodisch fortgesetzten Zeitfunktion $f(t)$

$$F(s) = F_0(s)\,\frac{1}{1 - e^{-sT}}.$$

Beispiel 14.11. Berechnung der Laplace-Transformierten der unten dargestellten periodischen Rechteckkurve.

$$f_0(t) = \begin{cases} 1 & \text{für } 0 \leq t \leq \frac{T}{2} \\ -1 & \text{für } \frac{T}{2} < t < T. \end{cases}$$

$$\begin{aligned} f_0(t) &= \left[S(t) - S\left(t - \tfrac{T}{2}\right)\right] - \left[S\left(t - \tfrac{T}{2}\right) - S(t - T)\right] \\ &= S(t) - 2\,S\left(t - \tfrac{T}{2}\right) + S(t - T)\,. \end{aligned}$$

Wegen der Korrespondenz $S(t) \circ\!\!-\!\!\bullet \frac{1}{s}$ und dem Verschiebungssatz gilt

$$\begin{aligned} \mathcal{L}(f_0(t)) &= \frac{1}{s} - 2\,e^{-\frac{T}{2}s}\,\frac{1}{s} + e^{-Ts}\,\frac{1}{s} = \frac{1}{s}\left[1 - 2\,e^{-\frac{T}{2}s} + e^{-Ts}\right] \\ &= \frac{1}{s}\left(1 - e^{-\frac{T}{2}s}\right)^2. \end{aligned}$$

Damit folgt

$$\begin{aligned} \mathcal{L}(f(t)) &= \frac{1}{1 - e^{-sT}}\,\mathcal{L}(f_0(t)) = \frac{1}{s}\,\frac{\left(1 - e^{-\frac{T}{2}s}\right)^2}{1 - e^{-sT}} \\ &= \frac{1}{s}\,\frac{\left(1 - e^{-\frac{T}{2}s}\right)^2}{\left(1 - e^{-\frac{T}{2}s}\right)\left(1 + e^{-\frac{T}{2}s}\right)} = \frac{1}{s}\,\frac{1 - e^{-\frac{T}{2}s}}{1 + e^{-\frac{T}{2}s}}. \end{aligned}$$

□

14.6.2 Dämpfungssatz

Der Dämpfungssatz macht eine Aussage über die Laplace-Transformierte einer gedämpften Zeitfunktion $f(t)\;e^{-at}$:

$$\mathcal{L}\left(e^{-at}\,f(t)\right) = \int_0^\infty e^{-st}\,e^{-at}\,f(t)\;dt = \int_0^\infty e^{-(s+a)t}\,f(t)\;dt = F(s+a)\;:$$

Dämpfungssatz

Ist $F(s)$ die Laplace-Transformierte von $f(t)$, so gilt

$$\mathcal{L}\left(e^{-at}\,f(t)\right) \;=\; F(s+a).$$

Korrespondenz: $f(t) \circ\!\!-\!\!\bullet F(s) \quad\Rightarrow\quad e^{-at}\,f(t) \circ\!\!-\!\!\bullet F(s+a).$

Bemerkung: Die Konstante a kann reell oder komplex sein. Eine echte Dämpfung der Zeitfunktion $f(t)$ im physikalischen Sinne erhält man jedoch nur für $a > 0$ bzw. $\mathrm{Re}(a) > 0$. Für $a < 0$ bzw. $\mathrm{Re}(a) < 0$ bewirkt der Faktor e^{-at} eine Verstärkung.

Die Laplace-Transformierte der Zeitfunktion $e^{-at}\,f(t)$ unterscheidet sich von der Laplace-Transformierten von $f(t)$ nur dadurch, dass s durch $s + a$ ersetzt wird. Also: **Eine Verschiebung um t_0 im Zeitbereich bewirkt eine Dämpfung e^{-st_0} im Bildbereich (Verschiebungssatz) und umgekehrt bewirkt ein Faktor e^{-at} im Zeitbereich eine Verschiebung im Bildbereich (Dämpfungssatz).**

Beispiele 14.12:

① Es soll die Laplace-Transformierte der Zeitfunktion $f(t) = e^{-3t}\sin(2t)$ bestimmt werden. Aus der Korrespondenz

$$\sin(2t) \circ\!\!-\!\!\bullet \frac{2}{s^2+4}$$

folgt mit dem Dämpfungssatz für $f(t)$ eine Verschiebung des Arguments, indem s durch $s+3$ ersetzt wird

$$e^{-3t}\sin(2t) \circ\!\!-\!\!\bullet \frac{2}{(s+3)^2+4} = \frac{2}{s^2+6s+13}.$$

② Gegeben ist die Bildfunktion

$$F(s) = \frac{s+5}{s^2+2s+10}.$$

Gesucht ist die zugehörige Zeitfunktion $f(t)$. Dazu formen wir die Bildfunktion um in

$$F(s) = \frac{s+5}{(s+1)^2+9} = \frac{s+1}{(s+1)^2+3^2} + \frac{4}{3}\frac{3}{(s+1)^2+3^2}.$$

Mit den Korrespondenzen

$$\sin(\omega t) \circ\!\!-\!\!\bullet \frac{\omega}{s^2+\omega^2} \quad \text{und} \quad \cos(\omega t) \circ\!\!-\!\!\bullet \frac{s}{s^2+\omega^2}$$

folgt unter Verwendung des Dämpfungssatzes

$$f(t) = e^{-t}\cos(3t) + \frac{4}{3}e^{-t}\sin(3t). \qquad \square$$

14.6.3 Ähnlichkeitssatz

Der Ähnlichkeitssatz trifft eine Aussage über die Laplace-Transformierte von gestreckten bzw. gestauchten Funktionen $f(at)$. Die Funktion $f(at)$ entsteht aus der Funktion $f(t)$ durch Streckung bzw. Stauchung entlang der Zeitachse (siehe Abb. 14.10). Ist $0 < a < 1$, dann entspricht $f(at)$ einer Dehnung der Kurve f. Ist hingegen $a > 1$, dann entspricht dies einer Stauchung der Kurve.

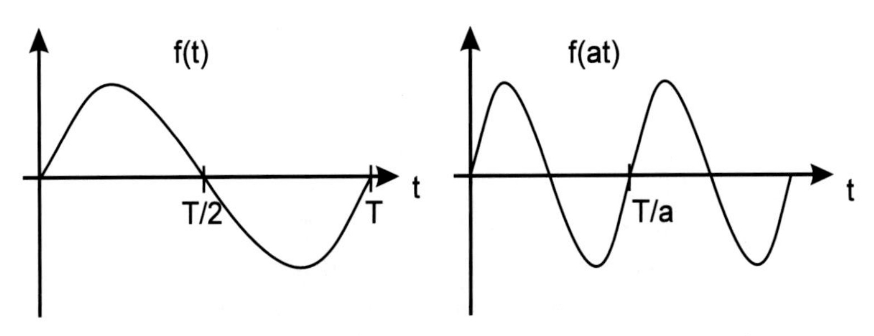

Abb. 14.10. Funktion $f(t)$ und gestauchte Funktion $f(a\,t)$

Ähnlichkeitssatz

Ist $F(s)$ die Laplace-Transformierte von $f(t)$, dann gilt

$$\mathcal{L}(f(a\,t)) = \tfrac{1}{a}\,F\left(\tfrac{s}{a}\right) \qquad (a > 0)$$

Korrespondenz: $f(t) \circ\!\!-\!\!\bullet\; F(s) \;\Rightarrow\; f(a\,t) \circ\!\!-\!\!\bullet\; \tfrac{1}{a}\,F\left(\tfrac{s}{a}\right)$.

Begründung:

$$\mathcal{L}(f(a\,t)) = \int_0^\infty f(a\,t)\,e^{-st}\,dt = \frac{1}{a}\int_0^\infty f(\tau)\,e^{-\frac{s}{a}\tau}\,d\tau = \frac{1}{a}\,F\left(\frac{s}{a}\right),$$

wenn das Integral mit der Substitution $\tau = a \cdot t$ $\left(dt = \frac{1}{a}\,d\tau\right)$ berechnet wird. □

14.6.4 Faltungssatz

In den Anwendungen stellt sich häufig das Problem der Rücktransformation einer Bildfunktion $F(s)$, die als Produkt zweier Bildfunktionen $F_1(s)$ und $F_2(s)$ darstellbar ist

$$F(s) = F_1(s) \cdot F_2(s)\,.$$

Bekannt seien die Korrespondenzen

$$F_1(s) \bullet\!\!-\!\!\circ\; f_1(t) \quad \text{und} \quad F_2(s) \bullet\!\!-\!\!\circ\; f_2(t)\,.$$

Die gesuchte Originalfunktion $f(t)$ ist dann ein Integral über die Zeitfunktionen $f_1(t)$ und $f_2(t)$ vom Typ

$$f(t) = \int_0^t f_1(\tau)\,f_2(t-\tau)\,d\tau\,,$$

dem sog. **Faltungsintegral**. Die Schreibweise hierfür ist $f(t) = (f_1 * f_2)(t)$ **(Faltungsprodukt)**.

Faltungssatz

Sind $F_1(s)$ und $F_2(s)$ die Laplace-Transformierten von $f_1(t)$ und $f_2(t)$, dann ist die Laplace-Transformierte des *Faltungsproduktes*

$$(f_1 * f_2)(t) = \int_0^t f_1(\tau)\,f_2(t-\tau)\,d\tau$$

gegeben durch $F_1(s) \cdot F_2(s)$:

$$\mathcal{L}(f_1 * f_2) = F_1(s) \cdot F_2(s)\,.$$

Korrespondenz:

$$\left.\begin{array}{l} f_1(t) \circ\!\!-\!\!\bullet \; F_1(s) \\ f_2(t) \circ\!\!-\!\!\bullet \; F_2(s) \end{array}\right\} \quad \Rightarrow \quad (f_1 * f_2)(t) \circ\!\!-\!\!\bullet \; F_1(s) \cdot F_2(s)\,.$$

Bei der Rücktransformation einer Bildfunktion geht man häufig wie folgt vor: Man zerlegt $F(s)$ in ein Produkt $F(s) = F_1(s) \cdot F_2(s)$ von Bildfunktionen $F_1(s)$ und $F_2(s)$, von denen die zugehörigen Zeitfunktionen $f_1(t)$ und $f_2(t)$ bekannt sind. Die zu $F(s)$ gehörende Zeitfunktion ist dann $f(t) = (f_1 * f_2)(t)$.

Beweis des Faltungssatzes: Wir berechnen die Laplace-Transformierte des Faltungsintegrals

$$(f_1 * f_2)(t) = \int_{\tau=0}^{\tau=t} f_1(\tau)\, f_2(t-\tau)\, d\tau \; :$$

$$\begin{aligned} \mathcal{L}(f_1 * f_2) &= \int_{t=0}^{t=\infty} e^{-st} \left[\int_{\tau=0}^{\tau=t} f_1(\tau)\, f_2(t-\tau)\, d\tau\right] dt \\ &= \int_{t=0}^{t=\infty} \left(\int_{\tau=0}^{\tau=t} e^{-st} f_1(\tau)\, f_2(t-\tau)\, d\tau\right) dt \\ &= \int_{t=0}^{t=\infty} \left(\int_{\tau=0}^{\tau=\infty} e^{-st} f_1(\tau)\, f_2(t-\tau)\, S(t-\tau)\, d\tau\right) dt. \end{aligned}$$

Durch Hinzufügen der Sprungfunktion $S(t-\tau)$ kann das innere Integral formal von $\tau = 0$ bis $\tau = \infty$ integriert werden, da $S(t-\tau) = 0$ für $\tau > t$. Vertauscht man die Reihenfolge der Integrationen, ist

$$\mathcal{L}(f_1 * f_2) = \int_{\tau=0}^{\tau=\infty} f_1(\tau) \left(\int_{t=0}^{t=\infty} e^{-st} f_2(t-\tau)\, S(t-\tau)\, dt\right) d\tau.$$

Wendet man den Verschiebungssatz auf das innere Integral an, ist

$$\int_{t=0}^{t=\infty} e^{-st} f_2(t-\tau)\, S(t-\tau)\, dt = e^{s\tau} F_2(s) \;\; ,$$

wenn $F_2(s)$ die Laplace-Transformierte von $f_2(t) \cdot S(t) = f_2(t)$. Hiermit folgt insgesamt

$$\begin{aligned} \mathcal{L}(f_1 * f_2) &= \int_{\tau=0}^{\tau=\infty} f_1(\tau)\, e^{-s\tau} F_2(s)\, d\tau \\ &= F_2(s) \int_{\tau=0}^{\tau=\infty} f_1(\tau)\, e^{-s\tau}\, d\tau = F_2(s) \cdot F_1(s)\,, \end{aligned}$$

da das zweite Integral die Laplace-Transformierte von f_1. Dass die Integrationsvariable τ statt t heißt, ist für das bestimmte Integral ohne Bedeutung. □

Beispiele 14.13 (Mit MAPLE-Worksheet):

① Gesucht ist die Zeitfunktion zu

$$F(s) = \frac{1}{s\,(s-a)} = \frac{1}{s} \cdot \frac{1}{s-a}\,.$$

Es ist $\frac{1}{s}$ $\bullet\!\!-\!\!\circ$ 1 und $\frac{1}{s-a}$ $\bullet\!\!-\!\!\circ$ e^{at}. Damit gilt nach dem Faltungssatz die Korrespondenz

$$\frac{1}{s}\,\frac{1}{s-a} \;\bullet\!\!-\!\!\circ\; \left(1 * e^{at}\right)(t) = \int_0^t 1 \cdot e^{a(t-\tau)}\, d\tau$$
$$= e^{at} \int_0^t e^{-a\tau}\, d\tau = \frac{1}{a}\left(e^{at} - 1\right)\,.$$

② Gegeben ist die Bildfunktion

$$F(s) = \frac{s^2}{\left(s^2+\omega^2\right)^2} = \frac{s}{s^2+\omega^2} \cdot \frac{s}{s^2+\omega^2}.$$

Gesucht ist die zu $F(s)$ gehörende Zeitfunktion $f(t)$. Es ist

$$\frac{s}{s^2+\omega^2} \;\bullet\!\!-\!\!\circ\; \cos(\omega t)$$

und mit dem Faltungssatz

$$\frac{s}{s^2+\omega^2}\,\frac{s}{s^2+\omega^2} \;\bullet\!\!-\!\!\circ\; f(t) = \cos(\omega t) * \cos(\omega t)$$
$$= \int_0^t \cos(\omega\,(t-\tau))\,\cos(\omega\tau)\,d\tau.$$

Durch Anwendung des Additionstheorems auf $\cos(\omega t - \omega\tau)$ und Verwendung der Formel $\sin x\,\cos x = \frac{1}{2}\sin 2x$ erhält man

$$f(t) = \frac{\sin(\omega t) + \omega t\,\cos(\omega t)}{2\,\omega}\,.$$

□

14.6.5 Grenzwertsätze

In manchen Anwendungen interessiert nur das Verhalten der Zeitfunktion f zu Beginn (d.h. für $t = 0$) und für große Zeiten t (d.h. für $t \to \infty$). Der genaue Zeitverlauf wird oft nicht benötigt. Es zeigt sich, dass der Anfangs- und Endwert der Zeitfunktion direkt aus der Bildfunktion gewonnen werden können:

Grenzwertsätze

Ist $F(s)$ die Bildfunktion von $f(t)$. Dann gilt:

(1) **Berechnung des Anfangswertes:**
$f(0) = \lim\limits_{t\to 0} f(t) = \lim\limits_{s\to\infty} (s\,F(s))$.

(2) **Berechnung des Endwertes:**
$f(\infty) = \lim_{t\to\infty} f(t) = \lim_{s\to 0} (s\,F(s))$.

Begründung: Ausgangspunkt für den Beweis beider Gleichungen ist der Ableitungssatz

$$\mathcal{L}(f'(t)) = s\,F(s) - f(0) = \int_0^\infty f'(t)\, e^{-st}\, dt. \qquad (*)$$

(i) Es gilt mit dem Fundamentalsatz der Differenzial- und Integralrechnung

$$\lim_{s\to 0} \mathcal{L}(f'(t)) = \lim_{s\to 0} \int_0^\infty f'(t)\, e^{-st}\, dt = \int_0^\infty f'(t) \lim_{s\to 0} e^{-st}\, dt$$

$$= \int_0^\infty f'(t)\, dt = f(\infty) - f(0).$$

Wendet man den Grenzwert $s \to 0$ auf beiden Seiten der Gleichung $(*)$ an, so gilt

$$\lim_{s\to 0} (s\,F(s)) - f(0) = f(\infty) - f(0) \Rightarrow f(\infty) = \lim_{s\to 0} (s\,F(s)).$$

(ii) Wegen

$$\lim_{s\to\infty} \mathcal{L}(f'(t)) = \lim_{s\to\infty} \int_0^\infty f'(t)\, e^{-st}\, dt = \int_0^\infty f'(t) \lim_{s\to\infty} e^{-st}\, dt = 0$$

folgt mit $(*)$

$$\lim_{s\to\infty} (s\,F(s)) - f(0) = 0. \qquad \square$$

Beispiele 14.14:

① $F(s) = \frac{s}{s^2+\omega^2}$. Die zugehörige Zeitfunktion hat den Anfangswert

$$f(0) = \lim_{s\to\infty} (s\,F(s)) = \lim_{s\to\infty} \frac{s^2}{s^2+\omega^2} = 1$$

(vgl. Beispiel 14.7 ③: $\cos(\omega t) \;\circ\!\!-\!\!\bullet\; \frac{s}{s^2+\omega^2}$).

② $F(s) = \frac{1}{s\,(s-4)\,(s-5)}$. Der Endwert der zugehörigen Zeitfunktion ist

$$f(\infty) = \lim_{t\to\infty} f(t) = \lim_{s\to 0} (s\,F(s)) = \lim_{s\to 0} \frac{s}{s\,(s-4)\,(s-5)} = \frac{1}{20}. \qquad \square$$

14.7 Aufgaben zur Laplace-Transformation

14.1 Man berechne jeweils die Laplace-Transformierte von
a) $3\,e^{-4\,t}$ b) $2\,t^2$ c) $4\,\cos(5\,t)$ d) $\sin(\pi\,t)$ e) $\frac{-3}{\sqrt{t}}$

14.2 Berechnen Sie die Laplace-Transformierten von
a) $3\,t^4 - 2\,t^{\frac{3}{2}} + 6$ b) $5\,\sin(2\,t) - 3\cos(2\,t)$
c) $3\,\sqrt[3]{t} - 4\,e^{2\,t}$ d) $\frac{1}{t^2}$

14.3 Bestimmen Sie die Laplace-Transformierten der Zeitfunktionen

a) $f(t) = \begin{cases} A & 0 \le t \le t_0 \\ A\,e^{-2\,(t-t_0)} & t > t_0 \end{cases}$ b) $f(t) = \begin{cases} 0 & \text{für } t < a \\ A & \text{für } a < t < b \\ 0 & \text{für } t > b \end{cases}$

c) $f(t) = \begin{cases} t & \text{für } 0 \le t \le 3 \\ 3 & \text{für } t > 3 \end{cases}$ d) $f(t) = \begin{cases} \sin t & \text{für } t \le \pi \\ 0 & \text{für } t > \pi \end{cases}$

14.4 Berechnen Sie

a) $\mathcal{L}^{-1}\left(\frac{5}{s+2}\right)$ b) $\mathcal{L}^{-1}\left(\frac{4\,s-3}{s^2+4}\right)$ c) $\mathcal{L}^{-1}\left(\frac{2\,s-5}{s^2}\right)$

d) $\mathcal{L}^{-1}\left(\frac{1}{s^k}\right)_{k>0}$ e) $\mathcal{L}^{-1}\left(\frac{4-5\,s}{s^{\frac{3}{2}}}\right)$ f) $\mathcal{L}^{-1}\left(\frac{1}{s^2+2\,s}\right)$

14.5 Wenden Sie die Sätze der Laplace-Transformation an, um die inverse Laplace-Transformierte zu berechnen

a) $\mathcal{L}^{-1}\left(\frac{2\,s+3}{s^2-2\,s+5}\right)$ b) $\mathcal{L}^{-1}\left(\frac{e^{-2\,s}}{s^2}\right)$

c) $\mathcal{L}^{-1}\left(\frac{e^{-5\,s}}{s^4}\right)$ d) $\mathcal{L}^{-1}\left(\frac{1-e^{-2\,s}}{s^3}\right)$

14.6 Man berechne durch Partialbruchzerlegung der Bildfunktion die zugehörige Zeitfunktion

a) $F(s) = \frac{2\,s^2-4}{(s-2)\,(s+1)\,(s-3)}$ b) $F(s) = \frac{3\,s+1}{(s-1)\,(s^2+1)}$

c) $F(s) = \frac{5\,s^2-15\,s+7}{(s+1)\,(s-2)^2}$ d) $F(s) = \frac{3\,s^2-7\,s+6}{(s-1)^3}$

14.7 Lösen Sie die Differenzialgleichung

$$y''(t) + y(t) = S(t)$$

mit den Anfangsbedingungen $y(0) = 1$, $y'(0) = 0$ mit Hilfe der Laplace-Transformation.

14.8 Lösen Sie die Differenzialgleichung 4. Ordnung

$$y^{(4)}(t) + 2\,y''(t) + y(t) = \sin(t)\;S(t)$$

mit $y(0) = 1$, $y'(0) = -2$, $y''(0) = 3$, $y'''(0) = 0$ mit Hilfe der Laplace-Transformation.

Anwendungen der Laplace-Transformation

14.9 R, L, U_B sind mit einem Schalter S in Reihe geschaltet. Der Schalter ist zunächst geschlossen und wird zur Zeit $t = 0$ geöffnet: $I\,(t = 0) = I_0$. Lösen Sie die Differenzialgleichung

$$R\,I\,(t) + L\,\frac{d}{dt}\,I\,(t) = 0 \quad , \quad I\,(0) = I_0$$

mit der Laplace-Transformation.

14.10 R, L, U_B sind mit einem Schalter S in Reihe geschaltet. Der Schalter ist zunächst geöffnet und wird zur Zeit $t = 0$ geschlossen $(I\,(t = 0) = 0)$. Wie verhält sich $I\,(t)$, wenn $U_B\,(t) = U_0\,\sin(\omega t)$? Lösen Sie die Differenzialgleichung

$$R\,I\,(t) + L\,\frac{d}{dt}\,I\,(t) = U_B\,(t)$$

mit der Laplace-Transformation.

14.11 Ein Teilchen bewegt sich auf der x-Achse und wird zum Ursprung 0 mit einer Kraft, die proportional zu der momentanen Entfernung von 0 ist, hingezogen. Wenn das Teilchen aus der Ruhe heraus bei $x = 5\,cm$ startet und erstmals nach 2 Sekunden die Stelle $x = 2.5\,cm$ erreicht, berechne man
a) die Lage zu einer beliebigen Zeit t nach dem Start,
b) die Größe seiner Geschwindigkeit bei $x = 0$,
c) die momentane Beschleunigung.

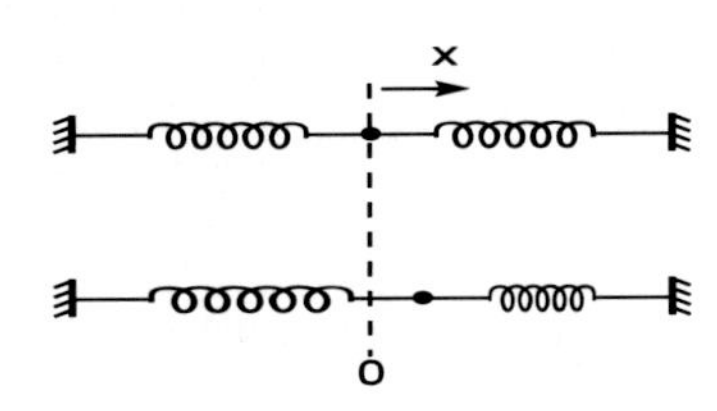

14.12 Die Lage eines Teilchens, das sich entlang der x-Achse bewegt, ist durch die Gleichung

$$\frac{d^2}{dt^2}\,x\,(t) + 4\,\frac{d}{dt}\,x\,(t) + 8\,x\,(t) = 20\,\cos(2\,t)$$

bestimmt. Wenn das Teilchen aus der Ruhe heraus bei $x = 0$ startet, berechne man x als Funktion von t.

14.13 Ein $2\,kg$ schweres Gewicht hängt an einer Feder mit Federkonstanten $D = 200\,\frac{N}{m}$ in Ruhe. Man berechne die Lage des Gewichtes zu einer beliebigen Zeit t, wenn seine Dämpfungskraft 40 mal der momentanen Geschwindigkeit ist.

14.14 Ein Gewicht an einer vertikalen Feder ist einer erzwungenen Schwingung ausgesetzt. Die Auslenkung aus der Ruhelage wird beschrieben durch

$$\frac{d^2}{dt^2}\,x\,(t) + 4\,x\,(t) = 8\,\sin(\omega t) \qquad (\omega > 0)\,.$$

Wenn $x\,(0) = 0$ und $\dot{x}\,(0) = 0$, berechne man x als Funktion von t und die Periode der von außen wirkenden Kraft, für welche Resonanz auftritt.

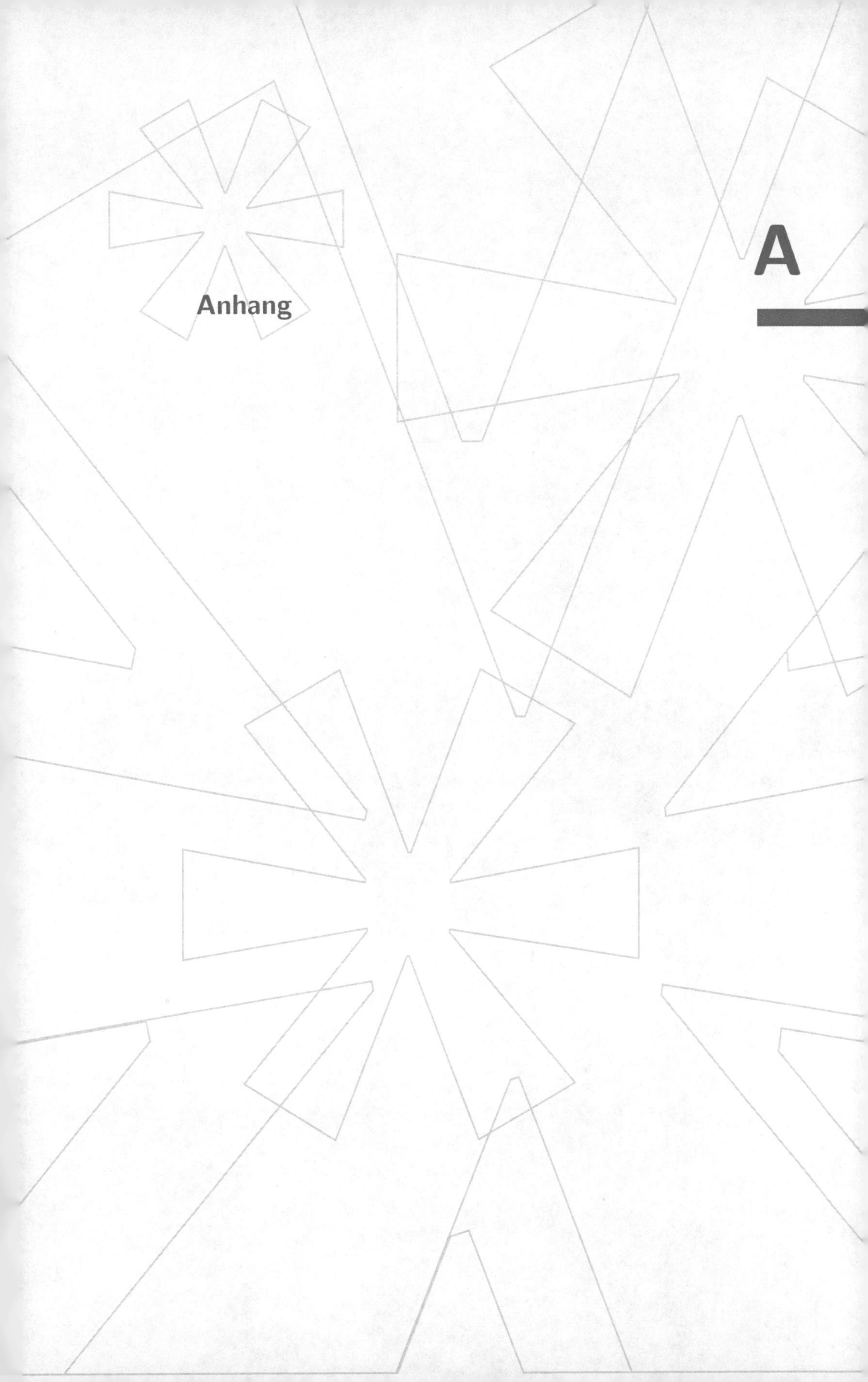

A

Anhang

Literaturverzeichnis

Das folgende Literaturverzeichnis enthält eine (keineswegs vollständige) Aufstellung von Lehrbüchern zur Ergänzung und Vertiefung der Ingenieurmathematik, Aufgabensammlungen, Handbücher sowie Literatur über MAPLE und über das Textverarbeitungssystem LaTeX.

Lehrbücher Ingenieurmathematik:

Ayres, F.: Differential- und Integralrechnung. McGraw-Hill 1975.

Brauch, W., Dreyer, H.J., Haacke, W.: Mathematik für Ingenieure. Vieweg+Teubner, Stuttgart 2006.

Bronstein, I.N., Semendjajew, K.A.: Taschenbuch der Mathematik. Harri Deutsch, Thun/Frankfurt 1989.

Burg, K., Haf, W., Wille, F.: Höhere Mathematik für Ingenieure I-IV. SpringerVieweg, Wiesbaden 2017.

Dürrschnabel, K.: Mathematik für Ingenieure. Springer Vieweg 2021.

Engeln-Müllges, G., Reutter, F.: Formelsamml. zur Numerischen Mathematik. BI Wissenschaftsverlag, Mannheim 1985.

Fetzer, A., Fränkel, H.: Mathematik 1+2. Springer 2012.

v. Finckenstein, K.: Grundkurs Mathematik für Ingenieure. Teubner, Stuttgart 1986.

Fischer, G.: Lineare Algebra. Vieweg, Braunschweig 1986.

Forster, O.: Analysis 1. Vieweg, Braunschweig 1983.

Goebbels, S., Ritter, S.: Mathematik verstehen und anwenden. Springer Spektrum 2023.

Meyberg, K., Vachenauer, P.: Höhere Mathematik 1+2. Springer 2005.

Munz, C.D., Westermann, T.: Numerische Behandlung gewöhnlicher und partieller Differenzialgleichungen. Springer 2019.

Papula, L.: Mathematik für Ingenieure 1+2. Vieweg, Braunschweig 1988.

Spiegel, M.R.: Höhere Mathematik für Ingenieure und Naturwissenschaftler. McGraw-Hill 1978.

Werner, W.: Mathematik lernen mit Maple (Band 1+2). dpunkt 1996+98.

Westermann, T., Buhmann, W., Diemer, L., Endres, E., Laule, M., Wilke, G.: Mathematische Begriffe visualisiert mit MAPLE. Springer 2001.

T. Westermann, *Mathematik für Ingenieure 2*,
https://doi.org/10.1007/978-3-662-70570-4

Literatur zur Physik und Systemtheorie:

Crawford, F.S.: Schwingungen und Wellen. Berkley Physik Kurs 3. Vieweg, Braunschweig 1979.

Gerthsen, C., Vogel, H.: Physik. Springer 1993.

Hering, E., Martin, R., Stohrer, M.: Physik für Ingenieure. Springer 1999.

Mildenberger, O.: System- und Signaltheorie. Vieweg, Braunschweig 1989.

Vielhauer, P.: Passive Lineare Netzwerke. Hüthig-Verlag 1974.

Literatur zu MAPLE:

Burkhardt, W.: Erste Schritte mit Maple. Springer 1996.

Char, B.W. et al.: Maple9 Learning Guide. Maple Inc. 2003.

Devitt, J.S.: Calculus with Maple V. Brooks/Cole 1994.

Dodson, C.T.J., Gonzalez, E.A.: Experiments In Mathematics Using Maple. Springer 1995.

Ellis, W. et al.: Maple V Flight Manual. Brooks/Cole 1996.

Heal, K.M. et. al.: Maple V: Learning Guide. Springer 1996.

Heck, A.: Introduction to Maple. Springer 2003.

Heinrich, E., Janetzko, H.D.: Das Maple Arbeitsbuch. Vieweg, Braunschweig 1995.

Kofler, M. et al.: Maple: Einführung, Anwendung, Referenz. Addison-Wesley 2001.

Komma, M.: Moderne Physik mit Maple. Int. Thomson Publishing 1996.

Lopez, R.J.: Maple via Calculus. Birkhäuser, Boston 1994.

Maple 12 Advanced Programming Guide. Maplesoft, Waterloo 2008.

Maple 12 User Manual, Maplesoft. Waterloo 2008.

Monagan, M.B. et al.: Maple9 Programming. Maple Inc. 2003.

Westermann, T.: Mathematische Probleme lösen mit Maple. Springer 2020.

Literatur zu LaTeX:

Dietsche, L., Lammarsch, J.: Latex zum Loslegen. Springer 1994.

Kopka, H.: Latex. Addison-Wesley 1994.

Index von Band 1

Index

Zusätzliche Informationen

iMath: iMath ist eine interaktive Aufgaben-App zur Mathematik: In dieser didaktisch ansprechenden App werden leicht nachvollziehbare Aufgabenstellungen zu diesem Buch ausführlich gelöst. Die App kann damit hervorragend zur Klausurvorbereitung verwendet werden. Alternativ kann die Web-App Version verwendet werden, die unter der folgenden Adresse aufgerufen werden kann

http://www.imathhome.de/imathWeb

YouTube Videos: Im YouTube-Kanal Westermann findet man in kurzen Videos viele in diesem Buch vorgestellten Themen anschaulich und einfach erklärt. In Form von Zusammenfassungen werden die wesentlichen Aspekte knapp und leicht verständlich zusammengestellt. Die Kurzvideos können gut zur Prüfungsvorbereitung verwendet werden, um sich nochmals die wichtigsten Aspekte im Schnelldurchgang anzuschauen. Die entsprechenden Links zu den Videos befinden sich unter

https://www.youtube.com/channel/UChzktnND8kk9pmwQmybSx-w

Mathematische Probleme lösen mit Maple ermöglicht es, ohne Vorkenntnisse das Computeralgebra-System MAPLE zu nutzen, um elementare mathematische Probleme am Computer zu lösen. Die elektronischen Arbeitsblätter liefern einen schnellen Zugriff auf die Lösung mit der Beschreibung der zugehörigen MAPLE-Befehle. Die neue 6. Auflage enthält eine Einführung in die Benutzeroberfläche von MAPLE 2019.

In diesem didaktisch ansprechenden Einführungsbuch **Ingenieurmathematik kompakt mit** MAPLE werden leicht nachvollziehbar Aufgaben- und Problemstellungen der Ingenieurmathematik mit MAPLE bearbeitet. Durch die Kenntnis weniger Befehle (solve, limit, diff, int, plot) lernt der Leser, elementare Aufgaben der Ingenieurmathematik zu lösen. Das Buch eignet sich auch für Studierende der Ingenieurwisschenschaften und Physik.

Homepage zum Buch

Auf der Homepage zum Buch werden zusätzliche Materialien zur Verfügung gestellt. Auf diese weiteren Informationen wird im Text durch das nebenstehende Symbol explizit hingewiesen.

MAPLE-Worksheets: Alle MAPLE-Ausarbeitungen zu den im Text gekennzeichneten Problemen und Beispielen. Insbesondere sind die Worksheets zu allen Visualisierungen hier zu finden.

Animationen: Alle Animationen, die im Text angegeben oder beschrieben sind, liegen auf der Homepage als Animated-Gif vor, so dass sie direkt im Browser gestartet werden können.

Zusätzliche Kapitel, die nicht in gedruckter Form vorliegen, wie z.B.
Numerisches Lösen von Gleichungen;
Numerisches Differenzieren und Integrieren;
Numerisches Lösen von Differenzialgleichungen.

Zusätzliche Abschnitte und Ergänzungen zu den im Buch gekennzeichneten Stellen sind als pdf-Dokument verfügbar.

Lösungen zu den Übungsaufgaben: Für alle Übungsaufgaben sind Lösungen angegeben.

Alle Informationen, MAPLE-Prozeduren, MAPLE-Worksheets sowie die zusätzlichen Kapitel können unter

http://www.imathhome.de/buecher/mathe/start.htm

kostenfrei heruntergeladen werden.